"十四五"国家重点出版物出版规划项目

城市安全出版工程·城市基础设施生命线安全工程丛书

名誉总主编 范维澄
总 主 编 袁宏永

城市轨道交通安全工程

刘胜春 丁德云 主 编

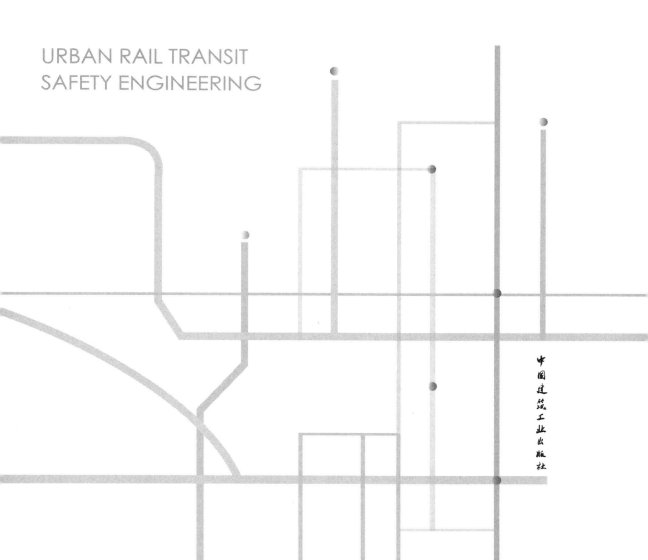

URBAN RAIL TRANSIT
SAFETY ENGINEERING

中国建筑工业出版社

图书在版编目（CIP）数据

城市轨道交通安全工程 = URBAN RAIL TRANSIT
SAFETY ENGINEERING / 刘胜春，丁德云主编 . -- 北京：
中国建筑工业出版社，2024.12. --（城市基础设施生命
线安全工程丛书 / 范维澄，袁宏永主编）. -- ISBN 978-
7-112-30525-4

Ⅰ. U239.5

中国国家版本馆 CIP 数据核字第 2024MP9480 号

本书包括 14 章，分别是：概述、基础设施建设安全管理、基础设施运营安全管理、防洪防涝安全、消防安全、城市轨道交通涉爆防恐及防护工程、隧道结构运营监测与安全评估、桥跨结构运营监测与安全评估、轨道结构智慧监测及安全评估、线路和沿线环境监测及安全评估、电务供电系统安全、机车车辆安全、通信与信号运行控制安全、城市轨道交通安全工程标准规范解读。本书系统地梳理和全面总结了城市轨道交通安全工程领域的最新研究成果和实践经验，充分展现了我国在城市轨道交通基础设施建设、运营、管理过程中安全保障的最新技术和创新成果，突出技术的科学性、经济性、可靠性和实用性。

本书可供从事城市轨道交通工程建设领域、安全领域的行政主管部门、科研机构使用，也可供城市轨道交通经营企业、高校院所等相关科研机构技术人员、城市轨道交通专业学者使用，还可供城市公共安全管理者、城市轨道交通规划人员、行业管理者、建设人员、运营人员使用。

丛书总策划：范业庶
责任编辑：胡明安　杜　洁　兰丽婷
责任校对：赵　力

城市安全出版工程·城市基础设施生命线安全工程丛书
名誉总主编　范维澄
总　主　编　袁宏永

城市轨道交通安全工程
URBAN RAIL TRANSIT SAFETY ENGINEERING
刘胜春　丁德云　主　编
*
中国建筑工业出版社出版、发行（北京海淀三里河路9号）
各地新华书店、建筑书店经销
北京海视强森图文设计有限公司制版
建工社（河北）印刷有限公司印刷
*
开本：787毫米×1092毫米　1/16　印张：$23\frac{3}{4}$　字数：500千字
2024 年 12 月第一版　2024 年 12 月第一次印刷
定价：88.00元
ISBN 978-7-112-30525-4
　（43755）

丛书编委会

城市安全出版工程 · 城市基础设施生命线安全工程丛书
编 委 会

本书编委会

城市轨道交通安全工程
编 写 组

主　　　编：刘胜春　丁德云

副 主 编：汪亦显　柳　献　方　成　严爱国　马　剑

编　　　委：宁提纲　沈宇鹏　李　娴　殷鹏程　杨开武　安　然

高金金　甘维兵　李克飞　刘　敏　孙志强　韩昀希

张雨蒙　郭盼盼　郑　杰　姚士磊　胡学龙　颜永逸

刘　潇　闫宇智　方继伟　朱建朝　黄振莺　刘　彪

张兵兵　武蛟猛　翟远博　范文孝　黄齐武　吕培印

陈　辉　柴金川　肖彦峰　徐　伟　范家祥　许德昌

张守龙　伍绍一　袁　伟　刘志承　杨　明　钱亮亮

朱帮峰　王　凯　张明权　夏卫平　李　凯　杨　东

吴传洋　黄士宾　黄　毅　刘新科　钱叶琳　盛明宏

任　杰　彭　波　姚启海　李梓亮　林　杭　汪家雷

李定有　祝平华　钟子军　邓能伟

主 编 单 位：北京交通大学

北京九州一轨环境科技股份有限公司

副主编单位：合肥工业大学

同济大学

北京城建勘测设计研究院有限责任公司

中铁第四勘察设计院集团有限公司

西南交通大学

参 编 单 位：北京市基础设施投资有限公司

中国工程院战略咨询中心

北京市轨道交通建设管理有限公司

中铁隧道局集团有限公司

北京市轨道交通运营管理有限公司

中国交通建设股份有限公司

合肥市轨道交通集团有限公司

宁波市轨道交通集团有限公司

中铁十局集团第三建设有限公司

中铁二十四局集团有限公司

武汉理工大学

兰州市轨道交通有限公司

交大为达（北京）科技有限公司

中国铁道科学研究院集团有限公司

宁波市交通建设工程试验检测中心有限公司

北京安捷工程咨询有限公司

北京九镁科技有限公司

中铁四局集团有限公司

安徽建工路港建设集团有限公司

安徽建工建设投资集团有限公司

安徽理工大学

中南大学

中铁上海工程局集团有限公司

丛书序言

我们特别欣喜地看到由袁宏永教授领衔，中国建筑工业出版社和清华大学合肥公共安全研究院共同组织，国内住房和城乡建设领域、公共安全领域的相关专家、学者共同编写的"城市安全出版工程·城市基础设施生命线安全工程丛书"正式出版。丛书全面梳理和阐述了城市生命线安全工程的理论框架和技术体系，系统总结了我国城市基础设施生命线安全工程的实践应用。这是一件非常有意义的工作，可谓恰逢其时。

城市发展要把安全放在第一位，城市生命线安全是国家公共安全的重要基石。城市生命线安全工程是保障城市燃气、供水、排水、供热、桥梁、综合管廊、轨道交通、电力等城市基础设施安全运行的重大民生工程。我国城市生命线设施规模世界第一，城市生命线设施长期高密度建设、高负荷运行，各类地下管网长度超过 550 万 km。城市生命线设施在地上地下互相重叠交错，形成了复杂巨系统并在加速老化，已经进入事故集中爆发期。近 10 年来，城市生命线发生事故两万多起，伤亡超万人，每年造成 450 多万居民用户停电，造成重大人员伤亡和财产损失。全面提升城市生命线的保供、保畅、保安全能力，是实现高质量发展的必由之路，是顺应新时代发展的必然要求。

国内有一批长期致力于城市生命线安全工程科学研究和应用实践的学者和行业专家，他们面向我国城市生命线安全工程建设的重大需求，深入推进相关研究和实践探索，取得了一系列基础理论和技术装备创新成果，并成功应用于全国 70 多个城市的生命线安全工程建设中，创造了显著的社会效益和经济效益。例如，清华大学合肥公共安全研究院在国家部委和地方政府大力支持下，开展产学研用联合攻关，探索出一条以场景应用为依托、以智慧防控为导向、以创新驱动为内核、以市场运作为抓手的城市生命线工程安全发展新模式，大幅提升了城市安全综合保障能力。

丛书坚持问题导向，结合新一代信息技术，构建了城市生命线风险

"识别—评估—监测—预警—联动"的全链条防控技术体系，对各个领域的典型应用实践案例进行了系统总结和分析，充分展现了我国城市生命线安全工程在风险评估、工程设计、项目建设、运营维护等方面的系统性研究和规模化应用情况。

丛书坚持理论与实践相结合，结构比较完整，内容比较翔实，应用覆盖面广。丛书编者中既有从事基础研究的学者，也有从事技术攻关的专家，从而保证了内容的前沿性和实用性，对于城市管理者、研究人员、行业专家、高校师生和相关领域从业人员系统了解学习城市生命线安全工程相关知识有重要参考价值。

目前，城市生命线安全工程的相关研究和工程建设正在加快推进。期待丛书的出版能带动更多的研究和应用成果的涌现，助力城市生命线安全工程在更多的城市安全运行中发挥"保护伞""护城河"的作用，有力推动住建行业与公共安全学科的进一步融合，为我国城市安全发展提供理论指导和技术支撑作用。

中国工程院院士、清华大学公共安全研究院院长

2024 年 7 月

丛书前言

党和国家高度重视城市安全，强调要统筹发展和安全，把人民群众生命安全和身体健康作为城市发展的基础目标，把安全工作落实到城市工作和城市发展的各个环节、各个领域。城市供水、排水、燃气、热力、桥梁、综合管廊、轨道交通、电力等是维系城市正常运行、满足人民群众生产生活需要的重要基础设施，是城市的生命线，而城市生命线是城市运行和发展的命脉。近年来，我国城市化水平不断提升，城市规模持续扩大，城镇化加快导致城市功能结构日趋复杂，安全风险不断增大，燃气爆炸、桥梁垮塌、路面塌陷、城市内涝、大面积停水停电停气等城市生命线事故频发，造成严重的人员伤亡、经济损失及恶劣的社会影响。

城市生命线工程是人民群众生活的生命线，是各级领导干部的政治生命线，迫切要求采取有力措施，加快城市基础设施生命线安全工程建设，以公共安全、科技为核心，以现代信息、传感等技术为手段，搭建城市生命线安全监测网，建立监测运营体系，形成常态化监测、动态化预警、精准化溯源、协同化处置等核心能力，支撑宜居、安全、韧性城市建设，推动公共安全治理模式向事前预防转型。

2015年以来，清华大学合肥公共安全研究院联合国内优势单位，针对影响城市生命线安全的系统性风险，开展基础理论研究、关键技术突破、智能装备研发、工程系统建设以及管理模式创新，攻克了一系列城市风险防控预警技术难关，形成了城市生命线安全工程运行监测系统和标准规范体系，在守护城市安全方面蹚出了一条新路，得到了国务院的充分肯定。2023年5月，住房和城乡建设部在安徽合肥召开推进城市基础设施生命线安全工程现场会，部署在全国全面启动城市生命线安全工程建设，提升城市安全综合保障能力、维护人民群众生命财产安全。

为认真贯彻国家关于推进城市安全发展的精神，落实住房和城乡建设部关于城市基础设施生命线安全工程建设的工作部署，中国建筑工业出版社对住房和城乡建设部的相关司局、城市建设领域的相关协会以及公共安全领域的重点科研院校进行了多次走访和调研，经过深入地沟通和交流，确定与清华大学合肥公共安全研究院共同组织编写"城市安全出版工程·城市基础设施生命线安全工程丛书"。通过全面总结全国城市生命线安全领域的现状和挑战，坚持目标驱动、需求导向，系统梳理和提炼最新研究成果和实践经验，充分展现我国在城市生命线安全工程建设、运行和保障方面的最新科技创新和应用实践成果，力求为城市生命线安全工程建设和运行保障提供理论支撑和技术保障。

"城市安全出版工程·城市基础设施生命线安全工程丛书"共9册。其中，第1分册《城市生命线安全工程》在整套丛书中起到提纲挈领的作用，介绍城市生命线安全运行现状、风险评估方法、综合监测理论、预警技术方法，应用系统平台、监测运营体系、案例应用实践和标准规范体系等。其他8个分册分别围绕供水安全、排水安全、燃气安全、供热安全、桥梁安全、综合管廊安全、轨道交通安全、电力设施安全，介绍这些领域的行业发展现状、风险识别评估、风险防范控制、安全监测监控、安全预测预警、应急处置保障、工程典型案例和现行标准规范等。各分册相互呼应，配套应用。

"城市安全出版工程·城市基础设施生命线安全工程丛书"的编委和作者有来自清华大学、清华大学合肥公共安全研究院、北京交通大学、中国矿业大学（北京）等著名高校和科研院所的知名教授，有中国市政工程华北设计研究总院、国网智能电网研究院等企业的知名专家，也有中国城镇供水排水协会、中国城镇供热协会等行业专家。通过多轮的研讨碰撞和互相交流，经过诸位作者的辛勤耕耘，丛书得以顺利出版，问世于众。本套丛书可供地方政府尤其是住房和城乡建设领域、安全领域的主管部门使用，也可供行业企业、科研机构和高等院校使用。

衷心感谢住房和城乡建设部的大力指导和支持，衷心感谢各位编委、各位作者和各位编辑的辛勤付出，衷心感谢来自全国各地城市基础设施生命线安全工程的科研工作者、政府行业主管部门的科学研究和应用实践，共同为全国城市生命线安全工程发展贡献力量。

随着全球气候变化、工业化与城镇化持续加速，城市面临的极端灾害发生频度、破坏强度、影响范围和级联效应等超预期、超认知、超承载。城市生命线安全工程的科技发展和实践应用任重道远，需要不断深化加强系统性、联锁性、复杂性风险研究。希望"城市安全出版工程·城市基础设施生命线安全工程丛书"能够起到抛砖引玉作用，欢迎大家批评指正。

　　城市轨道交通安全是城市运行的重要组成部分，直接关系广大人民的生命财产安全。习近平总书记高度重视城市轨道交通安全工作，多次强调要保障人民群众生命财产安全，推动城市轨道交通安全、便捷、高效发展。他指出，城市轨道交通是现代大城市交通的发展方向，发展城市轨道交通是解决大城市病的有效途径，也是建设绿色城市、智能城市的有效途径。同时，他要求各地要扎实工作，全力确保城市轨道交通安全稳定运行，始终把保障人民群众生命财产安全放在第一位。这些重要指示为城市轨道交通安全工作指明了方向，提供了根本遵循。鉴于此，启动了"城市安全出版工程·城市基础设施生命线安全工程丛书"的编写工作，本书作为该丛书的重要组成部分，集中论述有关城市轨道交通规划设计、施工建设、运维养护过程中，关于桥梁、隧道、路基、线路、车辆、供电、通号与控制方面的安全控制重要内容。

　　截至 2024 年 6 月，中国城市轨道交通运营里程超 11000 公里，位居世界第一，内地开通城市轨道交通运营的城市数达 58 个，其中 18 个城市运营里程超过 200 公里，网络化规模效应凸显，生命线安全性愈发重要。城市轨道交通系统具有工程复杂性、专业复杂性、运营维保复杂性等特性，使其建造和运营难度加剧。近年来，我国在城市轨道交通工程建设与运营安全治理方面取得了显著成效，但仍面临一些挑战，如预测预警体系不够完善、风险分级管控不够标准以及隐患排查治理不够彻底等。为切实保障城市轨道交通安全运行，政府及相关部门提出了一系列指导意见和管理办法，包括完善体制机制、健全法规标准、强化技术支撑等。

　　城市轨道交通安全工程是保障城市轨道交通系统安全建造与运营的重要工作，涉及从设计、施工到运营的全过程，覆盖"人－机－环"等诸多因素影响。作为城市交通的生命线，一旦出现安全问题，会影响社会生活的方方面面。随着国家"交通强国""宁静中国""高质量发展"等政策的落地实施，城市轨道交通的安全摆在了更为重要的地位，以切实保障城市轨道交通安全运行为目标，遵循"以人为本、安全第一"，增强城市轨道交通安全防范治理能力已刻不容缓。

本书由北京交通大学与北京九州一轨环境科技股份有限公司担任主编单位，合肥工业大学、同济大学、北京城建勘测设计研究院有限责任公司、中铁第四勘察设计院集团有限公司、西南交通大学担任副主编单位，联合北京市基础设施投资有限公司、中国工程院战略咨询中心、北京市轨道交通建设管理有限公司、中铁隧道局集团有限公司、北京市轨道交通运营管理有限公司、中国交通建设股份有限公司、合肥市轨道交通集团有限公司、宁波市轨道交通集团有限公司、中铁十局集团第三建设有限公司、中铁二十四局集团有限公司、武汉理工大学、兰州市轨道交通有限公司、交大为达（北京）科技有限公司、中国铁道科学研究院集团有限公司、宁波市交通建设工程试验检测中心有限公司、北京安捷工程咨询有限公司、北京九镁科技有限公司、中铁四局集团有限公司、安徽建工路港建设集团有限公司、安徽建工建设投资集团有限公司、安徽理工大学、中南大学、中铁上海工程局集团有限公司等23家单位专家学者组成编写团队。

本书经过布局策划，分14章，第1章概述由刘胜春、宁提纲、李克飞、范家祥、武蛟猛编写，第2章基础设施建设安全管理由方成、郑杰、李克飞、黄齐武编写，第3章基础设施运营安全管理由汪亦显、郭盼盼、王凯、姚启海、任杰、张明权、夏卫平、李凯、杨东、吴传洋、彭波、黄士宾编写，第4章防洪防涝安全由李娴、林杭、黄毅、刘新科、汪亦显编写，第5章消防安全由安然、钱叶琳、盛明宏编写，第6章城市轨道交通涉爆防恐及防护工程由胡学龙、郭盼盼、高金金、杨明、钱亮亮、朱帮峰、汪家雷、李定有、祝平华、李梓亮、邓能伟、汪亦显编写，第7章隧道结构运营监测与安全评估由柳献、张雨蒙、刘胜春、甘维兵、方继伟、朱建朝编写，第8章桥跨结构运营监测与安全评估由严爱国、殷鹏程、颜永逸、刘胜春、范文孝编写，第9章轨道结构智慧监测及安全评估由沈宇鹏、刘胜春、丁德云、韩昀希、武蛟猛编写，第10章线路和沿线环境监测及安全评估由丁德云、李克飞、刘潇、闫宇智、孙志强、刘敏编写，第11章电务供电系统安全由刘彪、张兵兵、韩昀希、柴金川、徐伟编写，第12章机车车辆安全由黄振莺、张兵兵、武蛟猛、翟远博编写，第13章通信与信号运行控制安全由宁提纲、马剑、张兵兵、柴金川、肖彦峰编写，第14章城市轨道交通安全工程标准规范解读由刘胜春、丁德云、宁提纲、汪亦显、沈宇鹏编写。全书由杨开武、李克飞、严爱国、刘敏、汪亦显、马剑等主审。在此表示诚挚的谢意。

本书较为系统性地论述和阐述城市轨道交通安全工程涉及的诸多方面，系统梳理和全面总结了城市轨道交通安全工程领域的最新研究成果和实践经验，充分展现了我国在城市轨道交通基础设施建设、运营、管理过程中安全保障的最新技术和创新成果，突出技术的科学性、经济性、可靠性和实用性，为我国城市轨道交通安全保障及城市基础设施生命线安全工程提供理论支撑、方法指导和技术保障。

编者还要特别向本书参考文献的所有作者，向广大读者及所有给予帮助的朋友们表示深深的敬意。

本书将服务于城市轨道交通行业安全，可供政府部门、科研机构、行业企业、高校院所等相关管理人员、科研人员和技术人员参考，并可作为相关专业学生学习之用。特别说明的是，本书得到了北京交通大学研究生教育教学改革研究项目 (YJSSQ20240095) 的资助，也可作为土木工程、铁道工程专业的研究生教材使用。

由于编者水平有限，书中难免存在疏漏和不足之处，恳请广大读者提出宝贵的意见和建议。

编　者

目录

第 3 章　基础设施运营安全管理

第6章 城市轨道交通涉爆防恐及防护工程

第7章 隧道结构运营监测与安全评估

第 10 章　线路和沿线环境监测及安全评估

第 11 章　电务供电系统安全

第13章　通信与信号运行控制安全

第14章　城市轨道交通安全工程标准规范解读

第 1 章　概述

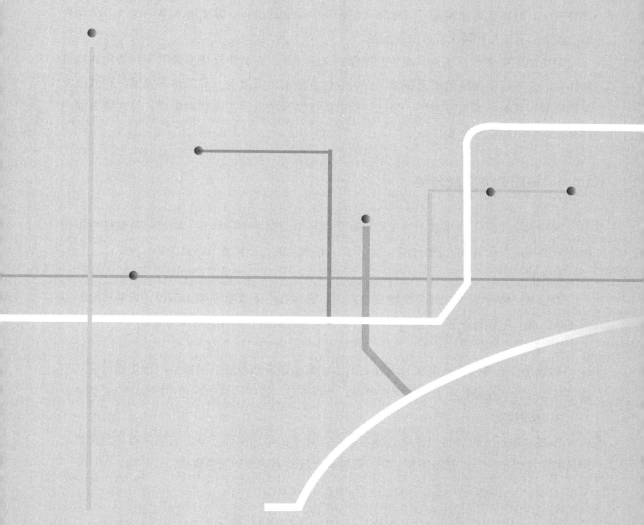

1.1 城市轨道交通生命线

城市交通是现代城市运行的重要组成部分，直接关系人们的出行效率和城市的可持续发展。在城市交通中，城市轨道交通扮演着至关重要的角色，能够避免道路交通的干扰，大大减少了交通拥堵，极大地缩短了人们的出行时间，提高了城市交通运行效率，为出行提供稳定、高效的运输服务。此外，城市轨道交通是一种环保低碳的交通方式。相比于传统的汽车交通，它减少了尾气排放和能源消耗，对改善城市空气质量、减少环境污染具有重要意义。城市轨道交通还可以激励人们采用公共交通出行，减少私人车辆使用，从而有助于缓解交通压力和解决城市交通难题。

城市轨道交通作为快速、高效、环保的交通方式，在城市交通中具有不可替代的地位和作用。它不仅能够缓解交通拥堵、提供快速便捷的出行服务，同时对环境保护和城市发展也有着积极影响和重要意义。因此，城市轨道交通的发展应当得到重视，并在城市规划和交通规划中加以充分考虑。

1.1.1 城市轨道交通分类

某种意义上讲，科学技术的发展造就了城市轨道交通的多样性。城市轨道交通可以根据不同的特点和运营方式进行分类。以下是几种常见的城市轨道交通类型：

1. 地铁

地铁是一种全封闭的城市轨道交通系统，通常在地下或者高架上运行，具有多个站点和多条线路。地铁系统通常连接城市不同区域，提供快速、大容量的乘车服务。

2. 轻轨

轻轨是介于传统有轨电车和地铁之间的城市轨道交通系统。轻轨相对于地铁而言运行速度较慢，车辆规模较小，但灵活性较强，适用于较小规模的城市或者短距离的运输需求。

3. 市域快轨

市域快轨是一种将传统铁路运输系统引入城市的轨道交通方式。它通常连接城市周边地区和主要城市中心，运行速度较快，能够满足远距离的城际交通需求。

4. 有轨电车

有轨电车是一种基于电力供应的城市轨道交通系统，通常在城市街道上运行，设有固定线路和站点。有轨电车相比于公交车更加稳定和舒适，适用于中短距离的城市交通运输。

此外，还有一些其他形式的城市轨道交通，如中低速磁浮、跨座式单轨、悬挂式单轨、自导向轨道系统、导轨式胶轮系统、电子导向胶轮系统等。这些交通形式在特定的城市或者特殊的运营环境下有着独特的优势和应用场景。

1.1.2　城市轨道交通发展现状

城市轨道交通作为一种高效、环保的交通方式，近年来在全球范围内得到迅速发展。越来越多的城市开始规划和建设地铁系统，以满足人口增长和交通需求。一些二、三线城市也在积极推动地铁建设，逐步实现全国城市的轨道交通全覆盖。

1. 规模庞大

我国的社会经济得到巨大发展，大城市的规模迅速膨胀，其中城市轨道交通的建设也步入迅猛发展期，如今中国为世界城市轨道交通的发展提供了强劲动力。从 1863 年世界上第一条地铁在伦敦建成并运营至 2013 年的 150 年发展历程里，欧美地区的地铁运营里程增长到 5004km，而我国仅用 50 年的发展，地铁运营里程便增长至 5187km。从世界范围来看，我国的地铁运营总里程占比已超过全世界的四分之一。

进入 21 世纪以来，随着国家政策支持及城市基建需求，我国进入了城市化机动化的加速发展阶段，城市轨道交通的线路数量和运营里程也在不断增加，图 1-1 所示为中国城市轨道交通运营里程变化。根据中国城市轨道交通协会数据可知，截至 2022 年底，中国内地共有 55 个城市开通城市轨道交通运营线路 308 条，运营线路总长度 10287.45km。其中，地铁运营里程 8008.17km，占比 77.84%；其他制式城市轨道交通运营里程 2279.28km，占比 22.16%。当年新增运营里程 1080.63km。从 2022 年累计运营线网规模看，共计 26 个城市的线网规模达到 100km 及以上。其中上海 936.17km，北京 868.37km，两市运营规模在全国遥遥领先，已逐步形成超大网规模；成都、广州、深圳、杭州、武汉 5 市运营里程均超过 500km，重庆、南京均超过 400km；青岛超过 300km；西安、天津、郑州、苏州、大连、沈阳、长沙 7 市均超过 200km；宁波、合肥、昆明、南昌、南宁、长春、佛山、无锡、福州 9 市均超过 100km。

截至 2023 年底，中国内地共有 59 个城市开通城市轨道交通运营线路 338 条，运营线路总长度 11224.54km。其中，地铁运营里程 8543.11km，占比 76.11%；其他制式城市轨道交通运营里程 2681.43km，占比 23.89%。当年运营里程净增长 937.09km。

2. 技术水平

在过去几年中，中国的城市轨道交通技术水平得到显著提升，中国在城市轨道交通技

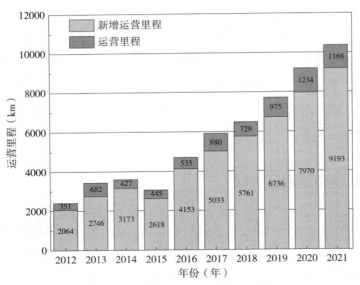

图 1-1　中国城市轨道交通运营里程变化

术方面既进行自主研发，也积极引进国外先进技术。中国的城市轨道交通列车运行速度正在逐步提高。目前，中国已经建成多条高速地铁线路，设计速度达到约 120km/h、140km/h、160km/h 和 200km/h 更快速度的轨道交通系统。

城市轨道交通逐渐实现智能化管理。通过应用先进的信息技术，包括大数据、云计算、物联网等，城市轨道交通运营管理部门能够实时监测列车运行状态、乘客流量等信息，提供准确的运营分析和决策支持，提高运营效率和服务质量。

城市轨道交通的技术和服务水平不断提升。随着科技进步和经验积累，城市轨道交通的技术和服务水平得到显著提高。新一代地铁和轻轨系统采用了更先进的列车、更精准的信号控制和更完善的运营管理技术，提高了运行效率和安全性。同时，乘客服务也得到改善，包括车站设施的提升、票务系统的智能化、列车信息的实时提供等，提高了乘客出行的便利性和舒适度。

城市轨道交通与其他交通方式的衔接日趋完善。为了提高整体交通系统的效率和便利性，城市轨道交通与其他交通方式的衔接也得到加强。例如，在一些城市，地铁和公交车站设在同一综合交通枢纽内，方便乘客换乘。同时，城市轨道交通与自行车、出租车等其他交通方式的接驳也日益方便，为乘客提供了更多的出行选择。

城市轨道交通的可持续发展成为重要趋势。随着城市环境问题的凸显和对能源消耗的担忧，可持续发展已成为城市轨道交通发展的重要指导原则。城市轨道交通系统的设计和建设越来越注重环保和节能，采用更清洁的能源和先进的车辆技术。

总体而言，中国的城市轨道交通在持续发展，为城市可持续发展、交通拥堵缓解和环境保护作出了积极贡献，城市轨道交通实现了智能化管理，列车运行速度虽然越来越高，但通过信息技术提供准确的运营分析和决策支持，可以很好地保障乘客的出行安全。然而，城市轨道交通技术水平的发展是一个持续不断的过程，需要进一步完善和优化，中国将继续加大对城市轨道交通技术研发和创新的投入，以不断提升技术水平和服务质量。

1.1.3　城市轨道交通未来趋势

1. 网络扩展和密集化

随着城市人口的增长和交通需求的增加，城市轨道交通网络将进一步扩展和密集化。新的地铁线路将不断开通，以提供更多的出行选择和便利。随着城市化进程的不断加快，城市轨道交通作为城市公共交通的重要组成部分，对解决城市交通拥堵、提高居民生活质量、推动城市经济发展具有重要作用。

城市轨道交通网络的扩展和密集化是城市交通系统发展的重要趋势，也是未来城市规划和交通建设的主要方向之一。这有利于促进城市经济发展、缓解交通拥堵、提高城市居民生活质量、增强城市环保形象，为城市可持续发展做出贡献。

2. 技术创新和智能化

城市轨道交通未来的技术创新和智能化发展，是解决交通拥堵、提高出行效率及提升乘客体验的关键。未来城市轨道交通将进一步借助技术创新和智能化应用，以提升运行效率、乘客体验和安全性。例如，无人驾驶技术、自动化调度系统、智能票务系统等将得到更广泛的应用。

城市轨道交通未来的技术创新和智能化将围绕列车技术创新、智能调度系统和乘客服务展开。通过引入自动驾驶技术、轻量化设计、高速列车技术等，提高列车的安全性、运输效率和乘客舒适度。智能调度系统将实现列车运行的智能化和优化，提高系统的运行效率和稳定性。同时，在乘客服务方面将提供更加便利化的进出站系统、多媒体娱乐系统和无线网络覆盖等，以提升乘客的出行体验。这些技术创新和智能化发展将有效缓解交通拥堵问题，提高城市轨道交通的运行效率和服务水平，推动城市可持续发展。

3. 可持续发展和环保

城市轨道交通的可持续发展和环保是未来发展趋势的重要方向。电动化列车、能源回收利用、绿色建筑等将被进一步推广，以减少碳排放和环境污染。

通过能源利用优化、使用环境友好材料和加强绿色设计等举措，可以实现城市轨道交通的低碳、零排放目标，减少对环境的影响。这不仅有助于改善城市空气质量和居民生活环境，也符合可持续发展的要求，推动城市轨道交通朝着更加环保和可持续的方向发展。

4. 多式联运和综合交通枢纽

随着城市化进程的加快和人口增长，城市交通问题日益凸显。传统的城市交通方式已经无法满足人们的出行需求，当前城市轨道交通正成为越来越多城市的首选公共交通工具。未来，城市轨道交通的发展将趋向多式联运和综合交通枢纽，以实现更高效、便捷、环保的出行服务。城市轨道交通将与其他交通方式（如公交车、出租车、共享自行车）进行更紧密地衔接，实现多式联运。同时，城市将建设综合交通枢纽，使不同交通方式更加便捷地连接在一起。

　　未来城市轨道交通将趋向多式联运和综合交通枢纽，将有助于减少碳排放、提高出行效率、改善城市交通状况。同时，这也意味着对城市交通规划、建设和管理都提出了更高要求，需要充分考虑不同交通方式之间的衔接与协调，做好各种交通方式的融合与整合，真正实现城市交通的智慧化、高效化和可持续发展。

**　　5. 国际合作和经验交流**

　　城市轨道交通作为重要的公共交通系统，其未来发展趋势之一是加强国际合作和经验交流。中国城市轨道交通有关部门持续推进国际合作和经验交流，城市轨道交通企业积极参与海外项目，同时引进国际先进技术和管理经验。

　　国际合作和经验交流有助于各国城市轨道交通系统互相借鉴、学习和分享经验，提高城市轨道交通的规划、建设和运营水平。通过技术、标准和规范的统一，人才培养和交流，分享成功经验和教训，以及推动国际合作项目，各国可实现城市轨道交通系统的共同发展，提高城市交通效率和质量，为人们提供更加便捷、舒适和可持续的出行服务。

　　需要注意的是，城市轨道交通的未来趋势可能因城市规模、经济发展水平、交通需求等因素而有所差异。每个城市都应根据自身情况进行规划和决策，以实现城市轨道交通的可持续发展。

1.2　城市轨道交通安全工程概况

1.2.1　城市轨道交通安全面临的挑战

　　随着城市化进程的加速和人们对交通出行需求的不断增加，城市轨道交通系统的规模和运营量也在不断扩大，从而导致安全风险的增加。

**　　1. 人员流动和拥挤**

　　城市轨道交通作为一种重要的公共交通系统，每天承载大量的乘客，面临着人员流动和拥堵等多重挑战。在城市人口持续增长和日益密集的情况下，人员流动和拥堵问题给城市轨道交通的安全性和运营效率带来了一定挑战。

随着城市化进程的推进，城市人口不断增长，轨道交通系统承载的客流量也在不断增加。在轨道交通中，存在一些人员行为不规范的情况，如乘客拥挤进出车厢、涌入禁止区域等，这些行为不仅容易引发意外事故，还会影响运营秩序和安全。人口增长给轨道交通系统的运营管理带来了巨大压力，特别是高峰时段，人员流动更加密集，容易引发人员聚集和拥挤。由于上下班高峰时段有限的时间内，大量乘客涌入轨道交通站点，导致车站、车厢等区域人员流动密集，容易出现拥挤和踩踏等安全事故，如深圳地铁 5 号线某站早高峰期间因一名女乘客在站台晕倒，引起乘客恐慌进而导致踩踏事故的发生。

车站和换乘节点是城市轨道交通系统人员流动的重要环节，当人员流量过大时，容易造成站台、闸机等区域拥挤现象，影响乘客的出行体验和安全。当车厢内人员过多时，乘客间的空间相对较小，容易导致拥挤和不舒适的乘坐体验，甚至引发意外事件。在突发事件发生时，如火灾、地震等，人员拥堵会导致疏散速度减慢、疏散路径堵塞，增加应急处置的难度和风险，如 2022 年 11 月受"无穷花"号列车脱轨事故影响，韩国某地铁线路在早高峰通勤时段出现部分区段停运或延缓运行，引发交通混乱。

为了解决这些问题，在未来的城市轨道交通发展中，需要完善轨道交通规划和设计，加强运营管理和调度，提升人员行为规范意识，同时通过设计合理的站台和车厢、实施分流措施、提高应急处置能力等多方面举措，以提高城市轨道交通系统的安全性和运营效率。只有通过综合施策，才能有效应对人员流动和拥堵问题，为乘客提供更加安全、便捷和舒适的出行环境。

2. 技术故障和设备维护

城市轨道交通作为一种重要的公共交通系统，依赖复杂的技术设备和系统运行，其安全性是保障乘客出行的重要因素。要确保设备的正常运行，就要加强设备检修和维护，引入智能监控系统，建立紧急故障应对机制，同时定期检测和保养设备，加强设备更新和升级，并制定合理的设备维修计划。只有通过持续努力和科学管理，才能确保城市轨道交通的安全性和运营效率，为乘客提供安全、便捷的出行环境。

以中国为例，近年来，一些城市轨道交通出现了由于设备故障引发的列车延误等事故，引发了社会广泛关注。例如，2023 年底，北京地铁某线因雪天轨滑导致前车信号降级，紧急制动停车，后车未能有效制动，造成与前车追尾，引起较大的社会影响。这种事件凸显了城市轨道交通设备故障对安全和运营造成的影响。

针对这些问题，一些城市已经开始采取措施。比如，上海地铁引入了智能监控系统，通过对列车和轨道设备进行实时监测，及时发现潜在故障并采取预防性维护措施，有效提高了设备的可靠性和安全性。同时，一些城市还建立了紧急故障应对机制，例如制定了应急预案和处置流程，以便在发生设备故障时能够快速、有效地作出响应，最大限度地降低安全风险。

　　另外，城市轨道交通也在加强设备维护和更新方面采取了相应措施。例如，对于老化设备，一些城市已经开始进行系统性的设备更新和升级，以提高整体运行效率和安全水平。同时，制定合理的设备维修计划也是至关重要的一环，确保设备能够按时得到充分的检修和保养，减少因设备故障引发的安全隐患。

　　总的来说，城市轨道交通安全面临的技术故障和设备维护挑战需要综合应对，需要科学管理、技术创新和全社会的共同努力。只有这样，才能确保城市轨道交通系统的安全可靠，为乘客提供更加安全、便捷的出行环境。

3. 乘客行为和安全意识

　　城市轨道交通作为一种重要的公共交通系统，乘客的行为和安全意识对确保轨道交通的安全运营起着至关重要的作用。遵守规章制度、正确使用设备及培养紧急情况下的自救能力，都是乘客行为和安全意识的重要体现。一些不文明行为、不遵守规定和突发状况的乘客行为也可能对安全构成威胁。

　　在中国的城市轨道交通系统中，乘客的行为举止和安全意识水平时常受到关注。例如，近年来，一些城市地铁频繁发生乘客在车厢内吸烟、大声喧哗、乱扔垃圾等不文明行为，这不仅影响了其他乘客的乘车体验，也对列车安全运行造成潜在威胁。

　　为了减少乘客违规行为、缺乏应急自救意识与能力，以及手机等电子设备滥用等隐患，需要加强安全教育宣传，安装监控设备和报警装置，加强安全巡逻和执法力度，定期组织安全演练和培训，提供紧急疏散指引，增加安全提示，鼓励合理使用手机并加强管理。只有通过持续努力和全面管理，才能提高乘客的行为和安全意识，确保城市轨道交通的安全运营，为乘客提供安全、便捷的出行环境。

4. 自然灾害和突发事件

　　城市轨道交通作为现代城市公共交通系统的重要组成部分，面临着来自自然灾害和突发事件的挑战。地震、洪水、台风等自然灾害，以及恐怖袭击、列车故障、疏散事故、火灾、恶劣天气等突发事件，都可能对城市轨道交通的运营和乘客安全造成严重影响。因此，灾害预防、应急预案和信息发布系统的建立成为保障安全的重要环节。

　　（1）自然灾害挑战

　　地震是一种具有突发性和破坏力的自然灾害，可能导致轨道交通线路、车站设施和车辆损毁，甚至引发地下水管道破裂、电力系统故障等附带灾害。同时，地震还可能引发乘客恐慌和踩踏等安全问题。设计和建设地震防护设施，如抗震支撑结构、防震破坏材料等，提高轨道交通线路和车站的抗灾能力。

　　洪水可能导致轨道交通线路被淹、车站设施受损，甚至影响电力供应和通信系统运行。此外，洪水还可能造成区域交通瘫痪，影响人员疏散和救援工作。因此，要加强轨道交通线路、车站和车辆防洪设施建设，采用适当的排水系统和抗洪措施。建立洪水监测与预警系统，及时发布预警信息，组织乘客有序疏散。

台风可能伴随着强风和暴雨，对轨道交通线路、车站及设备造成破坏。台风过程中的强风还可能引发树木倒塌、物体飞行等安全隐患。因此，要对轨道交通线路、车站设施等进行加固，提高抗台风能力。根据台风预警情况，及时停运列车，疏导乘客离开受影响区域。

（2）突发事件挑战

恐怖分子可能对轨道交通系统实施恐怖袭击，如 2022 年纽约地铁枪击事件，这种突发事件具有极高的危害性，会造成人员伤亡和设施损毁。为了将恐怖事件扼杀在摇篮里，要增加安全检查频次和密度，使用先进的安全检测设备，提前发现潜在威胁，建立完善的应急响应机制，通过培训提高人员的应急处理能力，确保进行及时有效的紧急处置。

列车故障可能导致乘客滞留或者发生事故，影响轨道交通正常运营和乘客安全。要加强对列车的定期检修和维护，确保车辆性能良好，降低故障发生率。建立快速反应机制，及时派遣运送救援人员和设备到达现场，妥善处理故障情况。

在突发火灾、车辆故障等紧急情况下，乘客疏散时可能因恐慌和拥挤而引发踩踏事故，导致人员伤亡。因此，可以通过各类渠道向乘客普及安全知识，提高其应急疏散意识，提醒其保持冷静并按照指示行动。此外，合理规划和设置安全疏散通道，配备紧急疏散设备，并定期检查、维护也是很有必要的。

自然灾害和突发事件对城市轨道交通的运营和乘客安全构成了严峻的挑战。为了应对这些挑战，需要加强防护设施建设、建立监测预警系统，加强应急响应和救援能力，提高乘客的安全意识和自救能力。同时，政府、运营商和乘客应形成合力，共同参与城市轨道交通安全管理和防范工作，确保安全出行。只有综合考虑各种挑战，采取科学有效的措施，才能更好地应对自然灾害和突发事件带来的风险，确保城市轨道交通系统的安全可靠。

城市轨道交通的安全需要多方面的努力和合作，从设备管理到乘客教育，都需要综合考虑和加强。只有全面提升安全意识和应对能力，才能更好地保障乘客的出行安全。

1.2.2　城市轨道交通安全评估与风险识别

城市轨道交通安全评估与风险识别是确保城市轨道交通系统运行安全的关键环节，包括安全评估的步骤、数据收集与分析、技术审查、模拟与测试、紧急响应计划、培训与教育、合规性与监管、风险管理，以及持续改进。通过深入了解这些方面，城市轨道交通系统的运营和管理团队可以更好地保障乘客和城市的安全。

1. 安全评估的步骤

（1）风险识别

风险识别是城市轨道交通安全评估的第一步。在这一阶段，需要识别潜在的风险因素，这些因素可能影响轨道交通系统的安全性。以下是一些常见的风险因素：

1）人为错误：①操作员错误：操作员疲劳、疏忽或未按规定操作列车。②乘客行为：乘客的不当行为可能导致意外事故或紧急情况发生。③犯罪活动：犯罪活动可能危及乘客和员工的安全。

2）设备故障：①列车故障：列车的机械故障、电气故障或信号系统故障可能引发事故。②基础设施故障：轨道、信号系统、电力供应等基础设施的故障可能影响系统的正常运行。

3）自然灾害：①恶劣天气：暴风雨、洪水、大雪等恶劣天气条件可能影响轨道交通系统的安全性能。②地震：地震可能导致基础设施损坏和列车脱轨。

4）紧急情况：①火灾：列车或车站的火灾可能威胁乘客的生命和财产安全。②爆炸事件：爆炸事件可能导致设备严重破坏和人员伤亡。

（2）风险分析

在识别潜在风险因素之后，下一步是进行风险分析。风险分析旨在定量或定性地评估各种风险的可能性和严重性。可以通过以下方式来实现：定量风险分析使用数学模型和统计数据来计算潜在风险的概率和可能的影响。例如，使用故障树分析来确定列车发生故障的概率以及可能导致事故的故障模式。定性风险分析对风险进行主观评估，将其分类为高风险等级、中风险等级、低风险等级。专家判断和经验经常用于定性风险分析。

（3）建立安全性能指标

建立安全性能指标是确保轨道交通系统安全的重要步骤。这些指标用于衡量系统的安全性能，并监测其变化趋势。以下是一些常见的安全性能指标：

1）事故率是衡量轨道交通系统事故频率的指标，通常以每百万列车公里或每百万乘客里程计算。

2）停运时间是衡量系统由于故障、紧急情况或维护而停止运营的时间。

3）乘客满意度调查可用于评估乘客对系统安全性的感知和满意度。

4）收集和分析事件报告，以识别潜在的问题和改进机会。

最后，综合考虑风险分析和安全性能指标，对系统的整体安全状况进行评估。该评估提供了一个全面的视图，帮助决策者了解系统的安全性能和潜在问题。

2. 数据收集与分析

（1）数据收集

数据是城市轨道交通安全评估的关键。以下是一些关于数据收集的重要方面：

1）历史数据：收集与以前事故、故障和紧急情况的相关数据，以了解潜在问题和趋势。

2）运营记录：定期记录系统的运行情况，包括列车运行时间、维护记录和乘客数量等。

3）事故报告：收集和记录任何事故的详细信息，包括事故原因、受伤人数和损坏程度。

（2）数据分析

使用数据分析工具来分析收集到的数据，以识别关键性能指标的趋势和异常情况。数据分析有助于及时发现潜在问题并采取适当的措施。

3. 技术审查

技术审查是对轨道交通系统的设计、建设和维护进行审查，以确保其符合安全标准和最佳实践。技术审查包括以下方面：

（1）设计审查：对轨道系统的设计文件进行审查，以确保其满足安全要求和规范。

（2）设备检查：对列车、信号系统、电力供应等设备进行定期检查，以确保其正常运行和安全性。

（3）维护程序审查：审查维护程序和计划，确保设备得到适当的维护和检修。

4. 模拟与测试

模拟与测试是评估系统在不同条件下的安全性能的关键步骤。这些模拟与测试包括：

（1）电力系统故障模拟：模拟电力系统故障，以评估系统在电力故障情况下的反应。

（2）风险模拟：使用计算机模拟工具来模拟潜在事故情景，以评估系统的应对能力。

（3）紧急制动测试：测试列车的紧急制动系统，以确保在紧急情况下能够迅速停车。

5. 紧急响应计划

制定和更新紧急响应计划是确保在发生事故或突发事件时能够迅速应对的关键。这些计划包括：

（1）疏散计划：制定乘客和员工的疏散计划，以确保他们在紧急情况下安全撤离。

（2）通信计划：确保有效的通信渠道，以便紧急情况下能够与有关部门和乘客保持联系。

（3）培训和演练计划：定期进行紧急响应演练，以确保所有工作人员了解并能够执行紧急响应计划。

6. 培训与教育

培训与教育是确保轨道交通系统安全的重要组成部分。以下是一些培训与教育的关键方面：

（1）运营人员培训：为列车操作人员和其他运营人员提供培训，以确保他们了解安全程序和操作要求。

（2）维护人员培训：对维护人员进行培训，以确保设备得到正确的维护和修理。

（3）乘客教育：向乘客提供关于安全行为和紧急情况应对的信息和教育。

7. 合规性与监管

城市轨道交通系统必须遵守国家和地方监管机构的法规和标准。以下是与合规性和监管相关的关键方面：

（1）法规遵守：确保系统满足国家和地方法规的要求，包括安全标准、人员资质和设备要求。

（2）定期审查：接受定期的安全审查，以确保系统的合规性和安全性能。

8. 风险管理

风险管理是识别、评估和管理潜在风险的过程，以减轻其对系统安全性的影响。以下是风险管理的关键方面：

（1）风险评估：对已识别的风险进行深入评估，以确定其可能性、潜在影响和紧急性。

（2）风险减轻措施：制定和实施风险减轻措施，以降低潜在风险的发生概率或影响。

（3）应急计划：准备应急计划，以在风险事件发生时迅速应对，减少伤亡和损失。

9. 持续改进

城市轨道交通系统的安全工作是一个持续不断的过程，需要不断改进和更新。以下是实现持续改进的关键方面：

（1）定期审查：定期审查安全程序和政策，以确保其仍然有效并适应变化的情况。

（2）问题分析：分析历史事件和事故，以识别问题和改进机会。

（3）最佳实践采纳：持续关注行业最佳实践，并采纳适用的新技术和方法。

城市轨道交通安全评估与风险识别是确保城市轨道交通系统运行安全的复杂过程。它涉及多个方面，包括安全评估的步骤、数据收集与分析、技术审查、模拟与测试、紧急响应计划、培训与教育、合规性与监管、风险管理，以及持续改进。通过严格执行这些方面，城市轨道交通系统可以最大限度地降低潜在风险，提高乘客和城市居民的安全和满意度，确保系统的可靠性和可持续性运行。

1.2.3　城市轨道交通安全工程体系

城市轨道交通系统在现代城市交通中扮演着至关重要的角色。其不仅能够显著提高城市的交通效率，减轻交通拥堵问题，还能减少环境污染，提高乘客的出行体验。然而，城市轨道交通系统的安全问题一直备受关注。一旦发生事故，不仅会造成人员伤亡和财产损失，还会对城市的经济和社会秩序产生严重影响。因此，建设和维护城市轨道交通系统的安全工程体系至关重要。

城市轨道交通安全工程体系是一个包罗万象的安全管理框架，其目标是确保城市轨道交通系统的可持续运行和乘客的安全出行。该工程体系涵盖了城市轨道交通基础设施建设

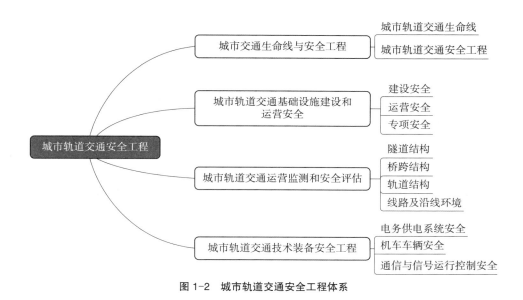

图 1-2　城市轨道交通安全工程体系

和运营安全工程、城市轨道交通运营监测和安全评估，以及城市轨道交通技术装备安全工程三个方面，如图 1-2 所示。

1. 城市轨道交通基础设施建设和运营安全工程

城市轨道交通基础设施建设和运营安全工程是保障城市轨道交通运营安全的关键环节之一，主要涉及设计、施工等多个环节。从城市轨道交通基础设施建设安全、城市轨道交通基础设施运营安全和城市轨道交通基础设施专项安全三个方面展开，可以更全面地阐述城市轨道交通基础设施设计和施工安全。

（1）城市轨道交通基础设施建设安全

城市轨道交通是现代城市交通中的重要组成部分，对于城市的发展和人民出行具有重要意义。然而，城市轨道交通基础设施建设安全一直是一个备受关注的问题。在城市轨道交通基础设施建设过程中，需要对潜在的风险进行识别和管控，以确保轨道交通系统在规划、设计和施工过程中的安全性和可靠性。

1）城市轨道交通基础设施规划设计风险识别与安全管控

在城市轨道交通规划设计过程中，需要对潜在的风险进行识别和评估。这些风险可能涉及地质条件、管线、周边建筑物等因素对施工安全的影响，除了周边因素外，城市轨道交通系统本身的设计和运营也可能存在一定的安全风险。例如，车站平台和车辆乘客区域的安全防护措施、车辆的制动系统、信号控制系统等都需要进行充分的评估和测试，确保其符合相关安全标准和规定。在对潜在的风险进行识别和评估后，需要采取相应的管控措施来降低风险的发生概率和危害程度。这些措施包括采用先进的技术手段、增加监测和预警系统、加强人员培训和管理等。

2）城市轨道交通基础设施施工过程风险识别与安全管控

在城市轨道交通基础设施施工过程中，也存在着一些潜在的安全风险。这些风险涉及施工作业环境、设备和材料安全、现场管理等方面。在施工前，需要进行充分的现场调查和勘测，以确定施工环境的安全状况。在施工过程中，需要采取必要的措施，如设置施工警示标志、划定施工区域、保护周边设施等，以确保施工过程中的安全性。城市轨道交通基础设施施工过程中涉及大量的设备和材料，需要对其进行安全评估和管理。例如，需要对电气设备和材料进行测试和检验，确保符合电气安全要求；对各种机械设备进行维护和保养，以确保其正常运行和安全性。此外，还需要对各类施工材料进行质检和监督，确保其符合相关标准和规定。

3）穿越管涵（线）影响与安全控制

城市轨道交通基础设施的建设常常需要穿越或影响已有的管涵（线），因此需要特别注意安全控制。在施工前，需要进行周边地下管线和管涵的调查，了解其位置、类型和状态。只有充分了解现有管涵（线）的情况，才能制定出合理的施工方案，避免对其造成损坏。对于需要穿越的管涵（线），可以通过临时支撑等措施来确保施工过程中的安全性。例如设置临时支撑框架或使用钢板进行加固，以保证管涵（线）在施工期间不受到破坏。根据具体情况选择合适的施工方法，减少对已有管涵（线）的影响。例如，可以采用盾构法、顶管法等技术，以降低对管涵（线）的振动和位移。

总之，城市轨道交通基础设施建设安全是一个十分重要的问题。在规划设计和施工过程中，需要充分考虑各种因素，对潜在的安全风险进行识别和评估，并采取相应的管控措施，确保城市轨道交通系统在规划、设计和施工过程中的安全性和可靠性。

（2）城市轨道交通基础设施运营安全

在城市轨道交通基础设施的日常运营中，外部土工作业，如挖掘和填方等是不可避免的环节。鉴于城市轨道交通系统运行环境的封闭性、结构的复杂性，以及人员密集和周边环境变化等不确定因素，为确保这些活动不会对既有设施造成不利影响，施工前必须对轨道交通基础设施进行周密的安全评估。这一评估旨在量化施工活动可能对设施产生的影响，并据此制定相应的保护措施。在进行外部土工作业时，不仅要确保施工本身的安全性，还要充分考虑邻近运营隧道的正常使用和结构安全。因此，将外部土工作业对运营城市轨道交通基础设施的影响控制在安全范围内，具有极其重要的现实意义和紧迫性。

（3）城市轨道交通基础设施专项安全

城市轨道交通基础设施是现代城市交通体系的重要组成部分，在为人们提供便捷、高效的出行方式过程中起着不可替代的作用。因此，在建设和运营过程中，需要特别关注基础设施专项安全。

1）城市轨道交通防洪防涝安全

在规划和设计阶段，需要对城市轨道交通线路及车站周边区域进行洪涝灾害风险评估，确定可能存在的洪涝风险，并采取相应的措施进行防范。对于地下和地面设施，需要采取合适的设计和工程措施，如设置防水墙、泵站等，确保设施能够在洪涝事件中保持正常运行和乘客安全。建立完善的洪涝预警系统，及时获取洪涝信息，并采取紧急应对措施，包括限制列车运行、疏散乘客等，以确保人员安全。

2）城市轨道交通烟火与通风安全工程

在地下车站和隧道内部布置烟雾感知器、喷淋系统和排烟设备，及时监测并控制烟火事故，保持车站内部的疏散通道畅通。根据车站和隧道的特点，设计合理的通风系统，确保空气流通，减少烟雾对乘客和工作人员的影响。设置紧急出口、疏散通道和应急照明系统，提供乘客和工作人员在火灾等紧急情况下的安全疏散路径。

3）城市轨道交通涉爆防恐及防护工程

在车站和列车内部安装视频监控设备，加强对乘客和设施的监视，及时发现可疑人员或行为。采取必要的安全检查措施，如行李和人身安检，确保乘客携带物品的安全性。此外，还需要在车站和隧道等关键位置设置防护设施，如防爆墙、防撞柱等，以减轻爆炸或恐怖袭击可能造成的影响。加强员工的安全意识和防恐技能培训，制定完善的应急预案，提高应对突发事件的能力。

通过从城市轨道交通防洪防涝安全、城市轨道交通烟火与通风安全工程、城市轨道交通涉爆防恐及防护工程三个角度实施相应的专项安全措施，可以有效保障城市轨道交通基础设施的安全运营，为广大乘客提供可靠、安全的出行环境。同时，也为城市交通发展提供了宝贵的经验和指导。

2. 城市轨道交通运营监测和安全评估

城市轨道交通运营监测和安全评估是确保轨道交通系统安全稳定运行的重要环节。以下从城市轨道交通隧道结构、桥梁结构、轨道线路结构，以及线路及沿线环境 4 个角度，对城市轨道交通的运营监测和安全评估进行详细阐释。

（1）城市轨道交通隧道结构运营监测和安全评估

通过传感器等技术手段，对隧道结构进行实时监测，包括振动、位移、应力等参数，及时发现可能存在的结构变形或破坏情况，并监测隧道内空气质量、温度、湿度等环境参数，确保乘客和工作人员的健康与安全。布置火灾报警设备和自动喷淋系统，及时发现和扑灭隧道内的火灾，保护乘客的生命财产安全。

（2）城市轨道交通桥梁结构运营监测和安全评估

利用传感器等装置对桥梁结构进行连续监测，包括振动、应变、裂缝等参数，及时发现结构的变形或损伤情况，定期检测和评估桥梁的荷载状况，确保桥梁能够承受列车运行时的荷载并保持安全稳定的状态。根据监测结果制定合理的桥梁维护计划，及时修复和加固存在问题的桥梁部位，确保桥梁的安全可靠通行。

（3）城市轨道交通轨道线路结构智慧监测和安全评估

利用激光扫描仪、摄像头等设备对轨道几何参数进行监测，如轨道高差、水平偏移等，及时发现异常情况并采取措施进行调整。通过振动传感器等装置对轨道的铺设质量进行监测，包括轨道平顺度、垂直度等指标，确保列车行驶的平稳性和乘客的舒适度。利用智能监测系统对轨道进行异物监测，及时发现和清理可能影响列车安全运行的障碍物，确保轨道畅通。

（4）城市轨道交通线路及沿线环境监测和安全评估

对轨道交通线路及沿线环境进行监测，包括周边土壤稳定性、地下水位、气候条件等，及时发现可能对线路安全产生影响的因素。结合监测数据和环境状况，进行风险评估，制定相应的管理措施，包括加固沿线建筑、排除环境隐患等，确保线路安全运营。建立灾害预警系统，及时获取相关信息，采取紧急应对措施，包括限制列车运行、疏散乘客等，确保人员安全。

通过从隧道结构、桥梁结构、轨道线路结构，以及线路及沿线环境4个角度进行城市轨道交通运营监测和安全评估，可以全面提高城市轨道交通系统的安全性和稳定性，为乘客提供更可靠、安全的出行环境。

3. 城市轨道交通技术装备安全工程

城市轨道交通技术装备安全工程的重要性不言而喻，其直接关系城市轨道交通系统的运行安全和乘客的生命财产安全。良好的技术装备安全工程不仅可以确保列车、轨道和相关设施的正常运行，从而最大限度地避免事故发生，保障乘客的出行安全；也可以降低维修成本和运营风险，提高设备的使用效率和寿命，从而为城市轨道交通系统带来更好的经济效益。

以下从城市轨道交通电务供电系统安全、机车车辆安全，以及通信与运行控制安全3个角度，展开对城市轨道交通技术装备安全工程的阐述。

（1）城市轨道交通电务供电系统安全

城市轨道交通电务供电系统是城市轨道交通的能源来源，供电稳定性对于列车运行至关重要。稳定的供电可以确保列车正常启动、制动和运行，避免因电力中断导致的停运或延误等问题。

城市轨道交通电务供电系统安全措施的完备与否直接影响城市轨道交通系统是否能够有效预防各类事故。例如，供电设备的维护保养、绝缘材料的完好性，以及地线系统的运行状态等都是为了减少电力泄漏、触电事故等潜在风险。

稳定的供电系统能够确保列车的正常运行，进而保证乘客的安全。城市轨道交通电务供电系统的故障可能导致列车失去动力或制动能力，增加事故发生的风险，因此必须采取相应的安全措施来保障乘客的安全。

城市轨道交通电务供电系统的安全性也与轨道交通系统的运行效率密切相关。稳定的供电能够提供恰当的电力支持，确保列车正常运行，并减少停运或延误等情况的发生，从而提高整个系统的运行效率。

为确保城市轨道交通电务供电系统的安全，应定期检查和维护供电设备，确保其正常运行和完好状态，建立健全的紧急应急处理机制，对城市轨道交通电务供电系统故障和事故进行快速响应和处置。加强城市轨道交通电务供电系统相关人员的培训和安全意识，提高他们对城市轨道交通电务供电系统安全的重视程度。

这些举措可以有效提高城市轨道交通电务供电系统的安全性，保障乘客和工作人员的生命安全，并确保整个轨道交通系统的稳定运行。

（2）城市轨道交通机车车辆安全

机车车辆安全直接关系到乘客和工作人员的生命安全。确保机车车辆的正常运行和安全性能，例如制动系统、车门系统、紧急疏散装置等的可靠性，可以降低事故发生的风险，保护乘客和工作人员的安全。

合理的机车车辆安全措施可以预防各类事故的发生。例如，对机车车辆进行定期的检查、维护和保养，及时修复或更换磨损、老化或故障的部件，以确保其正常运行和安全性能。

机车车辆安全性也与城市轨道交通系统的运行效率密切相关。安全可靠的机车车辆能够提供稳定的运力支持，保证列车的正常运行，减少停运和延误等情况的发生，提高整个系统的运行效率。

定期检查和维护机车车辆，包括机械、电气和控制系统的检修和保养；加强对重要部件和系统的监测和维护，及时更换磨损或老化的零部件；建立可靠的故障诊断和预警机制，对机车车辆的运行状态进行实时监控，及时发现潜在问题并采取措施修复；为机车车辆维修人员提供专业培训，确保其具备足够的技能和知识来维护和修复机车车辆；加强与供应商和制造商的合作，确保机车车辆的质量和安全符合相关标准和规定；建立健全的紧急应急处理机制，对机车车辆故障和事故进行快速响应和处置。

这些举措，可以有效提高城市轨道交通机车车辆的安全性，保障乘客和工作人员的生命安全，并确保整个交通系统的正常运营。

（3）城市轨道交通通信与运行控制系统安全

城市轨道交通通信与运行控制系统是确保列车正常运行和安全驶入站台的重要保障。良好的通信系统能够保证列车之间、列车与指挥中心之间的信息传递畅通，确保运行的协调性和安全性；通信与运行控制系统的安全性也直接关系乘客的生命安全。例如，通过运行控制系统可以确保列车按时停靠在站台，避免发生碰撞或脱轨等事故，保障乘客的安全；有效的通信与运行控制系统能够提高整个轨道交通系统的运行稳定性，减少因为操作失误或者通信故障等原因导致的运营问题。

采用先进的通信技术，确保列车之间、列车与指挥中心之间的信息传递及时可靠。建立完善的列车运行控制系统，包括自动列车运行控制系统（ATO）、列车保护系统（ATP）等，以确保列车的安全运行；实施严格的通信与运行控制设备检修和维护计划，确保系统设备的可靠性和安全性；加强对通信与运行控制人员的培训，确保其熟练掌握系统操作流程和紧急处理措施；建立健全的应急预案和故障处理机制，对通信故障或系统故障能够及时响应和处理，最大限度地减少对运营的影响。

以上举措可以有效提高城市轨道交通通信与运行控制系统的安全性，保障列车运行和乘客的安全，确保整个交通系统的稳定运行。

第 2 章

基础设施建设安全管理

2.1　规划设计风险识别与安全管控

2.1.1　规划设计风险识别

《城市轨道交通地下工程建设风险管理规范》GB 50652—2011 中给出风险辨识的解释为调查识别工程建设中潜在的风险类型、发生地点、时间及原因，并进行筛选、分类。风险识别是工程项目风险管理的重要内容，是整个风险管理系统的基础，是对潜在的和客观存在的各种风险进行系统地、连续地识别和归类，并分析产生风险事故原因的过程。

风险识别是风险管理系统的核心内容，即对工程建设中所有潜在的风险进行分析及筛选。首先应调查项目中可能发生的各种风险的种类，再对可能造成事故的影响诱因、风险发生的具体机理进行分析，并估计该项风险可能造成的损失。

1. 风险识别的基本原则

工程风险要素识别是工程风险管理中的基本工作，主要影响之后对该项风险的分析与处理方式，基本原则如下：

（1）完整性原则

风险识别应在计划指定阶段对该工程所有潜在的风险进行识别，不得遗漏重要的工程风险。

（2）系统性原则

风险识别应从整体工程全局的角度对所有可能发生的工程风险进行系统性识别，按照工程的内在施工工艺顺序和内在结构关系来识别工程风险。

（3）重要性原则

风险识别应有所侧重。首先是风险的重要性，应先集中最多的时间、人力、物力对比较大型的工程风险、可能造成较大损失的风险优先识别和分析，而对于影响不大的小型风险则可以在一定程度上忽略，以达到降本增效。其次，应优先识别可能影响工程中最重要的结构的工程风险，比如对于隧道工程，初期支护是隧道工程的重要结构部分，那就该优先识别可能影响初期支护安全与稳定性的各项工程风险。

2. 风险识别的程序

风险识别应查找风险的具体因素。首先应将工程项目分解为多个子项工程，并针对每一项工程分别进行识别。比如基坑工程，可以先分解为围护结构、内支撑、土方开挖与运输、防水、结构模板等各分项工程。然后，应了解每个分项工程的具体施工步序与施工重难点技术，比如对于基坑围护的灌注桩，其施工步序包括桩定位、钻孔、放置钢筋笼、灌注混凝土等，而每一项比如钻孔的技术又包含泥浆护钻孔、沉管成孔和螺旋钻孔等。最后，再去了解各项技术在类似工程中曾经造成的问题作为本项目的风险识别、借鉴，比如对于钢筋混凝土施工，在过往类似的工程中，曾发生混凝土和砂浆强度不足、钢筋错位等问题，那就应拿上述案例作为参考，并分析当前需要进行风险识别的工程是否有发生该风险的可能性。

3. 风险识别的方法

风险识别的方法很多，包括专家调查法、风险调查法、工程类比法、头脑风暴法、归纳法、检查表法等，均可用于工程的风险识别。在常规的工程中，专家调查法、风险调查法、工程类比法较为常用。在对风险识别后，还应对其发生的可能性及损失进行进一步的评估。评估可根据工程的实际情况，选择专家调查法、风险矩阵法和模糊综合评判法的其中之一或是其中的两种组合进行。

4. 风险识别表范例

城市轨道交通地下工程建设风险识别如表 2-1 所示。

城市轨道交通地下工程建设风险识别　　　　　　　　表 2-1

工程名称				工程标段							
进展阶段	□规划阶段□可行性研究□勘察与设计□招标、投标与合同签订□施工										
参与单位	1. 建设单位：　　2. 设计单位：　　　　3. 勘察单位：　　4. 施工单位： 5. 监理单位：　　6. 第三方监测单位：　　7. 其他单位：										
填写人				填写日期							

编号	风险名称	发生位置	风险因素（可能成因）	风险损失（不利影响/危害后果）	等级		风险等级	处置负责单位						备注
					概率	损失		建设单位	设计单位	勘察单位	施工单位	监理单位	监测单位	
1														
2														
3														
4														
5														
6														
7														
8														
9														
10														
11														
填表说明	1. 按照不同阶段和建设内容填写表格。 2. 表格由参与调研的单位自行组织，参与单位填写"√"。 3. 风险名称栏中填写名称或风险描述。 4. 发生位置栏中填写风险发生的里程号或具体位置、周边环境等													

2.1.2 规划设计风险分析

城市轨道交通规划设计风险分析可遵照风险识别程序进行。先查找风险的具体因素，将整体工程分解成多个小的子项工程。所谓风险因素，是指工程中能产生或增加损失概率和损失程度的条件或因素，是风险事件发生的潜在原因，是造成损失的内在或间接原因，存在于每个子项工程的每一个具体施工环节中。在计划阶段提前进行风险识别、分析与评价，并在后续每一个子项工程的实际实施过程中将各项风险进行全方位的预防与管理，就能在一定程度上杜绝工程各类事故的发生。

当然，在不同阶段，风险识别可能会有差异，这是由不同阶段的环境调查深度不同造成的。因此，在不同阶段人们对各项风险的识别认知程度可能有所偏差。但整体来说随着设计阶段的深入与各项资料的齐备，各项风险的识别也会越来越清晰。但无论哪个阶段都要先将对项目建设影响最大的风险因素罗列出来，再罗列可能对各个子项工程造成的风险，做成项目风险目录表并进行系统分析。注意罗列风险应从多个角度全方位进行分析，由总体到细节、由宏观到微观，层层分解，形成对项目系统风险的多方位透视，不得遗漏重要的风险。这里建议给出的分析角度如下：

1. 工期风险

该风险可能会造成局部的（工程活动、分项工程）或整个工程的工期延长，不能及时投入使用。

2. 投资风险

该风险可能会造成财务风险、成本超支、投资追加、报价风险、收入减少、投资回收期延长或无法收回、回报率降低等问题。

3. 质量风险

该风险可能会造成材料、工艺、工程不能通过验收，工程试生产不合格，经过评价工程质量未达标准。

4. 安全风险

该风险可能会直接、间接造成人身安全、健康问题，以及工程或设备的损坏。

2.1.3 规划设计风险评价

城市轨道交通设计在各个阶段均应包含工程自身风险评价与环境风险评价两个部分。

1. 工程自身风险评价

工程自身风险评价应针对该设计方案自身的安全性、合理性、可实施性对风险进行评估，并应给出具体减少工程风险的优化设计方案。评价时，宜根据项目的实际情况，具体工程地质条件、具体设计方案，重点对特级、Ⅰ级、Ⅱ级工程进行自身风险评价。比如对基坑开挖工程，应参考基坑的工程地质条件（如地层与地下水分布、特殊性岩土等）及设计方案（如灌注桩 + 内支撑体系、注浆加固、盾构接收与始发等），针对基坑开挖的具体施工步骤与重难点，对基坑开挖工程自身风险进行评价。

2. 环境风险评价

对于城市轨道交通工程，周边环境安全是工程规划与建设实施时最重要的问题。环境风险的类别非常多，建设工程附近可能影响的所有建（构）筑物、管线、道路、动植物等均可能被纳入环境风险当中。因此针对每一项环境风险，均应该根据其特征确定其重要性等级与安全性等级，并在此基础上，预测和评估施工可能会对该环境风险造成的影响与风险发生的可能性，从而完成对该项环境风险的综合性评估，并确定其工程环境风险等级。

城市轨道交通地下工程一般包括如下环境风险：

（1）工程施工对邻近既有各类建（构）筑物、道路、管线或其他设施等的破坏。

（2）工程建设活动对周边区域的土地与水资源的破坏、对动（植）物的伤害，尤其是对受保护古树的伤害。

（3）施工发生的空气污染、光电辐射、光干扰、噪声及振动等。

（4）周边环境改变或第三方活动对工程造成的破坏。

在完成环境风险识别与分级后，应进一步根据实际工程情况、设计方案、施工方法、地质条件、环境风险的具体情况、风险源与工程的空间位置关系，对其附加荷载与变形进行预测分析，确定对该项风险的保护方案及预防、补救措施。

例如对于下穿建筑物的盾构工程，首先应确定下穿建筑物的盾构隧道范围、竖直距离及隧道的工程地质与水位地质条件；再查阅相关规范与该建筑物的信息，包括其图纸资料、地上和地下层数、结构与基础形式、建设年代、实际使用情况、既有损坏情况等，确定该建筑物的环境风险等级及变形承载能力，并采用工程类比法或数值模拟分析预估建筑物的沉降与变形，确定该变形是否会影响建筑物继续使用等；最后再给出盾构隧道施工时，该建筑物的具体保护措施及监控变形指标，并对工程保护方案整体的合理性与可实施性进行评价。对于特级、Ⅰ级及Ⅱ级环境风险应重点评价。

注意应重点对下列工程的环境风险进行评价：①工程施工影响范围内，存在既有轨道交通运营线路、铁路和重要建（构）筑物。②工程邻近采取降水施工在建基坑。③盾构法、暗挖法隧道下穿建筑群或高层建筑、大直径给水排水管线、燃气管线或管线密集区。④高架结构平行或上跨高压线，以及上跨主干道、高速公路、铁路或航道等。

2.1.4　规划设计风险应对

　　城市轨道交通安全风险控制应遵循安全第一、预防为主的原则。注意设计的所有阶段都应对环境风险进行识别、评级，并根据该项风险的工程条件、风险等级、评估结论等，对各项环境风险制定安全经济的控制方案。各个阶段的环境风险设计的原则、方法、流程、要点及成果如下：

1. 总体设计阶段

　　在总体设计阶段，环境风险工程的设计流程为：

　　（1）查阅可行性研究阶段地质资料（或岩土工程初勘报告）和周边建（构）筑物基本资料，并调查其他值得注意的风险源，包括且不限于工程附近的文物、古树、河湖水体、重要管线等。特别要注意附近的其他轨道交通线路，包括地铁、轻轨、高铁等。

　　（2）识别不良地质条件和工程周边环境，分析不良地质和周边环境与工程实施的相互影响。比如实施在软土地区的工程可能会对周边既有建（构）筑物造成更大的沉降。

　　（3）编制影响线路、站位方案的重大风险工程清单。

　　（4）分析影响线路、站位方案的重大风险工程，根据工程实际情况等因素确定各项风险等级，必要时可进行施工影响预测分析。

　　（5）编制推荐方案的风险控制方案，并进行费用估算。

　　在总体设计阶段，主要设计任务为稳定线路、站位与系统方案，并落实设计方案的可实施性等。因此，该阶段环境风险设计的重点应在评估重大环境风险是否可能影响设计方案上，应分析并判断该重大风险可否被接受。若结论为不可被接受，则应调整线路、站位方案至风险可接受，并判断其风险等级，制定具体保护措施。若认为需要进一步调查，则应对初步设计阶段的评估工作提出具体要求，包括且不限于特殊岩土勘察、具体环境（如重要建（构）筑物）风险调查等，并提出需环境调查、勘察、评估单位配合和协调解决的问题及建议。

　　在总体设计阶段的设计文件中，应包含可能对线路、站位有重大影响的工程分析。具体设计内容包含重大风险工程清单、风险工程设计思路、解决方案及风险的可控性分析。设计文件中应对工程重大环境风险进行分析，表示地铁与该环境风险的相对位置关系、该风险的控制方案，以及初步设计风险工程设计优化方向与建议。

　　在总体设计阶段的风险分析中，一般以定性分析法和工程类别法为主，特殊情况可辅以定量分析。

　　在总体设计阶段选择线路走向和车站站位时，应尽量避让重要环境风险。难以规避的环境风险应进行深入风险分析及评估，并提出经济合理的控制方案。

2. 初步设计阶段

　　（1）在初步设计阶段，环境风险工程的设计流程为：①查阅岩土工程初勘报告（或岩土工程详勘报告）和环境调查资料；对上一阶段提出的重要环境风险进一步调查。②在总体设计的基础上，全面识别环境风险工程，进一步分析工程自身和环境的相互影响。③编制风险工程清单，分级报审并进行风险工程初步设计。④对重大的风险工程进行施工影响预测。⑤编制风险控制方案和监控量测要求。⑥编制风险工程费用概算。

（2）初步设计阶段环境风险工程设计要求：①在总体设计确定的技术条件基础上，根据初期及其他周边环境调查成果资料，结合类似工程及相关规范等要求，进一步优化设计，补充细节设计。②对工程造价、进度、对外协调等影响较大的风险工程，应进行多方案比选，必要时进行定性及定量的数值分析并确认推荐方案。③根据周边环境与地铁结构的相对位置关系，评价与分析风险工程，确定工程的可实施性，制定周边环境的保护措施和控制要求。④若管线需拆改，需分施工阶段分析管线改移对车站主体及附属结构施工影响。⑤环境风险应进行监控量测设计。⑥对特级和重要一级环境风险工程应重点关注并做专项研究。

（3）在初步设计的基础上，设计方可对其他专业施工图设计阶段的工作提出进一步的意见与建议，如对施工图阶段的不良岩土地质勘察、建构筑物调查、既有铁路的现状评估工作等提出具体的要求。

（4）初步设计应在安全、经济、合理的前提下，通过比选不同的施工方法、围（支）护结构具体形式、地下水控制方案、环境风险保护方案等确定设计方案。初步设计应在总体设计的基础上对原方案进行细化，稳定土建方案，评估、确认工程重难点，提出初步技术措施与相应设计概算。

（5）初步设计阶段应全面识别、分析、评估环境风险，列出具体的风险工程清单，对风险进行初步调研，并在此基础上对各种设计方案进行比较，比选出风险控制更优且经济的方案；并将设计内容体现在初步设计文件中。对于重大环境风险，应进行风险专项设计作为论证技术措施正确性的文本，其内容应与初步设计文件保持一致，且不重复计量。

（6）初步设计阶段风险工程应以定性分析为主，如采用工程类比法。对于重要风险工程可选择定量分析，如采用数值分析法等。

（7）初步设计阶段环境风险设计的最终成果，应包含项目在内所有工程的环境风险分级清单，并包含一般等级的环境风险设计和重要环境风险的专项设计文件。

3. 施工图设计阶段

（1）在施工图设计阶段，环境风险工程的设计流程为：①收集岩土工程详勘报告和环境详细调查资料；有需要的情况下，应提供补充、专项勘察资料。②提出对重要周边环境对象的评估需求。③根据施工图设计重新核实、调整风险等级，编制风险工程清单。④结合具体地质环境、施工工艺流程，深入分析潜在的工程风险。⑤根据风险等级、环境调查报告、检测报告、评估报告及有关要求，为环境风险源制定相应施工变形控制指标。⑥对周边环境进行施工影响预测分析，提出具体的风险控制措施、施工注意事项及应急预案等。⑦施工过程中，根据监控量测、现场巡视等反馈信息，进行动态设计，必要时进行设计变更。

（2）对于所有环境风险，应在初步设计的基础上根据施工图设计详细分析工程的风险，制定安全、经济、合理的风险控制保护措施方案，并通过合理的方法预测、评估施工对环境风险的影响，采取保护措施后，根据相关规范和评估报告的具体要求设置合理的监控变形指标，确保分析出的变形结果在监控指标范围内。对于识别出的重大环境风险工程，需做专项设计论证合理的技术措施，其内容需与施工图文件保持一致，不得重复计量。

（3）在施工图设计阶段，重大环境风险工程的专项设计应采取定量分析为主、定性分析为辅的分析方法，一般环境风险工程可根据实际情况选用合理的分析方法（可根据具体情况选择定性和定量分析）。主要分析方法有工程类比法、解析法、数值分析法、反分析法等。

2.2　施工过程风险识别与安全管控

2.2.1　施工过程风险识别

城市轨道交通工程安全风险识别必须在系统掌握轨道交通施工工艺及工程安全风险管理理论的基础上，全方位、全过程地对风险进行识别。施工安全风险识别一般以施工流程或施工部位等按照一定的规律进行系统分析，系统地分析识别可以使条理清晰，避免遗漏。施工安全风险识别应邀请施工、设计领域权威专家进行识别，以确保识别出的安全风险的准确性。

城市轨道交通工程安全风险的识别一般采用专家调查与工作风险分解相结合的识别方法，具体流程为：

1. 工程信息采集

工程信息采集是对城市轨道交通工程施工所涉及的相关信息进行收集与分析，包括：①工程地质情况、水文地质情况等；②周边建（构）筑物情况（包括房屋、地下管线、道路、桥梁、交通等）；③类似工程的风险事故或相关经验、数据等。

2. 单位工程划分

每个轨道交通工程所涉及的分部分项工程不尽相同，具体工序也不一样。对单位工程进行分部分项划分，有利于全面系统地识别风险因素。

3. 对常见安全风险事件进行分解

通过风险事件的分解，细化风险因素。

4. 安全风险汇总

通过专家函询表方式结合工序与风险因素，逐个识别风险，对识别出的风险因素进行汇总，形成风险汇总表。

5. 建立安全风险清单

在风险汇总表的基础上，以表格的形式列出各种潜在的风险源、风险因素、风险事件，形成风险清单。

2.2.2　施工过程风险分析

城市轨道交通施工过程风险分析一般发生在风险识别阶段和风险评价阶段。分析风险发生的概率，以及风险发生可能会造成的损失，确定可能面临的风险等级。

1. 工程项目的风险分析方法

在识别城市轨道交通工程项目风险的过程中，一般会借用很多的分析方法，来达到对工程项目风险有效识别的目的。目前，在工程项目研究中最常用的风险分析方法主要有以下几种。

（1）因果分析图法

因果分析图法又称鱼刺图法，可以将风险因素通过简明的文字用鱼刺图的方法表示出来，分析风险因素与施工安全风险的相关关系和因果关系，并逐条逐层次进行深入分析，探求主要风险源。

（2）情景分析法

情景分析法是根据项目管理者目前所拥有的数据和图表等，对工程项目在未来某一个时间点的风险进行诊断和分析。在此基础上，期望能够识别出影响风险的因素的严重程度，并将识别出的结果上报给项目负责人，对可能发生风险的范围给出意见和建议。

（3）专家访谈法

工程项目往往涉及比较专业的领域，条件和技术要求都很高，因此需要专业人士对风险因素进行识别。所以专家访谈法就是针对施工安全风险因素向此领域或者此工程项目的专家学者进行面对面访谈，以达到对工程项目施工安全风险因素的精准辨别。

（4）头脑风暴法

头脑风暴法又称集思广益法，是一种将项目组所有成员聚集在一起进行个人想法的发言，并将所有成员的想法进行汇总。头脑风暴法更倾向于搜集到的想法数量，激发团队成员的积极性，团队成员可在不受限制的情况下大胆说出自己的想法，有利于意见的汇总和调整。在讨论过程中不可对某位成员的意见提出讨论和异议，也不可通过言语或者肢体动作对其他成员的意见进行批判或者做出不认可的行为。

（5）德尔菲法

德尔菲法也可以说是专家调查法。通过将调查内容以匿名的形式提交给专家，专家通过自身的理论和实践经验给出回复，然后对回复结果进行数据的整理、分析和处理。在专家意见不稳定时可以将文件再次返回给专家进行再一轮的意见征集，直到专家意见达到稳定状态为止。

2. 工程项目的风险评价方法

城市轨道交通工程项目风险评价主要是将在此之前识别出的风险因素进行风险等级评定、排序和决策，进行风险等级的确定，主要方法有以下几种。

（1）主观评分法

主要是依靠专家的理论基础和实际经验等隐性知识，通过直接对风险因素清单上的风险因素进行权重打分，然后将各个风险因素的权重进行相加汇总，最后与风险评价准则进行对比得出结论。

（2）决策树法

决策树法是项目管理者通过将导致风险的各类因素通过图像展示出来，而展示出的图像类似于一种树枝形状，能很好地对各层次的要素进行列示，不仅能够反映项目的施工背景，而且能够直观了解项目的风险发生概率。

（3）蒙特卡罗模拟法

蒙特卡罗模拟法是一种直接从不确定的风险因素中随机抽取样本进行计算，通过不断地进行模拟，组合出不同的不确定性组合，再经过对组合的不断重复统计和分析，直至找出工程项目的变化规律。这种方法可以对工程项目进行提前预测，提前得到进度计划结果。

（4）外推法

在工程项目评价中，前推和后推是最常见的两种外推法。前推，顾名思义，就是通过项目以往的数据来对项目未来可能发生或存在的风险进行推测。若已有的历史数据为周期性重复数据，则可以直接将数据运用到未来事件的推测中；若不是周期性重复数据，则需要借助分布函数或者曲线图进行数据拟合。后推则是把之后可能会发生的风险归类到已有数据可查的初始事件当中，后推在工程项目中使用的频率较高。

2.2.3 施工过程风险评价

城市轨道交通施工安全风险评价一般在全面掌握风险评价理论和风险评价方法的前提下进行，以实现评价结果客观、合理。施工安全风险评价应充分结合城市轨道交通施工方法和施工流程，对不同施工部位、不同施工时间的施工风险给予可靠而全面的评价。施工安全风险评价应结合城市轨道交通施工经验，要求风险出现的部位准确，对风险的描述准确，进而达到评价结果的客观有效。城市轨道交通工程风险评价一般分为定性评价和定量评价两种。

1. 城市轨道交通工程风险定性评价（表 2-2）

风险等级标准对照表　　　　　　　　　　　表 2-2

可能性	损失大小				
	灾难性	非常严重	严重	不严重	可忽略
频繁	很高	很高	很高	较高	中等
可能	很高	很高	较高	中等	较低
偶尔	很高	较高	中等	较低	很低
罕见	较高	中等	较低	很低	很低
不可能	中等	较低	很低	很低	很低

下面以坍塌风险为例，介绍工程施工风险定性评价的流程方法。轨道交通工程施工过程中，坍塌风险主要为：初期支护施工不及时、注浆加固效果差、脚手架失稳、监控量测无效、管线渗漏未及时处理。

（1）初期支护施工不及时

可能性分析：初期支护是轨道交通工程施工的关键环节，也是风险最大的环节，施工地层不确定性较为突出，受地下水、地层空洞等影响，初期支护的施工不及时可能导致坍塌发生。可能性大小为：可能。

损失大小分析：初期支护施工不及时引起坍塌一方面可能导致施工作业人员的伤亡，另一方面可能引起地面坍塌，造成严重的社会影响。损失大小为：严重。

风险等级：较高。

（2）注浆加固效果差

可能性分析：轨道交通工程施工一般地层较差，带水带压管线较多，针对管线及地层的主要施工措施为注浆，对注浆浆液、注浆量、注浆压力的控制尤为重要，这些也是影响注浆效果的主要因素。可能性大小为：可能。

损失大小分析：注浆加固效果差，可能引起坍塌，随之而来的影响是危及作业人员人身安全、地面塌陷、管线破损。损失大小为：不严重。

风险等级：中等。

（3）脚手架失稳

可能性分析：轨道交通工程施工涉及的脚手架主要为工具式脚手架和二衬施工的模板脚手架。地下工程施工的脚手架高度、跨度等较小，且在一定的空间内，故施工不规范引起坍塌的可能较小。可能性大小为：偶尔。

损失大小分析：轨道交通工程施工涉及的工具式脚手架和模板脚手架上方均存在人员作业，坍塌损失主要为人员伤害。损失大小为：不严重。

风险等级：较低。

（4）监控量测无效

可能性分析：轨道交通工程施工的监控量测是非常重要的，监控量测是施工的"眼睛"。监测点的稳定、监测人员的水平、监测仪器是否鉴定等都直接影响监测结果，但监控量测是连续性的工作，数据对比是相对的，故监控量测无效引起坍塌的可能性非常小。可能性大小为：罕见。

损失大小分析：监控量测数据无效，不能正确反映施工工艺、施工方法对周边建筑物、地面及地铁结构等周边环境的影响，也能引起坍塌。损失大小为：不严重。

风险等级：较低。

（5）管线渗漏未及时处理

可能性分析：轨道交通工程施工过程中如超前探测不及时、未进行管线监测等均可能导致管线渗漏而引起坍塌。可能性大小为：偶尔。

损失大小分析：管线渗漏引起坍塌一方面可能导致施工作业面人员伤亡，另一方面可能引起地面塌陷，社会影响较大。损失大小为：严重。

风险等级：中等。

针对坍塌风险，其5个风险因素的重要性排序为初期支护施工不及时、管线渗漏未及时处理、注浆加固效果差、脚手架失稳、监控量测无效。

2. 城市轨道交通工程风险定量评价

工程风险定量评价一般采用层次分析法、模糊评价法等方法，对可能造成风险的因素进行定量评价。下面以模糊评价法为例，介绍定量评价法的流程方法。

模糊评价法首先将安全风险问题分解为若干个安全风险事件，其次再将风险事件分解为若干风险因素，最后建立城市轨道交通工程施工安全风险识别三阶层次结构模型。

（1）构造优先关系判断矩阵

此步骤主要根据特定风险事件中各个因素的相对重要程度，形成优先关系判断矩阵。

（2）构建模糊一致判断矩阵

模糊一致性判断矩阵的性质是各行各列的数值累加为1。根据此性质将优先关系判断矩阵实施数学变换，得到模糊一致判断矩阵。

（3）层次单排列

层次单排列是指第三层次元素相对于第二层次元素重要性的排序，第二层次元素相对于第一层次元素重要性的排序。

（4）层次总排列

层次总排序是指三阶层次结构模型中第三层的元素相对于第一层元素的重要性排序。通过相对权重的合成，计算第三层次元素相对于第一层次的权重，从而实现层次总排序。

（5）项目风险因素层模糊评判

在对第三层即风险因素层进行评判时，采用专家调查法，邀请若干位参与风险识别的专家，向被邀请的专家发放专家咨询卡，对各类风险发生的可能性及损失大小进行综合评价。根据评判表可得出人员伤亡风险的评判矩阵，再依据"最大隶属度原则"进行评判。

2.2.4　施工过程风险应对

城市轨道交通安全风险的应对，首先应该明确城市轨道交通工程建设的总体目标，在此基础上确定风险应对的目标。将风险从"人""机""料""法""环"五个方面进行分解。确定五方面的具体应对措施。

"人"指项目管理人员、现场作业人员、设定的特殊岗位专职人员等。如隧道内交通疏导员、动火作业看火人。应对措施：培训教育、制度执行、专人看护等。

"机"指施工现场使用的机械、机具等。应对措施：配备必要的机具设备，对机械设备定期保养、及时标定等。

"料"指施工现场防范风险所应用的材料、施工区域涉及的工程材料。应对措施：风险材料的使用必须按标准化、规范化的要求进行；对工程材料要按规范要求进行存放、检验、使用。

"法"指施工现场设计图纸、方案、作业指导书、技术交底、管理程序、管理制度。应对措施：制度明确，并严格执行；程序严格，层层把关。

"环"指施工现场存在风险的区域环境。应对措施：设置安全防护的设备设施。

风险因素分解，应对措施责任到人，明确风险管理要求。应对措施应根据不同风险等级相应制定。

此外，在管理方面的应对措施主要体现在三个方面：全员安全风险管理、领导负责制管理、标准化管理。

1. 全员安全风险管理

全员安全风险管理，指针对风险因素制定各岗位的安全职责，要求管理人员认真学习落实每个人在风险管理中的岗位安全生产职责，做到强化安全管理，促进安全责任制落实，形成全员参与、相互监督、相互提醒，坚决杜绝"三违"（即违章指挥、违章操作、违反劳动纪律），消除安全隐患，创造良好的安全施工环境，减少、避免各种安全事故的发生。将分析结果按"人""机""料""法""环"五因素分解，逐项落实到安全、技术、质量、材料等相关人员。

2. 领导负责制管理

将分析得到的风险进行排序，较高风险由项目经理直接负责，并安排专人进行巡视。中等风险由各分管的副经理按照职责管辖范围分别负责，即技术质量类由项目总工负责；安全管理类由安全经理负责；现场生产类由生产经理负责。较低风险由工区长负责主要风险，安排兼职人员进行巡视。

3. 标准化管理

安全风险管理标准化主要体现在人员、现场、内业三方面，即施工人员标准化配备、现场标准化作业和内业资料标准化编制三个方面。

2.3　穿越管涵（线）施工响应与安全控制

2.3.1　穿越施工诱发管涵（线）安全问题概述

在新型城镇化快速推进和城市轨道交通日新月异的大建设背景下，我国城市轨道交通在开通城市数量、轨道交通运营里程、运营客运量等方面均位居世界第一，列车运行可靠度、正点率等关键运营指标居国际前列。

城市轨道交通一般均处于城市核心区，其周围建（构）筑物密集，环境条件复杂。城市轨道交通施工对周围环境的影响效应评估及其控制一直都是轨道交通领域内的研究热点和难点。在不同的城市轨道交通运营线路制式结构中，地铁占比接近80%，其施工诱发的环境效应也最为显著，在工程实践中引起的灾害事故也最为常见，因此本节以典型的地铁隧道为例，概述城市轨道交通施工对周围地层位移及既有建（构）筑物安全与稳定的影响效应。

城市地铁隧道建设所采用的施工方法主要包括盾构法、明挖法、浅埋暗挖法、矿山法和新奥法。这类地下工程开挖比较敏感，无论采用哪种开挖形式，周围土体均易受扰动。新的开挖隧道与建筑物比较接近时，若是没有采取相应措施，就会使原有建筑物承载力降低，更严重的会使建筑物受到破坏；如果地铁隧道邻近建筑基础、地下管网等设施进行开挖，也会对人们的生命财产安全产生不利影响。

目前，在建或已建的地铁工程中都会穿越很多地下管线。地铁盾构开挖会不可避免地引起附近地表沉降，从而对埋设在地下的管线造成影响，甚至会使管线破坏而不能使用，更甚者会带来灾难性后果。2007年2月5日，一起严重的渗水坍塌事故发生在南京地铁2号线某处，此次事故造成了非常严重的后果，给事故附近居民的正常生活带来了极大破坏。

2009 年 3 月 4 日，深圳某地铁线某处隧道上方发生了非常严重的地面塌陷，事故发生后事故发生点周围及附近排放城市污水的管线产生非常严重的断开下沉，城市运送生产生活用水的输水管线和输送城市生产生活通信用电的电力电缆管线下方土体塌陷，管线裸露悬空，还有部分给水管道的支管被拉伸而产生断裂。2014 年 12 月 24 日，武汉某地铁线某处盾构施工区间发生一起自来水管爆裂事故致使正在实施盾构施工现场被喷涌出的自来水淹没，导致盾构施工进度被延迟了 3.5 个月，造成了约 3000 万元的巨大经济损失。图 2-1 为城市轨道交通施工诱发管线破坏的典型事故照片。

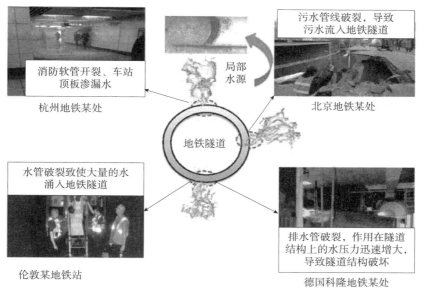

图 2-1　城市轨道交通施工诱发管线破坏典型事故照片

　　上述地下管线破坏事故是典型的城市轨道交通施工环境效应。事实上，城市轨道交通施工破坏地下管线，从而引发重大事故的案例还有很多。地铁的修建往往在经济比较发达、基础设施比较完善、地下管线复杂繁多的大城市，采用盾构法修建地下隧道时如果对盾构施工中盾构掘进参数的设置不合理或者对地下管线的保护措施不够，必定会在开挖掘进的过程中对埋设在城市地下的各类管线产生较大的扰动，超出管线可变形的范围，使管线破坏。所以如何在开挖过程中设定合理的掘进参数，采取合适的技术措施，以保护施工段附近的各类基础设施是城市轨道交通修建必须重点关注解决的课题。

　　地下管线是城市最重要的基础设施之一，是城市赖以生存和发展的物质基础。2014 年 6 月，《国务院办公厅关于加强城市地下管线建设管理的指导意见》（国办发〔2014〕27 号）明确提出，城市地下管线是指城市范围内供水、排水、燃气、热力、电力、通信、广播电视、工业等管线及其附属设施，是保障城市运行的重要基础设施和"生命线"。地下管线和百姓生活息息相关。随着我国城镇化的加快，城市地下管线建设发展非常迅猛，但随之而来的地下管线管理方面的问题也越来越多。施工破坏地下管线造成的停水、停气、停电及通信中断事故频发；"马路拉链"现象已经成为城市建设的痼疾；由于排水管道排水不畅引发的道路积水和城市水涝灾害司空见惯。地下管线引发的问题已成为城市百姓心中难以消除的痛。频频发生的城市地下管线事故让人们认识到，原来我们脚下坚实的大地有时也很脆弱，地下管线的任何"风吹草动"，都可能给城市生产及老百姓生活造成巨大影响。

城市地下管线具有基础性、公用性、自然垄断性、网络性、隐蔽性和外部性。地下管线的基础性主要体现在：一方面，城市地下管线所提供的产品或服务是城市各行业或部门生产活动及人们生活的基本资料；另一方面，城市地下管线所提供的产品或服务往往是其他生产活动赖以进行的物质基础。城市地下管线的公用性是从服务对象的角度来考虑的，城市地下管线提供电力、电信、燃气、给水、供热等多种产品，这些产品或服务没有特定的消费群体，而是由广大市民共同消费。城市地下管线的自然垄断经济特征为：生产经营过程必须依赖固定的网络系统才能进行，由此决定了其在运营阶段具有明显的自然垄断性。城市地下管线的网络性指的是一种具体的以物理形式存在的网络体系，一般而言，地下管网是由许多节点和联系节点的连接所构成的完整的网状配置系统，网络功能的体现和发挥需要全网联合作业，以实现管网的有效协调和高效运行。与城市其他基础设施相比，地下管线是对城市地下空间资源的开发与利用，具有隐蔽性的特征。承担不同功能的管网被敷设和掩埋在城市地下，最浅的覆土厚度为 0.5m，而对那些具有潜在污染的管网（如污水管网），其掩埋深度可达 10m。城市地下管线具有显著的外部性，主要体现在地下管线的建设施工及产品或服务输送过程之中，这种外部效应既可能是直接的，也可能是潜在的。

作为城市基础设施行业，城市地下管线的种类日益增多，其分类如图 2-2 所示。按照功能，城市地下管线可分为给水管道、排水管道、燃气管道、电信电缆、电力电缆、供热管道、工业管道 7 类，每类管线按其传输的介质和用途又可分为若干种。

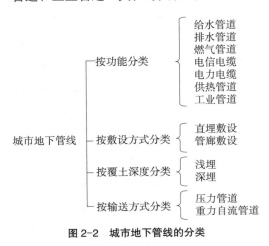

图 2-2　城市地下管线的分类

给水管道可按水的用途分为生活用水、消防用水、工业用水、农业用水等配水和输水管道。排水管道按排水性质分为雨水管道、污水管道和雨污合流管道等。燃气管道按其传输的燃气性质分为燃气、天然气、液化石油气输配管道。电信电缆通常包括通信信息电缆、广播电视电缆，以及军用、铁路民航等专用电信电缆。电力电缆按其功能可分为动力用电电缆、照明用电电缆等。供热管道按其输送的介质分为热水管道和蒸汽管道。工业管道输送的介质分为石油、重油、柴油、液体燃料、氧气、氢气、乙烯、乙炔、压缩空气等油气管道，氯化钾、丙烯和甲醇等化工管道。按照敷设方式，城市地下管线可分为直埋敷设、管廊敷设两种类型，其中管廊敷设又分为通行地沟、半通行地沟和不通行地沟三种。按照覆土深度，城市地下管线可分为浅埋、深埋两种，其中深埋指管线覆土深度大于 1.5m。按照输送方式，城市地下管线可分为压力管道、重力自流管道两种。此外，城市地下管线也可按材质、接头形式等进行分类，管线按材质分类有：混凝土管、钢筋混凝土管、铸铁管、钢管、塑料管、混凝土方沟等，城市地下管线的接头形式主要有承插式、企口式、平口式、法兰式等，如图 2-3 所示。

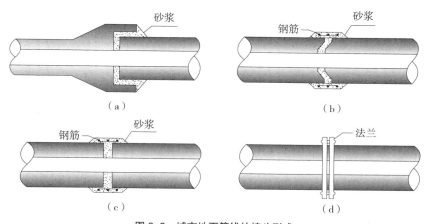

图 2-3　城市地下管线的接头形式
（a）承插式；（b）企口式；（c）平口式；（d）法兰式

城市地下管线的破坏具有多种形式，其特点各异。城市地下管线的破坏失效主要发生在两个部位：管段和管线接头，其实质是：①管段由于弯矩产生拉应力而出现裂缝，导致管线发生破裂甚至断裂。②管段保持完好，但是管线接头因两端管段转角过大而失效。在隧道施工过程中，地下管线周围地层受到施工扰动而产生变形，土体的移动会在管线上产生附加外力，由于管线抵抗变形的能力远大于土体（地下管线的刚度约为土体的 1000~3000 倍），管线必然会抵抗其周围土体的移动，这种相互抵抗作用的强度主要由管径、管线刚度、管线接头类型及管线位置等因素所决定。在这种管线对地层的抵抗作用下，管线自身会产生变形及应力，其结果是管线可能发生渗漏水甚至结构失效或破坏。

在地下管线破坏模式方面，Clarke（1958 年）系统总结了管线的破坏类型，具体如图 2-4 所示。Attewell（1986 年）提出了脆性灰铸铁管的几种失效模式：①纵向弯矩引起的横向断裂。②环向弯矩引起的纵向劈裂。③熔断、长期腐蚀引起的孔洞或穿孔。④管线接头处的泄漏。⑤引入连接处的泄漏。⑥直接冲击引起的损伤。

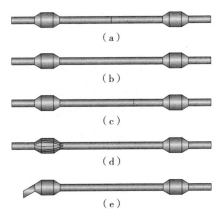

图2-4 地下管线的破坏形式
（a）梁式断裂；（b）拉断；（c）剪断；
（d）推断；（e）撬断

在隧道施工过程中，地下管线发生失效或者破坏的主要原因是隧道的开挖引起地层损失使得地下管线产生差异沉降，管线破坏的主要表现形式为 Attewell（1986 年）总结的第一种即纵向弯矩引起的管线横向断裂。而因管线差异沉降导致的非刚性管线接头张开也较为常见。可以将上述 6 种脆性灰铸铁管的失效模式的实质总结为：

1. 轴向应力导致的破坏

轴向应力导致的破坏是指管线受到的沿轴向的拉压应力达到其强度极限而发生破坏，因组成管线的材质的抗压性能都比抗拉性能要好，所以导致管线破坏的纵向应力基本都是拉应力。纵向应力的产生主要有以下两方面因素：一是因纵向弯矩而产生的弯曲，二是因轴向应力而产生的管线轴向应变。对于第一个方面的因素，管线之所以会产生弯矩主要有以下原因：①管基的不均匀沉降或底部冲刷，如管基下卧土体侵蚀或流失。②渗漏导致的地层位移。③因地下空间开挖而引起的地层移动。④因土体含水率的变化而导致的土体固结。⑤管基的初始不均匀。对于第二个方面的因素，轴向应力的产生主要有两个原因：①管内流体产生的内压。②管道内外温差产生的应力。

2. 环向应力导致的破坏

环向应力导致的破坏是指管道局部的管壁屈服或者破裂失效，当管壁内应力达到管材屈服应力时，就会发生此种破坏，环向压应力在这一极限破坏中起主要作用。当刚性管线埋深较大（上覆土层很厚）或柔性管线所处地层夯实度很高时，管壁就会承受较大的竖向压力，此时较容易发生破坏。

3. 管壁受压屈服

管壁受压屈服并非因为管壁所受压应力达到其强度极限，而是因为管壁刚度不足而产生管壁局部的压屈。压屈现象主要发生在承受较大内外压力差（管内压力小于管外压力）的柔性管线中，管线的刚度越小，越容易发生管壁压屈。

4. 接头转角过大

在通常的研究中，一般都是将地下管线假定为连续管线，但实际工程中，地下管线是通过接头将管段连接起来的。对于可转动的柔性接头，存在一个容许接头转角，如果接头转角超过容许接头转角，即使管线没有发生破坏，但因接头处发生渗漏，便认为管线已经失效。

5. 超挠曲

挠曲是对柔性管进行设计时的一项参数，在进行刚性管设计时不予考虑。挠曲是管线在外荷载作用下，管道截面由正圆形逐步发展为椭圆形，当发展至柔性管线的挠曲极限时，管壁发生局部凹陷，这种现象称为超挠曲。

2.3.2　施工对地下管线影响机理

　　城市轨道交通（隧道工程）在开挖之前，岩土体在原始地应力条件下处于平衡状态。隧道工程施工后，原始地应力平衡状态被破坏，岩土体发生卸荷回弹和应力重分布。在隧道的临空面，由于岩土体约束的解除，洞内各点的位移均会发生较大变化，由此引起隧道周围岩土体各点的位移，从而适应应力的这种变化而达到新的平衡，即造成了围岩应力的重分布。与之相应的，在受力状态的变化过程中，隧道周围岩土体的位移也发生变化，从而引起地层变形，进而对周边建（构）筑物产生附加荷载，造成其附加变形。因此，隧道施工引起的地层应力和变形是造成附近地下管线承担附加荷载、产生附加变形的根本原因。因此，在地下管线受隧道开挖影响的研究工作中，隧道开挖引起地层移动规律的研究工作是基础性的。对于隧道施工引起的地层变形问题的研究，尤其是地表沉降规律的研究，起源于对煤矿等矿山巷道上方地表沉降现象的分析。经过长久的发展，主要形成了以 Peck 公式为主的经验公式法、室内模型试验法、解析法和数值模拟方法等。

　　隧道开挖引起的地层变形的空间形态示意图如图 2-5 所示。基于煤矿巷道开挖所引起的地表沉降实测数据，Maros 首次提出了隧道开挖引起的横向地表沉降槽符合正态分布。随后，Schmidt、Peck 等学者相继证明了隧道开挖所引起的地表沉降也符合正态分布，目前运

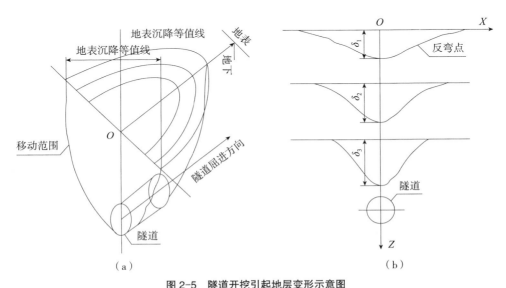

（a）　　　　　　　　　　　　　　　　　　（b）

图 2-5　隧道开挖引起地层变形示意图
（a）地层变形的空间形态；（b）横向断面地层沉降形状

用最多的是 Peck 公式。1969 年，Peck 在对大量的隧道开挖引起的地表沉降实测数据进行分析后，系统地提出了地层损失这一概念和预测隧道开挖引起地表沉降的经验公式，即 Peck 公式。此后，Peck 等学者及许多的工程技术人员又进行了大量的修正与完善工作，使得 Peck 公式成为目前预测隧道开挖引起地表沉降应用最为广泛的经验公式。

　　隧道开挖引起的纵向地表沉降时程曲线如图 2-6 所示。在常体积假设的条件下，New 和 O′Reilly 推测纵向地表沉降曲线符合概率积分曲线，这一观点被 Attewell 和 Woodman 所测得的黏土隧道的数据所证实。纵向地表沉降曲线符合概率积分曲线的结论更适合于黏性地层，对于掌子面加有支护作用（如现在的盾构机），积分曲线向隧道掘进后方平移，正上方地表沉降也减小。

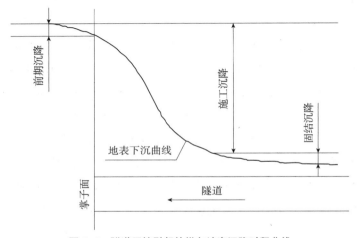

图 2-6　隧道开挖引起的纵向地表沉降时程曲线

　　室内模型试验法分为常重力模型试验、超重力离心模型试验两种，是研究隧道施工引起地层移动的重要手段之一。室内模型试验的优点是可以对一些不可能求解的问题进行直观模拟，且可以人工控制单因素或多因素对问题影响的规律，从而节省大量的人力物力。但是其相似准则的选择和相似条件的满足是一个难题。

　　解析法是指通过数学力学的计算取得闭合解的方法。解析法常将地基土作为弹性、弹塑性和黏弹性体考虑，是边界元等数值方法计算的理论基础。在地层变形方面的解析法中，最具代表性的有三类解答：①以 Sagaseta 为代表，在不计重力的弹性半无限空间中，地层沉降由地层损失所引起的解析法。②以 Bobet 为代表，直接派生于弹性平面应变理论的解析解。③以 Yang 为代表的基于随机介质理论的解析法。受到计算条件的限制，解析法仅能计算较简单的边界条件或初始条件下的模型，因而解析法常将地层假定为均匀的、轴对称的平面应变问题。更为重要的是，解析法不能考虑不同施工条件对地层位移的影响，所以解析法的应用比较有限。

经验公式法、室内模型试验法和解析法都不能反映隧道施工过程的影响。但实际岩土介质为非线性的，所以隧道开挖影响与施工过程密切相关，因此只有考虑施工过程才能真实反映隧道施工的力学影响。目前的数值计算方法能模拟施工过程、考虑各种施工因素，且岩土体的本构模型也与实际情况更接近，具有广阔的应用前景。当前应用广泛的数值模拟方法主要有：有限差分法、有限单元法、离散元法、边界元法和刚性有限元法等。其中有限单元法在实际工程中的应用最为广泛。

地下埋设的管线受力较为复杂，除了受到管线内部的运送介质产生的内部压力之外，还会受到外部各种荷载作用，如管线四周土体产生的压力（主要包括管线上覆土体对管线的压力、管线下部土体对管线的反作用力、管线周围施工引起的外力）、地下管线自身重力，以及管线由于热胀冷缩而产生的膨胀力等。以上各内外荷载使得地下管线处于非常复杂的应力状态，图 2-7 为管线的受力状态示意图。

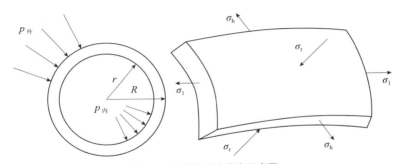

图 2-7　管线的受力状态示意图

根据力的作用方向，地下管线受到的力可简单归为以下几类：

第一类是管内压力 $p_{内}$：主要由管线内部运送的介质（如水、气等）压力决定。

第二类是管外压力 $p_{外}$：主要是管线上覆地层及地面建筑物和下卧土层荷载决定。

第三类是径向应力 σ_{r}：地下管线受到的内外压共同导致了地下管线径向压力的产生，管线的纵向应力、环向应力远远大于径向应力。地下管线的材质有钢、铁、塑料及混凝土等各种材料，其中钢、铁和混凝土等材质的管线抗压能力较强，而塑料等抗压能力较弱，较为柔软的材质制造的管线往往直径比较小而且多用于埋深较浅的电缆管线，基于以上原因，在分析地下管线的变形和作用力时，径向应力的影响很小，故其往往可以忽略不计。

第四类是纵向应力 σ_{l}：地下管线所受到的纵向应力与管线的内压共同作用将会导致管线发生纵向变形。当气体、液体在流经地下管线内部的管节接头处、转弯处、分叉处及管线内径变化处时，管线受压不均衡，一定会产生纵向应力，这可能导致管线的开裂和断裂或者将管线的接头冲开。管线内运送流体的温度与管线周围土体的温度差异较大时，管线就会因为温度的差异发生膨胀变形而导致纵向应力的产生。

第五类是环向应力 σ_h：地下管线的环向应力主要由其运送的介质产生。地下管线在外部压力的作用力下被压变形，此时管线环向应力的产生取决于多种外界因素，其中外部压力的大小是最主要的，环向应力的产生还与管线内外径、管线周围土体压力等有关。

由以上分析可知，地下管线受力为综合的三向力。而隧道施工对地下管线所产生的弯矩往往比较大，会使管线发生明显的沉降变形，故此种情况下在分析计算时通常需要综合考虑土体、管线材质、管段接头位置等的特征信息。

地下管线与周围土体之间的相互作用是管线产生不均匀沉降的主要原因。当地下管线对土层无约束能力时，地下管线的变形规律和管间土层变形规律一致。管线不同区段的管土侧向相互作用示意图如图 2-8 所示，可见，盾构隧道开挖影响管线变形情况下，各管段与土层相互作用力发生改变，不同位置管土相互作用力不同，管线受力作用不同。管线变形拐点部位是管线最不利位置，此位置管线容易承受极大附加弯矩发生折断破坏。当遇到土体沉降、地质断层、地震波动等地质灾害时，管线和土体之间的向下阻力影响地下管线的可保养性与结构一致性。土体不排水抗剪强度、土体强度梯度、管线埋深、土体塑性指数影响管土相互作用。因此管土的相互作用是一个复杂积累的过程，在实际工程中要考虑众多因素的影响。

管土竖向相互作用过程示意图如图 2-9 所示，可见，当管线向下运动时，土体抗力逐渐增加，当管线向上运动时，土体抗力逐渐减少。管线脱离土体，土体抗力逐渐丧失，管线再次向下运动时，土体抗力逐渐增加，但变形曲线与上次变形曲线不同。

在城市轨道交通施工过程中，盾构掘进与地下管线相互影响，具体表现在两个层面：①当土层扰动时，既有管线抵抗力会阻止土层扰动。②盾构隧道施工中周围土体不均匀沉降对既有地下管线施加影响，从而产生附加应力与弯矩。地下管线位移的大小由管土的相对刚度和盾构掘进在管线处造成的地层干扰强度决定。当城市隧道轴线与既有管线处于平行位置时，隧道掘进对地下管线干扰程度主要由管周土对地下管线引起的纵向轴力决定；当城市隧道轴线与管线处于相互垂直位置时，盾构隧道施工对地下管线影响主要是当管周土产生竖向位移时，管线应力及接头转角发生变化。

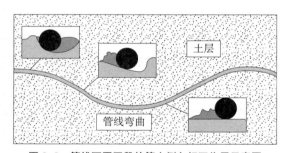

图 2-8 管线不同区段的管土侧向相互作用示意图

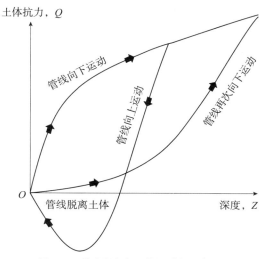

图 2-9　管土竖向相互作用过程示意图

影响地下管线变形的主要因素包括管土刚度、管材、管径、管线相对距离、盾构掘进方式及掘进速率等。每种因素影响下，管线变形与受力呈现不同的变化规律。管线下穿、上穿、侧穿、斜穿隧道时，管线的变形也不相同。一般而言，上穿的管线不均匀沉降较大，受隧道盾构施工影响较大。而侧穿管线的变形最大值偏向靠近隧道侧，管线位移最大值小于上穿管线。斜穿管线的位移变化介于两者之间。

2.3.3　施工诱发地下管线变形预测方法

城市轨道交通施工诱发邻近地下管线变形的预测分析方法大致可分为数学解析法和工程类比法两种。数学解析法以地下管线所允许的临界变形值为基础，采用恰当的数学物理模型描述土体、管线和工程施工之间的相互作用，从连续介质力学的角度分析施工对管线变形和强度特性的影响。数学解析法在具体实现上有两种类型：一种为两阶段分析法，另一种为地层结构作用法。

顾名思义，两阶段分析法分两步考虑施工对管线的影响。第一步，在假定地层中不存在管线的前提下，研究地表及地层深部沉降变形规律；第二步，研究管线在此地层变形条件下的变形和强度特性，从而评价施工对邻近地下管线的影响。这种方法由于没有考虑土体与管线之间的相互作用，因此求出的结果是保守的。

根据对管土相互作用处理方式的不同，地层结构作用法又可进一步细分为两种方法：一种为弹性地基梁分析法，另一种为结构土体完全耦合作用法。弹性地基梁分析法将管线看作搁置在弹性地基上的梁，利用 Winkler 假定考虑管线与土体之间的相互作用。尽管这种方法较为简单地考虑了管线与土体之间的相互作用，但只要输入的参数得当，仍然可以得到工程误差允许范围内的准确预测。结构土体完全耦合作用法引入了管线土体界面单元，因此能够考虑管线与土体之间的相互作用。与弹性地基梁分析法相比，结构土体完全耦合作用法主要利用有限单元法来实现，在理论上可以考虑土体的非均质和各向异性，为城市轨道交通施工诱发地下管线变形的预测提供了有效的技术手段。然而，由于目前各种有关土体应力应变关系理论的基本假定及各种土体参数存在不可避免的不确定因素，这类方法在实际工程中的应用还存在一定限制，目前也只是作为工程设计验算的一种手段。

类比是获取新知识和解决问题的重要机制之一，是对象间关系从一个系统向另一个系统的映射。类比方法是根据对象在某些方面的类似或同一，推断在其他方面也可能类似或同一的逻辑思维方法。通过这一方法使已有的知识转移到关于未知事物的认识上，从而架起一座由已知通向未知的桥梁，该方法又称为类比推理。由于土层力学性质的不确定性及土体、管线之间作用的复杂多样性，工程类比法依然是预测施工对邻近管线影响必须借助的重要手段。吸取相似工程条件下的失败教训，借鉴相似工程条件下的成功经验，有助于更好地开展当前管线受邻近施工影响的控制保护。

近年来，城市中各类地下管线涌现。既有管线的存在，给城市轨道交通施工造成了极大不便，同时新建隧道的施工也可能引起既有管线变形过大，造成管线的结构性损伤。因此，在设计阶段，需要采用方便快捷的方法预测城市轨道交通施工诱发的地下管线变形，从而为地下管线的安全控制提供依据。在实际工程中，地下管线与隧道之间的空间位置关系可分为三类，一是平行，二是垂直，三是斜交，如图 2-10 所示。

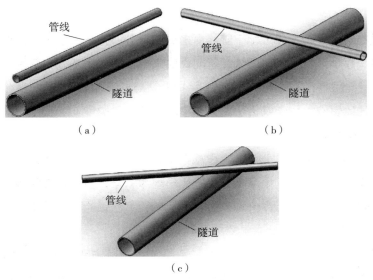

图 2-10 地下管线与隧道之间的空间位置关系示意图
（a）平行；（b）垂直；（c）斜交

在基于弹性地基梁理论的简化预测方法中，为了计算方便，一般是将地下管线与隧道斜交的工况转化为平行或垂直问题进行处理。此外，该方法还需做出以下几条基本假定：①假定地下管线在空间上是水平分布的。②接头只考虑直线接头形式，不考虑转弯等形式。③只考虑管线的竖向变形，不考虑水平位移对管线的影响。④将复杂的管线、隧道相互作用问题简化为两阶段问题，即先计算隧道施工引起的地层沉降，然后计算在地层沉降作用下地下管线产生的变形。下面按管隧垂直与管隧平行两种工况，简要概述基于弹性地基梁理论的简化预测方法的基本原理及计算过程。

1. 管隧垂直工况

当地下管线与隧道垂直或基本垂直时，管线变形的计算模型示意图如图 2-11 所示。首先，需要计算出轨道交通施工引起的管线轴线位置处的地层沉降。隧道施工引起的地表沉降槽曲线和最大沉降值可根据 Peck 公式计算得到。根据 Winkler 假定，在纵向以刚度等效的方法把由接头和管段组成的管线等效为具有相同刚度和结构特性的均匀连续梁，这种方法尽管没有考虑管线与地层共同作用对管线刚度的影响，但概念明确，计算相对简单，通过改变计算参数能够适应各种地质条件及工况。

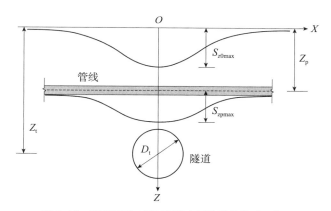

图 2-11　管隧垂直工况时管线变形的计算模型示意图

ZOX—坐标系；Z_p—管线埋深；Z_t—隧道埋深；D_t—隧道直径；S_{z0max}—地表最大沉降；S_{zpmax}—管线最大沉降

2. 管隧平行工况

目前，有关隧道施工产生的纵向地层沉降的预测仍然没有很好的方法。虽然刘建航院士提出了隧道纵向变形计算的修正公式，但该公式只能计算地表纵向变形，无法计算地层中的变形曲线。根据一般隧道工程经验，在盾构穿越的情况下，邻近受影响隧道的变形曲线可以参照 Peck 公式，采用半高斯曲线来模拟。而管线可以认为与隧道同属于柔性结构，因此，也可以采用高斯分布曲线的一半来模拟变形曲线。与上述管线与隧道垂直时一样，当管线与隧道平行时，也可采用一维 Winkler 假定来计算管线纵向沉降问题。

2.3.4 施工影响下地下管线安全控制技术

管线包括柔性管线和刚性管线。分类依据主要是管道是否设有旋转接头，柔性管线允许设有旋转接头，但旋转角度不宜过大。通常，管线安全控制标准是基于试验或工程实践得到的，主要的安全控制标准是地层移动坡角值、管线接头转角及脱开值、管线应变值、管线位移值等。

早在 1982 年，国外学者 O'Rourke 就提出了采用地层移动坡角值（定义为土层沉降最大值与沉降槽宽度系数之间的比值）预估管线潜在损害位置的经验方法。该方法只能初步评估隧道开挖施工对管线的影响，无法考虑管线属性（材质、种类）及地层情况等因素的影响。在该方法中，不同刚度管线所对应的地层移动坡角值限值如表 2-3 所示。

O'Rourke 提出的地层移动坡角值限值   表 2-3

管线种类	地层移动坡角值限值
相对刚性（直径 ≥ 200mm）	0.012
相对柔性（直径 < 200mm）	0.012~0.040

1986 年，Attewell 提出了三种不同用途、不同接头形式的铸铁管线的接头转角及脱开限值，如表 2-4 所示。可见，对于同类接头形式的铸铁管线，燃气管线的接头转角限值与接头脱开限值远远小于上水管线。

Attewell 提出的铸铁管线接头转角及脱开限值   表 2-4

管线用途	接头形式	接头转角限值（°）	接头脱开限值（mm）
燃气管线	铅线接头	1.0	10
上水管线	铅线接头	1.5	15
燃气上水管线	橡皮垫接头	2.5	25

隧道开挖引起的铸铁管线的总拉应变主要由与曲率相关的弯曲应变和轴向应变组成，由于受到管线质量等诸多因素的影响，管线破裂时的拉应变变化很大，一般在 $4000 \sim 6000 \mu\varepsilon$。由于铸铁的缺陷会引起应力集中，在相对较薄的地方拉应变可以降到 $2000 \mu\varepsilon$。此外，以往地层移动引起管线的应力集中也会导致铸铁的质量退化和腐蚀。针对地下管线的安全控制问题，Attwell 提出了管线在直接拉应力作用下的总允许应变限值及地层移动附加应变允许值，分别如表 2-5、表 2-6 所示。

事实上，表 2-6 中的标准是比较保守的。已有研究指出，对于直径大于 300mm 的灰色铸铁管线，地层移动诱发管线附加应变允许值可取为 $200 \mu\varepsilon$；直径小于 300mm 的灰色铸铁

Attewell 提出的管线总允许应变限值　　　　　　表 2-5

管线材料	设计应变（με）	
	受拉	受压
地坑灰色铸铁	370	1550
离心灰色铸铁	430~490	1770~2040
球墨铸铁（延性）	820	1020

Attewell 提出的地层移动附加应变允许值　　　　　表 2-6

管线材料	设计应变（με）	
	受拉	受压
地坑和离心灰色铸铁	100	1200
球墨铸铁（延性）	500	700

管线，地层移动诱发管线附加应变允许值取为 150με 更为合理，在不利情况下，上述限值可分别提高至 150με、100με。

对于管线位移的规定，国内目前尚无统一的控制标准，部分地区结合当地地质条件等因素出台当地工程规定和标准。上海市工程建设规范《基坑工程技术标准》DG/TJ 08-61—2018 关于基坑开挖对周围环境影响的预估中规定，地下管线对附加变形的承受能力应考虑管线的材料、管节长度、接头构造、新旧状况、埋深、内压等因素，并宜与管线管理单位协商综合确定管线的容许变形量及监控实施方案。过去市政、地铁方面保护管线的经验是：对于接头能转动的柔性管线（承插式接头），如上水管、输气管，可按相对转角 1/1000 作为设计和监控标准；对于焊接钢管等刚性管，则按管线的直径、弯曲抗拉强度来估算管线允许的最小弯曲半径，再从最小弯曲半径估算每 5~10m 分段的相邻段的沉降坡度差；对于直径为 500~1500mm 的大中型上水、输气钢管，所允许的沉降坡度差也在 1/1000 或者更小。上海市政部门针对不同功能类型的管线位移限值做了如表 2-7 的规定。

上海市政部门规定的管线位移允许限值　　　　　表 2-7

管线类型	位移允许限值
燃气管线	10~15mm
自来水管线	30~50mm

湖北省地方标准《基坑工程技术规程》DB42/T 159—2012 对各类管线位移最大值和位移速率允许限值要求如表 2-8 所示。

湖北省地方标准规定的管线位移最大值和位移速率允许限值   表 2-8

管线类型		竖向、水平位移限值	连续 3d 的位移速率限值
刚性管道	压力	20mm	2mm/d
	非压力	30mm	3mm/d
柔性管线		40mm	4mm/d

　　由以上分析可知，目前对受附近隧道施工影响的管线的安全评估标准尚无统一规定，且管线安全指标不完全相同。具体工程需要参考各部门、各地区具体标准或规范。在城市轨道交通施工过程中，由于施工环境的复杂性，常常采用多个指标进行综合判定，以保障管线在穿越过程中的安全。此外，除了规范制定的标准之外，管线问题还需要依据具体工程的实际情况来给出更为细致的判别标准，例如，对于受隧道顶部弯曲程度影响较大的管线，相关学者提出了弯曲度的概念。对于较难测的管线，研究人员在充分考虑地下工程复杂性的前提下，利用插值函数拟合的方法，建立了一种基于实测地表沉降来判定受盾构隧道穿越影响的管线安全与否的方法。

　　根据现场情况，地下管线位移监测点的埋设主要有两种：直接测点埋设和间接测点埋设，对应前者称为直接观测法，对应后者称为间接观测法。所谓的直接观测法就是指直接在地下管线上设置测点来进行观测，常用的方法有三种：井底布点法、抱箍法和套筒法，见图 2-12 和表 2-9。间接观测法通常将测点埋设在地下管线对应的地表上，然后通过测量地表沉降来间接预测管线的变形位移，此法精度比较低，不需要凿开地面来埋设测点，该法通常适用于交通量比较密集的区域。

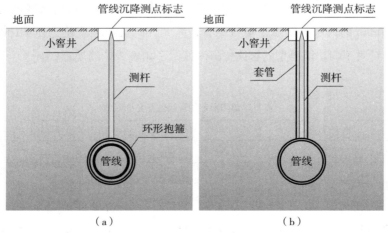

图 2-12　地下管线测量方法示意图
（a）抱箍法；（b）套筒法

地下管线测量方法的优缺点　　　　　　　　　　表 2-9

测量方法	埋设方式	具体做法	优点	缺点
直接观测法	抱箍法	制作环形抱箍，用抱箍将管线与测杆连接起来	精度高	需凿开路面，费事、费力，影响交通
	套筒法	将硬质套筒打埋到管线顶部，将测杆埋入管内	简单易行，避免凿开路面	精度低
	井底布点法	打开检查井，直接将测点布设在管线上	精度高，充分利用现场情况	测量不方便
间接观测法	—	监测地表预测管线变形	简单易行	精度很低

在城市轨道交通工程施工过程中，为保证地下管线的安全，须将地下管线的变形控制在允许范围之内。地下管线的沉降变形取决于周围土体和下穿地铁隧道的位移及变形，土体和隧道的过大变形会连带着周围地下管线的相应变化，如果能控制地层的变动，那么就相当于控制住了管线的位移变形，从而达到了保护管线的目的，因此，想要保护地下管线就要首先考虑控制地层和隧道的位移，并从根本上影响产生位移的荷载。

对管线的保护措施可以分为主动保护措施和被动保护措施。主动保护措施是指通过隧道洞内施工控制和辅助措施以降低施工对周围土层的扰动，进而减小对土层中管线的影响程度。例如，盾构法施工的区间隧道，需要控制盾构机掘进速度、壁后注浆、掌子面土压力等；浅埋暗挖法施工的隧道，需在严格遵循"十八字"基本原则的基础上结合工程特点采取对应措施。被动保护措施是指通过采取一系列措施，增强管线所在土层的承载力，或对管线采取特殊措施，以提高管线的抵抗变形能力。常用的管线保护措施有以下几种。

1. 注浆加固法

注浆加固法是管线保护和加固最常用的方法，通过对管线所在地层注浆，提高土层的黏聚力和内摩擦角，从而增强土层的承载力，减小管线受隧道开挖导致的变形。按照注浆方向的不同，可分为洞内注浆和地表注浆，如图 2-13 所示。当管线埋深较浅，距离隧道较远，或地表便于施工时，可采取地表注浆；当管线埋深较深，距离隧道较近，或地表不便于施工时，可采取洞内注浆。

2. 隔离法

隔离法适用于埋深较大且受施工影响较大的管线。核心思想是通过在隧道与邻近管线之间设置隔离桩墙和注浆微量调整，将隧道开挖的影响传播路径"切断"，从而限制施工影响范围的扩大，进而保护管线安全。

3. 悬吊和改移

悬吊和改移也是常采取的保护措施，适用于受隧道施工影响较大且通过常规方法仍然难以控制变形影响的管线，尤其是明挖法施工的隧道附近的管线。《地下铁道工程施工标

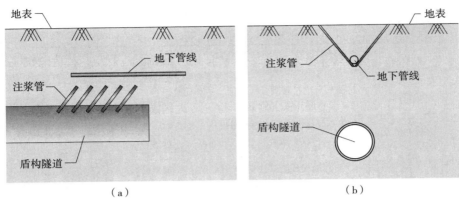

图 2-13　注浆加固法地下管线保护示意图
（a）洞内注浆；（b）地表注浆

准》GB/T 51310—2018 中对明挖法施工采取的管线悬吊与改移进行了规定。对管线悬吊的支撑结构也要进行强度验算。若管线已经发生漏水或漏气现象，不得急于悬吊，而应先对其维修，之后再悬吊。

4. 卸载保护法

施工过程中，经常会遇到管线上部的地表周围有楼房或者存在较大荷载的土堆类建筑和构筑物，这时候就要求降低这些外在荷载的影响，常用的卸载保护法就是设置卸荷板来降低土体和管线受到上覆荷载的影响。

5. 支撑法

支撑法与悬吊的手段相类似，悬吊是将管线吊起来保护，而支撑法则是在管线下面设置桩或者墩来支撑保护地下管线，如果要考虑长期作用的影响，选择桩支撑时应该便于拆卸，而选用墩支撑时则可以形成永久的保护作用。

6. 工程线路避让

管线的搬迁应避开原有的建（构）筑物或者障碍物等，而线路的设计和施工时也可以考虑避开已有的地铁隧道或管线等在建项目，所以解决管线与建筑物的分布问题，应该在规划初期从源头上解决问题。

7. 合理选择施工工艺

提前处理隧道开挖可能会对管线造成的影响，将施工过程中对周围地层和管线的扰动做到最小，地铁隧道和车站施工方法对地层的沉降情况起着十分重要的作用，为了保护管线，一般在开挖之前，会对比具体的施工方案，选择最优的方法。

8. 管线实时监测

实际施工过程复杂多变，并不是每一步都会按照设计的步骤进行，为了应对突发事故，施工过程中必须对理论计算或者经验分析得出相对敏感的数据位置进行实时监测汇报，通过数据的变化来反馈施工的进度进而调整接下来的施工顺序。可以根据周围地形环境、周围建筑物和管线的用途等，设置合理的监测手段和监测位置，选用合适的监测仪器等，同时还要考虑费用、工期等因素。可以说监测是现在所有施工时必须进行的一个步骤，对施工现场的安全影响十分重要。

2.3.5　穿越管线施工安全控制工程案例分析

1. 案例一：注浆加固法对于管涵（线）的影响

该工程位于长春市地铁 7 号线一期工程的第二十区间靠山屯出入段线，区间出汽车公园站沿东风大街向西敷设，区间隧道近距离下穿高压天然气管线接入车辆段，交叉点位置位于东风大街与和高压天然气管线交会南侧 100m。盾构机从管线下方穿过，坡度为 28.9‰，盾构与管线 103° 斜交，盾构管片上方与管线底部的最小净距为 3.16m。盾构区间长 1112.669m，盾构段内径为 5500mm，盾构段顶埋深 5.97~17.36m。地铁下穿高压天然气管线相对位置如图 2-14 所示。盾构下穿的天然气管线为公称直径 800mm 的钢制管线，天然气管线的设计压力值为 4MPa。

根据模拟结果云图中盾构施工可能引起的扰动范围，并结合相关加固设计方案划出需要进行袖阀管注浆加固的范围，该模型划分出的注浆加固区域为长 29m、宽 9m、高 6.3m 的类似长方体范围，如图 2-15 所示。以天然气管线为中轴线，分别对盾构左右线上方地表处向两侧进行取点，盾构隧道左右线分别取了 20 个点，并按照模型中的 x 轴进行排列，标记它们的累计竖向位移值，汇总如表 2-10 所示，相关沉降曲线如图 2-16 所示。在 Midas/GTSNX 软件中对天然气管线进行模拟分析，输出加固后的天然气管线的一维单元位移沉降示意结果如图 2-17 所示。以天然气管线底部的中间位置向两侧取 24 个点，并按照模型中的 y 轴进行排列，标记它们的最终竖向位移值，汇总如表 2-11 所示，相关沉降曲线图如图 2-18 所示。

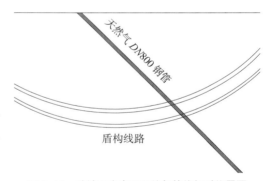

图 2-14　地铁下穿高压天然气管线相对位置图

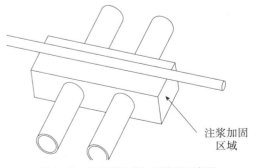

图 2-15　袖阀管注浆加固范围示意图

盾构隧道左右线最终位移汇总表　　　　　　　　　表 2-10

节点编号	左线竖向位移（mm）	右线竖向位移（mm）
1	−10.335	−7.368
2	−9.633	−6.907
3	−8.895	−6.417
4	−8.144	−5.914
5	−7.409	−5.413
6	−6.718	−4.933
7	−6.103	−4.494
8	−5.595	−4.115
9	−5.223	−3.818
10	−5.013	−3.625
11	−4.984	−3.553
12	−5.143	−3.614
13	−5.486	−3.809
14	−5.990	−4.129
15	−6.623	−4.552
16	−7.346	−5.049
17	−8.117	−5.590
18	−8.898	−6.145
19	−9.659	−6.690
20	−10.379	−7.208

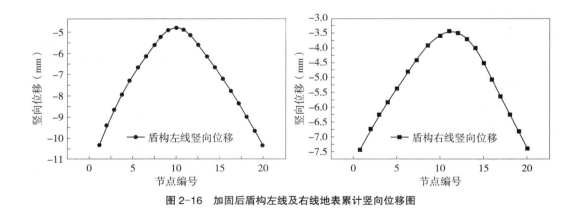

图 2-16　加固后盾构左线及右线地表累计竖向位移图

进行袖阀管注浆加固后，盾构隧道左线位置的天然气管线正上方地表累计沉降量为 −4.984mm，盾构隧道右线位置的天然气管线正上方地表累计沉降量为 −3.553mm。盾构左线加固后比加固前的累计沉降量减少了 65.98%；盾构右线加固后比加固前的累计沉降量减

加固后天然气管道累计位移汇总表　　　表 2-11

节点编号	累计竖向位移极值（mm）	节点编号	累计竖向位移极值（mm）
1	2.116	13	−4.091
2	2.043	14	−3.975
3	1.044	15	−3.962
4	−0.364	16	−4.007
5	−1.735	17	−3.967
6	−3.076	18	−3.629
7	−4.243	19	−2.878
8	−4.988	20	−1.795
9	−5.197	21	−0.581
10	−4.995	22	0.654
11	−4.639	23	1.909
12	−4.315	24	2.741

图 2-17　加固后管线底部一维单元位移沉降示意图

少了 65.37%。同未进行加固处理的对比说明，盾构隧道与天然气管线之间的注浆加固区域具有良好的加固效果，由此可知袖阀管注浆加固法对控制地层变形具有较为显著的效果。

　　将未进行加固处理的天然气管线累计竖向位移曲线同进行加固处理后的天然气管线累计竖向位移曲线对比，结果如图 2-19 所示，可发现两种曲线均大致呈现 W 曲线，曲线两个沉降槽的极值分别代表盾构隧道左、右线上方天然气管线的累计最大位移值，加固后的 W

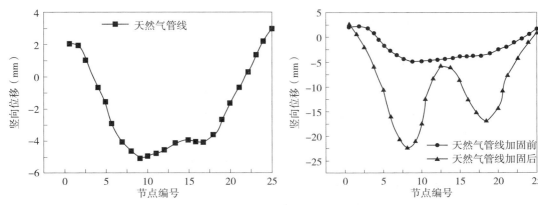

图 2-18　加固后天然气管线累计竖向位移图　　　图 2-19　天然气管线加固处理前后累计竖向位移对比图

曲线两个沉降槽的叠加处比加固前的 W 曲线两个沉降槽叠加处趋势更加平缓且曲线的两个极值皆大幅度减小，由此说明袖阀管注浆加固效果良好，能够很好地抑制由于盾构隧道近距离施工带来的天然气管线变形问题，保证施工安全。

从上述结果分析可知，在天然气管线控制值需为 ±10mm 以内的条件下，管线累计最大沉降量为 -5.197mm，该模拟结果表示天然气管线比较具有稳定性。加固后的累计最大沉降量比加固前的累计最大沉降量减少了 77.45%，说明袖阀管注浆加固法可以对该盾构下穿管线工程起到良好的加固作用。

2. 案例二：掘进速度对管涵（线）的影响

成都地铁某隧道区间全程采用盾构法施工，该区间工况为：盾构机在砂卵石地层中下穿大型管涵，管涵上方为城市主干道，管涵距离车站接收井 42m。该隧道下穿大型管涵，隧道与管涵关系如图 2-20 所示。

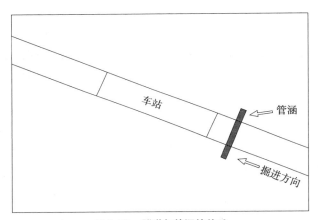

图 2-20　隧道与管涵的关系

盾构在该范围内下穿一个大型管涵，管涵的尺寸为 8100mm×2000mm，为钢筋混凝土结构，管涵壁厚为 200mm，隧道与管涵底最小竖向净距约为 7.81m，管涵与隧道的位置关系如图 2-21 所示。

盾构开挖速度是引起管涵变形的主要影响因素之一。在盾构开挖过程中，盾构开挖速度会随着时间的变化而变化。盾构开挖速度主要受盾构设备进出土速度的限制，进出土速度协调不好，极容易使正面土体失稳、管涵出现隆沉现象。隧道盾构开挖应该尽量保持连续作业，以保证隧道质量和减少对地层的扰动，减少管涵隆沉现象。现实施工中一般通过每天开挖长度来反应施工速度快慢，支护管片环宽一般为 1.5m，在数值模拟中，选取 1.5m/步、3m/步、4.5m/步、6m/步的步距等效开挖速度来进行模型计算。图 2-22 是四种开挖速度下管涵的沉降图，图 2-23 是四种开挖速度下管涵的最大沉降图。

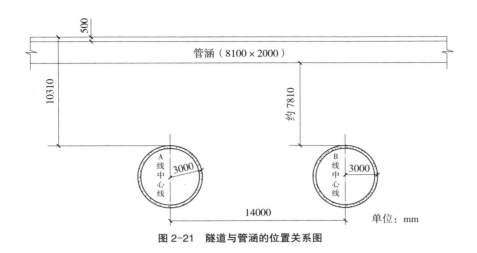

图 2-21　隧道与管涵的位置关系图

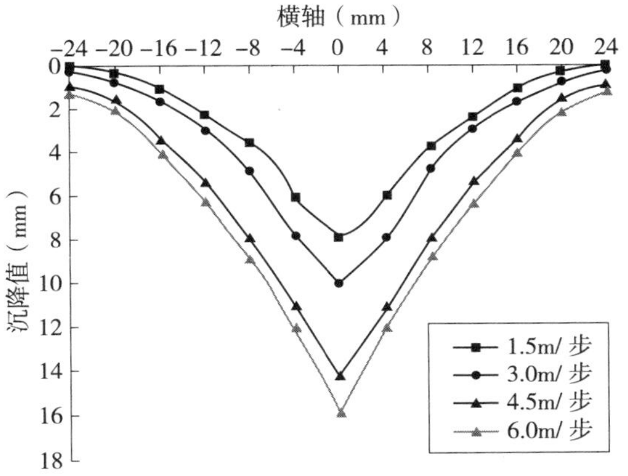

图 2-22　四种开挖速度下管涵的沉降图

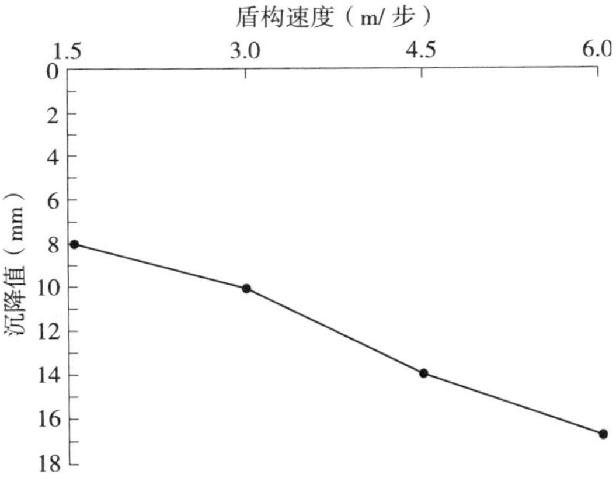

图 2-23　四种开挖速度下管涵的最大沉降图

从图 2-22、图 2-23 可以看出：在四种不同的开挖速度下，管涵的沉降规律基本一致，沉降曲线符合高斯分布，四条曲线均关于隧道轴线对称，管涵沉降最大值出现在隧道轴线位置。隧道轴线向外 12m 左右的区域是主要的沉降范围，该范围以外的管涵沉降几乎为 0。随着盾构开挖速度的加快，隧道中心的主沉降区域的沉降值明显增加；管涵的沉降遵循以下原则：开挖速度越快，管涵沉降越大，即对应的沉降值：6.0m/ 步 > 4.5m/ 步 > 3.0m/ 步 > 1.5m/ 步；开挖速度分别为 1.5m/ 步、3.0m/ 步、4.5m/ 步、6.0m/ 步的时候，管涵沉降最大值分别为：8.1mm、9.9mm、14.2mm、15.8mm。

根据《城市轨道交通工程监测技术规范》GB 50911—2013、《中铁成都 地铁项目施工监测管理办法》中 10mm 管涵沉降控制标准，3.0m/ 步的盾构开挖速度对应的管涵最大沉降为 9.9mm，4.5m/ 步的盾构开挖速度对应的管涵最大沉降为 14.2mm，因此在盾构下穿管涵的施工中，盾构开挖速度不宜大于 3m/ 步。

第 3 章

基础设施运营安全管理

3.1　运营期外部土工作业影响与安全控制

3.1.1　外部土工作业对运营隧道结构影响概述

　　地铁在城市社会经济发展中扮演重要角色，其效率高、速度快、安全便捷等优势为居民带来巨大便利，极大地缩短了居民的出行时间和缓解了城市拥挤的交通状况。随着城市地下轨道交通线路的持续修建，邻近运营轨道线路的外部土工施工越来越多，同时，城市轨道交通具有运行环境封闭、结构复杂等运营特征，再加上人员密集、周边环境变化等众多不确定性因素，对运营隧道结构极易造成不可忽视的影响。尤其对邻近外部土工作业提出更高的要求，不仅要保证施工本身的安全，同时也要考虑邻近运营隧道的正常运营和结构安全。因此，研究将外部土工作业对运营隧道结构的影响控制在安全范围内将具有十分现实的价值。

　　目前，国内外学者及相关工程技术人员针对外部土工作业对运营隧道的影响从不同角度进行了一定的研究，主要研究方法包括理论研究、试验研究及数值仿真计算。基于众多学者的研究成果，将外部土工作业主要分为堆载施工、卸载施工、邻近桩基施工和邻近盾构隧道掘进施工，主要研究内容为邻近施工对运营隧道结构的影响程度和变形规律，通过掌握运营隧道结构对邻近施工的变形响应，可以对城市轨道交通的安全运营起到预测和保护作用，同时为类似工程的施工提供一定的参考价值。

　　邻近外部土工作业将给运营隧道带来不利影响，近年来得到越来越多的学者及工程技术人员的重视与研究。一方面，外部土工作业不可避免地将打破原有的盾构隧道—土体力学平衡状态，进而对运营隧道交通结构产生不良影响；另一方面，我国地铁隧道多采用盾构法施工，盾构隧道并非一体结构，而是由预制管片通过螺栓拼接而成的复合承载结构，具有接缝多、完整性弱、整体刚度低等特点。外部土工作业势必将导致运营隧道产生附加内力，从而引起隧道管片变形，甚至将进一步引起螺栓断裂、管片局部开裂等结构病害，对地铁隧道运营安全危害极大。图3-1为外部土工作业引起的运营隧道结构破坏的典型事故照片。

　　外部土工作业引起的运营隧道结构病害不仅会对工程造成严重的经济损失，也会影响社会的正常运作，因此外部土工作业对运营隧道的影响和安全控制研究，是近年来城市轨道交通发展中的一个热难点问题，具有深远的研究意义。

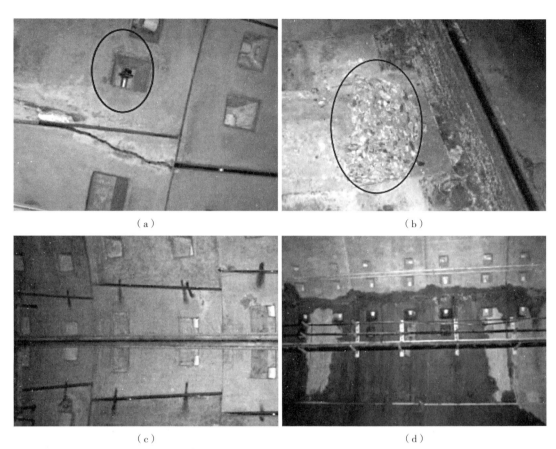

（a）　　　　　　　　　　　　　　　　　　　　（b）

（c）　　　　　　　　　　　　　　　　　　　　（d）

图 3-1　外部土工作业引起的运营隧道结构破坏的典型事故照片
（a）隧道管片螺栓断裂；（b）隧道管片位移过大导致混凝土脱落；
（c）隧道顶部纵向裂缝张开；（d）隧道管片开裂导致渗漏水

3.1.2　外部土工作业对城市轨道交通结构影响机理

城市轨道交通作为一种特殊的地下结构物，承载着地铁列车等地下交通工具持续运营的重任，其结构本身具有直径大、距离长、保护要求严格等特征。随着城市地铁网的进一步规划与建设，难免出现大量新建土工作业近接既有隧道施工的工程案例。施工扰动破坏了初始应力场的平衡状态，造成施工周围土体应力场发生变化，通过应力传递作用将改变作用在运营隧道上的水土压力、地基反力的大小及分布，地铁隧道受到附加应力作用随之发生变形和位移响应，从而使隧道局部发生纵向垂直及水平位移或引起隧道断面的变形。

从国内外的研究成果来看，城市轨道交通结构的变形常被简化为两种梁模型的形式进行描述，分别是 Euler-Bernoulli 梁模型和 Timoshenko 梁模型，如图 3-2 所示。这两

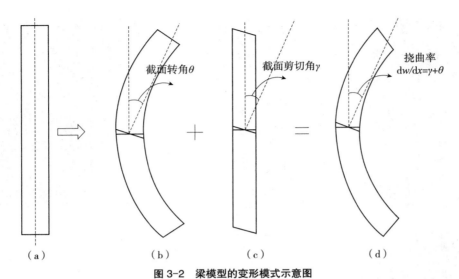

图 3-2　梁模型的变形模式示意图
（a）变形前；（b）弯曲变形（Euler-Bernoulli 梁模型）；（c）剪切变形；（d）总变形（Timoshenko 梁模型）

种模型最大的区别在于是否考虑了梁截面的剪切变形，可以说 Euler-Bernoulli 梁模型是 Timoshenko 梁模型的一种特殊形式。

　　城市轨道交通隧道通常由预制管片组成，管片与管片之间通过螺栓连成一个整体。一般来讲，管片接头的存在会削弱隧道结构的整体刚度。而现场工程大量监测数据表明，隧道沿轴线方向的变形可以分解为两部分（图 3-3）：一是弯曲引发管片的弯曲变形，造成管片的张开；二是不均匀沉降诱发的剪切应力引发管片之间的错台。戴宏伟等、李俊昱等

采用 Euler-Bernoulli 梁模型分别计算了隧道和管线的纵向变形，但 Euler-Bernoulli 梁模型只能考虑弯曲变形，无法得到管片之间的错台量。

　　目前国内外对外部土工施工引起运营城市轨道变形响应的相关课题已经开展了一系列研究，随着研究的一步步深入，研究方法主要可以分为理论研究、数值模拟、现场实测及模型试验 4 个方面。

　　理论研究是根据已有的理论知识，将复杂的工程问题进行简化，并建立出较为理想的数学力学模型，再采用此方法求解，进而发现规律。外部土

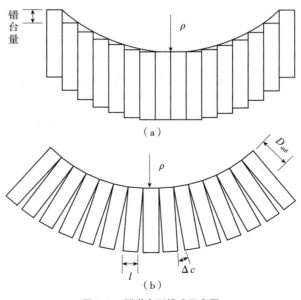

图 3-3　隧道变形模式示意图
（a）剪切变形模式；（b）弯曲变形模式

工作业对城市轨道交通隧道及结构（管线）影响的理论计算方法主要是基于弹性地基梁的分阶段分析方法，或者在此基础上对梁或地基模型进行修改从而使其更适应隧道－土体相互作用研究。其方法思路为：首先对施工周围土体的位移场或者应力场进行计算分析，将求得的土体位移或附加应力作用于既有隧道等结构上，然后采用弹性力学方法求解既有隧道结构变形和受力。此外，也有学者采用弹性连续解获得既有隧道结构变形，能够考虑地层变形的连续性。

数值模拟是研究新建隧道上跨施工对既有隧道影响的最有力的手段之一，因此目前的研究成果最多。现场实测、离心试验等研究手段往往受到的限制较多，而数值模拟却能真实、有效、经济地模拟各种工程及其施工过程。其最大的优点是可以多次重复分析，为参数分析提供便利的条件，其缺点是计算结果的准确性很大程度上依赖于计算参数的选取。

现场实测是研究地面外部土工作业对运营隧道影响的重要手段之一，该方法可以获得第一手的监测数据，准确评估外部施工对运营隧道的影响。同时现场实测能够直观反映既有隧道的变化特性，揭示隧道结构和土体相互作用机理。但是，由于圆形隧道施工尺度巨大且涉及诸多复杂的施工和管理环节，基本不具备可重复性，在单一变量条件下难以获得确切的研究成果。

模型试验可以较好地真实再现隧道施工过程，具有严格的理论基础和简便易行等优点，研究成果的可靠度也比较高。但是模型试验前期准备工作量大、数据采集困难，目前在运营盾构隧道影响研究方面的应用还不够充分，而且已开展的模型试验由于客观条件限制往往只能获得隧道变形数据，无法确定隧道受力情况，因而具有一定局限性。

3.1.3　外部土工作业影响下城市轨道交通结构安全控制

影响城市轨道交通（地铁）结构安全的外部土工作业可以概括为基坑开挖、隧道开挖、加载及桩基工程等，都会对地铁隧道结构产生变形、倾斜、隆起或沉降等方面的影响。对城市轨道交通结构具体的影响有：①引起隧道产生水平或竖向位移；②引起隧道产生不均匀纵向变形；③引起隧道结构的局部发生横向或竖向变位。

邻近城市运营轨道交通的工程问题较为复杂，外部土工施工过程产生土体应力重分布，通过土体传导力的作用，进而引起运营轨道的变形，且影响城市轨道变形的因素也较多。本小节对影响运营城市轨道安全的关键因素进行分析整理，得到如下认识：

外部土工作业有很强的地域差异性，如地质条件是影响邻近城市轨道交通变形的重要因素之一，需要对沿线岩土层的成因类型、性质及风化状态等进行全面勘察，尤其是城市轨道交通穿越的地层中存在特殊岩土层时。

外部土工作业与城市轨道交通之间的相对位置关系也是影响隧道变形的重要因素。如上跨地铁隧道的基坑工程，由于基坑土体的开挖卸载，下卧地铁隧道会发生竖向隆起变形，主要变形规律是基坑开挖深度越大，隧道变形越大；隧道顶部净距越大，隧道变形越小。而对于邻近运营地铁隧道的基坑工程而言，地铁隧道除发生竖向变形外，还会发生侧向水平位移；对于邻近的桩基工程，由于施工时存在挤土效应，以及施工后期混凝土固结，引起隧道变形的机理更为复杂。

由于城市轨道交通工程的重要性，以及被破坏后难以修复的特性，为减少外部土工作业对隧道的影响，近年来国内外的专家学者都对地铁隧道安全控制指标进行了大量的研究。地铁隧道安全控制指标主要包括位移、变形、差异沉降、结构裂缝、相对收敛、变形曲率半径、管片接缝张开量、渗漏、附加荷载、振动速度、轨道横向高差、轨向高差、轨间距、道床脱空量等。位移及变形是外部土工作业对地铁隧道影响的综合直观反映，因此控制位移及变形值对保证地铁隧道结构安全具有重要的意义。

从控制指标来看，相关的规程和标准对城市运营轨道交通隧道结构的变形控制相对严格，目前国内针对外部土工作业对地铁隧道保护的指标主要有以下三种：

（1）《上海市地铁沿线建筑施工保护地铁技术管理暂行规定》中地铁保护标准的相关规定为：结构绝对竖向位移及水平位移小于或等于20mm（包括各种加载和卸载的最终位移量）；隧道变形曲线的曲率半径大于或等于15000m；相对曲率小于或等于1/2500；地铁隧道外壁附加荷载小于或等于20kPa。

（2）《城市轨道交通结构安全保护技术规范》CJJ/T 202—2013提出的城市轨道交通结构安全控制指标值如表3-1所示。

行业标准中城市轨道交通结构安全控制指标值　　　　　　　　表3-1

安全控制指标	预警值	控制值	安全控制指标	预警值	控制值
隧道水平位移	< 10mm	< 20mm	轨道横向高差	< 2mm	< 4mm
隧道竖向位移	< 10mm	< 20mm	轨向高差（矢度值）	< 2mm	< 4mm
隧道径向收敛	< 10mm	< 20mm	轨间距	> −2mm < +3mm	> −4mm < +6mm
隧道变形曲线的曲率半径	—	> 15000m	道床脱空量	≤ 3mm	≤ 5mm
隧道变形相对曲率	—	< 1/2500	振动速度	—	≤ 2.5cm/s
盾构管片接缝张开量	< 1mm	< 2mm	隧道结构外壁附加荷载	—	≤ 20kPa

3. 广东省地方标准《城市轨道交通既有结构保护技术规范》DBJ/T 15-120—2017中对结构安全的控制指标如表3-2所示。

广东省地方标准与上海市规定、行业标准相比较，隧道水平位移、隧道竖向位移、隧道径向收敛控制值均更严格。

广东省地方标准中城市轨道交通结构安全控制指标值　　　　表 3-2

安全控制指标	预警值	控制值	安全控制指标	预警值	控制值
隧道水平位移	< 10mm	< 15mm	轨道横向高差	< 2mm	< 4mm
隧道竖向位移	< 10mm	< 15mm	轨向高差（矢度值）	< 2mm	< 4mm
隧道径向收敛	< 10mm	< 15mm	轨间距	> −2mm < +3mm	> −4mm < +6mm
隧道变形曲线的曲率半径	—	> 15000m	道床脱空量	≤ 3mm	≤ 5mm
隧道变形相对曲率	—	< 1/2500	振动速度	—	≤ 2.5cm/s
盾构管片接缝张开量	< 1mm	< 2mm	隧道结构外壁附加荷载	—	≤ 20kPa

目前关于外部土工作业对城市轨道交通地铁盾构隧道的影响预测的数值分析法包括有限元法、有限差分法和离散元法等，其中最具实用性的是有限元法。目前国内外已有多种通用有限元分析软件。该方法不受外部土工作业类型、边界条件复杂多样和材料不均匀的限制，可以对复杂的土工作业进行多任务、多工况计算，分析隧道结构应力、应变、位移变化的过程。基于专业应用软件，建立外部土工作业施工过程的仿真数学模型，通过有限元数值模拟计算，可以分析外部施工在不同施工工序、工艺、开挖步骤等条件下，对运营地铁隧道结构的影响，通过工程实践证明有限元方法是该类工程的有效计算手段。

3.2　城市轨道交通运营期风险评价案例

城市轨道交通工程（地铁隧道）作为一种特殊的地下结构物，其承载体系是由隧道土建结构与周围岩土环境相互耦合构成的，随着运营年限的增加，伴随着外部土工环境变化、内部管养不及时等多方面的影响，隧道土建结构逐渐出现大量病害问题，威胁隧道使用寿命和结构安全。

以运营隧道上方基坑开挖施工为例，运营隧道隆起是一个多因素综合作用的复杂问题，往往难以精准预测。针对这一问题，基于贝叶斯优化算法（BO）的极端梯度提升（XGBoost）预测模型，并将支持向量机（SVM）、分类回归树（CART）和 XGBoost 三种模型的预测结果进行对比。以工程设计因素、地质因素和现场施工因素作为模型输入参数，以相应监测的既有隧道最大隆起值（S_{max}）作为输出参数。所使用的数据集来自实际工程案例，包括 170 个样本，70% 的样本用于训练，30% 的样本用于测试。

3.2.1　XGBoost 算法模型

XGBoost 由华盛顿大学计算机专业博士陈天奇和卡洛斯 Guestrin 于 2016 年首次提出，以 CART 作为子模型，通过梯度提升树（Gradient Tree Boosting）实现多棵分类回归树的集成学习，得到最终模型。其集成的思路遵循典型的加法模型和前向分布算法。XGBoost 树模型的基本结构如图 3-4 所示。

XGBoost 算法使用了目标函数、正则化函数和损失函数来训练模型，能够自主学习各个特征的权重，并且具有很高的准确率。假设训练采用的数据集样本为（x_i，y_i），其中 $x_i \in R^m$，$y_i \in R$。x_i 表示具有 m 维的特征向量，y_i 表示样本标签，模型包含 k 棵树，则 XGBoost 模型的定义见式（3-1）：

$$\hat{y}_i^{(t)} = \sum_{k=1}^{t} f_k(x_i) = \hat{y}_i^{(t-1)} + f_t(x_i), \ f_k \in U \tag{3-1}$$

式中　x_i——输入变量；

$\hat{y}_i^{(t)}$——第 t 次迭代后样本 i 的预测值；

$\hat{y}_i^{(t-1)}$——前（$t-1$）棵树的预测结果；

$f_k(x_i)$——第 k 棵决策树；

$f_t(x_i)$——第 t 轮训练的新子模型；

U——一组树。

集成模型输出为每棵树的预测值之和，并将其作为样本的最终预测值。

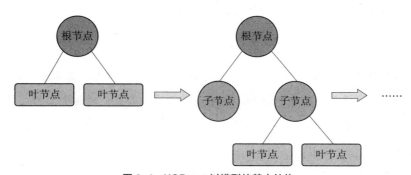

图 3-4　XGBoost 树模型的基本结构

在训练模型之前，首先应有一个目标函数，这样模型训练时才有优化的方向。XGBoost 的目标函数是在损失函数（L）的基础上加上衡量模型复杂度的正则项（Ω），XGBoost 目标函数定义见式（3-2）：

$$Obj^{(t)} = \sum_{i=1}^{n} L(y_i, \hat{y}_i^{(t)}) + \sum_{i=1}^{t} \Omega(f_i) \qquad (3-2)$$

目标函数由两部分组成：第一项（L）为损失函数，用预测值 $\hat{y}_i^{(t)}$ 与真实值 y_i 进行表示，用于评估模型预测值和真实值之间的偏差；第二项（Ω）为正则项，是将全部 t 棵树的复杂度进行求和，用来控制模型的复杂程度，防止过度拟合。正则项的定义见式（3-3）：

$$\Omega(f) = \gamma T + \frac{1}{2} \lambda \|\omega\|^2 \qquad (3-3)$$

式中　γ、λ——正则项系数；

　　　　T——决策树中叶子节点的个数，γT 值越大则目标函数越大，从而抑制模型的复杂程度；

　　　　ω——树叶上得分的向量，用于控制叶子节点的权重分数。

模型的优化目标是找到最优的 $f(x_i)$，使得目标函数 Obj 最小，传统方法很难在欧式空间对其进行优化，XGBoost 采用了近似的方法解决这个问题。首先根据式（3-1）对式（3-2）进行改写，结果见式（3-4）：

$$Obj^{(t)} = \sum_{i=1}^{n} L[y_i \hat{y}_i^{(t-1)} + f_t(x_i)] + \sum_{i=1}^{t} \Omega(f_i) \qquad (3-4)$$

式中　$\hat{y}_i^{(t-1)}$——第 $t-1$ 轮样本 x_i 的预测模型；

　　　　$f_t(x_i)$——第 t 轮训练的新子模型。

XGBoost 引入泰勒公式来近似和简化目标函数，通常意义下的泰勒 Taylor 二阶展开式如式（3-5）所示：

$$f(x + \Delta x) \approx f(x) + f'(x)\Delta x + \frac{1}{2} f''(x)\Delta x^2 \qquad (3-5)$$

将式（3-4）中的 $\hat{y}_i^{(t-1)}$ 看作 x，将 $f_t(x_i)$ 看作 Δx，对 XGBoost 目标函数进行泰勒二阶展开，得出式（3-6）：

$$Obj^{(t)} = \sum_{i=1}^{n} \left[L(y_i, \hat{y}_i^{(t-1)}) + g_i f_t(x_i) + \frac{1}{2} h_i f_t^2(x_i) \right] + \Omega(f_t) \qquad (3-6)$$

式中　g_i——损失函数的一阶梯度统计；

　　　　h_i——二阶梯度统计。

g_i 和 h_i 表达式分别如式（3-7）和式（3-8）所示：

$$g_i = \frac{\partial L(y_i, \hat{y}_i^{(t-1)})}{\partial \hat{y}_i^{(t-1)}} \qquad (3-7)$$

$$h_i = \frac{\partial^2 L(y_i, \hat{y}_i^{(t-1)})}{\partial^2 \hat{y}_i^{(t-1)}} \qquad (3-8)$$

由于第 t 步时，$\hat{y}_i^{(t-1)}$ 已经是一个已知值，所以 $L(y_i, \hat{y}_i^{(t-1)})$ 是一个常数，对目标函数优化不会产生影响，因此对式（3-6）作进一步简化，去掉常数项，并将式（3-3）带入式（3-6）可得目标函数式（3-9）：

$$Obj^{(t)} = \sum_{i=1}^{n}\left[g_i f_t(x_i) + \frac{1}{2}h_i f_t^2(x_i)\right] + \gamma T + \frac{1}{2}\lambda\sum_{j=1}^{T}\omega_j^2 \qquad (3-9)$$

可以看出，XGBoost 的目标函数与传统 Gradient Tree Boosting 方法不同，XGBoost 在一定程度上作了近似。我们只需要求出每一步损失函数的一阶导和二阶导的值（第 t 步时，前一步 $\hat{y}_i^{(t-1)}$ 是已知值），然后最优化目标函数，得到每一步的 $f(x_i)$，最后根据加法模型得到一个整体模型。

在实际训练过程中，当建立第 t 棵树时，一个最关键的问题是如何找到叶子节点的最优切分点，在 XGBoost 模型中，采用精确贪婪算法遍历所有分割的叶节点，选择分割后目标函数增益最显著的叶节点作为最优分割点。分裂点的增益计算函数定义如式（3-10）：

$$Gain = \frac{1}{2}\left[\frac{G_L^2}{H_L+\lambda} + \frac{G_R^2}{H_R+\lambda} - \frac{(G_L+G_R)^2}{H_L+H_R+\lambda}\right] - \lambda \qquad (3-10)$$

式中，$\frac{G_L^2}{H_L+\lambda}$ 和 $\frac{G_R^2}{H_R+\lambda}$ 分别是左、右两个子树的分数；$\frac{(G_L+G_R)^2}{H_L+H_R+\lambda}$ 是没有分割时的分数。

最优切分点的选取过程步骤详见算法 1。值得注意的是，$Gain$ 可以作为特征重要性输出的重要依据。

算法 1：分割查找的精确贪婪算法：

Input：I，当前节点的实例集；d，特征尺寸：

$Gain=0$

$G = \sum_{i=I} g_i$，$H = \sum_{i=I} h_i$

for $k=1$ to m do

    $G_L=0$，$H_L=0$

    for j in $sorted(I, by\ x_{jk})$ do

        $G_L=G_L+g_j$，$H_L=H_L+h_j$

        $G_R=G-G_L$，$H_R=H-H_L$

        $Gain = \max\left(Gain, \frac{G_L^2}{H_L+\lambda} + \frac{G_R^2}{H_R+\lambda} - \frac{G^2}{H+\lambda}\right)$

    end

end

Output：最大增益分割

3.2.2　评估模型数据库建立与分析

基于机器学习方法创建隧道隆起的预测模型，本小节集中分析基坑开挖引起下卧隧道隆起变形特性和各因素对变形的影响，基坑与下卧隧道的相对位置如图 3-5 所示。通过调研建立具有 170 组工程案例的数据库，并将数据库按照 7∶3 的比例划分为训练集和测试集。

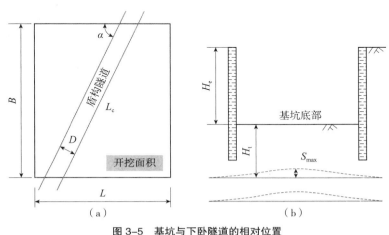

图 3-5　基坑与下卧隧道的相对位置
（a）俯视图；（b）剖面图

在施工过程中，建立并分析基坑开挖引起下卧隧道隆起与影响因素之间的关系，对于预测隧道隆起尤为重要。在基坑开挖施工中，地层地质情况是决定施工方案的重要因素，根据既有隧道所处土层性质，将数据库中的案例归纳为四种，分别为淤泥质粉质黏土（Mud）、软黏土（Sof）、粉砂黏土（Sil）和砾质黏土（Gra）。基坑的长宽（L，B）、开挖深度（H_e）直接影响土体卸载力大小，进而影响基底土体和下卧隧道的隆起（S_{max}）。盾构隧道的半径（D）、隧道拱顶距基底距离（H_t）、实际下穿长度（L_c）也是需要被考虑的因素。除此之外，对于施工中基坑围护结构（SWM，DW，BP）、内支撑结构（OC，NC）及开挖控制措施（SM_1，SM_2，SM_3，SM_4），只考虑工程中是否采用该结构或措施，因此属于非数值属性数据，属于属性值之间有趋势的文本属性，如是否采用地连墙作为基坑围护结构，用 0 和 1 量化的方法进行取值，是则取值为 1，反之为 0。所以以虚变量的形式将施工的因素作为输入变量。表 3-3 给出了变量定义、范围和说明。

对于数值型参数，使用 Spearman 等级相关系数研究两个特征之间，以及各输入特征和输出 S_{max} 的相关性，输入参数相关性矩阵如图 3-6 所示。发现部分特征间高度相关，如特征 L_c 和特征 B，相关性达到 0.93（$L_c = B \times \sin\alpha$，$\alpha$ 为隧道下穿基坑的角度），这里挑选出与模型输出 S_{max} 相关性更高的 L_c 作为模型训练的一个特征。

变量定义、范围和说明   表 3-3

参数	参数类型	单位	参数描述		说明
			最小~最大	平均值	
D	输入	m	6~11	6.36	隧道直径
L	输入	m	8.2~867	90.04	基坑横向开挖长度
B	输入	m	9.7~200	48.14	基坑纵向开挖长度
H_e	输入	m	4~24.3	8.85	开挖深度
H_t	输入	m	0.35~12.4	5.20	隧道拱顶与基坑底部之间的距离
L_c	输入	m	10~203	53.24	隧道的实际下穿长度
Mud	输入	–	0~1	0.25	淤泥质粉质黏土
Sof	输入	–	0~1	0.24	软黏土
Sil	输入	–	0~1	0.25	粉砂黏土
Gra	输入	–	0~1	0.26	砾质黏土
SWM	输入	–	0~1	0.28	施工工法
DW	输入	–	0~1	0.15	地连墙
BP	输入	–	0~1	0.48	钻孔灌注桩
OC	输入	–	0~1	0.21	放坡开挖
NC	输入	–	0~1	0.70	基坑内支撑
SM_1	输入	–	0~1	0.95	基地加固措施
SM_2	输入	–	0~1	0.98	基坑分层开挖
SM_3	输入	–	0~1	0.68	抗拔桩
SM_4	输入	–	0~1	0.21	基地加重抗浮措施
S_{max}	输出	mm	20~205	87.89	隧道拱顶最大隆起值

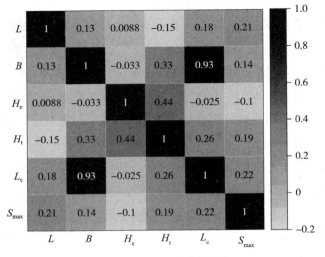

图 3-6 输入参数相关性矩阵

对于类别型参数，做出其关于隧道拱顶隆起值的散点图，并表示出各特征占总数据集的百分比，类别型特征分布如图 3-7 所示。对于一些特征，大部分数据仅集中在某个类别中，如特征 SM_1、SM_2 和 NC 数据集中于 "1"，分别占数据集的 95%、98% 和 96%。结合特征含义，说明本数据库中的几乎所有样本均采用分层分区开挖、基底加固和基坑内支撑的施工措施，从而无法简单判断该类别特征对隧道拱顶隆起值（S_{max}）的影响；其他特征对应隧道拱顶隆起值的分布高低错落，表明这些特征对应的隧道拱顶隆起会有一定倾向，有较强的辨识度，对模型预测有重要作用。

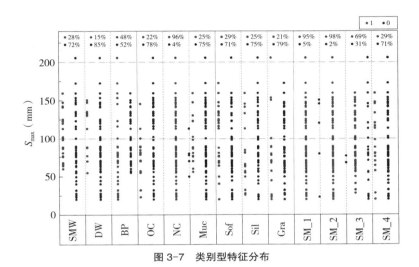

图 3-7 　 类别型特征分布

本小节采用 Z-score 标准化，经过处理的数据符合正态分布，即均值为 0，标准差为 1。其公式（3-11）如下：

$$x_i' = \frac{x_i - \mu}{\sigma}, \quad i=1, \ 2, \ 3\cdots\cdots \tag{3-11}$$

式中　μ——所有样本数据的均值；

　　　σ——所有样本数据的标准差。

最终，模型的预测结果反映在原始数据空间中。

通过上述方法对样本数据集进行筛选后，选择特征 B，L_c，H_e，H_t，SMW，DW，BP，Mud，Sof，Sil，Gra，SM_3，SM_4 作为模型的输入特征，S_{max} 作为模型的输出特征。

3.2.3 　 风险评估模型建立与评估结果分析

模型建立过程包括数据库建立、数据处理、数据集划分、模型训练、结果和评价指标输出，数据库源于既有盾构隧道上方开挖基坑的工程实例。在输入模型之前，对数据进行探索性分析和筛选，采用中心化处理消除数据的量纲影响，数据库中 70% 的数据被用于训练模型，剩下的 30% 作为测试集。

本小节采用贝叶斯搜索对 XGBoost 的超参数进行优化，贝叶斯搜索以均方误差最小的参数作为模型超参数，为了防止模型出现过拟合现象，采用五折交叉验证迭代训练模型，基于同一数据库，以 SVM、CART 和未优化的 XGBoost 作为对比模型来测试四种模型在数据集上的预测表现。表 3-4 显示了基于 BO 算法的 XGBoost 模型超参数的说明、搜索范围和最优超参数。

基于 BO 算法的 XGBoost 模型超参数的说明搜索范围和最优超参数　　　表 3-4

XGBoost 超参数	搜索范围	默认值	最优值
n_estimators	1~50	100	43
max_depth	1~20	6	4
learning_rate	0.00001~1	0.3	0.6633
subsample	0.1~1	1	0.9131
gamma	0~20	0	14.6795
reg_alpha	0~20	0	1.5322
reg_lambda	0~20	1	16.5579

根据表 3-4 的贝叶斯搜索结果，确定最终 BO 算法的 XGBoost 模型超参数为：

n_estimators=43；max_depth=4；learning_rate=0.6633；subsample=0.9131；gamma=14.6795；reg_alpha=1.5322；reg_lambda=16.5579。

为了评价各模型的预测性能，选用均方根误差（$RMSE$）、平均绝对值误差（MAE）、拟合优度（R^2）作为评价指标来说明预测值和实际值之间的对应关系。$RMSE$ 和 MAE 表示预测值与实际值之间的误差，取值越小说明模型预测精度越高；R^2 反映了预测值与实际值的拟合程度，取值范围为负无穷到 1，R^2 越接近 1 表明模型的拟合精度越好。评价指标的计算公式如式（3-12）~ 式（3-14）所示：

$$RMSE = \sqrt{\frac{1}{n}\sum_{i=1}^{n}(y_{true}^{(i)} - y_{predict}^{(i)})^2} \tag{3-12}$$

$$MAE = \frac{1}{n}\sum_{i=1}^{n}\left|y_{true}^{(i)} - y_{predict}^{(i)}\right| \tag{3-13}$$

$$R^2 = 1 - \frac{\sum_{i=1}^{n}(y_{true}^{(i)} - y_{predict}^{(i)})^2}{\sum_{i=1}^{n}(y_{true}^{(i)} - \bar{y}_{true})^2} \tag{3-14}$$

式中　$y_{\text{true}}^{(i)}$——数据库中第 i 组数据的实际隧道拱顶隆起值；

　　　$y_{\text{predict}}^{(i)}$——第 i 组数据的隧道拱顶隆起预测值；

　　　$\bar{y}_{\text{true}}$——实际隧道拱顶隆起的平均值；

　　　n——数据库样本总数。

为了更直观的对比各模型学习和预测能力的差异，将四种模型在训练集和测试集上的三个评价指标汇总，如图 3-8 所示。对四种模型的学习能力从低到高排序：SVM < CART < BO-XGBoost < XGBoost；同样的，对预测能力进行排序：SVM < CART < XGBoost < BO-XGBoost。SVM 模型虽然也取得了不错的表现，但是相比于其他模型还是有较为明显的劣势。XGBoost 以 CART 为子模型，通过 Gradient Tree Boosting 实现多棵树的集成学习模型，相比于 CART 拥有更强大的学习和预测能力。

值得注意的是，相比未优化的 XGBoost 模型，BO-XGBoost 模型在训练集上的表现处于劣势（XGBoost：$R^2=0.9916$；BO-XGBoost：$R^2=0.9763$），但是在测试集上表现出更好的预测效果（XGBoost：$R^2=0.8865$；BO-XGBoost：$R^2=0.9287$），可以用未优化的 XGBoost 模型在训练集上过度拟合来解释这一现象，这也印证了对 XGBoost 模型进行超参数优化的必要性。

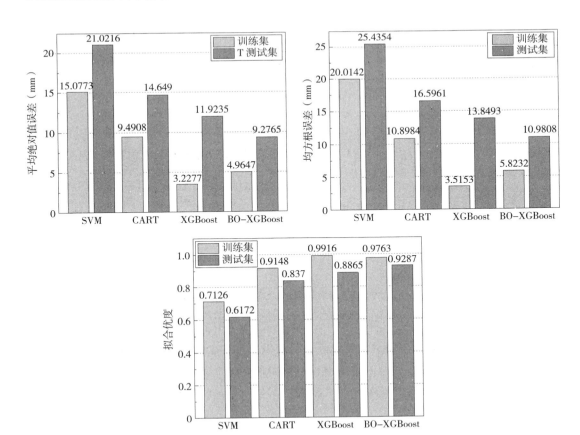

图 3-8　模型评价指标

四种模型在测试集上的预测结果如图 3-9 所示，将测试集隧道最大隆起实际值按从小到大排序，并计算各模型预测值与实际值的误差，如式（3-15）：

$$Error = S_{max, P} - S_{max, A} \qquad (3-15)$$

式中 $S_{max, P}$——预测值；

$S_{max, A}$——实际值。

误差（$Error$）的正值表示隧道拱顶隆起的预测值大于实际值，负值则相反。图 3-10 表现了四种模型在测试集上的预测差值的分布。

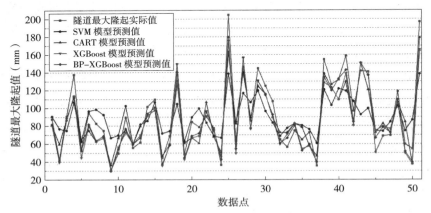

图 3-9   四种模型在测试集上的预测结果

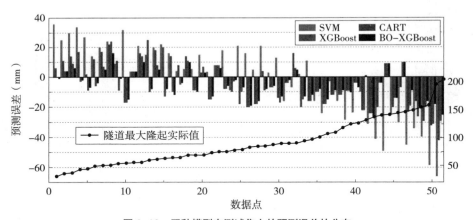

图 3-10   四种模型在测试集上的预测误差的分布

结合图 3-9 和图 3-10，整体来看四种预测模型均不同程度地表现出对较小的隧道隆起值预测普遍偏大和对较大的隧道隆起值预测普遍偏小，这点在工程应用中值得注意。SVM模型的预测值与实际值偏差最大，最大差值的绝对值超过了 60mm，出现在测试集中对隧道隆起最大值的样本的预测处，说明 SVM 模型不适合在隧道拱顶隆起位移可能比较大的工程中使用，不利于工程安全。基于树的模型 CART 预测的最大误差绝对值小于 50mm，相比于SVM 模型，CART 模型的预测精度有所提高。XGBoost 和 BO-XGBoost 能较为准确地预测隧道最大隆起实际值的趋势，XGBoost 模型预测的最大误差绝对值为 31mm，小于 SVM 和 CART 的预测误差。基于贝叶斯优化的 XGBoost 模型（BO-XGBoost）的预测精度得到提升，最大预测误差的绝对值仅为 26mm，预测精度最高。

综上，基于贝叶斯优化的 XGBoost 算法模型（BO-XGBoost）在预测基坑开挖引起下穿隧道隆起值时能表现出更出色的泛化能力，预测误差最小，适用于实际工程。但是对数据库中的极个别样本的预测表现仍有不足，这是因为预测模型会在一定程度上受到输入变量的异常值影响，这也说明在训练模型之前，结合先验知识对数据库进行深入分析和处理是很必要的，可以帮助模型从数据中学习到更有价值的信息。

3.2.4　基于评估模型可解释性的风险评价

基坑开挖引起下穿隧道拱顶隆起是一个很复杂的土木工程问题。可解释性是机器学习模型是否值得信任的重要考核标准，模型不仅要告诉工程师们预测结果，还要能提供安全可靠的风险评估依据。以 XGBoost 模型为例，其提供了可视化决策树的接口，即 plot_tree 方法，可视化后的决策树更加直观并且有利于模型分析。通过指定参数 num_trees，XGBoost 模型的树形结构如图 3-11 所示。可以看出，模型结果有五层，包括四层树结构和一层叶结构，节点处的特征和特征值决定节点的切分情况。

特征重要性是解释模型的一种基本方法。调用 XGBoost 模型中的特征重要性模块，根据各特征在模型中作为分裂特征的次数，筛选出前十个特征，计算每个特征在所有特征中

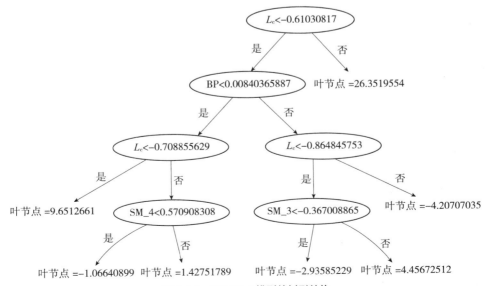

图 3-11　XGBoost 模型的树形结构

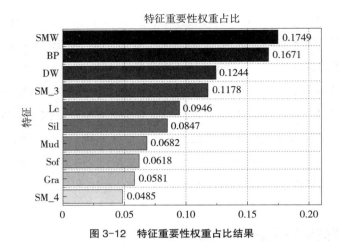

图 3-12　特征重要性权重占比结果

的权重占比。本书基于 BO-XGBoost 建立的隧道拱顶隆起预测模型的特征重要性权重占比结果，如图 3-12 所示。

在特征重要性权重占比结果中，SWM、BP 和 DW 三者是占比较高的特征，说明在该预测模型中，围护结构是最重要的因素。其他特征按权重占比从高到低依次是：SM_3，Lc，Sil，Mud，Sof，Gra，SM_4。在基坑开挖中采用抗拔桩（SM_3）的控制措施可以有效控制下穿隧道拱顶隆起，同时基底压重抗浮（SM_4）占比排名位于最后，说明对隆起有一定的影响。隧道实际下穿长度 Lc 在预测模型中起到了关键作用，当然在地下工程问题中，地质因素的影响永远不能被忽略。需要注意的是，对特征重要性进行排序只是解释预测模型的一种可视化手段，在实际工程中并不能简单地认为权重占比排名靠后的特征影响不重要，工程师需要结合具体工程的控制指标做进一步判断。

3.3　运营期涉轨施工安全管理技术案例

3.3.1　涉轨施工智慧化安全管理

G312 合六路工程是合肥市 2021~2023 年的重大建设计划项目，起点位于合肥市蜀山区小庙镇镇界，终点位于蜀山区南岗镇双塘路，与已完成快速化改造的长江西路衔接，路线全长 19.7km，是串联六安市区和合肥市主城区的重要纽带。项目的实施将极大改善现状道路通行能力和服务水平，提升整体城市品质，成为"合六一体化"高层级区域规划，发展"合六经济走廊"的重要通道。

　　本次先行实施合六路段（南岗镇—侯店路）是项目重要部分，工程起于侯店路，终至南岗镇双塘路，全长约 2.54km，按一级公路兼具城市快速路功能标准建设，红线宽 60m，采用地面快速路形式。在与方兴大道交口设置一座互通立交，主线左幅桥梁全长 910.1m，右幅桥梁全长 789.15m，共 15 联 49 跨，互通共计 8 条匝道，匝道累计全长 5468.9m，全桥钢箱梁 22 联，混凝土现浇箱梁 44 联（图 3-13、图 3-14）。

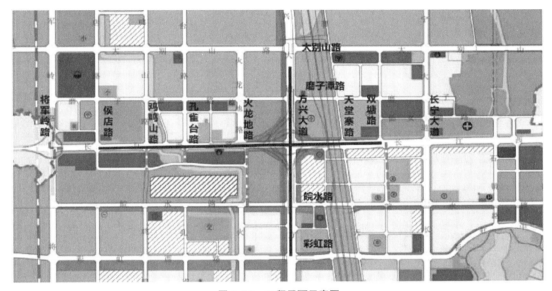

图 3-13　工程平面示意图

图 3-14　互通立交效果图

3.3.2 工程涉轨情况

　　合肥G312合六路（南岗镇—侯店路）工程方兴大道互通立交桥梁和双塘路西侧人行天桥施工在合肥地铁2号线南岗出入线区间盾构段的保护控制线范围内（图3-15）。方兴大道互通立交桥梁施工包含主跨线桥，A、B、C、D、E、F、G和H共8条匝道，其中涉2号线盾构区间的有主跨线桥（左线、右线），A、E、F和G匝道。同时，规划合肥地铁2号线西延线区间隧道线路穿越互通立交主线跨线桥，以及C、D、E、F、G和H匝道桥梁，相关桥梁信息详情见表3-5。

相关桥梁信息详情 　　　　　　　　　　　　　　　　　　表3-5

桥梁编号	上部梁体结构	桥跨长度（m）	承台结构（m）	与区间夹角（°）
主跨线桥左线	标准段：等截面预应力现浇箱梁，H=1.8m；上跨段：变截面预应力混凝土现浇箱梁，H=2.5~4.0m	30.0+30.0+30.0	四桩承台：$6.3 \times 6.3 \times 2.3$；$5.2 \times 5.2 \times 1.8$；$6.3 \times 2.5 \times 2.3$	并行无相交
主跨线桥右线		18.0+21.0+26.8		10~20
A匝道	等截面钢箱梁，H=1.6m	32.0+34.0+34.0	$6.3 \times 2.5 \times 2.3$	82
E匝道	等截面钢箱梁，H=1.8m	32.0+34.8+41.6	$6.3 \times 2.5 \times 2.3$	33
F匝道	等截面钢箱梁，H=1.8m	42.0+42.0+42.0	$5.2 \times 2.2 \times 1.8$	82
G匝道	等截面钢箱梁，H=2.2m	31.0+31.0+34.0	$7.5 \times 3.0 \times 2.7$	36~43
人行天桥	等截面钢箱梁，H=2.0m	20.0+45.0+23.5+18.5	$5.4 \times 2.2 \times 1.8$	87

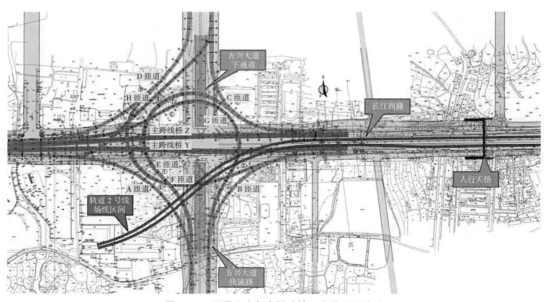

图3-15　互通立交与合肥地铁2号线平面关系

各桥梁桩基与合肥地铁 2 号线盾构区间，桥梁与轨道结构距离最近净距为 3m，互通立交 A、F 匝道桥与合肥地铁 2 号线相对关系如图 3-16 所示。

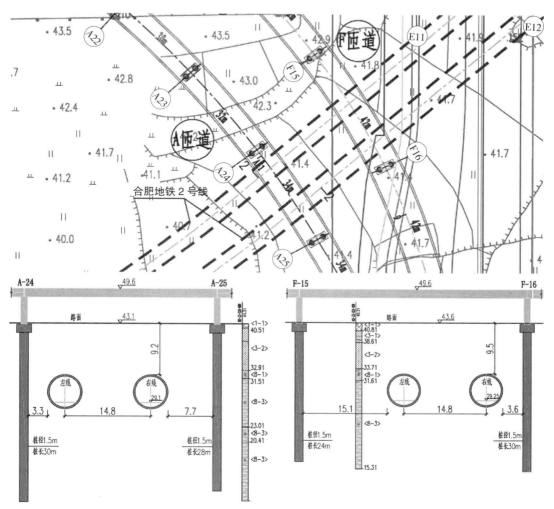

图 3-16　互通立交 A、F 匝道桥与合肥地铁 2 号线相对关系

3.3.3　桥梁施工涉轨安全管理

1."BIM+ 智慧工地"管理系统

项目特引入基于"BIM+ 智慧工地"管理系统模块如图 3-17 所示，主要体现在利用 BIM 技术将当前项目管理信息系统中的抽象"结构物"实现具象化，并由智慧工地平台展示，让项目管理基础数据的采集更加简便，项目形象进度管理更加直观，质量管理更加规范，安全管理更加智能。最终形成依托 BIM 模型的数据，以互联网、物联网为介质，通

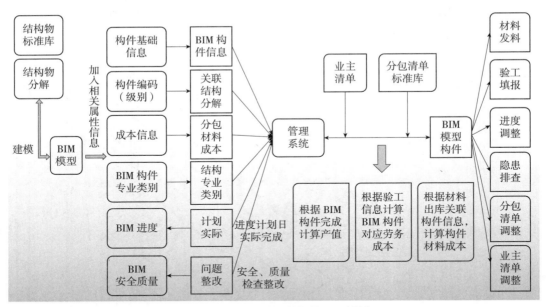

图 3-17 "BIM+ 智慧工地"管理系统模块

过企业级项目管理平台与智慧工地平台交互的综合管理平台，达到施工数字化和智能化管理。

2. 图纸深化及空间检查

本工程互通桥梁处地下管线复杂，穿越合肥地铁 2 号线及规划西延线，为高效处理桥梁下部结构与盾构区间、各类管线之间复杂关系的施工难题，项目开展了全面的 BIM 模型创建工作。通过 BIM 技术的三维可视化与空间碰撞检查过程（图 3-18），主要对地铁盾构区间、地下管线、桥梁下部结构之间进行相对关系的识别，设定安全距离区间，预先发现冲突问题。对合肥地铁 2 号线与桥梁桩基距离较近的水平和纵向深度空间进行立体标记，在一定程度上对现场的施工安全把控起到了重要作用。同时，将现场前期审图不易发现的施工作业问题及时反馈给设计单位，进行施工方案优化，有效规避后期施工时因图纸问题带来的停工及返工，为现场施工安全顺利进行打下坚实的管理基础。

3. 地理信息系统（GIS）实况融合

将 GIS 作为项目环境数据载体层，GIS 数据包括高清遥感影像、倾斜摄影数据、DEM 等地理空间相关的数据。其中，倾斜摄影数据通过无人机搭载多台不同角度传感器获取地面信息，再通过软件处理成三维地理模型，最终形成 GIS 数据。通过 BIM 技术建立市政模型，集成"BIM+GIS"实况模型（图 3-19），形成一套完整的模型构件数据库，顺利将既有构筑物和新建结构联系起来，将地下工程与地上交通联系起来，并支持在 PC 端和移动端的三维展示及互动操作，还可通过自定义业务数据模型及标准化的数据访问接口实现文档、

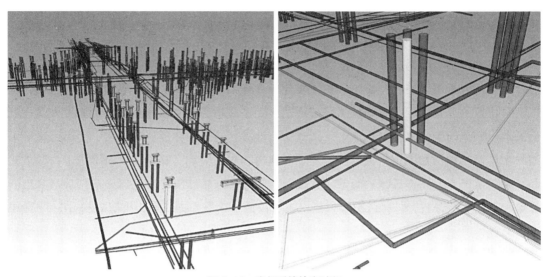

图 3-18　空间碰撞检查过程

图 3-19　"BIM+GIS"实况模型

项目、设计数据、进度、设备、沟通、组织、人员与权限等建筑数据全生命周期管理，能实时观测市政工程中各项目的工作状态和信息，并将其及时反馈到 BIM 模型中，实时更新市政项目的工作信息，使施工过程对地铁 2 号线和周边构筑物的影响分析更直观。

4. 可视化交底

本项目互通上部结构采用 8 条匝道和双幅主线桥，整体结构层次复杂，涉及小曲率半径大节段钢箱梁吊装、宽幅混凝土梁支架现浇，并且城区主干道车流量较大，施工环境复杂。下部结构施工面临废旧桩基拔除，水、电、气、热管线迁改，既有轨道交通和周边建筑保护等一系列艰巨任务，整体施工工艺、工序较多，给工程建设安全管理带来巨大挑战。

为加强技术人员和作业人员对现场施工工序、工艺的正确理解，强化作业的规范性和流程性，项目充分利用 BIM 模型的直观可视化特性，通过三维技术交底指导工程施工。

通过二次开发插件对 Revit 模型进行导出和转换为 glTF 的 Web 端通用格式。在模型转换过程中，把具有规则形状的几何对象进行唯一性表达，使用相似体的识别算法减少几何体数量，再通过开源算法对 glTF、JSON 数据进一步压缩优化，处理后的 BIM 模型可直接在普通浏览器中进行查看，确保第一时间建立易于应用的轻量化模型。

关联构件信息后的轻量化模型，在场地布局阶段为项目提供可视化的全过程施工空间，通过虚拟环境查看即将被建造的要素及相应的设备操作，可以形象地看到施工工作面、施工机械位置的变化情况，管理人员可以评估施工进展中工作空间的安全性，施工人员可以更好地识别危险和采取预防措施。在正式施工阶段，通过构件的消隐展示、距离测量等可进一步明确结构位置的相对关系，以及工程建造的先后关系。此外针对桥梁施工关键工艺和复杂施工节点，制作三维动画或工程漫游，对桩基涉轨施工方案进行提前预演，并验证设备和工艺的合理性，技术人员和作业人员可以通过手机扫描现场二维码或在 BIM 平台中查看交底和演示，熟悉工艺流程，辅助现场班组施工作业（图 3-20）。

图 3-20　轻量化模型及施工方案演示

5. 智慧视频应用

项目关键施工场景集成主流视频监控设备，除常规的远程监控查看外，内嵌 AI 算法，智能分析现场异常行为，第一时间预警并对视频留痕，保障工程质量和人员安全。如进行未佩戴安全帽预警提示；未穿戴反光衣预警提示；现场明火报警；现场烟雾报警等。

同时，项目研发的面向路桥工程人员的心理状态监测方法及装置，基于新一代人工智能的非接触式情绪识别与心理健康监测技术，首先获取待检测用户的生理信号，提取生理特征的同时获取待检测用户的面部视频，以提取面部特征，并将生理特征和面部特征进行特征对齐。然后基于空间注意力机制对特征对齐后的所述生理特征和所述面部特征进行特征融合，得到融合后的时空特征图，并将融合后的时空特征图输入到多任务网络中，以获取待检测用户的心理状态监测结果。整个方案采用非接触式监测为主、接触式监测为校验补偿的新型监测方式，在弱干扰条件下为工程项目施工人员构建高可靠、多层次、全方位的情绪识别和心理健康防护体系，有效避免了心理状态监测的主观性，简化检测流程，保障了工程人员在涉轨复杂环境下作业的施工安全，智慧工地视频监控系统如图 3-21 所示。

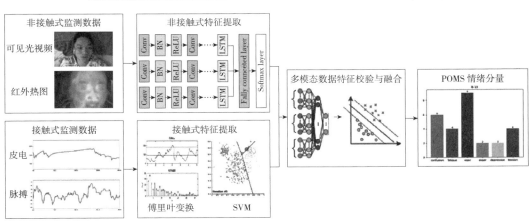

图 3-21　智慧工地视频监控系统

6. 安全管理系统

在施工准备阶段利用 BIM 虚拟环境及 AI 摄像头对基坑临边防护、临时用电等危险源进行智能识别,划分施工空间,排除潜在安全隐患,辅助制定相应的安全工作策略。在现场施工重点部位安设感应元件,施工过程中将感应元件监测的应变、应力数据等汇集至平台智慧物联监测系统。通过对有效数据的处理分析,结合现场实际测量的位移变化进行对比,形成动态的监测管理,并在终端上实时地显示现场的安全状态和潜在危险范围。基于此,本项目实现了桩基拔除和灌注施工对地铁区间扰动影响的 24h 不间断动态监测,深基坑开挖支护布点的应力、应变监测,对承台大体积混凝土水化热进行温度监控,对塔机吊装幅度、转角、力矩、吊重、倾角、风速实时数据等监测一体化集成,做到预警反馈和日志保存。

同时,现场利用物联网设备,进行人脸身份自动识别,快速录入工人实名信息,自动采集考勤和健康数据,有效加强对用工风险的控制。建立移动端项目管理系统,与电脑端数据互通,现场安全技术人员在巡查时可随时将发现的问题挂接于对应的 BIM 结构物,在智慧工地平台 BIM 模型中相应构件会显示为红色,并推送至具体管理人员进行查看和整改,上传整改记录并发起报验,经审核人员检查无误后消除该问题,形成安全质量管理检查闭环,如图 3-22 所示。

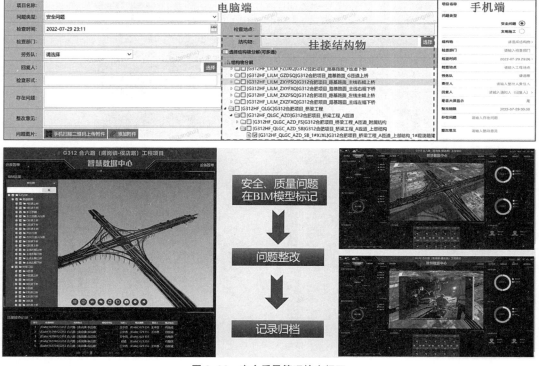

图 3-22　安全质量管理检查闭环

3.3.4　涉轨下部结构安全防护施工

1. 全护筒桩基施工

涉地铁段桩基施工采用旋挖钻钻孔施工，可以加快施工速度。采用免共振液压振动锤进行沉桩，以减小桩基成孔作业对地铁周边地层的扰动，在距合肥地铁 2 号线外壁距离较近的桩基施工时增加护筒长度，护筒埋置深度为地铁洞室底板以下 3m，以减小桩基施工期间对周边土体的扰动。钢护筒在地铁停运期间进行施工，钢护筒施工完毕后进行桩基施工。

为了护筒顺利下沉到位，减小护筒的摩阻力，避免土压过大导致钢管变形或倾斜，采用钻孔与护筒下沉相结合的方式，分段成孔、分段下沉，各节段之间采用电焊连接，首节护筒采用旋挖钻机成孔，沉桩机下沉，桩基施工完成后，护筒不拔出。

采用自动化监测系统动态监测地铁结构变形，桩基施工期间派专人负责监测信息的即时收集、整理和分析，当实测数据达到预警值时（表 3-6），立即报警，并以最快方式提交"日报表"，对超限数据以明显标记提示，暂停施工严密观察，会同相关轨道单位商议保护方案。

城市轨道交通结构安全控制指标　　　　　　　　　　　　　　　表 3-6

	安全控制指标	预警值	控制值	变形速率
盾构区间管片及轨道	管片竖向位移 管片水平位移	< ±3mm （< ±2mm）	< ±5mm （< ±3mm）	< 1mm/d
	管片净空收敛	< 3mm （< ±2mm）	< 5mm （< ±3mm）	< 1mm/d
	轨道横向高差（每 10m）	< 2mm	< 4mm	—
	轨道轨向高差（每 10m）	< 2mm	< 4mm	—
	隧道变形曲率半径	—	> 15000m	—
	隧道变形相对曲率	—	< 1/2500	—
	盾构管片接缝张开量	< 1mm	< 2mm	—
	轨间距	> −2.4mm 且 < +3.6mm	> −4mm 且 < +6mm	—
	结构裂缝宽度	迎水面 < 0.1mm， 背水面 < 0.15mm	迎水面 < 0.2mm， 背水面 < 0.3mm	—
	道床脱空量	< 3mm	< 5mm	—
	基坑周边附加荷载	—	≤ 20kPa	—

2. 施工载荷影响控制

如图 3-23 所示，采用三维施工过程有限元分析，建立涉地铁区域内的荷载—结构影响分析模型，对桩基施工、基坑开挖、承台施工、墩柱浇筑、地面作业、钢梁吊装等工艺、

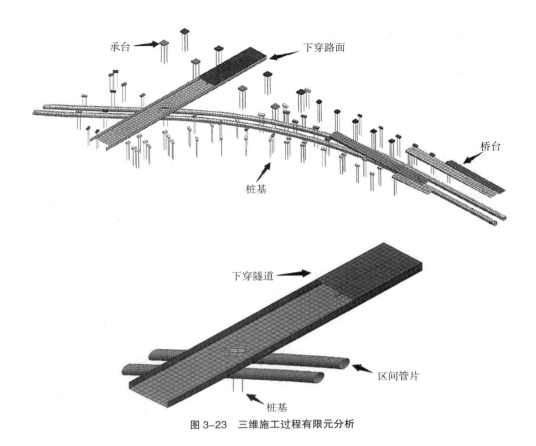

图 3-23　三维施工过程有限元分析

工序过程进行全面分析，获得施工阶段关键结构的应力、应变、位移，评估基坑开挖施工引起周边土体的扰动效应，以提出更有针对性的保护方案和措施。

地铁区间内的墩柱采用跳墩施工，以减少集中荷载的发生，保护地铁区间上方的土压平衡。墩柱施工过程中，所有模板、支架等周转材料，随用随转，不得在地铁区间内集中堆放。墩身混凝土采用混凝土小型罐车运输，汽车泵浇筑，小型罐车和汽车泵须行驶和停放在远离地铁区间一侧。模板安装及上部结构钢箱梁吊装采用汽车起重机吊装，汽车起重机须停放在远离地铁区间一侧。

3. 桩基拔除施工

项目规划合肥地铁 2 号线西延工程范围内存在 3 座旧桥桩基需拔除，清障时研发了回旋套管桩基拔除施工工法（安徽省省级工法：2022AHGF 312-22），如图 3-24 所示，施工过程中利用全回转液压钢套管设备，采用比拔除桩径略大的钢套管跟进，在旧桩四周进行快速旋转切割钻进，将桩周土体与旧桩分离后，再用履带吊装配合将旧桩拔出或清除。旋转驱动装置回转力推动钢套管旋转切割推进，外钢套管底端镶嵌钛合金钻头，其具有强大的切割破碎能力，钢套管边回转边切削边推进压入，周边物体土体分离使摩阻力大

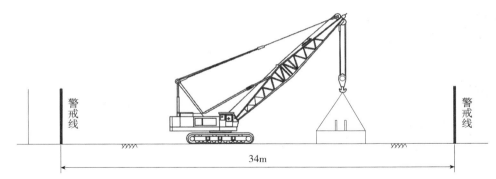

图 3-24　回旋套管桩基拔除施工工法

大减少，通过钢套管进行桩周分离减摩，支撑孔壁，从而避免桩基拔出时造成周边土体坍塌失稳。通过冲抓斗将桩头清理，利用楔形锥插入桩与钢套管间的间隙进行制动，达到液压旋转套管时扭断旧桩的目的，然后用钢丝绳与桩身锁扣牢固后将旧桩拔出，顺利解决了清障难题。

3.3.5　无预留穿越铁路站场涉轨安全加固

合肥站位于安徽省合肥市瑶海区站前路 1 号，隶属中国铁路上海局集团有限公司管辖，是客、货运输一等站。始建于 1935 年 12 月，当时被定为淮南铁路客、货运输二等站。原址位于明光路与胜利路交口处，1997 年 4 月 1 日随着合肥新客站通车运营迁入现址。主站房呈金字塔式设计，2010 年完成改扩建工程，站房面积扩大 31%，旅客候车乘车舒适度提高，建筑立面及风格更加庄重典雅。现站房总建筑面积为 39884m²，其中站房建筑面积 27690m²，东、西配楼建筑面积各 6097m²。站房东西长 309m，进深 95m；最高点 39m，檐口高度 24m。2016 年的站房改造对地面出站厅区域进行改造，将地面出站厅改造为地下出站，与城市南广场换乘厅进行顺接。本次由于合肥地铁 1 号线隧道下穿，需对站房结构进行再次加固。加固后的站房设计工作年限按 18 年考虑。工作年限到期后，当重新进行检测鉴定，根据检测鉴定结果确定其后续工作年限。

合肥地铁 1 号线三期工程瑶海公园站—合肥站区间，线路出瑶海公园站后，沿二环路先以 28‰的下坡侧穿畅通二环（北环）工程高架桥桩基，而后以 7‰的下坡下穿香江国际佳元小区 7 栋居民楼，接着以右线 26.545‰（左线 27.413‰）向上的坡度下穿进站天桥基础、侧穿无柱雨棚桩基、下穿 5 站台及 12 股道群、下穿合肥火车站站房基础，最后到达已完成的合肥地铁 1 号线合肥站（图 3-25）。

该工程是国内首例在无预留条件下的地铁近距离正穿铁路站房工程，风险高、技术难度大，是合肥地铁建设史上最难的考验，在全国地铁工程范围内也属罕见。因地铁线路掘

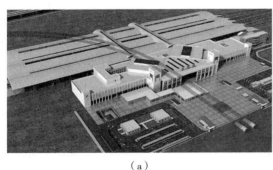 

（a）   （b）

图 3-25 项目下穿效果图
（a）效果图（一）；（b）效果图（二）

进对站房原有基础有较大影响，为确保后期盾构下穿站房过程中的结构及运营安全，需对站房结构基础进行加固。

　　合肥站房在隧道下穿及强影响范围内的站房基础一共 55 座，其中独立基础 32 座，人工挖孔扩底墩基 23 座，下穿桩基 6 根，位于盾构区间影响区域内的桩共 12 根（影响区域按区间往外 6m 考虑），区间隧道与站房基础空间位置关系如图 3-26 所示。站房内盾构隧道下穿时需加固的独立基础底埋深为 5.1~7.5m，隧道顶部距离需加固的独立基础底部为 5.84~7.62m，隧道直径为 6m，区间隧道与独立基础竖向的位置关系剖面示意图如图 3-27 所示。

　　下面从工程设计及施工方面，对站房基础加固设计方案选择、施工方案及变形控制等方面进行详细介绍。

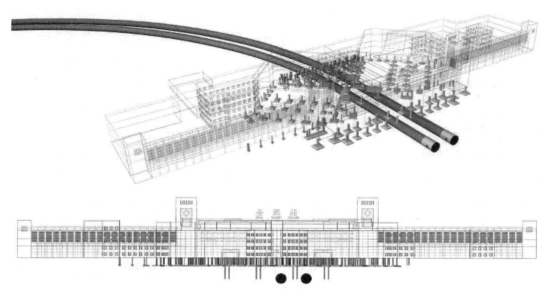

图 3-26 区间隧道与站房基础空间位置关系

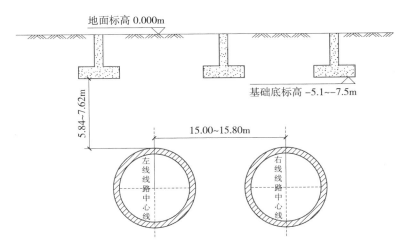

图 3-27   区间隧道与独立基础竖向的位置关系剖面示意图

3.3.6   站房基础加固设计方案比选

对于使用独立基础的既有建筑，常采用树根桩、锚杆静压桩、桩梁托换等加固方式。每种加固方式的施工速度、成本及对围岩稳定性的影响各不相同。针对合肥地铁 1 号线下穿合肥站项目特点，结合现场实际情况对树根桩法、锚杆静压法及桩梁托换法加固三种方案进行比选，见表 3-7。

方案比选表   表 3-7

序号	项目	树根桩法	锚杆静压法	（带钢套筒）桩梁托换法
1	工程造价	较低	较低	较高
2	施工周期	工程量适中，周期短	工程量较大，周期较长	工程量较大，周期较长
3	优点	（1）小型钻机，适用于有限空间，施工比较方便； （2）施工时噪声小，机具操作时振动也小； （3）桩孔很小，对墙身和地基土不产生任何次应力，不扰动地基和干扰建筑物； （4）桩和土间紧密结合，附着力较大，能形成一体，从而大幅提升结构整体性	（1）传荷过程和受力性能非常明确，在施工中可直接测得实际压桩力和桩的入土深度，对施工质量有可靠保证； （2）压桩施工过程中无振动、无噪声、无污染，为环保型施工； （3）压桩施工设备轻便、简单、移动灵活，操作方便，适用于有限空间作业	（1）传荷过程和受力性能非常明确，替换结构刚性大； （2）带钢套筒钻孔桩施工不会对既有基础产生挤压应力； （3）施工方便； （4）通过数值模拟，本方案基础沉降控制效果明显
4	缺点	通过数值模拟，与静压锚杆桩相比，树根桩受力后的沉降量及单桩承载力的控制没有锚杆静压桩直观、明确	（1）整体加固工艺复杂，容易出现断桩； （2）需对既有结构开凿压桩孔，产生永久破坏； （3）通过数值模拟结果，本方案基础沉降控制效果不明显，且对既有基础结构产生挤压效应	桩基施工量不大，但承台及转换梁施工工程量较大

方案一树根桩法（图3-28）：采用竖直桩体，桩径0.3m，共计16根树根桩均匀排布于独立基础立柱四周，桩中心距离独立基础几何中心的 x 与 y 方向的水平距离均为1.2m，桩顶平齐独立基础上表面，穿过基础插入土中4m，桩底距离隧道顶部竖向距离3m。

方案二锚杆静压法（图3-29）：采用四根边长为0.3m的方形桩，在独立基础上开设压桩孔洞后将桩体压入土体中进行基础加固，四根桩分布于基础的四个角，桩中心距离独立基础几何中心的 x 与 y 方向的水平距离均为1.2m，入土长度4m。

方案三（带钢套筒）桩梁托换法（图3-30）：在地面以下1m处进行托换，托换梁尺寸长10m、宽2m、高1.2m，托换桩桩径0.8m、桩长41m，桩顶中心与基础几何中心水平距离4m。

综上，三种方案均适用于有限空间施工，施工工艺成熟，但树根桩加固和锚杆静压桩加

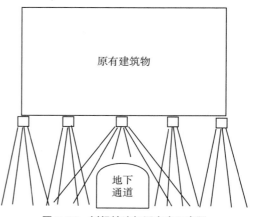

图3-28　树根桩法加固方案示意图

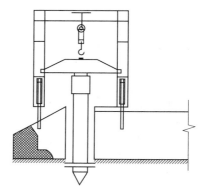

图3-29　锚杆静压法加固方案示意图

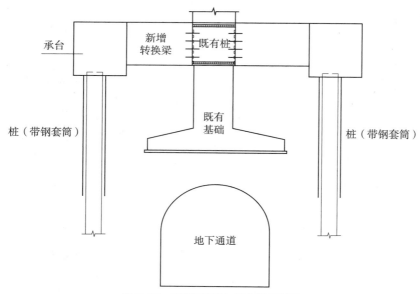

图3-30　桩梁托换法加固方案示意图

固无法有效控制基础的沉降，而桩梁托换在减小立柱与基础受力的同时还能很好地控制基础的沉降，能更好确保施工过程中合肥站站房的安全运营，因此推荐在合肥轨道交通 1 号线下穿合肥火车站项目基础加固工程中使用桩梁托换技术对基础进行加固。

3.3.7　站房基础加固施工方案

合肥站房加固工程，主要对盾构下穿影响范围内的既有基础采用"新增灌注桩 + 承台 + 预应力梁"的技术进行加固，主要工程包含钻孔灌注桩（工程桩 37 根、试桩 2 根），桩径 800mm，承台 24 座，预应力转换梁 15 条。

1. 桩基施工方案

（1）机械选型

本工程桩基位于火车站站房内部，经现场调研，站房内候车厅净高仅为 5.8m，面对常规机械无法进入施工的难题，项目部深入研究，广泛选型，最终采用超低净空履带式反循环钻机成孔方案，同步设计可折叠式吊架用于桩基钢筋笼的安装，定制低净空反循环钻机及可折叠式吊架如图 3-31 所示。

图 3-31　定制低净空反循环钻机及可折叠式吊架

（2）超长护筒跟进控制

由于地层沉降及结构变形控制要求高、敏感性强，为避免桩基施工过程中可能出现的质量问题直接影响既有结构基础，同步设置 10m 超长钢护筒跟进控制（图 3-32）。为防止大型机械压入钢护筒会对紧邻基础周边土体产生挤土效应，对结构稳定性产生负面影响，钢护筒跟进埋设采取人工挖孔，逐段焊接，同步下沉的施工工艺。

为确保桩基定位准确性，在桩位纵横向的每一侧引两个控制桩，两个控制桩间距 2m，利用十字控制法控制钻孔时的轴线偏位，钢护筒定位埋设示意图如图 3-33 所示。

图 3-32　超长钢护筒跟进控制

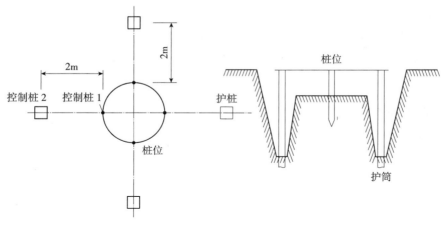

图 3-33　钢护筒定位埋设示意图

为方便护筒埋设施工，护筒外侧加焊钢板（厚 15mm）以减小摩擦面，实现快速切土；下沉前对护筒外壁涂油，减小下沉过程中阻力；外侧焊缝焊接完成后应打磨光滑以减小下沉阻力；护筒到位后需采用快硬水泥浆填实护筒外侧缝隙，并在终凝后方可进行桩基机械钻进施工。

（3）成桩检测

本加固工程为确保整个托换体系的有效性，共设计 2 根试验桩，须在试验桩检测合格后方可进行大面积桩基施工。其中试验桩 2 根桩基完整性检测均采用超声波检测法，单桩竖向承载力采用自平衡试验法进行检测（图 3-34）。

自平衡试验法检测原理是将一种特制的加载装置——荷载箱，在混凝土浇筑之前和钢筋笼一起埋入桩内相应的位置，将加载箱的加压管及所需的其他测试装置（位移、应变等）从桩体引到地面，然后灌注成桩。由加压泵在地面向荷载箱加压加载，荷载箱产生上、下两个方向的力，并传递到桩身。由于桩体自成反力，将得到相当于两个静载试验的数据：荷载箱以上部分，获得反向加载时上部分桩体的相应反应参数；荷载箱以下部分，获得正向加载时下部分桩体的相应反应参数。通过对加载力与这些参数（位移、应变等）之间关系的计算和分析，不仅可以获得桩基

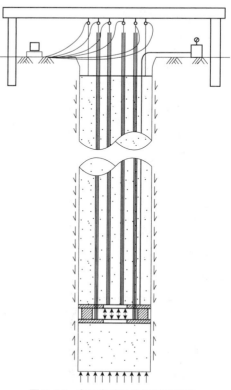

图 3-34　自平衡试验法检测示意图

承载力，还可以获得每层土层的侧阻系数、桩的侧阻、桩端承力等一系列数据。这种方法可以为设计提供数据依据，也可用于工程桩承载力的检验。

桩基成桩质量检测采用超声波检测法和低应变检测法，其中总桩数的 10% 采用超声波检测法，其余采用低应变检测法。所有桩基质量检测必须达到Ⅰ、Ⅱ类桩标准，方可进入下道工序。

2. 承台转换梁施工方案

桩身完整性和承载力检测合格后，在桩顶施工承台和预应力转换梁，对预应力梁进行张拉及压浆，同步对站房上部结构进行加固，确保后续盾构下穿过程中的合肥站结构安全稳定。桩基 + 承台、转换梁平面、立面示意图如图 3-35、图 3-36 所示。

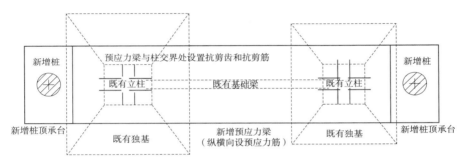

图 3-35 桩基 + 承台、转换梁平面示意图

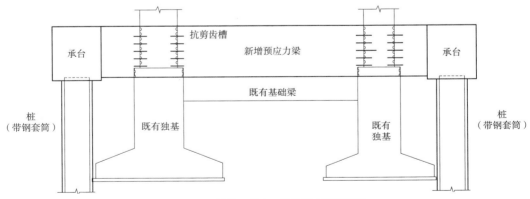

图 3-36 桩基 + 承台、转换梁立面示意图

承台转换梁施工工艺为：场地平整→定位放线→基坑开挖→标高测量→混凝土垫层浇筑→钢筋绑扎就位→模板支护→预应力波纹管及钢绞线预埋→混凝土浇筑→养护、张拉→回填夯实。

为使被托换基础与托换梁间结合好，需对被托换基础进行锯齿型凿毛，并实施抗剪植筋，以增加整体性。抗剪齿槽及植筋施工示意图如图 3-37 所示。

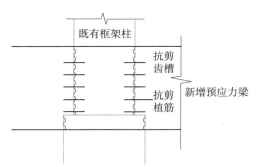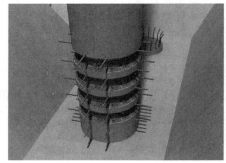

图 3-37   抗剪齿槽及植筋施工示意图

承台周围的回填采用级配碎石，应同时在两侧及基本相同的标高上进行，特别要防止对结构物形成单侧施压，回填材料应分层摊铺，并夯实。

3.3.8   施工变形监测及控制

由于施工过程中的站房运营安全尤为重要，周边安全风险等级为一级，工程监测等级为一级，施工前对本工程区间隧道下穿影响范围内（按照盾构区间往外 6m 考虑）的合肥站区间隧道与站房基础位置关系统计，如表 3-8 所示。

区间隧道与站房基础位置关系统计   表 3-8

分区	关系	独立基础		墩基	
		数量 / 座	尺寸（m×m）；竖向距离（m）	数量 / 根	尺寸（m）；竖向距离（m）
B- Ⅲ区	下穿	10	尺寸：2.4×2.4~8×10.5；竖向距离：5.84~7.62	4	尺寸：1~1.2；竖向距离：距 B- Ⅲ区为 5.79，距 C- Ⅱ区为 8.96
B- Ⅲ区	侧穿	4		6	
B- Ⅰ、Ⅱ区	下穿	2		—	
B- Ⅰ、Ⅱ区	侧穿	4		—	
C- Ⅰ区	下穿	8		—	
C- Ⅰ区	侧穿	4		—	
C- Ⅱ区	下穿	—		7	
C- Ⅱ区	侧穿	—		6	
合计	—	32	—	23	—

　　同时根据相关影响范围及监测规范要求划定变形监控重点区域（区间外侧 6m 为重点监测区域,6~30m 为一般监控区域 ）,制定相应监控措施。站房分区监测示意图如图 3-38 所示。

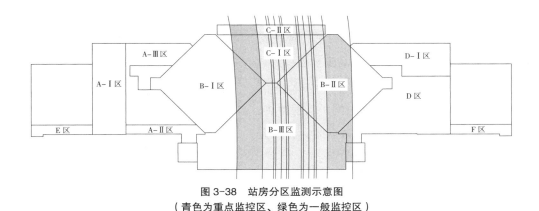

图 3-38　站房分区监测示意图
（ 青色为重点监控区、绿色为一般监控区 ）

1. 监测内容及监测频率

　　对于合肥站站房,监测范围涉及区间隧道两侧各 30m 范围内的站房框架柱,监测内容主要为框架柱的竖向及水平位移,分别在合肥站站房墩基础及独立基础边设置监测点,共布设 137 个站房框架柱监测点,采取粘贴测量标志或打孔植入 L 形测量标志。站房基础监测频率及控制值等内容见表 3-9。

站房基础监测频率及控制值　　　　　　　　　　　　表 3-9

项目	监测频率		变形控制值		
	观测阶段	监测频率	累计位移控制指标	单次变化速率	预警值
站房基础沉降 / 倾斜	施工准备期间	1 次 /24h	如图 3-39 所示	1mm/d	当监测数据达到预警值时（报警值的 80%）进行预警报告；当监测数据达到报警值的累计值时, 必须立即报警；若情况比较严重, 应立即停止施工
	施工期间	1 次 /12h			
	施工后 3 个月	初始为 1 次 /2d, 根据数据情况调整为 1 次 /7d, 之后更改为 1 次 /14d			

　　为保证营运铁路的行车安全和正常运营,在隧道下穿铁路期间,监测单位和第三方监测单位严格按照施工监测方案确定的监测项目和监测频率进行监测,核对盾构机与地面铁路的精确相对关系,并及时将监测信息反馈到相关参建单位。其中铁路围墙内的路基、轨

道、站台、接触网立柱、进站天桥柱、无柱雨棚柱监测采用全自动化监测，全自动化监测为实时监测，监测基本频率为 1 次 /2h；非实时监测的项目为站房框架柱、围墙、围墙外的地表。施工过程中，每次进行现场监测的同时进行巡视检查，特殊情况增加巡视频率。现场安全巡视完毕之后，进行资料整理，形成文字报告记录在监测日报里，报告内容包括：巡视时间、巡视地点、巡视对象、巡视内容、存在问题描述、原因分析、安全状态评价、采取措施建议等。

2. 变形控制成果

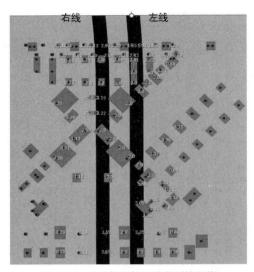

图 3-39　站房框架柱沉降监测控制值

合肥地铁 1 号线三期近距离正下穿合肥站房属全国首例，路局高度重视，要求确保万无一失。设计方案阶段，设计院采用 Midas GTS NX，分别按照 3‰、4‰、5‰ 的地层损失率（综合体现盾构在特定地层、环境中掘进的施工水平）对盾构掘进引起站房基础的附加沉降进行建模分析，模拟结果分别为 4.52mm、7.02mm、9.96mm。路局原则上要求涉铁路的盾构工程按 5‰ 地层损失率进行加固设计，但该项目若按 5‰ 加固施工，则周期太长、对站房破坏及影响太大，难度极高。轨道公司鉴于盾构掘进水平及先进工艺等因素，多次召开专家论证会并与路局多次沟通，经过 1 年多的反复论证、充分讨论，最终决定按 4‰ 地层损失率设计站房基础加固方案，按 3‰ 地层损失率施工控制，在确保安全的前提下，充分优化工期和投资。同时也对施工单位的精细化施工管理与控制提出了更高的要求。

站房加固项目部成立站房基础沉降量控制"QC"小组，对桩梁托换施工中既有基础沉降进行观测控制，通过数据对比分析及时调整施工方案，最大限度降低差异沉降对结构的危害，最终实现桩梁托换施工基础沉降值控制在 1.2mm 以内的目标。盾构施工项目部在下穿实施前严格进行盾构机选型，设置试验段，收集整理各项掘进参数指导后续掘进；施工过程中，严格控制土压、同步注浆、二次注浆，以及克泥效、快凝浆液、增注型管片的使用等关键工序和技术措施，从而控制地层损失率，确保管片拼装质量优良，实现各道工序之间的有效衔接。采用先进的"自动化监测＋人工巡视"的监测方案，实时分析监测数据，保证地面建筑物的安全。盾构接收前，对接收洞门范围区域土体进行水平注浆，注浆深度 8m。对盾构接收吊装区域下方的合肥站南广场地下停车库，采用钢管柱对顶板主次梁节点进行支撑加固，左、右线盾构全部实现安全接收，最终成功实现站房等设施的"零沉降"下穿施工。

3.3.9　无预留穿越技术小结

通过数值模拟的方法对比了树根桩加固、锚杆静压桩加固及桩梁托换加固三种加固方案，考虑要确保盾构开挖对上部既有结构的扰动影响最小和运营安全，最终确定桩梁托换加固作为本工程的加固方案。

采用人工挖孔钢护筒护壁加超低净空履带式反循环钻机成孔方案，严格控制超长钢护筒埋设深度，有效减小了施工过程中站房既有基础的沉降。整体来看，桩基施工不会对邻近结构产生太大扰动。

第 4 章

防洪防涝安全

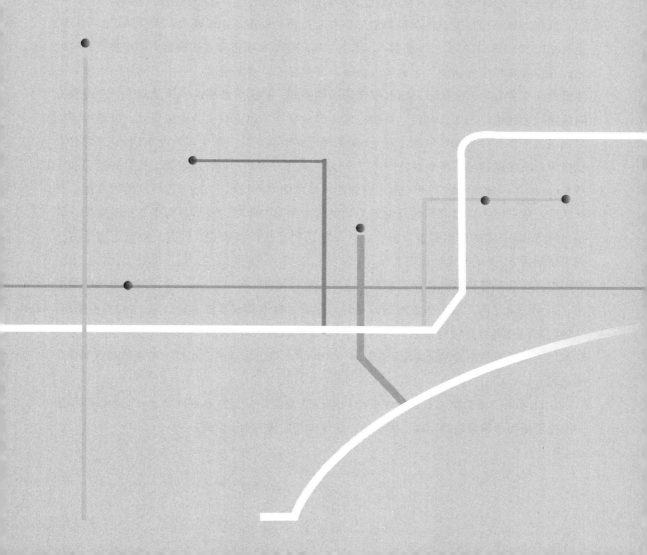

4.1　城市轨道交通水安全风险概述

随着国家经济快速发展，城市轨道交通已成为人们日常出行的主要方式，具有高效、绿色、便捷的特点。城市轨道交通的地下交通工程相比地面交通更为复杂，地下空间密闭紧凑，人员流动性大，逃生通道空间有限。近年来极端暴雨天气频发，当城市发生洪涝灾害时，洪水通过出入口、风井等与外界的连通通道进入地铁站内部，不仅对地铁设备造成直接的破坏，还有可能造成人员的伤亡，同时还会对社会产生广泛的影响。

我国对地下轨道交通的防洪排涝工作有着严格的规定，如《城市轨道交通工程项目规范》GB 55033—2022 第 2.5.3 条第 1、第 2 款规定：城市轨道交通应设置下列应急空间或设施，并应具备相应的功能，应设置应急情况下乘客安全滞留空间，包括区间线路轨道中心或道岔区旁侧乘客紧急疏散通道和安全滞留的空间，并应具备相应的疏散能力；应设置区间线路疏散通道，出入口和自动扶梯应能在应急状态下迅速转变为疏散模式，自动检票机阻挡装置应能转换为释放状态。第 6.5.4 条规定：地面车站、高架车站及车辆基地运用库、检修库、高层建筑屋面排水管道设计应按当地 10 年一遇的暴雨强度计算，设计降雨历时应按 5min 计算；屋面雨水工程与溢流设施的总排水能力不应小于 50 年重现期的雨水量；高架区间、敞开出入口敞开风井及隧道洞口的雨水泵站、排水沟及排水管渠的排水能力，应按当地 50 年一遇的暴雨强度计算，设计降雨历时应按计算确定。同时，应满足当地城市内涝防治要求。《地铁设计规范》GB 50157—2013 第 9.5.4 条规定：地下车站出入口、消防专用出入口和无障碍电梯的地面标高，应高出室外地面 300~450mm，并应满足当地防淹要求，当无法满足时，应设防淹闸槽，槽高可根据当地最高积水位确定。第 27.10.2 条规定：站场线路路肩高程应根据基地附近内涝水位和周边道路高程设计。沿海或江河附近地区车辆基地的车场线路路肩设计高程不应小于 1/100 洪水频率标准的潮水位、波浪爬高值和安全高之和。

由此可见，城市轨道交通的水安全风险已成为城市安全的重要风险之一，地铁系统的防洪排涝成为亟待解决的问题，关于地铁防洪排涝的研究刻不容缓。

4.1.1　洪涝灾害基本特征

1. 洪涝灾害类型

洪水，是暴雨、急骤冰雪融化、风暴潮和水库垮坝等自然或人为因素引起的江河湖泊水量迅猛增加及水位急剧上涨的现象。中国是世界上洪涝灾害最为严重的国家之一，大约 2/3 的国土面积、80% 的耕地受到洪水的威胁。洪涝灾害在我国发生的频率高，范围广，损失大，根据洪涝灾害的成因进行分类，可分为溃决型、内涝型、行蓄洪型、山洪型、风暴潮型、漫溢型和海啸型洪涝，如表 4-1 所示。

洪涝灾害类型表　　　　　　　　　　　　　　表 4-1

类型	成因	备注
溃决型	江河湖泊、大坝等，由于自然或人为因素发生溃决而产生的灾害	根据成因可分为河堤溃决、大坝溃决、冰坝溃决。突发性强、来势凶猛、破坏力大
内涝型	城市中发生暴雨或洪水，排水系统不畅，导致大面积积水或长期积水引起地下水位升高造成渍涝灾害的现象	常常在地势低洼、河流分布广泛、排水不畅的地区发生
行蓄洪型	山谷和平原的水库，以及河流干道两侧由于来水过于凶猛导致蓄洪区、行洪区被迫启用的人为灾害	这是一种重要的防洪减灾手段，属于可控洪灾，通过洪水的优化调变和管理达到最大减灾效益
山洪型	由于暴雨、融雪、冰川消融等原因造成山区河流的暴涨暴落的突发性洪涝灾害	影响范围小，但冲刷力强、来势凶猛、破坏力巨大，且常在夜间发生，威胁性大
风暴潮型	台风或热带风登陆海岸，伴随暴雨引发海岸决堤、海潮入侵	多发生于黄海沿岸南部，东海及南海等沿海地带
漫溢型	水位高于堤防或大坝，水流漫溢，淹没低平的三角洲平原或山前的一些冲积、洪积扇区的现象	该灾害类型受地形影响大，水流扩散速度较慢，洪灾损失与土地利用状况有关
海啸型	海底地震或近海域火山爆发，使得海洋水体扰动引起重力波的灾害现象	沿海地区受威胁极大，在近海岸或海湾，波峰可达 30m

2. 洪涝灾害构造

根据洪涝灾害的产生过程，可将城市洪涝灾害的系统构造分为致灾因素和受灾体两个方面。

（1）致灾因素

致灾因素是导致城市洪涝灾害产生的直接原因，根据产生来源将其分类，可分为自然因素与人为因素。

1）自然因素

地势地形：我国的地势可以分为三个级别，即第一级、第二级和第三级。其中，第一级的平均海拔超过 4000m，是许多江河的发源地。然而，由于其原始的自然形态，河流切割较深，导致洪水发生的概率相对较低。第二级的平均海拔在 1000~2000m，四川盆地受洪水威胁更为严重。第三级包括广阔的东部平原和丘陵，其中平原约占全国总面积的 12%。该地区人口稠密、经济发达，人水关系复杂。江河湖泊的主要泄洪通道都分布在这里，使其成为洪水威胁最为严重的地区。此外，冰川、岩溶等特殊地形地貌对洪水也有一定的影响。

季风气候：中国是大陆性季风气候国家，北温带夏季风是导致洪涝灾害发生的主要因素。夏季风可以分为东南亚夏季风和西南亚夏季风，每年 5 月开始向北方移动。这种天气现象导致中国年降水量分布不均，南方降水多而北方降水少，东部降水多而西部降水少。且年际降水的大幅变化导致中国出现频繁的暴雨，而大范围的暴雨很容易引发洪涝灾害。

水系分布：中国的水系分布极不均匀，绝大多数河流都位于东南部。此外，由于西北地势高于东南部且受夏季风的影响，导致河流上下游发生洪水叠加，进而导致洪峰流量增加，洪涝灾害发生的概率也更高。

2）人为因素

人类社会城建影响：由于近年来城市发展加快，城市地面多为硬化路面，使得城市的下垫面条件（原有地表和地下条件）发生了变化，导致雨水的渗透能力大大降低，几乎接近于零。这种地下调节和储存能力的显著降低使得人们更加依赖市政排水系统来处理降水。因此，地表径流量增加，雨水集水速度加快，洪峰出现的时间提前，历时延长，导致洪峰流量增大。

植被减少：由于人类过度砍伐植被，地表植被覆盖面积大大减少。植被在调节和重新分配洪水，以及储存降水方面起着至关重要的作用。植被减少导致地表径流加快和洪水过于集中，同时也增加了河流的泥砂淤积，进一步增加了洪水的威胁。

水土流失：水土流失是由于陡坡、不当土地利用、植被破坏、不合适的耕作技术、松散土壤、滥伐森林和过度放牧等因素引起的不良现象。首先，它直接破坏土壤资源，减少可耕地面积。其次，被侵蚀的泥砂物质进入江河、湖泊和水库，导致大量淤积，破坏了天然的洪水调节和排水能力。因此，给相关的地表径流带来一系列严重后果。

（2）受灾体

城市洪涝灾害对人类社会造成了生命、财产的巨大损失，对于洪涝灾害受灾体，根据受害形式对其分类，可将其分成社会系统、经济系统、生态系统三方面。

1）社会系统

对于社会系统，最主要的受灾群体是人类，人类生命是最珍贵的财产，而在洪涝灾害中，群众的生命受到巨大威胁。其次是属于人类的住宅和财产，在一次受灾事件发生后，人类住宅可能会发生变形、开裂或者倒塌，人类财产可能会浸水、流失或者报废。

2）经济系统

对于经济系统，包括工业、农业、商业、水利工程、公共设施、交通工程等，都会在洪涝中受到或大或小的损害。例如工业方面，各种生产构筑物及各种机械设备均会受到开裂、浸水、腐蚀、变质等危害；农业方面，农产品、农作物、水产养殖业可能会流失、腐烂、发芽、变质。总之，在经济系统受灾后，人类财产利益和生命安全均遭受威胁。

3）生态系统

生态系统中包括土地、野生动植物、水体环境等在洪涝灾害中都会受到伤害，尤其是水体环境，洪水携带的污染物一旦进入河湖、近海，可能带来水体的富营养化，治理起来更为困难。

3. 洪涝灾害孕灾环境分析

城市洪涝灾害孕灾环境由大气圈、水圈、岩石圈（包括土壤和植被）、生物圈和人类社会圈在内的综合地球表层环境构成。然而，它不是这些要素的简单叠加，而是体现在地球表层中一系列具有耗散特性的物质循环、能量流动，以及信息与价值流动的过程。对于城市洪涝灾害孕灾环境而言，主要是指以人类活动为主体，兼顾建筑类型、地形植被、经济等因素组成的综合地表环境系统，因此，城市孕灾环境的改变过程容易受到人为因素及社会发展的干扰，这也是城市系统最显著的特征。

近几十年，城市化发展迅速，从1978年至2017年，我国城市化率从17.9%上升到72.3%，增长速度明显。城市化的发展会导致地表植被覆盖的土地转变成建筑物等基础设施建设用地，带来下垫面硬化过度问题；同时，城市热岛效应现象加剧，落后的水利工程基础设施及不合理的空间布局设计等问题给城市洪涝管理也带来巨大挑战；另外，由于城市化的发展，中国城市的水域面积和河网面积显著减少，许多河流、天然水塘消失，被转变为城市建设用地，导致河网系统大幅减少，而河网系统原本是城市洪水调蓄系统的一部分。因此，环境调节和储存洪水的能力大大降低，增加了城市洪涝灾害的威胁。此外，与西方成熟的排水系统不同，我国部分地区的城市排水系统中的管道直径偏小，难以处理高流量洪水，特别是在当前城市快速发展的背景下有着明显的不足之处。从过去的历史教训中，我们可以看到城市基础设施，包括排水设施和交通干线，在面对极端暴雨时对救灾和减灾至关重要。

4.1.2　城市洪涝灾害对轨道交通的影响

1. 城市洪涝灾害对轨道交通的影响

城市轨道交通系统是为城市乘客提供交通服务的系统。通常以电力为动力，沿着轨道运行，包括车辆、列车及相关的轨道等基础设施。城市轨道交通系统具有多个优点，如运力大、速度快、安全准时、成本低、能源效率高、乘坐舒适方便等。同时，它也有助于缓解地面交通拥堵，对环境保护起到积极作用，因此被称为"绿色交通"。

然而，近年来城市轨道交通系统经常受到洪涝灾害的影响，给人类生命和财产造成重大损失。特别是对于地下交通系统，地铁项目通常建设于地下，处于相对封闭的空间，并通过通风井、入口和隧道口等与外界相连。因此，在城市洪涝事件中，洪水往往首先进入地铁系统，然后迅速波及整个与之相连的地铁区域，从而造成设备损坏等直接经济损失，严重情况下还可能导致人员伤亡。

洪涝灾害对城市轨道交通造成的影响主要有以下几个方面。

（1）设备损坏和停运：洪水可能淹没轨道、车站和设备，使轨道受损、信号系统故障、电力供应中断等，导致轨道交通系统无法正常运行，需要停运或限制运营范围，给乘客和城市交通带来严重不便。

（2）人员安全风险：洪水进入地铁车站或车辆内部，可能造成人员被困、溺水甚至伤亡的风险。特别是如果洪水突发或发生在高峰期，疏散乘客和保障人员安全将面临巨大挑战。

（3）交通运营中断：洪涝灾害会导致交通网络中断，包括道路封闭、桥梁倒塌等，这会使得轨道交通系统难以与其他交通方式连接，进一步限制了人们的出行选择。

（4）设备维修和恢复成本：洪水造成的设备损坏需要进行维修和恢复工作，这需要耗费大量的时间、人力和资金。同时，停运期间的收入损失也会给轨道交通运营商带来经济压力。

（5）洪水影响持久性：即使洪涝灾害过后，地铁系统可能仍然受到一些潜在的影响，如设备腐蚀、电缆受损、地下结构稳定性下降等。这可能导致设备故障频发、维修工作持续时间延长，对轨道交通系统的可靠性和安全性造成长期影响。

（6）地下轨道交通洪涝灾害的复杂性：地铁系统由地下隧道、车站、排水系统等构成，结构复杂，增加了对整个系统进行有效排水和管理的难度；不同地区的洪涝灾害类型和特点各不相同，需要根据具体情况采取针对性的应对措施；地铁系统的排水系统包括排水管道、泵站、沉淀池等，其复杂性增加了应对洪涝灾害的难度。

（7）地下轨道交通洪涝灾害的连锁性：地铁洪涝灾害可能导致地铁车站、车辆等设施受损，增加地铁的安全风险。此外，地铁车站周边的建筑物、道路等也可能受到影响，增加城市的安全风险；地铁洪涝灾害会给人们带来焦虑和恐慌情绪，设施受损和停运会增加人们的不安感，对地铁系统的信任度可能会下降；地铁停运会给人们的生活带来不便，特别是依赖地铁出行的人们，无法正常使用地铁系统可能导致交通拥堵、出行时间延长等问题。

因此，为了减少洪涝灾害对城市轨道交通系统的影响，需要加强相关的防洪措施。例如，加强地铁排水系统的设计和维护，确保其正常运行；加强地下工程的水密性设计和施工，防止地下水渗入；建立健全的洪水监测和预警系统，及时采取应对措施等。通过这些措施的实施，可以降低洪涝灾害对城市轨道交通系统造成的损失，提高系统的安全性和可靠性。

2. 城市轨道交通洪涝灾害案例

近几年，城市轨道交通洪涝灾害事件频出。2020 年 5 月 15 日，长沙市超强暴雨导致排污水管爆裂，长沙地铁 3 号线某站出现大量涌水；2020 年 5 月 22 日，广州市大雨使广州地铁 13 号线某站积水严重，车站停止服务；2020 年 6 月 29 日，石家庄市强降雨导致石家庄地铁 3 号线某站设备房间进水，车站关闭；2020 年 7 月 23 日，青岛市受大雨影响，青岛地铁 13 号线某站无法满足运营条件；2020 年 8 月 16 日，成都地铁 2 号线某站积水，导致多名乘客被困；2021 年 7 月 18 日，北京市地铁 6 号线某站积水严重，雨水倒灌进车站，随即实施封闭；2021 年 7 月 20 日，郑州市特大暴雨造成郑州市地铁全线停运，涝水冲垮郑州地铁 5 号线某停车场出入场线挡水墙灌入正线区间，郑州地铁 5 号线某次列车在某站上行区间时失电迫停，经疏散救援，953 人安全撤出，14 人死亡，造成重大人员伤亡的责任事件。

3. 郑州"7·20"事件分析

河南郑州"7·20"特大暴雨灾害是一场因极端暴雨导致的严重城市内涝、河流洪水、山洪滑坡等多灾并发，造成重大人员伤亡和财产损失的特别重大自然灾害。既是"天灾"，也是"人祸"，特别是发生了地铁、隧道等本不应该发生的伤亡事件。

（1）事件外因分析

2021 年 7 月 17 日至 23 日，河南省遭遇历史罕见特大暴雨。降雨过程主要发生在焦作、新乡、鹤壁、安阳、郑州等地区。过程累计面雨量最大的地区是鹤壁（589mm），其次是郑州（534mm）。过程中最强的点雨量发生在不同时间段，郑州最大（201.9mm）。特大暴雨引发河南省中北部地区严重汛情，多条主要河流发生洪水，多处蓄滞洪区启用，共产主义渠，以及卫河新乡段、鹤壁段出现决口，新乡卫辉市城区受淹长达 7 天。郑州市的雨情汛情灾情具有以下特点：一是暴雨过程长、涉及范围广、降雨总量大，短历时降雨极强；二是主要干流洪水大幅超历时最大洪水，堤防水库险情多发重发；三是城市降雨远超排涝能力，城市公共设施受淹严重。总之，郑州"7·20"特大暴雨强度和范围均突破历史记录，远超出城乡防洪排涝能力，属于特别重大自然灾害。

（2）事件内因分析

1）应对处置不力

2021 年 7 月 19 日至 20 日，气象部门多次发布暴雨红色预警，相关责任部门未按有关预案要求加强检查巡视，对运营线路淹水倒灌隐患排查不到位；在五龙口停车场多处临时围挡倒塌、地铁 5 号线多处进水的情况下，没有开展统一指挥和有效的应急处置，事发整个过程都没有启动应急响应，严重延误了救援时机。

2）行车指挥调度失误

在洪涝水冲倒停车场出入场线洞口上方挡水围墙并急速涌入地铁隧道后，道岔发生故障报警，由于行车指挥调度的失误导致列车在受到指令后，退行所在位置标高比退行前所在位置标高低约 75cm，导致车内水深增加，加重了车内被困乘客险情。

3）违规设计、变更和施工

一是有关部门擅自变更设计，将五龙口停车场运用库东移 30m、地面布置调整为下沉 1.973m，使停车场处于较深的低洼地带，导致自然排水条件变差，不符合相关设计规范，属于重大设计变更，且未按规定上报审批。二是停车场挡水围墙质量不合格，停车场围墙按当时地面地形"百年一遇内涝水深 0.24m"设计，经调查组专家验算"百年一遇"应为 0.5m。建设单位未经充分论证，用施工临时围挡替代停车场西段新建围墙，长度占四成多，几乎没有挡水功能；施工期间，又违反工程基本建设程序，对工程建设质量把关不严，围墙未按图做基础。三是五龙口停车场附近明沟排涝功能受损，道路建设弃土没有及时清理，阻碍排水。同时有关单位将部分明沟违规加装了长约 58m 的盖板，降低了收水能力，导致附近明沟排涝功能严重受损。

总体来看，郑州"7·20"暴雨事件暴露了一个非常普遍的洪涝风险管理问题。流域防洪工程通常侧重于水库、大规模河堤、排涝泵闸站等方面的规划、建设和运营，很少涉及城市受灾系统的洪涝合理设计和防御细节，以及针对洪涝灾害的应急预案。因此，在流域内，水资源驱动的防洪系统与城市建设驱动的排水防洪系统之间的相互作用与耦合，以及在设计标准内研究超出常规的特大暴雨事件时，打破专业边界的需求变得至关重要。

4.2　防洪防涝安全设计与控制

4.2.1　车站及场段洪涝设计水位计算与分析

1. 流域暴雨产流计算

流域暴雨产流计算是一种用于估算流域内降雨引起的径流量的方法，它可以帮助我们理解和预测洪水的形成和发展过程。

首先，需要获取流域内的降雨数据。降雨数据可以通过气象观测站、雷达、卫星遥感等方式获取，降雨数据的时间分辨率和空间分布对产流计算的精度和准确性有重要影响。然后，根据流域的特征和水文循环原理，选择合适的雨量径流模型，这些模型基于不同的假设和参数，来描述降雨过程中雨水转化为径流的过程。接着进行参数估算和校准，雨量径流模型中需要一些参数来描述流域的特征，如土壤类型、坡度、蓄水容量等，可以使用历史洪水事件的观测数据、地理信息系统（GIS）数据、土壤水分观测数据等来为这些参数的估算校准提供参考。最后进行模型计算和模拟，即根据选择的雨量径流模型和参数，利用计算机模拟的方法进行产流计算，将降雨数据输入模型中，模拟流域内的径流过程，计算结果包括不同时段的径流量、洪峰流量、洪水过程等信息。

需要注意的是，流域暴雨产流计算是一种简化和理想化的方法，其假设流域中的降雨和产流过程是可以预测和模拟的。实际情况中，流域的复杂性和不确定性可能导致计算结果与实际观测存在差异，因此在应用中需要结合实测数据和经验进行验证和调整。

2. 地表径流汇流计算

地表径流汇流计算是用于估算降雨引起的地表径流在流域内的传输和聚集过程的方法。

首先，需要对流域的地形进行分析。地形分析可以通过数字高程模型（DEM）等数据源获取。流域的坡度和地形起伏对地表径流的流动路径及速度有显著影响。然后，基于这些地形特征选择合适的汇流模型。常用的汇流模型涵盖单参数线性模型（如 Snyder 模型）、多参数非线性模型（如 Kinematic Wave 模型、Diffusion Wave 模型和 Dynamic Wave 模型）等。这些模型基于不同的假设和方程，用来描述地表径流在流域内的流动和演化过程。注意汇流模型中需要一些参数来描述流域的特征和土壤水分特性，这些参数通常需要进行估算和校准，可以使用地理信息系统（GIS）数据、土壤水分观测数据、实测洪水事件数据等来提供参考。最后，根据选择的汇流模型和参数，利用计算机模拟的方法进行地表径流汇流计算，将输入的降雨数据和流域特征数据输入模型中，模拟地表径流在流域内的流动和演化过程。计算结果包括不同时段的地表径流量、洪峰流量、洪水过程等信息。

通过以上步骤，可以估算出降雨引起的地表径流在流域内的传输和聚集过程。但在地表径流汇流的实际计算中可能会涉及更复杂的模型和方法，需要考虑更多的因素和流域特性，以及更准确地估算地表径流的传输和聚集过程。

3. 地表水流扩散计算

地表水流扩散计算是一种基于水流的物理原理和流域特征，通过模拟和计算来预测水流的扩散和传播的方法。首先，需要对流域的地形进行分析。地形分析可以通过数字高程模型（DEM）等数据源获取，地形起伏和坡度对地表水流的扩散路径和速度有重要影响。然后，基于流域的地形特征选择合适的扩散模型。常用的扩散模型包括均匀扩散模型、非均匀扩散模型（如 Green—Ampt 模型、Philip 模型）等。这些模型基于不同的假设和方程，用来描述地表水流在流域表面的扩散过程。注意扩散模型中需要一些参数来描述流域的特征和土壤水分特性。这些参数通常需要进行估算和校准，可以使用地理信息系统（GIS）数据、土壤水分观测数据、实测水文数据等来提供参考。最后，根据选择的扩散模型和参数，利用计算机模拟的方法进行地表水流扩散计算。将输入的降雨数据和流域特征数据输入模型中，模拟地表水流在流域表面的扩散过程。计算结果包括不同时段的水流扩散范围、传播速度等信息。

地表水流扩散计算是一种简化和理想化的方法，其假设地表水流是在地表上是自由扩散的。在实际情况中，由于流域的下垫面特性，如地表的植被覆盖、土壤渗透性、地表覆盖物等因素均会对水流的扩散过程产生影响，因此在实际应用中需要结合实测数据和经验进行验证和调整。

4. 排水系统管网汇流计算

排水系统管网汇流计算是用于估算城市排水系统中管道网络中流体汇流过程的方法。其基于流体力学原理和管道网络的特征，通过模拟和计算来预测和优化排水系统的运行和设计。首先，需要获取排水系统的管网拓扑结构，即管道的连接关系和布局。这可以通过排水系统的设计图纸或地理信息系统（GIS）数据获取。对于每根管道，需要确定其几何特性和水力特性。几何特性包括管道的长度、直径、坡度和高程信息。水力特性包括摩阻系数、流量速度和管道材料等参数。然后，需要确定输入边界条件，即入流量，可以是降雨输入流量或其他排水设施（如泵站）的输出流量。降雨输入流量可以通过气象台站观测数据、雷达降雨估算或其他降雨预报数据获得。接着，基于管道几何特性和水力特性，使用水力计算方法进行管道流量的估算。常用的方法包括曼宁公式和哈克公式，这些公式考虑管道的摩阻和流速之间的关系。最后，将各个管道的流量进行汇流计算，即估算径流在管网中的传输和聚集过程。常用的汇流计算方法包括叠加法、递推法和有限差分法等。这些方法考虑了管道的连接关系和水流的传输特性，通过迭代计算可得到各个节点处的流量和水位。

排水系统管网汇流计算是一种复杂的工程计算方法，其涉及管道流动、水力特性、边界条件等多个因素。在实际应用中，需要结合实测数据和经验进行验证和调整，以提高计算结果的准确性和可靠性。

5. 洪涝水位计算案例

（1）停车场洪涝水位计算案例

1）工程概况

某市轨道交通 A 号线一期工程某停车场场址位于东绕城高速以西，A 路与在建 B 路交叉口的东南侧地块，场址东北侧为规划铁路。占地约 9.73hm²，地势南高北低、东高西低。用地现状多为农田，场址东南侧有大片墓地，场址原规划为绿地，现调整为可建设用地。

2）流域概况及附近河流对停车场的洪水影响分析

车站停车场所在流域（图 4-1），现状呈南高北低、东高西低，停车场内部高程为 12.76~18.6m，停车场所在流域内部高程为 12.76~24.3m。

邻近河流的流域面积 20.8km²，河道全长 11.5km。该河距离停车场 340m 左右（图 4-2），根据相关河流设计报告，河流设计标准为 20 年一遇洪水，停车场位置对应的河道断面的 20 年一遇洪水水位为 14.26m，由于该河流与停车场西侧道路之间部分地形高程高达 17m（高于 20 年一遇洪水水位 2.8m），根据计算当河流 100 年一遇洪水发生漫流时，由于部分高地

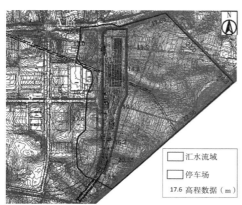

图 4-1　车站停车场流域图

图 4-2　停车场附近水系图

形阻挡河流对该停车场影响较小。

3）停车场所在流域内涝洪水分析计算

根据流域现有地形分布情况，进行产汇流计算，分析流域内暴雨洪水路径，确定 100 年一遇洪水发生时该区域的积水淹没区域及对应的淹没水位。将该区域分为 3 个集水区域，综合计算结果（图 4-3），在停车场区域无任何工程措施情况下，当 100 年一遇的洪水发生时，停车场东侧集水区域 1 的内涝水位为 16.8m，集水区域 2 的内涝水位为 18.6m，集水区域 3 的内涝水位为 18.65m；停车场西侧断面的内涝水位均在 16.5m 以下（安全超高未计算在内）。

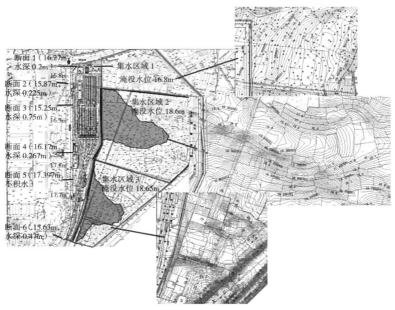

图 4-3　停车场内涝计算结果图

4）停车场雨水排涝设计流量分析计算

停车场建成后，其四周均设有挡墙，从而形成一个封闭流域，面积约为 0.0973km²。停车场以外地表汇水均不会流经车辆段区域。在停车场建设过程中，实施了地面平整和硬化措施，因此改变了原有的自然地貌及汇水方式。根据汇流计算方法，在假设发生 100 年一遇的洪水情况下，该车辆段内部排口处最大雨水排涝流量约为 7.66m³/s。

（2）车站洪涝水位计算案例

选取某市某车站进行防洪防涝水位设计计算。

1）基本概况

该车站位于 A 路与 B 路交叉口，沿 A 路路中呈南北向分布。A 路规划道路宽 36m，B 路规划道路宽 36m。东南和西南象限为未开发用地，均被规划为公共绿地。

车站为地下二层 11.0m 岛式车站，有效站台长度为 120m。车站总建筑面积 11700m²，长 205m，宽 19.7m。共设置 4 个出入口，出入口退让道路红线 3m；建有 2 组风亭。A 号出入口位于东南象限，目前为未开发用地，地面现状高程 23.8m；B 号出入口（属东北象限）位于某创新城（在建），地面高程 22.7m；C 号出入口位于某公园，地面高程 23.4m；D 号出入口位于西南象限，目前为未开发用地，地面高程 24m；1 号风亭与 A 号出入口相邻，地面高程 24m；2 号风亭与 B 号出入口相邻，地面高程 23.8m。

2）车站城市排水（雨水）防涝计算分析

根据车站周边城市雨水管网布局，划分站点处雨水管网排水流域（图 4-4），排水流域总面积为 37.6hm²，根据管网流向划分为 4 个小流域，分别是 A（面积为 9.6hm²）、B（面积为 13.2hm²）、C（面积为 8.8hm²）、D（面积为 6hm²）。B 路主管道分别向东、南、西、北四个方向排水，其中 A 路北、B 路东方向均属于 a 河排水区，A 路南、B 路西方向均属于 b 河排水区，其间排水管网分布设置为 DN1000~DN1500 的圆管。

经计算，车站 A 排水流域在 14~16min、137~160min 处于满流状态，B 排水流域在 138~158min 处于满流状态，C 排水流域在 13~16min、135~160min 处于满流状态，D 排水流域在 13~15min、130~160min 处于满流状态。

3）车站所在流域设计洪水分析计算

根据车站周边道路地形条件，划分该车站地面自然汇水流域，如图 4-5 所示，该地面自然汇水流域面积约为 19.34hm²。当 100 年一遇暴雨发生时，以道路行洪为主，水流从 A 路南部、北部，以及 B 路西部汇集，沿 B 路向东排洪，最终通过排水管网排入湖泊。

经计算，车站遭遇 100 年一遇暴雨的最大流量为 13.56m³/s，在车站发生 100 年一遇的 24h 暴雨，最大历时 6h 的雨量条件下，地面汇流时间为 4~5min，最大降雨历时 6h 中第 145min 时出现最大流量 14.17m³/s。根据上文计算结果，A 排水流域在 14~16min、137~160min 处于满流状态，B 排水流域在 138~158min 处于满流状态，C 排水流域在

图 4-4　车站雨水管网排水流域

图 4-5　车站地面自然汇水流域

13~16min、135~160min 处于满流状态，D 排水流域在 13~15min、130~160min 处于满流状态，即 138~158min 时所有流域均处于满流状态，雨水汇流以地面行洪为主，当车站遭遇 100 年一遇暴雨时最大的洪水流量为 14.17m³/s，采用曼宁公式计算排口处积涝水深为 0.37m。

4.2.2　车站挡水安全控制

1. 挡水设施受力相关原理

轨道交通挡水设施通常用于防止雨水或洪水进入轨道区域，确保轨道交通的安全运行。其相关概念定义可以简述如下：

（1）水压力：当雨水或洪水冲击挡水设施时，水流对挡水设施施加水压力。水压力取决于水的流速、水深和挡水设施的几何形状。较高的水流速度和水深会增加水压力。

（2）挡水设施几何形状：挡水设施的几何形状对其受力情况起着重要作用。一般而言，挡水设施通常具有垂直或倾斜的表面，以抵抗水流的冲击。挡水设施的形状和尺寸会影响水流的流线和流速分布，从而影响水压力的分布。

（3）挡水设施材料特性：挡水设施的材料特性也会对其受力情况产生影响。材料的强度、刚度和抗冲击性能决定了挡水设施是否能够承受水压力。常见的挡水设施材料包括钢筋混凝土、钢铁和玻璃钢等。

（4）地基反力：挡水设施通常通过地基或支撑结构与地面连接。地基的稳定性和地面的承载能力会对挡水设施的受力情况产生影响。地基反力可以减轻挡水设施受到的水压力，并将其传递到地面中。

（5）结构稳定性：挡水设施的稳定性是一个重要考虑因素。挡水设施必须能够抵御水压力和其他外部荷载，以保持其稳定性，防止倒塌或破坏。

综上所述，轨道交通挡水设施受到水压力的作用，其受力情况取决于水的流速、水深、挡水设施几何形状、挡水设施材料特性和地基反力等因素。在设计和构建挡水设施时，需要充分考虑这些因素，以确保挡水设施能够有效地抵御水流冲击并保持结构稳定性。

2. 基于 ANSYS 流固耦合的挡水板受力分析

（1）流固耦合基本理论

流固耦合是指流体和固体之间相互作用和影响的现象和理论。其涉及流体流动对固体结构产生的力，以及固体结构对流体流动产生的变形和阻力的相互作用。

根据耦合机理进行分类，水体与结构的流固耦合问题可以分为两类。第一类是基于耦合面上的相互作用，而两者的计算域不会发生重叠。第二类是指水体域和结构域之间没有明显的分界面。在这种情况下，需要根据实际物理现象建立本构方程，并通过微分方程求解耦合问题。挡水板与水体的耦合属于第一类问题，即仅考虑作用发生在水体与挡水板接触的表面，即面板的迎水面。在分析流固耦合问题时，通常将挡水板的迎水面设置为流固耦合界面。

根据求解方式分类，水体与结构的流固耦合问题可以分为两类。第一类是分离求解方法，即使用不同的求解器，在固体域和流体域分别进行计算。首先在固体域中求解耦合面的位置和速度，然后在流体域中求解耦合面的流体荷载。在每个计算过程结束后，通过耦合边界相互交换信息。这种方法简单易用，计算量相对较小。第二类是联合求解方法，根据实际的物理问题，采用相同的求解器。只需要一个控制方程就能同时求解出流体域和固体域的所有变量。这种方法能够准确地描述流体的运动，计算准确性和收敛性较高。然而，其对计算机资源要求较高，在模拟复杂固体流动时，计算时间长，计算效率低。因此，通常会对物理模型进行一定程度的简化。目前大部分商用软件偏向于采用分离求解方法。对于挡水板—水体耦合系统的数值分析求解，也是基于分离求解方法。

按照数据传递方式分类，一般可将水体与结构的流固耦合问题分为两类。第一类是单向流固耦合分析法，指的是只有流体域的求解结果（如压力、温度）传递给固体域，而固体域求解的结果不会再传递给流体域，也就是说计算数据在流体域与固体域的交界面处是单向传递的。单向流固耦合分析多用于固体变形较小，流体的作用对固体域有重大影响的情况中；第二类是双向流固耦合分析法，指的是流体域的求解结果（如压力、温度）可以传递给固体域，而且固体求解的结果（如位移、速度）还会再传递给流体域，也就是说计算数据在流体域与固体域的交界面处是双向传递的。双向流固耦合分析多用于固体变形较大、流体对固体域的作用和固体域对流体的作用同等重要的情况中。

（2）流固耦合数值分析方法

流固耦合问题的数值分析方法有多种，以下是几种常用的方法：

串行耦合方法：这种方法将流体和固体的求解过程分开进行。首先求解流体域的流动问题，得到流场的速度和压力分布。然后将这些结果作为输入，用于求解固体域的应力和变形问题。这种方法较为简单，适用于耦合程度较低的问题。

松弛迭代方法：该方法通过迭代的方式实现流体和固体之间的耦合。首先在固体域中求解应力和变形问题。然后将固体的边界条件作为输入，在流体域中求解流动问题，得到新的流场。最后将新的流场再次反馈给固体域，继续迭代求解，直至收敛。这种方法相对较为稳定，适用于中等耦合程度的问题。

一体化方法：该方法将流体和固体的方程组合为一个整体方程组，通过同时求解流体和固体的变量来实现耦合。这种方法能够准确地描述流固耦合的物理过程，但对计算资源和算法的要求较高，适用于高度耦合的问题。

人工边界方法：该方法在流体域的边界上引入人工边界条件，将流体和固体的边界相连，形成一个连续的边界。在求解过程中，通过人工边界条件将流体和固体的信息进行交换，实现耦合效应。这种方法适用于存在明确定义的边界问题，例如流固耦合的挡水板问题。

这些方法各有优缺点，选择合适的方法取决于具体问题的特点和求解的要求。在实际应用中，根据耦合程度、计算资源和时间要求等因素综合考虑，常常采用不同的方法来进行流固耦合问题的数值分析。

（3）流固耦合数值分析

基于 ANSYS 流固耦合的挡水板受力分析过程包括几何建模、定义挡水板材料属性（如弹性模量、泊松比和密度等）、网格划分等。通过计算可以分析挡水板的应力分布、变形情况和稳定性。关注挡水板表面的最大应力值，以确定是否满足强度和稳定性要求，还可以通过动态分析考虑挡水板在流体冲击下的响应。

通过流体流动计算和结构力学计算的耦合，可以全面分析挡水板在流体环境中的受力情况。这种方法能够更准确地评估挡水板的受力性能，并帮助优化挡水板的设计和材料选择。

3. 轨道交通挡水措施优化案例分析

某市轨道交通线路基于 ANSYS 流固耦合的挡水板受力模拟，研究不同流速下不同的水位（30cm、40cm、50cm、65cm）对防洪挡板、出入口玻璃、幕墙的水流冲击力，以及各挡水设施在相关水流冲击力作用下发生的物体形变。

该地铁线路采用的防洪挡板材料配置为：型材牌号 6063-T5，铝合金厚度 2.0mm，挡板厚度 40mm；材料表面进行氧化处理，以增加结构强度并避免表面快速氧化；板高度 200mm，每平方米重量为 13~15kg，以避免超重并方便快速拆装；挡水板整体厚度为 40mm，于中空部位有加强筋设计，以增加其结构强度，避免冲击时造成弯曲变形；最底层挡水板设置宽 40mm 以上的 EPDM 防水胶条，作为与地面导轨密合的胶条，防渗率 98% 以上，且使用年限在 10 年以上；每片挡板两端设置一体成型的封盖，以提高整体产品的美观度，避免藏污纳垢及滋生蚊虫。

根据该线路的地铁防洪防内涝研究报告，对于较大风险、一般风险的地铁车站而言，车站防淹平台标高低于 100 年一遇洪水设计水位，高差在 0.5m 以下，设置防洪挡板满足设计要求，选择防洪高度为 64.5cm（3 块 20cm 的挡水板依次堆叠，高度为 20cm×3=60cm，板底防水材料高 4.5cm，总挡水高度为 60cm+4.5cm=64.5cm）。宽度根据各地铁进出口的宽度而有所变化，地铁站出入口分别有 6m、5m、3m 三种宽度设计，因此挡水板拼接后的总长度应分别为 6m、5m、3m。以 4 种水位高度（30cm，40cm，50cm，66cm）为基准，设计水流速度分别为 0.5m/s、1m/s、1.5m/s、2m/s，构建相应的挡水板模型，并开展不同水流速度下、不同水位高度，以及不同挡板长度的挡水板受力及变形模拟。

计算模型如图 4-6～图 4-8 所示，研究结果（部分结果如图 4-9 所示）表明挡水板的动水压力呈扩散分布，即挡水板底部中心的动水压强最大。以挡水板底部中心为圆点，其余部分的动水压强随半径增大依次减小。因此，在配置相关防水设备时，应当在挡水板底部中心放置更多的砂袋或其他防水设施，以减小底部中心高动水压对挡水板底部防渗材料的渗透。其次，根据动水压强分布，计算挡水板受到的动水压力，以及因动水压力而产生的最大变形量。模拟结果表明，挡水板整体长度越长所受动水压力越大，变形量越大。变形量最大的位置为挡板两侧上部中心，因此，在配置相关防水设备时，需要在两侧挡板的中心部位放置更多的砂袋，以减小动水冲击导致的挡水板变形。

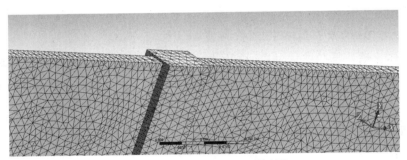

图 4-6　挡水板立柱部分及网格划分

图 4-7　挡水板模型及水流冲击示意图

图 4-8　冲击水流速度迹线

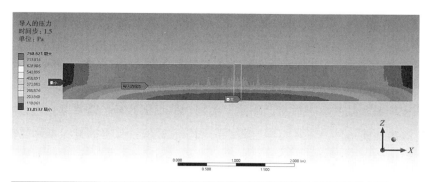

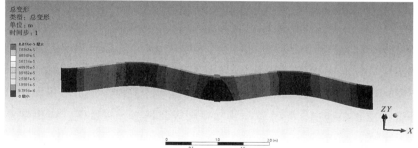

图 4-9　挡水板长度 6m，涨水高度 30cm，水流速度 0.5m/s 条件下的模拟结果

4.3　防洪防涝安全防御

4.3.1　车站洪水入侵过程模拟与分析

1. 洪水入侵地铁车站的水流模拟计算原理

洪水入侵地铁车站的水流模拟计算原理是基于流体力学原理和数值计算方法，用于模拟和分析洪水在地铁车站内的水流行为。

首先，需要建立地铁车站的几何模型。可以使用计算机辅助设计（CAD）软件或其他建模工具来创建地铁车站的几何形状和结构。模型应包括通道、通道壁、出入口、楼梯等特征。

其次，基于连续性方程和动量方程，建立洪水在地铁车站内的流体力学模型。连续性方程描述了质量守恒，即水流的入流和出流之间的平衡关系；动量方程描述了动量守恒，即水流的压力、速度和流动方向等因素的变化规律。然后，为模拟计算提供适当的边界条件和输入数据，包括洪水的入流量、入流速度、入流位置，以及地铁车站内的排水设施、泵站等特征，边界条件和输入数据的准确性对模拟结果的精度和可靠性至关重要。接着，将地铁车站的几何模型离散化为网格，将流体力学方程离散化为差分方程。采用数值计算方法（如有限差分法、有限元法）对差分方程进行求解，模拟洪水在地铁车站内的水流行为。计算过程通常需要进行时间步进，逐步模拟洪水的演变过程。最后，根据模拟计算的结果，进行洪水入侵地铁车站的水流分析和评估，可以评估洪水深度、流速、流动方向等参数，以及对地铁车站结构和设备的影响，这有助于制定洪水应对策略和改进地铁车站的防洪措施。

洪水入侵地铁车站的水流模拟计算是一项复杂的工程计算，需要综合考虑地铁车站的几何形状、洪水入侵条件、流体力学方程的离散化和数值计算等因素，准确的输入数据和合适的数值模型选择对模拟结果的准确性至关重要，因此在实际应用中需要结合实测数据和经验进行验证和调整。

2. 案例分析

以某地铁车站为例，使用几何建模软件建立地铁车站三维几何模型（图 4-10），通过体积抽取方法对建筑装修线范围内的空间完成流场几何域建模，包括 A 号线站厅层和站台层两层地下空间；B 号线物业层、站厅层、站台层三层地下空间，下沉广场和站口服务用房，以及换乘通道、出入口通道、无障碍电梯和安全应急通道。在数值几何模型建模过程中，只考虑洪水入侵公共区域的过程，未考虑设备管理用房对洪水流动的影响。出入口高程依据地面高程 75.84m 加上三级 0.15m 台阶高度（0.45m），设置为 76.29m。对地铁车站内部空间进行简化：出入口通道和内部通道的阶梯均简化为斜面，不考虑车站通风口对洪水入侵过程中的水气流影响，忽略进出站闸机、购票机等小型设施。

采用 VOF（Volume of Fluid）方法对水流自由液面捕获，该方法通过求解一套动量方程和连续方程模拟两种或多种流体的运动，追踪每种流体所占的体积，以此来确定自由液面。随后采用 Poly-Hexcore 混合网格方式划分网格，Poly-Hexcore 网格由层状多面体（Polyhedra）

图 4-10　三维几何模型图

网格、纯多面体网格及六面体网格（Hexcore）组成，该方法的网格表面大体呈蜂窝状，各单元规则性较高，且单元之间的连接性较好。针对复杂模型的网格划分，采用 Poly-Hexcore 混合网格划分相比传统的四面体非结构网格划分可以更好地兼顾划分效率和收敛速度。

根据三维数值仿真模型，模拟了洪水在多种工况下从所有出入口通道、应急安全通道入侵车站的推进全过程，得到研究结论（部分水体积分数云图如图 4-11~ 图 4-13 所示）如下：

在 100 年一遇洪水的条件下，洪水快速入侵车站，并从隧道两侧流出，入侵约 5min 后车站内的淹没区域与淹水高度将趋于稳定；淹没区域集中于 B 号线物业层、站厅层靠近站口服务用房的部分区域，其余区域的少数洪水滞留几乎不会影响行人撤离；B 号线物业层洪水积聚严重，车站模型浸没过程中的水位动态监测显示，B 号线物业层大部分区域积水水深在 3.5min 后超过 0.5m，该积水深度下人员需就近向出入口和避难区域撤离，可以在 B 号线物业层设置高于 0.5m 的应急避难区域；B 号线站口服务用房附近出入口众多，洪水入侵路径与流量也相应较多，B 号线物业层、站厅层靠近站口服务用房的区域积水高度较高，并向下沉广场方向积水高度呈降低趋势，人员撤离时应当优先选择该方向。

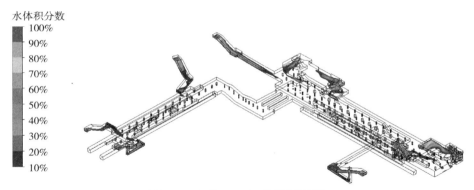

图 4-11　入侵 10s 时水体积分数云图

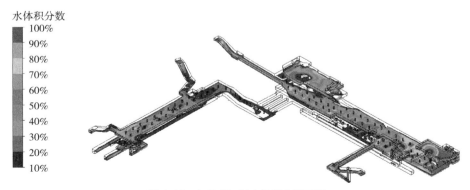

图 4-12　入侵 60s 时水体积分数云图

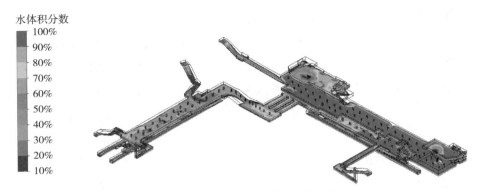

图 4-13　入侵 600s 时水体积分数云图

洪水入侵车站后，大量的洪水将流入隧道，可能在隧道内积聚，威胁到区间内人员和列车安全，甚至可能流入其他车站，对地铁系统导致更加严重的灾害。在 100 年一遇洪水情况下，洪水入侵地铁车站的前 10min 内共有 4.372×10^5 L 洪水流入隧道，其中有 1.360×10^5 L 洪水流入 A 号线隧道，3.012×10^5 L 洪水流入 B 号线隧道。10min 后车站洪水流出与流入的流量趋于平衡，为 6.477×10^4 L/s 流量，为控制洪水在隧道中的积聚，隧道抽排量应当高于该流量。在 50cm 地面洪水水位情况下，洪水入侵地铁车站的前 10min 内共有 2.656×10^4 L 洪水流入隧道，其中有 1.295×10^5 L 洪水流入 A 号线隧道，1.361×10^5 L 洪水流入 B 号线隧道。10min 后车站洪水流出与流入的流量趋于平衡，即 4.129×10^4 L/s 流量，为控制洪水在隧道中的积聚，隧道抽排量应当高于该流量。在 30cm 地面洪水水位情况下，洪水入侵地铁车站的前 10min 内共有 1.049×10^5 L 洪水流入隧道，其中有 2.471×10^4 L 洪水流入 A 号线隧道，8.022×10^4 L 洪水流入 B 号线隧道，10min 后车站洪水流出与流入的流量趋于平衡，即 1.804×10^4 L/s 流量，为控制洪水在隧道中的积聚，隧道排水量应当高于该流量。

4.3.2　车站洪灾条件下人群疏散方案优化

《城市轨道交通工程项目规范》GB 55033—2022 第 2.5.1 条规定：城市轨道交通应按照国家各类应急预案要求进行空间和设施安排，包括设置应急场地、疏散通道、救援通道、应急指挥场地，设置应急广播、应急通信、公告设施和设备等应急专用设施，以及设置救治药品和医疗器械等物资储备专用空间和条件，统筹设计，同步建设。

下面根据此规定对车站洪灾条件下人群疏散方案进行优化。

1. 洪灾条件下车站人群疏散模型原理

车站在洪灾条件下人群疏散模型的原理是基于人流动力学和行为模型，旨在模拟和预测洪水威胁下，人群在车站内的疏散行为和动态。

首先，要建立人流动力学模型，考虑人群在车站内的运动和互动。该模型通常基于连续介质力学原理，将人群视为连续的流体，人群的运动受到流体动力学的影响。其次，设定人群的初始分布和行为规则，初始分布可以基于车站的人流统计数据或人群分布估计，行为规则包括人群的移动速度、方向选择、避让行为等，可以基于实际观察数据或行为模型进行设定。然后，根据车站的布局和洪灾情景，确定人群应采取的疏散策略，如前往上层出口或地下层出口。出口选择规则考虑人群的感知能力、最短路径选择等因素。接着，在每个时间步中，根据人流动力学模型和行为规则，更新人群的位置和速度。考虑人群的互动、拥挤度、避让行为等，模拟人群的实时疏散过程。通过迭代求解，逐步更新人群的状态，直到达到疏散结束或达到预设的终止条件。最后，根据模拟结果，评估人群的疏散安全性和效果。可以考虑人群密度、疏散时间、疏散路径等指标，对疏散过程进行定量或定性分析，评估洪灾条件下人群疏散的风险和潜在问题。

通过该模型，可以对洪灾条件下车站人群的疏散行为进行模拟和预测，为应急管理和场所设计提供决策依据。但由于人群疏散模型的准确性受多种因素影响，包括人群行为的复杂性、人流统计数据的可靠性、行为规则的设定等。因此，在实际应用中，应根据实际情况进行验证和调整，以提高模型的可靠性和适用性。

2. 洪灾条件下车站人群疏散计算

（1）计算步骤

在车站受到洪灾等紧急情况时，人群的疏散是至关重要的。为了有效应对这种情况，可以进行人群疏散模型的计算。

人群疏散模型的计算通常基于建筑物的几何结构、人员密度、行为规律等因素进行建模。一种常用的模型是基于代理人的模拟，其中每个人被视为一个独立的代理人，具有特定的行为方式和决策规则。模型可以考虑人员之间的相互作用、行走速度、行进路径选择等因素，以预测人群在疏散过程中的行为和动态变化。在进行人群疏散模型计算时，需要考虑车站的具体情况，如建筑物的布局、通道的宽度、出口位置等。通过模拟不同的疏散策略和条件，可以评估不同方案下的疏散效果和安全性。

进行洪灾条件下车站人群疏散模型的计算通常包括以下步骤：首先，收集数据和建模，收集车站的相关数据，包括建筑物的几何结构、通道的宽度、出口位置和数量等。根据这些数据建立车站的几何模型，并确定人员密度和行为规律等参数。其次，定义初始条件，确定洪灾情景下的初始条件，例如水位、水流速度等。这些条件将影响人员疏散行为和模型的计算结果。然后，建立人群疏散模型，并进行模拟和计算。常用的模型包括代理人模型、流体动力学模型等，需根据车站的特点和实际情况，选择合适的模型进行建模。基于建立的模型和初始条件，进行模拟和计算。通过模拟人员的行为和移动，预测人群在疏散过程中的动态变化和行为特征。可以利用计算机仿真软件进行模拟计算，以获得详细的结果。接着，进行评估和优化，根据模拟计算的结果，评估人群疏散的效果和安全性。分析疏散过程中可能出现的瓶颈和问题，并提出相应的优化策略。优化策略可能包括改变建筑物布局、提供更多的出口、增加人员引导设施等。最后，进行验证，将优化后的方案应用于实际车站或进行更加精细的仿真计算，验证优化方案的有效性和可行性。根据实际情况不断进行调整和改进，以提高疏散效率和安全性。车站受到洪灾等紧急情况下的人群疏散模型计算涉及多个不确定的因素，例如人员行为的随机性、洪水水位和水流的变化等。因此，在进行计算和模拟时，需要合理假设和设置参数，并进行敏感性分析，以了解模型结果对不确定因素的响应和影响。此外，与相关专业人员和机构的合作与交流也是非常重要的，以确保模型的准确性和实用性。

（2）疏散人群模拟案例分析

本次疏散人群模拟的物理模型以某市某地铁车站为研究对象，该车站是一个中转换乘地铁站，位于该市较为繁华的地段，由下沉广场、地下3层和14个出入口组成，通往城市街道，形成了一个庞大的地下交通系统。地下一层是规模最大、商业店铺最多的一层，命名为物业层；地下二层为站厅层，作为换乘和乘客进站的层间；地下三层为站台层，作为乘客等待地铁到达和进入乘坐地铁的层间。此外，为保证模型能够简洁直观地反映人员疏散时的情景，需要对模型进行简化，仅留下疏散模拟所必需的结构。首先，将模型中妨碍观察疏散过程的墙体、柱子等构件进行化简，将其作为2D障碍物，消去其高度属性。在疏散时，认为电梯断电，因此车站内的全部电梯都不考虑运行，疏散中也不使用电梯。其次，仅考虑乘客所能到达的公共运营区域，对于地铁站中的各类设施房间，如洗手间、电缆间、配电室等不予考虑，最终可得各层的3D模型示意图，如图4-14所示。

本模型共有14个通往地表的逃生出口。对模型进行计算可得地表层面积2226.5m²，物业层面积6392.5m²，站厅层面积9565.2m²，A号站台层面积1272.4m²，B号站台层面积1277.8m²，所有区域总面积为20734.4m²。

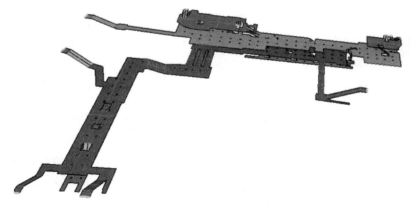

图4-14　地铁站3D模型示意图

考虑日常客运量，以及极端天气或自然灾害下人员滞留情况，选取 30 组具有不同速度和数量的样本人群，并辅助 3D 仿真软件，结合支持向量机（SVM）算法构建安全疏散与人群数量、移动速度的超平面分界方程如式（4-1）所示，可以根据该方程评估车站内容纳人数是否能够全部逃生成功。以此成功求解出不同条件下的地铁站最大行人容载量和行人实现安全逃生的最小速度。

$$y-0.6762\times10^{-4}x-0.8828=0\ (x>0) \tag{4-1}$$

式中　y——速度系数；

　　　x——疏散人数。

对于具有不同人数与速度系数的疏散模拟，代入式（4-1）后，若结果大于等于 0，则判定为逃生成功，地铁内全部人员都能实现安全逃生；若结果小于 0，则判定为逃生失败，地铁内人员不能实现全部安全逃生。图 4-15、图 4-16 为饱和期、非饱和期出口乘客密度图。

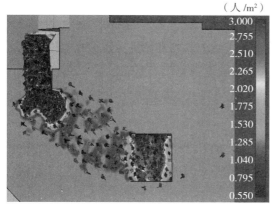

图 4-15　饱和期出口乘客密度图

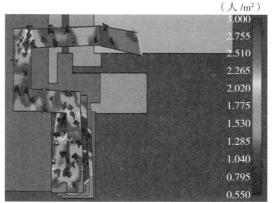

图 4-16　非饱和期出口乘客密度图

3. 洪灾条件下车站人群疏散方案优化

车站在洪灾条件下人群疏散的方案优化可以通过以下几个方面进行：

（1）建筑物布局和通道设计优化：优化车站建筑物的布局，确保通道的宽度和数量满足疏散需求，增加疏散通道的数量和宽度，缩短人员从起始点到出口的距离，减少疏散时间。

（2）出口设置和标识优化：增加出口的数量和容量，确保人群能够快速、顺利地疏散。出口位置应合理设置，方便人员迅速找到并使用。标识系统应明确清晰，为人员提供明确的疏散指示。

（3）人员引导和培训：设置合适的人员引导设施，如指示牌、紧急广播系统等，帮助人员识别疏散通道和出口。进行人员疏散演练和培训，提高人员对紧急情况下疏散程序的认知和反应能力。

（4）紧急预案和应急管理：制定完善的紧急预案，明确各个阶段的应急措施和责任分工。确保紧急情况下的指挥调度和信息传递高效顺畅，以便及时做出决策和响应。

（5）模拟和优化：利用人群疏散模拟软件进行仿真计算，评估不同方案下的疏散效果和安全性。通过模拟和优化，找到最佳的疏散方案，提高疏散效率和安全性。

（6）应急设施和装备：配备应急设施和装备，如紧急照明、应急电源、救生艇等，以应对洪灾等紧急情况。确保这些设施和装备的正常运行和可靠性。

（7）定期检查和维护：定期检查和维护车站的疏散设施和装备，确保其正常工作。及时修复和更换损坏的设施，确保其可用性和安全性。

通过对车站在洪灾条件下人群疏散方案进行优化，可以提高疏散效果和安全性，减少潜在的灾害风险。优化方案需要综合考虑建筑物布局、通道设计、人员引导、紧急预案等多个方面，以提高车站应对洪灾等紧急情况的应急处置能力。

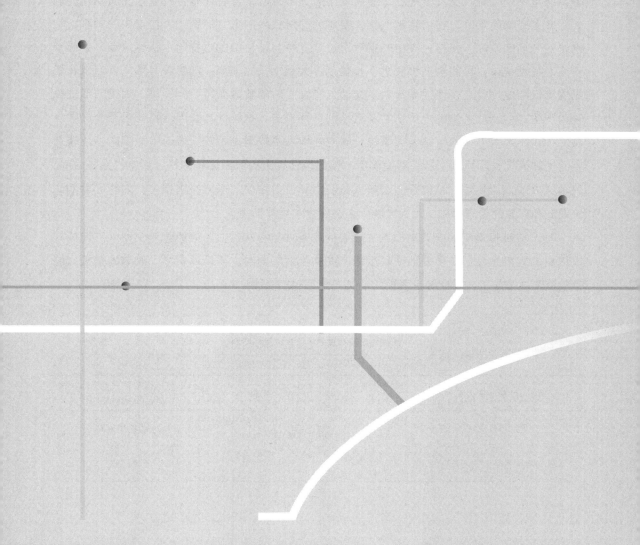

第 5 章

消防安全

5.1 消防安全概述

5.1.1 火灾的危害性

地铁车站和隧道的空间相对封闭，出入口设置较为有限，且车站人员的疏散方向与地铁烟气的扩散方向也大致趋于一致，一旦地铁站内部因人为因素或机电故障引起火灾事故，极易引起逃生困难。尤其当地铁车厢内发生火灾事故时，常会伴有各种化学物质材料的燃烧，产生有毒的烟雾，在消耗氧气使人窒息的同时使人中毒，加剧了人员逃生的困难。地铁站的"烟囱效应"使得火灾中的烟气通过站厅层与站台层的楼梯向上快速涌动，并混杂着高温可燃气体，可能会使火灾进一步蔓延。大量烟气的聚集，伴随着有毒气体，以及能见度降低和温度升高，使得城市轨道交通火灾发生时的救援变得十分困难，火灾情形往往较为严重，会造成大量的人员伤亡及直接财产等损失。据统计，我国地铁营运至今已发生超过 160 起大大小小的地铁火灾事故，国内外地铁事故屡见不鲜。表 5-1 为国内外比较严重的地铁火灾实际案例。从上述案例看，引起地铁火灾的原因多种多样，如电气设备故障、列车失火或人为爆炸、纵火等，造成人员伤亡和设备报废，形成经济损失，如有完善的防火设施和有效的管理措施，可大大减少人员伤亡和经济损失。

基于城市轨道交通火灾事故发生后果的危害性与特殊性，为避免轨道交通火灾造成难以估量的危害，我们在享受地铁营运带来便利生活的同时，需采取科学、有效的措施对城市轨道交通在施工、设计和运营期的消防安全工程加以优化。

国内外比较严重的地铁火灾实际案例   表 5-1

事件	时间	伤亡及直接损失	原因
法国巴黎地铁火灾	1903 年 8 月 10 日	84 人死亡	列车在运行中着火，当时车厢是木质材料装修
北京地铁火灾	1969 年 11 月 11 日	6 人死亡、200 多人中毒受伤，直接损失 70 多万元	电动机车短路
苏联莫斯科鲍曼地铁爆炸起火	1977 年 11 月 6 日	6 人死亡	恐怖袭击

续表

事件	时间	伤亡及直接损失	原因
日本名西屋地铁火灾	1983 年 8 月 16 日	3 名消防队员死亡，3 名救援队员受伤	整流器短路导致变电所起火
英国伦敦皇十字街地铁车站大火	1987 年 11 月 18 日	32 人死亡、100 多人受伤	电梯着火
瑞士苏黎士地铁火灾	1991 年 4 月 16 日	58 人重伤	机车电线短路
美国纽约地铁火灾	1991 年 8 月 28 日	5 人死亡，155 人受伤	列车脱轨，机车起火
法国巴黎圣米歇尔地铁站爆炸起火	1995 年 7 月 25 日	4 人死亡，62 人受伤	恐怖爆炸袭击
阿塞拜疆巴库地铁火灾	1995 年 10 月 28 日	558 人死亡，269 人受伤	机车电路故障失火（列车停在区间）
广州地铁一号线东山口站火灾	1999 年 7 月 29 日	直接损失 20.6 万元	降压配电所设备故障引发火灾
韩国大邱地铁火灾	2003 年 2 月 18 日	198 人死亡，147 人受伤	人为纵火
俄罗斯莫斯科地铁爆炸	2004 年 2 月 6 日	40 余人死亡，100 多人受伤	爆炸并引起火灾
英国伦敦地铁连环爆炸与火灾	2005 年 7 月 7 日	52 人死亡，近 800 人受伤	连续恐怖爆炸事件
美国芝加哥脱轨引发火灾	2006 年 7 月 11 日	152 人轻伤，2 人重伤	列车脱轨起火
美国纽约地铁站内地铁车厢火灾	2020 年 3 月 27 日	1 名列车驾驶员死亡、16 人受伤	列车车厢起火
英国伦敦东南部大象与城堡地铁站火灾	2021 年 6 月 28 日	至少 6 人受伤	原因不明

5.1.2　运营期的火灾起因

城市轨道交通火灾原因的分布比例如图 5-1 所示，包括但不限于以下几种情况：

1. 人为因素

部分乘客缺乏安全意识，会私自携带易燃易爆物品乘坐地铁，这些物品可能会在地铁内引发火灾。地铁站作业的工作人员可能出现操作失误，如施工期间焊接等明火作业，或者没有严格按照安全程序进行操作，导致火灾发生。有些恐怖分子和反社会人员可能出于报复心理在地铁站进行人为纵火。

2. 电气线路因素

城市轨道交通系统设备的电气线路，如车站和区间隧道内电缆、电气系统、信号系统等，可能由于老化、故障等原因产生电火花，如果不及时维修，就可能引发火灾。

3. 机械故障

机械故障是指地铁隧道在维修施工过程中，可能会因为焊接、切割工作，或者机械碰撞、摩擦引起的火花引燃易燃的装修材料而造成火灾。

4. 其他因素

由于地震、龙卷风、外界火灾等外界灾害作用导致地铁站或隧道管廊中车辆或设施起火而引发火灾。

5. 原因不明

以上只是部分原因，具体情况可能会有所不同，部分火灾的起因不明。因此，我们需要提高安全意识，做好预防措施，避免火灾给人们的生命和财产带来威胁。

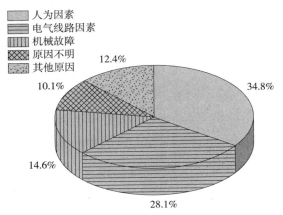

图 5-1　城市轨道交通火灾原因的分布比例

5.1.3　火灾烟气流动特征

城市轨道交通火灾烟气流动的主要过程包括烟气的产生、烟气的扩散和烟气的沉降。

1. 烟气的产生

在火灾发生后，火源会不断产生大量的热量和烟气，烟气中含有大量的有害物质，如一氧化碳、二氧化碳、氮氧化物和有机化合物等，这些有害物质会对人体造成严重的危害。地铁隧道内通风散热条件较差，起火后升温速率极快。顶板附近的温度在火灾开始后的 2~10min 内即可升至 1200 ℃。

2. 烟气的扩散

轨道交通火灾中的烟气扩散是一个动态过程，其过程受到多种因素的影响，如风力、气流、温度、湿度等。同时，烟气在地铁站内的扩散会受到建筑物结构、线路通风设计等因素的影响。隧道火灾烟气会因为热浮力效应、水平风压效应和"活塞风效应"等原因，在封闭狭小的空间内表现出烟气流动性的特征。随着隧道火灾的发展，烟气逐渐或迅速地表现出沿隧道断面的沉降和扩散。

3. 烟气的沉降

在火灾中，烟气的沉降特性对人员的逃生和救援具有重要影响。一般来说，由于重力作用，烟气会逐渐沉降。但在某些情况下，如地铁站等封闭环境中，由于气流和建筑物结构等影响，烟气可能会在某些区域停留，形成"死区"，给人员逃生带来巨大困难。如果烟气的密度大于周围空气的密度，那么烟气就会沉降下来，反之则会飘浮在空气中。此外，如果烟气中存在不同的密度成分，那么这些成分也可能会导致烟气的漂浮和沉降特性发生变化。另外，烟气的沉降特性还会受到风、温度、湿度等多种因素的影响。如在高温的环境下，烟气的密度会降低，从而导致烟气飘浮在空气中；而在低温和高湿度的环境下，烟气的密度可能会增加，从而使烟气更容易沉降下来。

总之，城市轨道交通火灾烟气流动特性是火灾中一个重要的现象，对人员的逃生和救援至关重要。在火灾发生时，如果烟气沉降在较低的位置，那么人员就有可能因为吸入烟气而受到伤害，甚至死亡。因此，必须充分考虑烟气的沉降特性，尽快采取有效的措施保护自己和他人的人身安全。城市轨道交通火灾发生时，人员必须尽快找到安全的逃生通道，迅速离开现场。

5.2　消防安全系统

城市轨道交通消防安全系统是为了确保城市轨道交通在火灾等紧急情况下的安全疏散和救援，同时为乘客和员工提供良好的通风环境。本节主要介绍城市轨道交通消防安全系统的组成及内容。

5.2.1　消防安全系统的组成

在城市轨道交通中，地铁站和区间隧道普遍具有封闭、狭长、能见度低的特点，一旦发生火灾，后果极为严重。地铁列车中许多电气设备长时间工作在高压环境中，且地下隧道散热条件差，极易导致设备老化发热、温度升高从而引发火灾事故。随着地铁隧道的安全问题日益严峻，我们需要研发一种无源、高精度且适用于轨道交通运营的消防安全方法。城市轨道交通消防安全工程是一项涉及多领域的综合性系统工程，主要涵盖以下几个方面：

1. 火灾自动报警系统

城市轨道交通的火灾自动报警系统是一种用于探测火灾早期特征和报警的自动化系统，能够在火灾等紧急情况下及时发现并发出警报。该系统包括探测器、报警器、联动控制器等设备，还可以与其他消防设备联动，如排烟系统等，共同构成完整的消防体系，可以有效地提高轨道交通的安全性。

2. 通风排烟系统

地铁站和隧道管廊中的通风系统主要分为机械通风和自然通风两种方式。机械通风系统一般由进风口、排风口、通风机等组成，能够有效地排除有害烟气，为乘客和员工提供良好的通风环境。自然通风则主要依靠建筑物的自然开口和外界的风力作用来实现。

3. 疏散与救援设施

城市轨道交通的疏散与救援需要综合考虑多种因素，包括站台设计、列车设计、应急照明、疏散指示标志等。在火灾等紧急情况下，合理组织疏散和救援是保障乘客和员工生命安全的关键。

4. 安全管理体系

城市轨道交通的消防安全工程需要建立完善的安全管理体系，包括制定应急预案、开展演练培训、加强设备维护等措施。同时，需要提高员工的安全意识和加强乘客的安全教育，从而提高轨道交通内人员的整体安全水平。

总之，城市轨道交通的消防安全工程是一项事关生命安全的重要工程，需要在设计、建设、运营等各个环节得到充分重视和支持。通过不断加强技术研究和设备更新，提高安全防范水平，为城市轨道交通的安全运营提供有力保障。

5.2.2　火灾自动报警系统

火灾自动报警系统主要用于监测轨道交通线路和车辆等区域的火灾情况，一旦发现火灾或烟雾，系统会自动发出报警信号，以便及时采取应急措施保障乘客的安全。该系统通常包括烟雾探测器、温度探测器、火灾报警控制器等设备，能够实现对火灾的早期检测和报警。

1. 烟雾探测器用于检测空气中的烟雾颗粒，当检测到烟雾浓度超过预设阈值时会触发火灾报警。烟雾探测器通常采用光电式或离子式探测技术。光电式烟雾探测器通过光束被烟雾颗粒散射或吸收来检测烟雾，而离子式烟雾探测器则通过检测空气中烟雾颗粒对电流的影响来实现烟雾检测。

2. 温度探测器是一种用于监测环境温度变化的设备，其可以根据监测到的温度值与预设阈值进行比较，一旦温度超过设定数值，探测器就会发送信号给火灾报警控制器，触发火警报警。

3. 火灾报警控制器是火灾报警系统中的关键组成部分，负责接收来自各种火灾探测器（如烟雾探测器、温度探测器等）的信号，并根据信号的内容采取相应的控制和报警动作。其通常具有以下功能：信号接收和处理、火警报警、联动控制、故障监测。

5.2.3　通风排烟系统

城市轨道交通的通风排烟系统是确保乘客安全和列车正常运行的重要设施，是城市轨道交通安全运营不可或缺的重要装备之一。通风排烟系统不仅可以有效地排除列车内产生的烟雾、有害气体和异味，还能为乘客提供清新舒适的空气环境，提高乘坐体验。通风排烟系统通常包括区间隧道通风排烟和车站公共区通风排烟两部分。

（1）区间隧道通风排烟系统

区间隧道通风排烟系统是指在地下隧道或区间隧道中设置的用于保证空气流通和排除烟雾的系统。该系统包括通风设备、管道网络、控制装置等组成部分，通过合理设计和布局，能够有效地改善隧道内部空气质量，确保人员安全和舒适度。同时，在火灾等突发情况下，该系统还能及时排除烟雾，为紧急疏散提供必要条件。区间隧道的通风排烟系统包括通风设施、排烟设施与控制系统。

区间隧道的通风设施包括自然通风和机械通风两种形式。自然通风是利用列车行驶产生的活塞效应，通过隧道两端的活塞风井实现与外界的空气交换。机械通风排烟是通过隧道一端的机械风亭内的风机进行强制通风，以保持区间隧道内空气的流通和质量。

区间隧道的排烟设施包括自然排烟和机械排烟两种形式。连续长度大于 60m 但不大于 300m 的区间隧道和全封闭车道宜采用自然排烟。自然排烟口应设置在上部，其有效排烟面积不应小于顶部投影面积的 5%，且排烟口的位置与最远排烟点的水平距离不应超过 30m。连续长度大于 300m 的区间隧道和全封闭车道应设置机械防烟、排烟设施。机械排烟系统通常通过风机、风管等设备实现，能够在火灾时迅速排出烟雾。地下区间的排烟宜采用纵向通风控制方式，当采用纵向通风确有困难的区段，可采用排烟道进行排烟。区间隧道排烟系统与事故通风应具备在火灾时背着乘客主要疏散方向排烟、迎着乘客疏散方向送新风的功能。当列车阻塞在区间隧道时，应对阻塞区间进行有效通风，确保列车顶部最不利点的隧道温度低于 45℃。

控制系统：区间隧道控制系统在事故工况下需具有快速开启或关闭设备的功能。

（2）车站公共区通风排烟系统

车站公共区通风排烟系统是指在车站的公共区域内设置的一套系统，用于保障乘客和工作人员在紧急情况下能够及时疏散，并确保空气质量达标。该系统包括通风设备、排烟设备以及相关控制装置，通过合理设计和布局，可以有效地将新鲜空气引入车站内部，并在发生火灾等突发事件时迅速排除浓烟，为逃生提供必要的条件。这样的系统不仅能够提高车站内部空气质量，还能够增加乘客和工作人员的安全感，在应对突发事件时起到至关重要的作用。车站公共区通风排烟系统包括以下几种重要设施。

空调通风系统：车站公共区的空调通风系统在车站公共区的作用非常重要。除了组合式空调箱和回／排风机外，还会配备空气净化设备，以确保车站内的空气质量达标。此外，通过精确控制温度和湿度，也能为乘客提供舒适的候车体验。总之，空调通风系统不仅是为了乘客健康考虑，更是为了提升整个车站的服务水平和形象。

排烟系统：车站公共区的排烟系统能在火灾等紧急情况下迅速排出烟雾和有害气体。排烟功能可以有效保护人员生命安全，防止因火灾引起的烟雾中毒和窒息现象发生。同时，排烟功能还可以减少火灾对车站内部结构造成的损坏，并帮助消防人员更快地进行救援和扑救工作。通过及时、高效地排出烟雾和有害气体，通风系统的排烟能力大大提升了车站公共区在紧急情况下的应急处理能力。

风机：风机是为通风排烟系统提供动力的重要设备。风机通过将新鲜空气引入地铁车站内部，将烟雾和有害气体排出车站外。风机通常采用高效节能、低噪声的设计，以确保系统的可靠性和稳定性。此外，风机还需要具备耐用性和稳定性，在列车运行过程中能够持续地发挥作用。因此，在选择风机时需要考虑其质量、功率以及适应环境变化的能力。总之，风机在车站公共区通风排烟系统中扮演着重要角色，对于消防安全至关重要。

除以上设施以外，车站公共区通风排烟系统还包括通风管道、监测调节设施、过滤装置、空气净化装置等。

总之，轨道交通的通风排烟系统是一套复杂的系统，通过各个部分的共同作用，确保在火灾等紧急情况下能够有效控制烟雾，保障乘客的生命安全和地铁系统的正常运行。

5.2.4　疏散与救援设施

关于地铁站和区间隧道火灾中人员的安全疏散问题是另一项非常重要的问题，其与人员生命安全及财产安全息息相关，针对人员疏散的模拟研究是火灾相关研究的重点。大量专业学者长期以来对火灾成因中各个相关危险因素均有研究，进行过较为全面的分析研究，如建筑材料中的热与物理特性、火灾烟雾中可燃物的热化学特性、建筑物内的烟气运动、火灾逃生中人员特有的反应行为机制与求生心理特征等多个方面。性能化疏散设计是性能化消防设计内容的重要组成部分，是建立在更加理性条件上的一种新的设计方法。性能化疏散设计以功能性为向导，针对建筑火灾中"人身安全"的目标，以科学量化技术去分析影响人员安全的各种因素，从而保证人员的安全疏散。安全疏散的性能化消防设计，就是如何以人员安全疏散为中心，科学、合理地组织和设置建筑的各个系统及其构件。

轨道交通的性能化疏散设计基本步骤如下：

一是对轨道交通车站和区间的结构和用途进行详细研究，确定建筑物内的可燃物、人员分布、疏散设施等基本情况。二是根据第一步的研究结果，确定建筑物在不同火灾场景下的热释放速率和烟气生成速率，并计算出相应的疏散距离和疏散时间。三是根据上述计算结果，对建筑物的安全疏散性能进行评估，找出可能存在的问题，如疏散距离不足、疏散时间过长等。四是根据评估结果，采取相应的补救措施，如增加疏散出口、优化疏散通道等，以提高建筑物的安全疏散性能。五是对补救措施进行量化分析，确定其是否能够满足性能化疏散要求。如果补救措施无法满足性能要求，则需要对原设计方案进行调整，并重复以上步骤，直至找到最佳的安全疏散设计方案。

1. 地铁站厅疏散设计的一般要求

车站站台至站厅或其他安全区域的疏散楼梯、扶梯和疏散通道的通过能力，应保证在远期或客流控制期中超高峰小时最大客流量时，一列进站列车所载乘客及站台上的候车乘客能在 6min 内全部疏散至站厅公共区或其他安全区域。当封闭的地下车站配备了事故通风系统，能为站台乘客疏散提供保护的场所，被设定为安全区。目前国内地下车站的站厅公共区能满足此条要求。如果站台层能直接对接敞开空间，自然成为安全区。提升高度不超过三层的车站，乘客从站台层疏散至站厅公共区或其他安全区域的时间可按式（5-1）计算：

$$T = 1 + \frac{Q_1 + Q_2}{0.9[A_1(N-1) + A_2 B]} \tag{5-1}$$

式中　Q_1——远期和客流控制期中超高峰小时一列进站列车的最大客流断面流量（人）；

Q_2——远期和客流控制期中超高峰小时站台上的最大候车乘客（人）；

A_1——一台自动扶梯的通过能力（人/min）；

A_2——疏散楼梯的通过能力[人/（min·m）]；

N——自动扶梯数量；

B——疏散楼梯的总宽度（m），每组楼梯的宽度应按 0.55m 的整倍数计算。

式（5-1）适用于站台层至站厅层提升高度不超过三层的情况。当超过三层时，应作详细疏散时间计算。建议可采用增加站台至站厅公共区楼扶梯组数，以缩短乘客从列车下至站台走行到梯口的距离；提高每组自动扶梯的提升速度；增加列车门的设置樘数；在公共区加设水喷淋系统等措施来满足疏散时间不超过 6min。如仍不满足，建议研究采用消防电梯群进行疏散。公共区付费区与非付费区的栅栏上应设置平开疏散门。自动检票机和疏散门的通行能力不应小于式（5-2）的计算值：

$$A_3 + L A_4 \geq 0.9[A_1(N-1) + A_2 B] \tag{5-2}$$

式中　A_3——自动检票机门常开时的通行能力（人 /min）；

　　　A_4——疏散门的通行能力 [人 /（min·m）]；

　　　L——疏散门的净宽度（m），按 0.5m 的整倍数计算。

2. 地铁站厅疏散设计的其他要求

（1）每个站厅公共区应设置不少于 2 个直通室外的安全出口。安全出口应分散布置，且两个安全出口之间的净距不应小于 10m。

（2）换乘车站共用一个站厅公共区时，站厅公共区的安全出口数量应按每条线不少于 2 个设置。每个站台至站厅公共区（地面）的安全出口或楼（扶）梯分组的数量不宜少于列车编组数的 1/3，且不得少于 2 个。

（3）电梯、竖井爬梯、消防专用通道，以及管理区的楼梯不得计作乘客的安全出口。

（4）从站台层屏蔽门（安全门）端门之外的设备管理区通向端门的外走道，可作为该设备管理区的疏散走道。

（5）站厅公共区和站台计算长度内任一点到疏散通道口和疏散楼梯口的最大疏散距离不应大于 50m。站台疏散到站厅公共区的梯口和站厅公共区疏散到地面出入通道口距离的规定为：①站台计算长度内最远点到梯口（即挡烟垂壁投影线）的距离不应大于 50m（图 5-2）。②站厅公共区最远点到出入通道口走行距离不应大于 50m（图 5-3）。通常情况下，出入通道口即为车站本体外挂出入通道交界处。当在非付费区隔出空间作为出入通道长度的一部分时，应具备下列条件：通道两侧墙体应满足 3.00h 的耐火极限；两侧墙体上不应开设门、窗洞；视为通道口处的吊顶与站厅公共区吊顶高差不足 0.5m 时应加设挡烟垂壁。

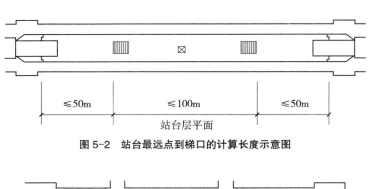

图 5-2　站台最远点到梯口的计算长度示意图

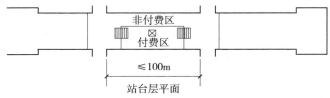

图 5-3　站厅公共区最远点到出入通道口的距离

3. 区间隧道疏散设计的一般要求

无论是地上或地下载客运营区间，轨道道床面都是极为重要不可缺少的疏散通道，应该平整、连续、无障碍物。排水沟道床面应加盖板，对于突出道床面的构筑物、设施和配线区应改为坡道相接。两条单线载客运营地下区间之间应设置联络通道。相邻两个联络通道之间的距离不应大于600m。通道内应设置二樘反向开启的甲级防火门。

当列车在地下区间发生火灾，且不能驶至相邻车站时，乘客需通过列车端门下至道床面和通过开启部分列车侧门下到纵向疏散平台进行疏散。在疏散中可利用两区间之间的联络通道，将乘客分流到另一条非火灾区间内进而疏散到邻近车站。这对于加快疏散、争取更大的生还率是极为有利的。同时联络通道的设置也可以使消防员通过非火灾区间经联络通道到达火灾区间出事点进行灭火救援。对于非载客运营区间，如两条出入段线之间，不必设置联络通道。两线叠合换乘车站区间之间的联络通道必须设在同一条线路上、下行区间内。

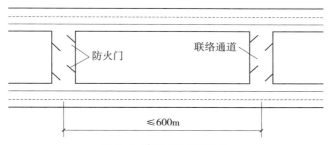

图 5-4　车站纵向疏散平台

地下区间内设置车站纵向疏散平台（图5-4）是为了给乘客多提供一条疏散路径，加快脱离火灾列车。如当列车中间节发生火灾时，根据通风排烟方向，利用列车端门疏散到道床面进行疏散。但后几节车厢乘客无法穿越中间火灾节车厢到达列车端门疏散。当列车车头节、车尾节无法开设疏散门时，靠侧门打开到达纵向疏散平台，向送风方向疏散地下一层侧式站台车站示意图如图5-5所示。

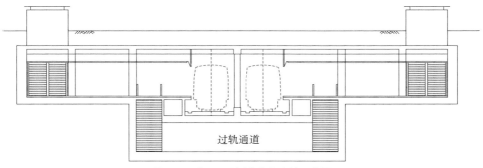

图 5-5　地下一层侧式站台车站示意图

单洞双线载客运营地下区间的线路间宜设置耐火极限不低于 3.00h 的防火隔墙。不设置防火隔墙且不能敷设排烟道（管）时，应在地下区间内每隔 800m 设置直通地面的疏散井。井内的楼梯间应采用防烟楼梯间，防火隔墙与排风（烟）道布置如图 5-6 所示。

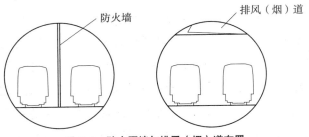

图 5-6　防火隔墙与排风（烟）道布置

当地下区间设置区间风井时，井内应设置直达地面的防烟楼梯间。列车客室门应设置手动紧急解锁装置，行驶于地下区间的列车，应在其车头节、车尾节设置疏散门，各节车厢之间应贯通。区间两端采用侧式站台车站的地上载客运营区间，应在线路两侧设置纵向疏散平台；区间两端采用岛式站台车站的地上载客运营区间，应在上、下行线路之间设置纵向疏散平台。对于上、下行线合一的地上载客运营区间，当列车车头节、车尾节设置疏散门且各节车厢相互贯通或车辆侧门设置可供乘客下到道床面的设施时，可不设置纵向疏散平台。对于上、下行线分开的单向地上载客运营区间，当列车车头节、车尾节设置疏散门且各节车厢相互贯通时，可不设置纵向疏散平台。区间隧道站台和站厅公共区、人行楼梯及其转角处、自动扶梯、疏散通道及其转角处、防烟楼梯间、消防专用通道、避难走道、设备管理区内的走道、变电所的疏散通道和安全出口等，均应设电光源型疏散指示标志。

5.3　运营期消防安全对策与措施

本节主要介绍消防安全评估指标体系、城市轨道交通运营期的消防安全对策、火灾时的引导指挥措施。

5.3.1　消防安全评估体系

1. 城市轨道交通消防安全评估的作用

消防安全评估是城市轨道交通消防安全工作的基础。城市轨道交通消防安全工作依然遵循"预防为主、防消结合"的工作方针，按照"政府统一领导、部门依法监管、单位全面负责、公民积极参与"的工作原则进行。为有效推动城市轨道交通运营单位各部门、各岗位履行工作职责，解决城市轨道交通区域内火灾防控的薄弱环节，进一步做好城市轨道交通火灾防控工作，在日常消防安全管理工作中开展消防安全评估工作，能够及时有效地发现存在的火灾隐患，有针对性地制定合理有效的管理方案、应急措施，落实各部门、各岗位的管理职责。

消防安全评估是城市轨道交通消防设施设备改建的基础。城市轨道交通具有相对空间小，人员密度和流量大，用电设施、设备繁多，动态火灾隐患多，火情探测和扑救困难等特点，在投入运营前，进行消防安全评估，其结论能有效指导城市轨道交通运营单位优先解决制约城市轨道交通区域火灾扑救和抢险救援的基础性、瓶颈性问题，从而提高城市轨道交通防灾减灾的能力。

消防安全评估是确认火灾公众责任险保险费率的基础。火灾公众责任险是城市轨道交通运营单位根据国家法律法规要求进行日常安全管理工作风险转嫁的必要措施。消防安全评估结论有力地反映了城市轨道交通区域内的火灾风险情况，为城市轨道交通运营单位在购买火灾公众责任险时提供了重要的参考依据。

2. 城市轨道交通消防安全评估的指标体系建设

在城市轨道交通消防安全评估过程中，影响城市轨道交通区域内火灾风险的因素是包括电气设备过载等引发火灾的客观因素，人员违规携带火种乘坐城市轨道交通等人为因素，以及防火间距、耐火等级、灭火器材、FAS 系统等建筑防火和消防安全管理等多方面问题的一个因素集，且各类因素的指标之间存有隶属关系，因此在城市轨道交通消防安全评估过程中需要建立一套有机的、多层次的、科学有效的评估指标体系。

消防安全评估指标体系在建立的过程中应遵循下列基本原则：

（1）目标性原则

评估指标和各项子指标应根据评估目标确定，且为评估目标服务。

（2）适当性原则

评估指标体系的规模应适宜，评估指标的个数应适当，以能够反映出各因素之间的差异为准则，从而降低评估的工作量。

（3）可操作性原则

有关参评指标的数据应易于获取和计算，并有较明确的评估标准。

（4）独立性原则

所选择的各指标项应能说明被评估对象的某一方面的特征，指标之间应尽量不相互重复交叉。

3. 评估指标体系的建立

针对城市轨道交通的建筑特点，将采用基于层次分析法的半定量评估方法对城市轨道交通建筑的消防安全水平进行评估，确定城市轨道交通建筑的火灾风险等级。层次分析的评估方法原则上是把一个系统分为多个层次，一般取为 2 层或 3 层，每个层次的单元根据需要进一步划分为若干因素，再从火灾可能性和火灾危害性等方面来分析各因素的火灾危险度，各个组成因素的危险度是进行系统危险分析的基础，在此基础上确定评估对象的火灾风险等级。

对于城市轨道交通的消防安全评估，主要选择包含以下 3 个层次的指标体系结构进行。

一级指标包括火灾危险源、建筑防火性能、内部消防管理和外部消防力量，城市轨道交通消防一级指标因素集如图 5-7 所示。

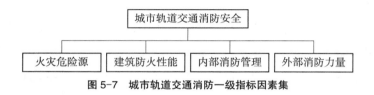

图 5-7　城市轨道交通消防一级指标因素集

二级指标包括客观因素、人为因素、建筑特性、被动防火措施、主动防火措施，城市轨道交通消防二级指标因素集如图 5-8 所示。

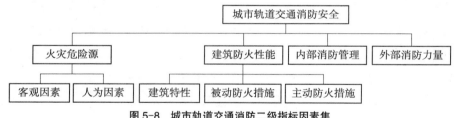

图 5-8　城市轨道交通消防二级指标因素集

三级指标包括电气火灾、易燃易爆危险品、周边环境、气象因素、用火不慎、放火致灾、吸烟不慎、建筑高度、建筑面积、人员荷载、内部装修、消防扑救条件、防火间距、防火分隔、防火分区、疏散通道、耐火等级、消防给水、灭火器材配置、防排烟系统、疏散诱导系统、火灾自动报警系统、自动灭火系统、消防设施维护、消防安全责任制、消防应急预案、消防培训与演练、隐患整改落实、消防组织管理等。以火灾危险源为例，城市轨道交通消防三级指标因素集如图 5-9 所示。

如图 5-10 所示，在城市轨道交通消防安全综合评估体系的基础上，可根据现场实际情况，以及国家法律法规和相关规范要求，并结合各个城市实际情况进行适度调整。通过上述评估指标体系，根据城市轨道交通的建筑火灾风险值的大小可以确定评估目标所处的风险等级，再根据这些风险等级制定相应的消防安全管理制度。

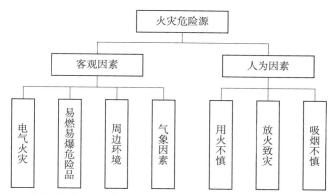

图 5-9　城市轨道交通消防三级指标因素集（以火灾危险源为例）

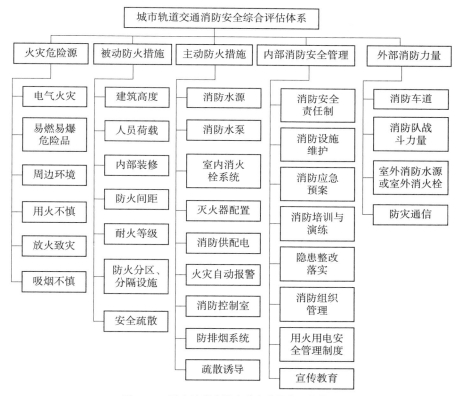

图 5-10　城市轨道交通消防安全综合评估体系

5.3.2　运营期的消防安全对策

1. 将火灾荷载控制在合理区间内

要想充分保证城市轨道交通运营期的消防安全，就必须先从车站的火灾载荷情况入手。要对轨道交通的车站进行可燃物摸排工作，掌握其火灾荷载，充分降低车站的火灾风险，以此保证车站的消防安全。结合笔者的实际经验，须对车站内可燃物实施以下4个主要控制措施：①要求车站内部的装修要尽量使用阻燃材料，如车站顶棚、座椅和相关的便民性设施。②要在车站内设置相应的火灾自动报警系统，在车站内通过的线路均要使用阻燃性材料。③要加强车站内对易燃易爆物品的检查力度，杜绝旅客携带危险物品乘车。④要规定车站内站台、疏散通道处不得设置商业区域。

2. 将防火分隔措施落实到公共区域

在车站内与周边公共区域要充分落实防火分隔措施，可以利用防火门、防火墙等防火隔离设备进行有效的防火隔离，这样不仅可以降低火灾危险程度，还可以充分阻隔火灾，防止火灾波及附近的安全区域。这对于车站和周边的公共区域来说，极为重要。

3. 提升防排烟系统安全等级

火灾造成的主要威胁除了高温，由火灾产生的大量有毒有害烟气更为致命。人们在吸入这些有毒有害烟雾后，极易出现晕厥昏迷的现象进而丧失行动能力，甚至出现窒息等失去生命体征的危险。因此，针对这种情况应提升防排烟系统的安全等级。可以从如下措施着手：①车站应该采用非全封闭的站台门，并且和轨行区保持平行距离。②充分完善车站内疏散通道的防排烟设施，使用独立的风机房。③根据不同车站存在的差异性来增强相应的防排烟措施，在火灾实际发生时，无论火势大小，车站应一律开启公共区的新风系统，新风系统可以有效地辅助防排烟系统进行排烟。④在地面的新风井与排风井中间设置科学合理的挡烟装置，防止烟气串流。

4. 按规定设定遇险疏通策略

在车站内设置相应的消防通道，如专门的消防电梯或者安全通道直通室外。根据消防安全有关规定，车站内的消防电梯应该设置在车站的控制室、分控室附近，车站内部的楼梯都应该具有消防事故紧急疏通的功能。在车站中还应该设置数量充足的应急照明灯。此外，由于车站的规模不同，还应该根据差异性来设置核实数量的发光疏散指示牌。如在大规模的车站内，由于旅客流量较为庞大，且人员构成十分复杂，我们可以在车站的内部按照距离路线的不同，设置连续不断的发光紧急疏散指示牌，这样在真正的火灾事故发生时，人群在火灾烟雾中也能更加容易找到疏散标志，然后根据疏散标志更加迅速地找到疏散通道，在火灾事故中有效地保护自身的生命与财产安全。

5. 提升灭火系统装置效率

在城市轨道交通的车站中，往往都建有地下层。在负一层等各个消防夹层中应该按照规定设置充足数量的消防设备，如灭火器、消火栓等。另外，车站内部也应该设置充足的消防设备。在消火栓的设置上，应该保证在车站内部任意区域发生火灾时，可以有两处以上的消火栓起到灭火作用。此外，由于车站之间具有一定的差异性，在设计火灾自动报警系统与火灾自动喷水灭火系统时要充分考虑实际情况，对布局方式与设计参数进行科学合理的规划设置。

6. 提升火灾应急管理水平

健全完善防火巡查和检查、火灾隐患整改、消防安全宣传教育培训、灭火和应急疏散演练等消防安全管理制度，督促单位所有人员严格执行，并建立消防工作档案，做到"过程留痕、责任可溯"。

定期开展消防安全自查自改，对存在的火灾隐患，落实整改责任、措施、资金、时限和预案，确保按期完成整改。组织地铁车站内负责消防安全工作的站务人员在地铁运营时段每小时开展一次防火巡查，加强对运营结束后的遗留火种检查和非运营时段的夜间巡查，重点检查责任区域内消防设施运行状态、商业网点管理状况、电气设备安全情况、值班人员值守情况等方面内容。

强化信息化手段应用，通过运用单位消防安全管理平台等，固化单位消防安全管理模式和检查内容，自动生成消防安全评估结果，形成隐患的检查、整改、复查等机制的闭环，提升消防安全管理效能。制定统一消防安全管理标准要求，分站点组织开展消防安全标准化达标创建活动，逐一开展检查评定，大力提升消防安全管理标准化、规范化水平。

5.3.3　火灾时的引导指挥措施

1. 城市轨道交通火灾救援措施

（1）列车在区间隧道内发生火灾时的安全疏散

列车在区间隧道内发生火灾时，应尽量驶入前方车站，利用前方车站来疏散乘客。若列车不能驶入前方车站，须停在区间隧道内，则必须紧急疏散乘客。

（2）列车在车站发生火灾时的安全疏散

如果列车在车站发生火灾，应该立即执行紧急疏散计划，停止线路上的其他列车开行并禁止其他乘客进入火场，同时利用车站楼梯、出入口疏散乘客。

（3）车站内发生火灾时的安全疏散

车站内的火灾分为站台火灾和站厅火灾两种。发生火灾时，应立即采取紧急措施，在第一时间安全疏散乘客，同时停止使用车站空调系统，将车站的普通通风空调模式改为火灾情况下的通风模式。

2. 火灾发生时的人员行为

当在地铁站或隧道管廊内发生火灾时，在场人员应该立即采取以下行动：

（1）保持冷静

人员应该保持冷静，不要惊慌失措。情绪的稳定有助于做出正确的判断并采取相应的行动。

（2）寻找逃生通道

当地铁站或地铁隧道内发生火灾时，人员应该迅速寻找逃生通道。向火势、烟雾流飘散的反方向（上风向处）寻找逃生通道，避免顺风逃跑，以减少烟雾气造成伤亡的可能性。

（3）呼救和等待救援

如果人员被困在地铁车厢内，可用衣物捂住口鼻等待救援来增加存活的机会。被困人员可以通过敲打车窗、按喇叭等方法引起外界的注意。

（4）使用灭火器

如果火势较小，可以使用车厢内的灭火器来扑灭火源。但需要注意的是，在使用车载灭火器时，应该在保证自身安全的前提下进行。

总的来说，城市轨道交通火灾发生时，在场人员需要迅速评估火灾现场情况，采取必要的紧急措施来保障自身安全。

5.4 运营期隧道管节消防安全

本节针对火灾对轨道交通隧道管节中的危害，结合案例，对城市轨道中针对管节消防安全问题进行介绍。

5.4.1 管节火灾危害

由于交通事故引发的隧道火灾事故屡见不鲜，而当火灾发生时，除了对通道内的设施产生影响外，隧道内短时火灾升温作用也会对隧道管节材料造成不可恢复的热害损伤，一旦隧道管节被破坏将会导致严重的人身财产损失，因此对隧道管节的消防设计是不可或缺的一环。

5.4.2 火灾升温曲线

在火灾场景的研究中，升温曲线具有不可替代的作用，大致可分为 ISO834 升温曲线、碳氢（HC）升温曲线、缓慢升温曲线、电力火灾升温曲线、隧道火灾 RABT-ZTV 升温曲线五类。

1. ISO834 升温曲线

ISO834 升温曲线即标准升温曲线：采用标准耐火试验的炉内升温曲线作为钢结构耐火验算的火灾升温曲线。

以纤维类物质为主的火灾，可按式（5-3）计算：

$$T_g-T_{g0}=345\lg（8t+1）\tag{5-3}$$

以烃类物质为主的火灾，可按式（5-4）计算：

$$T_g-T_{g0}=1080\times（1-0.325e-0.675e^{-2.5t}）\tag{5-4}$$

式中　　t——火灾持续时间（min）；

　　　　T_g——火灾发展到 t 时刻的热烟气平均温度（℃）；

　　　　T_{g0}——火灾前室内环境的温度（℃），可取 20℃。

2. 碳氢（HC）升温曲线

《建筑构件耐火试验方法　第 1 部分：通用要求》GB/T 9978.1—2008 给出了纤维类火灾的标准温度—时间曲线，为构件的耐火性能试验规定了标准试验条件。如在石油化工等建筑中，存在以液态碳氢化合物为主要燃料的火灾，采用碳氢升温曲线评价构件的耐火性能。

3. 缓慢升温曲线

对于某些远低于标准升温曲线耐火性能的建筑构件，采用缓慢升温曲线评价此类建筑构件的耐火性能。

4. 电力火灾升温曲线

在某些实际情况下，如在电站、输配电设施或有机高聚物材料加工与贮存场所中，建筑构件可能经受以有机高聚物材料为主要燃料的火灾，这时采用电力火灾升温曲线评价构件的耐火性能。

5. 隧道火灾 RABT-ZTV 升温曲线

在某些实际情况下，如城市地铁、公路、铁路沿线的全封闭隧道内，结构构件可能经受的火灾有较强的特殊性，火灾初期短时间内急剧升温，持续一段时间以后下降至环境温度，此类火灾升温曲线称为隧道火灾 RABT-ZTV 升温曲线。

虽然采用标准升温曲线给结构防火设计带来了很大的方便，但是标准升温曲线有时与实际隧道火灾相差甚大。这时，采用隧道火灾 RABT-ZTV 升温曲线评价构件的耐火性能更为合理，以便更好地反映实际火灾对结构的破坏程度。

结合一系列室内密闭实验，某轨道交通隧道管节 RABT-ZTV 升温曲线大致可描述为隧道内部温度在火灾发生后 5min 内急剧升高至 1200℃，并恒定 120min 隧道升温曲线如图 5-11 所示。

沉管隧道在自然通风的情况下，发生火灾后，隧道内烟气因温度上升密度减小而出现上浮效应。因此，实际事故中管节左侧通道内侧的上顶板及左右侧墙，为消防设计的关键之处。底墙相对来说受影响较小，且因在实际工程中有较厚的保护层，故不作为消防设计的主要考虑构件。

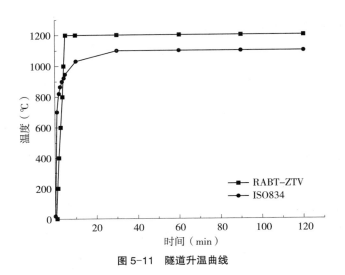

图 5-11　隧道升温曲线

5.4.3　管节消防措施

管节消防措施主要可分为主动消防措施和被动消防措施两种。主动消防措施主要从预防火灾发生，以及火灾发生后及时扑救以防止火势扩大的角度出发，或者是为了改善火灾时隧道内的救援环境。被动消防措施主要对结构加装耐火构件，减小火灾对结构的负面影响，保证结构正常的承载力以及稳定性。其中常见隧道管节的消防措施如表 5-2 所示。

常见隧道管节的消防措施　　　　　　　　　　表 5-2

主动消防措施	火灾通风排烟系统
	火灾自动报警系统
	喷淋系统
被动消防措施	喷射无机纤维防火材料
	加大保护层厚度
	保护层安装围护金属网
	衬砌中添加纤维
	使用耐高温混凝土
	防火涂料
	防火板

就目前的发展来看，许多发达国家隧道防火方面采用的方法已经逐渐从单一化走向综合化和多尺度协调合作，如水喷淋系统和结构表面隔热方法同时使用，增大保护层厚度的同时添加聚丙烯纤维等。

针对隧道管节的消防安全，也应该采用多种方法相结合，从主动防护与被动耐火保护两个方面采取措施，以便更好地保护隧道管节结构的火灾安全。具体来说，首先从主动防火措施入手，如增强通风排烟、自动警报及火灾闭路监控等系统的联动，确保可以早发现、早应对。其次，在被动耐火保护方面，防火板保护方案作为隧道管节防火保护方法，具有施工便捷、安全、耐久及经济性等明显优势，因而综合考虑对于隧道管节的被动耐火保护可以选择防火板来设置。

5.4.4　管节消防安全数值分析案例

防火板设计是隧道管节防火保护的核心，结合 5.4.2 节的火灾升温曲线，对管节防火板防火性能进行数值分析，论证防火板的性能及参数。

本模拟采用的模型选取标准隧道管节纵向长度为 9m，管节总高度为 6m，单洞净宽为 8.5m，总宽为 20m，内部防火板厚度为 24mm。进行高温耐火性能分析，图 5-12 是根据隧道标准管节构建的 3D 模型。该模型中的混凝土、上下顶板、纵横防火板均使用三维实体单元——DC3D8 线性六面体单元。对于火荷载的位置，沉管隧道在自然通风的情况下，发生火灾后，隧道内烟气因温度上升密度减小而出现上浮效应。因此，本模拟中的火灾高温荷载是施加在管节左侧通道内侧的上顶板及左右侧墙，底墙相对来说受影响较小，且因在实际工程中有较厚的保护层，故不作为本次模拟的受火面。

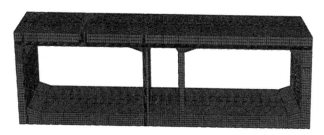

图 5-12　隧道标准管节构建的 3D 模型

本次模拟的隧道标准管节结构包含内防火板和自密实混凝土。在单侧通道受火情况下，由于通道中间为 2m 宽的通道，另外一侧的管节受火灾影响较小，故仅分析内侧防火板和混凝土的温度分布情况。其中，防火板作为直接受火面，其温度的大小及分布直接影响整体隧道的温度场分布。通过有限元计算结果可以看出：结合 RABT-ZTV 升温曲线与 ABAQUS 软件建立的隧道管节模型在火灾高温分析中的适用性较好。

在数值模拟中去除防火板，直接分析混凝土层在 RABT-ZTV 升温曲线条件下的温度场特征，如图 5-13 所示，在火灾发生 5min 时，温度在隧道的混凝土结构中上升至 148℃左右。

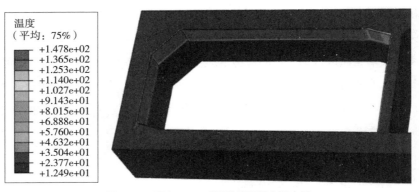

图 5-13 受火 5min 时隧道的混凝土温度场

为了进一步分析防火板对隧道管节隔热性能的影响，截取模型截面为受火区域正中间。从图 5-14 中可以看到，由于防火板的作用，在火灾发展至 5min 时，防火板的最高温度约为 130℃，仅为其所在环境温度的 1/10 左右，低于未加防火板时混凝土结构温度的 148℃。该现象说明防火板对火灾时的隧道管节具有防护作用，且防火性能较好。

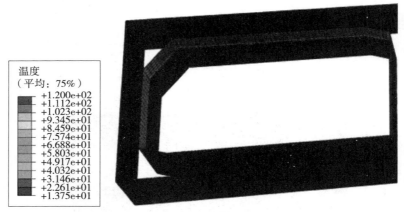

图 5-14 受火 5min 时隧道的防火板温度场

由上述模拟结果可知，由于防火板的存在，对于高温具有显著的隔绝作用，隧道内温度变化从 148℃降至 130℃，降幅巨大，可见防火板的设置于隧道管节有着重要的消防意义。

结合数值模拟结果，对防火板进行设计，在制定防火板保护方案时，继续解决如下主要问题：防火板材质，防火板厚度，防火板安装方式。

1. 防火板材质

常见的防火板材质主要分为硅酸钙材质、玻镁材质、蛭石材质等。在对硅酸钙防火板、玻镁防火板和蛭石防火板的性质进行综合分析比较后，最终选定同等厚度条件下导热系数较低、腐蚀性较小的硅酸钙防火板作为试验板材。

2. 防护板厚度

虽然防火板厚度增加时，隔热效果增强；但是厚度增加会导致重量增大、行车空间减小、工程成本增加等问题。因此，需要在满足防火隔热效果的前提下尽可能减小防火板厚度。其中厚度在 22~34mm 区间的防火性能与经济效益为佳。

3. 防火板安装方式

在隧道工程中，防火板一般直接布置于隧道管节表面，通过自攻螺钉进行安装与固定。安装完成以后，需安排检查人员对施工质量进行检测，确保防火板安装的质量，并定期对防火板进行检查，以保证防火板在火灾时的可靠性，避免出现人员伤亡和财产损失等问题。

第6章

城市轨道交通涉爆防恐及防护工程

城市轨道交通作为城市公共交通的重要组成部分，在缓解城市地面交通压力，促进经济社会发展方面发挥着不可替代的作用。然而，由于极端自然灾害、技术缺陷、恐怖主义等不可避免因素的存在，城市轨道交通的安全运营也面临着诸多威胁。根据《全球恐怖主义指数报告》，2012 年至 2020 年，全球共发生 104913 起恐怖袭击，爆炸恐怖袭击占 48.1%。爆炸恐怖袭击由于破坏和杀伤力大、易发动、难防范等特点，已成为城市轨道交通安全运营面临的最严重的威胁之一，极易造成巨大的人员伤亡和经济财产损失，逐渐引起世界各国的高度重视。

6.1　城市轨道交通防恐涉爆危险源及防护防毒措施

城市轨道交通涉爆防恐是一项系统工程，涉及风险预测、后果评估、灾害预报、应急响应、风险应对、处治技术措施等多个方面。城市轨道交通作为一种常见的涉爆犯罪对象，其防护工程主要受到常规武器、核武器和生化武器等危险源的威胁。

6.1.1　城市轨道交通防恐涉爆危险源

1. 常规武器

（1）按发射方式分类

按照发射方式不同，常规武器有：

1）轻武器，如步枪、轻重机枪和火箭筒等发射的枪弹等。

2）火炮炮弹，如加农炮、榴弹炮、迫击炮、无后坐力炮发射的各种炮弹。

3）飞投投掷的各种航（炸）弹。

4）常规弹头的导弹。

（2）按弹丸破坏效应分类

按弹丸破坏效应不同，常规武器可分为：

1）爆破弹型。这类弹丸主要依靠炸药爆炸产生的冲击波及弹片来破坏和杀伤目标，如炮弹中的榴弹、航弹中的普通爆破弹等。

2）半穿甲弹型（又称为侵彻爆破弹）。这类弹丸一方面依靠弹丸的冲击动能侵彻目标，另一方面依靠一定装药量的爆炸作用来破坏目标，如炮弹和航弹中的半穿甲弹、混凝土破坏弹、厚壁爆破弹等。

3）穿甲弹型。这类弹丸主要依靠弹丸巨大的冲击动能侵彻、贯穿目标，如各种穿甲弹。

4）燃料空气弹型（又称为气浪弹或云雾弹）。这类弹丸依靠弹体爆炸后抛洒的内装液体燃料与空气混合形成气化云雾，经二次引爆产生的冲击波来破坏目标和杀伤人员。

5）燃烧弹型。这类弹丸要依靠弹体内的凝固汽油等燃烧剂产生的高温火焰形成大火来破坏目标。

2. 核武器

核武器是指利用原子核的裂变或聚变反应所释放的能量，产生爆炸作用，是具有大规模杀伤破坏效应的武器的总称。核武器通常指狭义的核武器，即由核战斗部与制导、突防等装置装入弹头壳体组成的核弹。核战斗部的主体是核爆炸装置，简称核装置。核装置与引爆控制系统等一起组成核战斗部。广义的核武器通常指由核弹、投掷 / 发射系统和指挥控制、通信及作战支持系统等组成的，具有作战能力的核武器系统。一般爆炸性核武器分为原子弹和氢弹两大类。

（1）原子弹

原子弹的装料主要是铀 235 和钚 239。它们的重核子在中子的"轰击"下发生"裂变"成为质量较小的核，同时放出巨大的能量并伴随放出中子。后者又进一步引起裂变，由此一直继续下去，称为"链式反应"。大部分的核分裂核武器是使用化学炸药，把在临界质量以下的铀 235 或钚 239 挤压成超越临界质量的一块，然后在中子照射下产生不受控的连锁反应，释放大量能量。起爆的方式可分为枪式和内爆式。枪式就是将几块核材料聚拢在一起，使得链式裂变反应自动维持下去，在瞬时释放大量能量。只有浓缩铀才能用在这种设计的核武器中；钚材料由于容易有自发裂变中子而不宜用在这种设计的核武器中。内爆式就是将核材料压缩成高密度，使得链式裂变反应自持下去，在瞬时释放大量能量。浓缩铀和钚都可以用于这种设计。美国第一枚投掷在日本广岛的原子弹"小男孩"即为枪式起爆的铀弹。第二枚投掷在长崎的"胖子"为内爆式起爆的钚弹。

（2）氢弹

氢弹的核装料为重氢化锂，在装于弹体内的小型原子弹爆炸所产生的高温高压环境下，生成氘和氚等轻原子核并立即聚合成氦，同时放出巨大的能量，称为"聚变"反应。氢弹有时亦称热核武器，因为它们的连锁反应需要更高的温度启动。中子弹是一种以高能中子辐射为主要杀伤力的低当量小型氢弹。中子弹只杀伤敌方人员，对建筑物和设施破坏很小，也减少了光辐射、冲击波和放射性污染等因素。

3. 生化武器

在人员密集的公共场所，辐射材料、化学毒气或生物制剂等可以对人员形成巨大威胁，容易造成巨大伤亡。尤其是化学袭击的材料相对容易制造，生产成本低，而且有些化学毒剂无色无味，难以被及时发现，故成为恐怖分子的惯用武器。自1995年日本东京地铁沙林毒气案发生后，对地铁使用生化物质袭击的恐怖事件在怀疑阶段或者阴谋在事前就被挫败，未造成过严重后果，但绝不能忽视这种威胁的存在。

（1）生物武器

1）生物武器的概念

生物武器是利用生物战剂的致病作用来杀伤有生力量和毁伤动植物的武器，包括生物战剂、生物弹药和施放装置，是大规模杀伤性武器。生物战剂是制造生物武器的致病微生物、毒素和其他生物活性物质的统称，是构成生物武器杀伤威力的决定因素。生物战剂通过施放撒播，能分散成微小的粒子悬浮在空气中，与空气混合成气溶胶，随风飘移，污染空气、地面、水源和食物，并能渗入无密闭设施的地下工程设施内。人、畜吸食或接触带毒菌物品，或者遭到带毒菌昆虫叮咬，均能致病。

2）生物战剂的分类

①按作用特性，分为传染性生物战剂和非传染性生物战剂。传染性生物战剂有鼠疫杆菌、霍乱弧菌、天花病毒等。非传染性生物战剂有土拉杆菌、肉毒杆菌毒素等。

②按危害效果，分为致死性生物战剂和失能性生物战剂。致死性生物战剂有鼠疫杆菌、黄热病毒等，患者病死率高于10%。失能性生物战剂有布氏杆菌等，患者会失去战斗、工作能力，病死率小于10%。

3）生物战剂进入人体的主要途径

①呼吸道吸入：吸入被生物战剂污染的空气会被感染致病。

②误食染毒食品：食用被生物战剂污染的水、食物而得病。

③皮肤接触：生物战剂可直接经皮肤、黏膜、伤口进入人体而致病。

④昆虫叮咬：人被带有生物战剂的昆虫叮咬后，会因血液被污染而致病。

4）生物武器的杀伤特点

①致病性和传染性强。生物战剂都选用致病性较强的微生物，且能经口、呼吸道、昆虫叮咬或粪便而传播。少量的生物战剂侵入人体，就能使人得病或致死，并能迅速传播，造成流行。

②污染范围广。当敌方施放生物战剂时，若气象、地形适宜，在短时间内能造成大面积区域被污染。

③危害时间长。生物战剂选用的微生物，抵抗力较强，能在自然环境中存活很久，从几个小时至几十天，甚至数十年。

④难以发现和防护。生物武器袭击没有特殊迹象，人在感染初期无症状，检验和鉴定需要一定时间和专门器材。因此应该及时、有针对性地采取防护措施。

⑤只对生物有杀伤作用，作用比较专一。生物战剂只对人、畜及农作物等有伤害效应，对无生命的物资、武器装备、建筑物或其他固定设备等无破坏作用。

（2）化学武器

1）化学武器的概念

化学武器是以毒剂的毒害作用杀伤有生力量的武器，包括毒剂、毒剂前体、化学弹药和施放装置等，是大规模杀伤性武器。

2）毒剂的分类

按毒剂的毒害作用，可分为神经性毒剂、糜烂性毒剂、全身中毒性毒剂、窒息性毒剂、失能性毒剂和刺激性毒剂。神经性毒剂、糜烂性毒剂、全身中毒性毒剂和窒息性毒剂能使中毒者丧生，又被称为致死性毒剂。失能性毒剂、刺激性毒剂能使中毒者迅速丧失战斗能力，又被称为非致死性毒剂。

3）化学武器的杀伤特点

①伤害途径多。毒剂以多种形式通过多种途径使人畜遭到伤害。人吸入染毒空气、皮肤接触毒剂的液滴和气雾、食入染毒的水和食物，都能遭到不同程度的伤害。

②作用时间长。常规武器的杀伤作用只限于爆炸或弹丸飞行的瞬间。化学武器的杀伤作用短则几分钟到几十分钟，长则几天、十几天。

③杀伤范围广。化学炮弹比同口径普通炮弹的杀伤威力要大几倍到几十倍。毒剂蒸气能到处扩散，无孔不入，可渗入工事内部，杀伤隐蔽的有生力量。

④制约因素多。由于受气象、地形、地物的影响较大，因而不是全天候武器。以杀伤有生力量为主，对人杀伤力巨大；而建筑物、武器装备和物资材料等物质的性能，虽因染毒和消毒作用而略有影响，但受影响程度有限。

化学武器早在第一次世界大战时就曾被大规模使用过，并造成约130万人中毒伤亡。第二次世界大战中，意大利和日本也多次使用化学武器。第二次世界大战结束至今，朝鲜战争、越南战争都被确认使用过化学武器。

6.1.2　城市轨道交通涉爆防护与防毒措施

1. 城市轨道交通涉爆结构冲击侵彻防护措施

具有侵入坚固目标能力的航弹、导弹及其他精确制导武器命中防护结构时，战斗部或弹丸与结构发生高速撞击，装药爆炸。弹丸对结构的冲击、爆炸破坏作用从宏观上看，可归纳为局部破坏和整体破坏作用。

局部破坏作用是指破坏发生在弹着点周围或结构反向临空面弹着点投影周围。局部破坏的特点是损伤往往被限制在局部区域，如结构前面的弹坑和背面的震塌、侵彻、贯穿等破坏形式。研究表明，局部破坏作用主要与材料的性质有关，而与约束条件和结构类型关系不大。在持续时间较短的瞬态荷载（如常规武器近距离爆炸）作用下，结构的响应主要表现为局部破坏作用。

整体破坏作用主要表现为整个结构都产生变形和内力，结构破坏是由于出现过大的变形、裂缝，甚至造成整个结构的倒塌。如梁、板的弯曲、剪切变形，柱的压缩及基础的沉陷等。整体破坏作用与荷载峰值、结构类型和约束条件等因素有关。在持续时间较长的瞬态荷载（如核武器爆炸产生的荷载）作用下，结构的响应主要表现为整体破坏作用。例如，爆炸荷载作用下板的整体破坏作用。

冲击侵彻防护措施主要有：一是在可能的情况下尽量充分利用岩石防护层厚度；二是设置遮弹层；三是提高防护结构本身的抗冲击能力。通过增加结构强度、厚度等提高防护结构本身的抗冲击能力的措施往往效果不佳。在岩石防护层厚度满足不了抗冲击侵彻要求的情况下，提高抗冲击侵彻的做法主要是给防护工程增加遮弹层。

2. 城市轨道交通涉爆结构震塌破坏与防护措施

B.Hopkinson 把棉花炸药放在不同厚度的钢板上爆炸，对于薄钢板（厚度小于 1.25cm），炸药将钢板击穿一个洞；对于较厚的钢板，炸药起爆后，炸药将与它接触的表面压下去少许的同时，主要从板的背面抛射出一块圆盘形的金属，这个飞离的金属盘被称为痂片。这种破坏现象被称为震塌、层裂，也被称为 Hopkinson 破裂。

混凝土抗震塌破坏的防护措施很多，但归纳起来，基本上可以分成以下两类：一是避免或减少涉爆结构内部震塌破坏的措施；二是涉爆结构虽已震塌破坏，但保留已震塌的涉爆结构痂片，以阻止涉爆结构碎片飞离的措施。

3. 城市轨道交通地下防毒措施

（1）加强监测、预警环节

监测及预警环节是处理毒气袭击事件的首要环节，做好毒气监测，可以有效预防毒气袭击；做好毒气预警，可以在毒气袭击的第一时间采取措施，避免毒气进一步扩散，疏散人员，缩小影响区域。针对恐怖威胁，地铁的安全防范不能仅仅停留在视频监控等预防系统上，应积极将新技术应用于地铁的日常防范中。针对毒气可能进入车站的途径，应考虑在重要车站站厅、站台及风道、新风口等相关区域安装毒气检测装置，当检测到有毒气进入即上传报警信息，并分析出是何种毒气和气体的扩散方向，车站和指挥中心监控工作站应立即收到报警信息。工作人员根据检测的毒气扩散方向指挥人员疏散撤离。在综合后备控制盘上将联动 / 自动转换开关切换后，即可联动环控设备执行停运模式。毒气探测装置能使指挥中心及时收集到现场毒气种类、浓度、范围及袭击规模等有效信息，根据这些信息组织人员疏散、救护。能有效缩短发现毒气、确认毒气的时间，避免发现时毒气已经扩散到车站各个区域，提高事故发生后的处置效率，减少人员伤亡。

（2）加强车站重要设施防护

1）风亭、风井附近区域

地铁风亭分为独立布置的有盖风亭、敞口风亭，以及与建筑物合建的风亭。敞口风亭因初次投资低、对周围环境影响不大而应用广泛。这种风亭大多设置在道路绿化带中，距地面高度较低，直接对上方开风口，风井在绿地当中布置时要求不低于1m。在空调季节，地铁内环控系统运行空调季小新风模式，外部有害物质容易由此处进入地铁内部，造成的危害是非常严重的，而且遭受袭击之初，不易发现，待发现之时已扩散到车站的各个角落。在设计时可考虑增加敞口风亭的防护措施，将新风井适当增高，被动加强防护能力。既有线新风井增加防护时，可安排人员定期进行监控巡查，防止无关人员进入风井区域。对于新风井距地铁出入口较远，日常巡视无法监控的情况，可在新风井周围加装栅栏等防护装置，也可安装防侵入检测传感器，加强新风井区域的安全防卫措施。距地面高度较低的新风井上需安装钢制格栅，防止周围投掷物体进入新风井中。格栅在安装时应倾斜一定角度，如有投掷物体落在格栅上，便于物体滚落到地面，远离新风口。

2）设备房

加强车站通风空调机房、风室、风道等设备房钥匙的管理，避免无关人员进入此类设备房。借用设备房钥匙时，车站需加强相关证件核查。机电专业人员应加强对车站大、小系统的新风口、回风箱等设备巡检，发现异常情况及时通报。新线建设时考虑增加门禁系统，可以避免无权限人员进入到设备区域。

3）车站建筑

对于车站公共区、设备区，消除建筑漏洞并增加建筑的气密性，确保建筑物上的裂缝、接缝和孔隙都密封好，减少室外空气渗透。确保车站各区域出现的毒气无法进入其他区域。在关闭车站全部通风后，车站内气压与外界相比可能出现负压，从而通过出入口吸入外界空气，若车站建筑气密性不良，则可能引起进一步扩散。

（3）加强车站安检工作

1）增加安检设备

目前在地铁车站中进行的毒气袭击主要表现为在列车及站厅站台公共区投毒、布洒有毒化学危险品。应在地铁入口处设置安检探测设备，检查人员行李、包裹中是否隐藏危险品、违禁物品，当检测到人员携带管制刀具、易燃易爆品、有害生物制剂、有毒及放射性物品时，探测仪发出报警，避免有毒危险品进入车站，有效确保地铁及乘客安全。铁路、航空用于安检的设备有安全检查门、X射线安检设备、易燃易爆探测仪、液体检测仪、手提式探测器等。

2）增加安检处置、防护器材

在车站设置安检处置器材，如防爆罐等，由特种钢材制造的防爆罐具有抗爆能力，同时具有防毒、防生化功能。在安检工作中发现有毒物品时，应由工作人员带好防护器材，将危险品放置在罐内运送至安全地点销毁，从而使有毒物品产生的危险气体密封在罐内，不会对车站人员造成伤害。常见的防护器材有过滤式防毒面具、防毒口罩、防毒手套等。

3）加强重点区域巡查

车站工作人员要提高警惕，加强对墙角、垃圾桶等隐蔽部位的检查，发现可疑物品及时通知车控室，对相关区域进行隔离，设置隔离区，引导乘客远离该区域。

6.2 城市轨道交通地铁隧道结构爆炸响应与防护对策

地铁隧道作为城市轨道交通重要的组成部分，其在恐怖袭击中的防护显得尤为重要。隧道结构的爆炸响应研究是一个涉及爆炸力学、损伤力学、流体动力学、结构动力学、波动理论等多学科交叉、多场耦合的复杂课题。在实际工程中，常用的地铁隧道结构可分为两大类：一类是整体现浇钢筋混凝土结构；另一类是管片拼装结构。

6.2.1 地铁隧道爆炸响应研究方法

1. 足尺试验

足尺试验能够反映原型的真实结构尺寸特征，因此其结果最为可靠。足尺试验结果不仅可以揭示地铁隧道结构的真实爆炸响应及其机理，而且可为验证理论解和数值模型提供重要的数据支撑。然而，足尺试验具有成本高、周期长、可控性差、操作复杂、对专业技术要求高等缺点，因此基于足尺试验手段的地铁隧道结构爆炸响应研究十分稀少。

为研究中心装药和偏心装药 2 种工况下的地铁隧道结构的爆炸响应，ZHAO 等开展了 2 组足尺试验，地铁隧道结构爆炸响应足尺试验照片及示意图如图 6-1 所示。在该试验中，竖直埋入土体中的地铁隧道结构均由四环衬砌组成（总长 4.8m），每环衬砌包括 3 块 A 类管片、2 块 B 类管片、1 块 K 类管片。管片厚度为 0.4m，宽度为 1.2m，衬砌结构内径、外径分别为 5.5m、6.3m，最大装药质量为 20kg（TNT 当量），起爆采用中心点燃法，炸药中心与隧道结构内表面的最小距离为 0.8m。偏心装药工况中如图 6-1（d）所示，炸药位置根据地铁车厢几何特征的最不利条件确定。螺栓应变片贴在距炸药最近和最远位置处的管片接头螺栓表面，以测量螺栓的塑性变形。

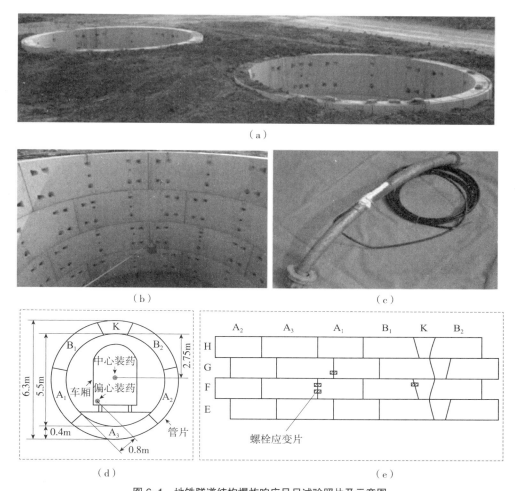

图 6-1 地铁隧道结构爆炸响应足尺试验照片及示意图
（a）场地布置；（b）炸药位置；（c）螺栓应变片；（d）内爆炸试验示意图；（e）应变片布置示意图

　　足尺试验结果表明：①在中心装药和偏心装药爆炸冲击波荷载作用下，隧道管片结构的破坏主要集中在离炸药最近的管片接头区域，炸药所在的衬砌环的破坏最严重。②在内爆炸冲击波荷载作用下，由于环向螺栓对管片外移的约束作用，应力集中现象发生于管片接头接触区。③管片主要发生径向扩张，而沿隧道轴线方向上的位移较小。④在偏心装药爆炸冲击波荷载作用下，隧道衬砌环的整体变形呈现椭圆形模式。基于上述试验结果，可以发现足尺试验方法考虑了地铁隧道结构的典型关键特征，如管片接头、管片错缝拼装方式、管片尺寸、炸药位置等，因此基本上能够揭示出地铁隧道结构在内爆炸冲击波荷载下的典型破坏模式机理。然而，该方法存在几点主要缺陷：①作用于管片外壁上的土压力量值及其分布无法真实反映。②没有考虑地铁车厢对爆炸冲击波传播与反射的影响效应。③竖直埋入土体中的地铁隧道结构的爆炸响应与实际工况存在一定差异。④有限长度下的边界效应对试验结果的影响无法消除。

2. 理论解析法

理论解析法是进行地铁隧道结构抗爆分析、爆炸损伤评估和防护设计的重要手段。然而，目前关于地铁隧道结构爆炸响应方面的理论解析法极少，这主要是由于：①管片接头对隧道结构爆炸响应的影响很难在理论解析法中模拟。②爆炸冲击波荷载的量值及加载速率极高，很难等效为静力荷载，且惯性力在瞬态分析中不可忽略。

LIU 等（2014 年）基于土—结构动力相互作用的集中质量模型，提出了一种地表爆炸荷载作用下地铁隧道结构动力弹塑性分析的简化计算方法。该方法将管片简化为刚体，将管片接头简化为塑性铰，将周围土体视为黏弹性地基。根据该方法，单块管片的平动、转动位移满足的微分方程的最终形式为：

$$m_i \frac{\mathrm{d}^2 x_i(t)}{\mathrm{d}t^2} = p_{xi}(t) - (F_{ki} + F_0)\sin\theta_{si} + (F_{ki+1} + F_0)\sin(\theta_{si} + \theta_{ci})$$
$$+ (f_i + Q_i)\cos\theta_{si} + (f_{i+1} + Q_{i+1})\cos(\theta_{si} + \theta_{ci}) \tag{6-1}$$

$$m_i \frac{\mathrm{d}^2 y_i(t)}{\mathrm{d}t^2} = p_{yi}(t) - (F_{ki} + F_0)\cos\theta_{si} + (F_{ki+1} + F_0)\cos(\theta_{si} + \theta_{ci})$$
$$+ (f_i + Q_i)\sin\theta_{si} + (f_{i+1} + Q_{i+1})\sin(\theta_{si} + \theta_{ci}) \tag{6-2}$$

$$I_i \frac{\mathrm{d}^2 \theta_i(t)}{\mathrm{d}t^2} = M_{pi}(t) - M_i + M_{i+1} - (F_{ki} + F_{ki+1})R_0 \tag{6-3}$$

以上 3 式中，$x_i(t)$、$y_i(t)$、$\theta_i(t)$ ——管片水平位移（m）、竖向位移（m）、转角（°）；

m_i ——管片质量（kg）；

t ——起爆后的任意时刻（s）；

$p_{xi}(t)$、$p_{yi}(t)$ ——传递至管片外表面的爆炸荷载在 x、y 方向的投影（N）；

$M_{pi}(t)$ ——合力矩（N·m）；

F_{ki}、F_{ki+1} ——为当前位置处和下一位置处纵向管片间的相互作用力（N）；

F_0 ——螺栓预加荷载（N）；

θ_{si} ——管片上某点相对于水平方向的夹角（°）；

θ_{ci} ——管片两端截面之间的夹角（°）；

f_i、f_{i+1} ——当前位置处和下一位置处管片表面的滑动摩擦力（N）；

Q_i、Q_{i+1} ——当前位置处和下一位置处管片与螺栓之间的作用力（N）；

M_i、M_{i+1} ——管片两端面上作用的弯矩（N·m）；

I_i ——管片的质量惯性矩（kg·m²）；

R_0 ——管片半径（m）。

　　该方法能够考虑爆炸冲击波荷载下管片与接头螺栓间、管片与周围岩土体间的相互作用，同时也能反映围岩等级及接头刚度对地铁隧道结构爆炸响应的影响效应。然而，由于该方法不考虑管片变形（即将管片简化为刚体），因此高估了爆炸冲击波荷载下管片的最大速度和接头的最大水平位移。此外，该方法仅适用于爆炸源位于地铁隧道轴线对应的地表位置处的工况，因此其实用性有限。HU 等（2018 年）提出了一种统计等效连续薄壳模型，用于预测轴对称内爆炸荷载作用下的地铁隧道结构的动力响应。在该模型中，土体的作用采用仅抗压的单向线弹性文克勒土弹簧和波阻抗模拟，爆炸荷载采用经典的简化模型描述，方程求解采用显式欧拉法。该模型能够考虑管片接头对隧道结构整体刚度的弱化效应，且可给出接头位置处的应力集中量和应变集中量。然而该方法仅适用于内爆炸荷载为轴对称的工况。此外，由于该方法忽略了接头螺栓惯性作用，因此其精度有待进一步验证。此外，上述两种理论解析法存在的最大的问题是没有考虑结构的失效。事实上，爆炸冲击荷载作用下隧道结构大多以失效破坏为主，较少数仅存在弹塑性变形。

3. 数值模拟

　　与足尺试验、理论解析法相比，数值模拟在地铁隧道结构爆炸响应研究中的应用更加广泛。数值模拟克服了足尺试验的成本高、危险性大的缺点，解决了理论解析法难以考虑的管片接头效应的模拟问题，且能够考虑炸药、空气、结构与土体之间的完全耦合效应。地铁隧道结构爆炸响应的数值模拟研究涉及的技术问题主要包括：爆炸冲击波荷载的模拟；管片接头效应的考虑与模拟；材料模型、状态方程及其参数的确定。

　　（1）爆炸冲击波荷载的模拟

　　常用的爆炸冲击波荷载的模拟方法主要包括：

　　1）采用作用在地铁隧道结构内表面上的超压时程曲线经验函数描述爆炸冲击波荷载（简称经验法）。

　　2）基于流固耦合算法模拟炸药爆炸过程及其产生的空气冲击波对隧道结构的作用效应（简称流固耦合法）。

　　3）使用 LOAD_BLAST 或 LOAD_SEG-MENT 关键字对地铁隧道结构内表面施加爆炸荷载（简称关键字法）。

　　经验法将爆炸荷载简化为一个随时间变化的节点力施加到地铁隧道结构上，可以大大节约计算资源。炸药起爆后，爆炸冲击波传播过程中会发生入射、透射、反射、绕射等现象，导致作用在结构表面的超压随时间呈振荡衰减趋势，如图 6-2（a）所示。李忠献等（2006 年）将超压时程曲线进一步简化，如图 6-2（b）所示，并基于此开展数值分析，得到的衬砌应力时程曲线与已有试验结果吻合较好。单生彪等（2016 年）采用的超压时程荷载函数曲线（图 6-3）仅有一个峰值，可用指数型的时间滞后函数表示，给数值计算带来了极大便利，但与呈振荡衰减趋势的超压时程曲线差别较大。然而，经验法无法真实反映超

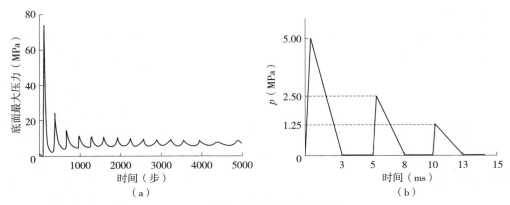

图 6-2　超压时程曲线及其简化模型
（a）超压时程曲线；（b）简化模型

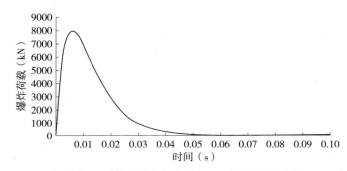

图 6-3　炸药爆炸后 0.1s 内的超压时程荷载函数曲线

压荷载在复杂结构表面上的空间分布特性及其随时间的变化规律，也无法考虑爆轰产物及碎片对结构的侵彻作用，其计算精度无法保证，因此仅适用于定性分析。

流固耦合法通过建立"炸药—空气—（土体）结构"耦合模型，将爆炸产生的冲击波超压荷载以接触爆炸、流固耦合、共用节点等方式施加到隧道结构上，可以较为准确地模拟炸药爆炸产生的冲击波在介质中的传播过程及其对结构物的作用效应。然而，该方法所需的计算单元数量巨大，计算成本很高，也无法考虑爆轰产物及碎片对结构的侵彻作用。因此该方法适用于研究冲击波绕流、反射等作用对结构影响较大的地铁结构内爆炸响应问题。

关键字法通过定义装药量、引爆位置、起爆方式、起爆时间、模型迎爆面等参数，模拟施加在结构上的爆炸荷载，因此不需建立炸药网格、空气网格，避免了繁琐复杂的 ALE 耦合分析和欧拉计算过程，因此大大提高了计算效率。但该法不能考虑应力波叠加和冲击波绕射对隧道结构爆炸响应的影响，也无法考虑爆轰产物及碎片对结构的侵彻作用，因此适用于结构、受力简单，且不考虑应力波叠加和冲击波绕射作用效果的计算问题。关键字法中的爆炸荷载 $P(t)$ 可表达为式（6-4）：

$$P(t) = P_{r0}(1 - \frac{t}{t_0})\exp(-a\frac{t}{t_0})\cos^2\theta + P_{s0}(1 - \frac{t}{t_0})\exp(-b\frac{t}{t_0})(1 + \cos^2\theta - 2\cos\theta) \qquad （6-4）$$

式中　P_{r0}、P_{s0}——反射、入射超压峰值（N）；

　　　　t——起爆后任意时刻（s）；

　　　　t_0——正压作用时间（s）；

　　　　a、b——反射、入射压力衰减系数，衰减系数根据经验取值；

　　　　θ——爆炸入射角（°）。

（2）管片接头效应的考虑与模拟

管片接头是影响地铁隧道结构爆炸响应的最重要的因素，也是使地铁隧道结构抗爆性能区别于整体现浇隧道结构抗爆性能的关键。因此，地铁隧道结构爆炸响应的研究应当着重考虑管片接头效应。然而，在一些地铁隧道结构爆炸响应的数值模拟研究中，隧道结构直接被简化为连续的圆筒状结构，不考虑接头效应如图 6-4（a）所示，或者管片之间采用面面固连接触，这种操作忽视了地铁隧道结构的典型特征，无法揭示地铁隧道结构在爆炸冲击波荷载作用下的破坏特征和灾变机制，因此其研究成果仅适用于整体现浇隧道结构。

管片接头效应的模拟方法主要包括：建立考虑管片与周围土体、管片与管片、管片与

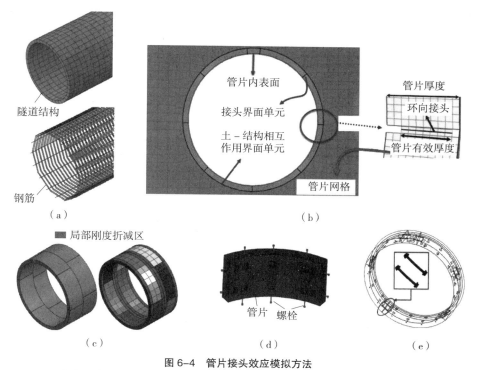

图 6-4　管片接头效应模拟方法

（a）不考虑接头效应；（b）界面单元模拟接头；（c）局部刚度折减模拟接头；
（d）精细化模型；（e）精细化模型

接头螺栓界面接触效应的精细化三维有限元模型，如图 6-4（d）所示；采用刚度折减后的钢筋混凝土结构模拟管片接头；采用剪切弹簧和非线性扭曲弹簧模拟管片接头纵向、环向螺栓，如图 6-4（c）所示；采用界面单元模拟管片接头的接触和转动行为，如图 6-4（b）所示。其中，考虑各种接触效应的精细化三维有限元模型尽管单元数量较多，计算成本较高，但能够反映出爆炸冲击波荷载下地铁隧道结构纵向接头的错台和环向接头的张开，且能够揭示管片接头螺栓的变形和破坏机理，因此其计算结果的精度更高，适用于重要工程的抗爆分析与优化设计。

（3）材料模型、状态方程及其参数确定

选择合适的材料模型、状态方程及其参数是保证数值模拟结果有效性的基础。地铁隧道结构爆炸响应数值模拟研究中涉及的材料主要包括炸药、空气、土体、管片衬砌结构（包含混凝土、钢筋及接头螺栓）。表 6-1 总结了 LS-DYNA 模拟地铁隧道爆炸响应时采用的本构模型及状态方程。

在 LS-DYNA 中，高爆炸药材料模型与 JWL 状态方程相结合，以模拟一定当量炸药爆炸释放化学能量并在周围介质中形成爆炸冲击波压力的过程。JWL 状态方程的 6 个参数可通往使程序模拟结果逼近圆筒试验结果得到。空气采用空材料模型描述，空材料模型与线性多项式状态方程联合以模拟炸药爆炸产物流动的空腔。土体常用 MAT_SOIL_AND_FOAM 模型模拟，该模型包含密度、弹性模量、泊松比、内摩擦角、黏聚力 5 个参数。模拟混凝土材料的 HJC 模型可综合考虑材料的高压效应、高应变率和大应变。随动硬化塑性模型可用于模拟混凝土和螺栓，当与 MAT_ADD_EROSION 关键字联合使用时，可反映接头螺栓的断裂破坏形态。Winfrith 模型基于 OT-TOSEN（1977）提出的剪切破坏面建立，通过嵌入裂缝宽度或断裂能，可以考虑应变率效应及拉伸应变软化。

LS-DYNA 模拟地铁隧道爆炸响应时采用的本构模型及状态方程   表 6-1

材料	模型或方程
炸药	MAT_HIGH_EXPLOSIVE_BURN 模型，JWL 方程
空气	MAT_NULL 模型，EOS_LINER_POLYNOMIAL 方程
土体	MAT_SOIL_AND_FOAM 模型
	MAT_DRUCKER_PRAGERR 模型
	MAT_FHWA_SOIL 模型
结构	MAT_PLASTIC_KINEMATIC 模型
	MAT_JOHNSON_HOLMGUIST_CONCRETE 模型
	MAT_WINFRITH_CONCRETE 模型
	MAT_CONCRETE_DAMAGE_Rel. Ⅲ
	FESUDO_TENSOR 模型

6.2.2　地铁隧道结构动力响应

1. 运动响应

（1）位移

爆炸冲击波荷载下地铁隧道结构的位移响应受多种因素影响，包括接头模拟方法、炸药位置、炸药当量、爆心距离等。基于刚度折减法，单生彪等（2016）采用 Midas/GTS 有限元软件研究了接头模拟方法对基于刚度折减法的爆炸冲击荷载下地铁隧道结构竖向位移和横向位移响应，如图 6-5 所示；其中"竖向""横向"以及后文涉及的"径向"与"轴向"的定义如图 6-6 所示。研究发现，竖向和横向位移均在起爆后 0.015s 时刻附近达到峰值，随后逐渐衰减，其原因主要为所施加的爆炸荷载在 0.01s 之前达到峰值，随后迅速衰减；刚度局部折减时的位移量值是刚度整体折减和不折减时的 2 倍以上。可见，管片接头的存在使地铁隧道结构的位移响应更大。

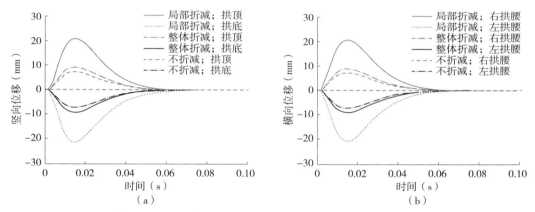

图 6-5　基于刚度折减法的爆炸冲击波荷载下地铁隧道结构竖向位移和横向位移响应
（a）竖向位移；（b）横向位移

爆心断面隧道衬砌结构径向位移峰值示意图如图 6-7 所示。在 20kgTNT 当量的爆炸物（距隧道衬砌底部 1.1m）偏心爆炸荷载作用下，盾构隧道结构在接头部位发生了错动，且其最大径向位移量是整体隧道结构的 2.79 倍。此外，盾构隧道管片环与环之间的错动随装药量增大与爆心断面距离减小而增大；随着与爆心断面距离的增大，盾构隧道底部的竖向位移峰值的衰减速度大于整体隧道结构，当与爆心断面的距离增大至 3 环管片宽度时，盾构隧道结构底部内表面的竖向位移峰值开始小于整体隧道结构。

炸药位置及当量对地铁隧道结构位移响应有显著影响。当炸药位于地表时，与侧爆角度为 30°、45° 的工况相比，侧爆角度为 15° 的工况对应的地铁隧道结构的横向位移最大，隧道结构的径向位移随着侧爆角度增大而迅速衰减。当炸药位于隧道内部时，距隧道衬砌

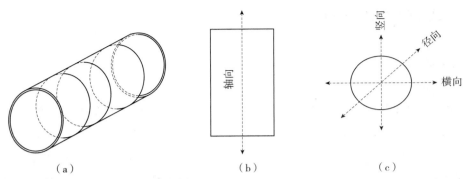

图 6-6　隧道运动响应分析中所涉及方向示意图
（a）隧道结构示意图；（b）俯视图；（c）横断面图

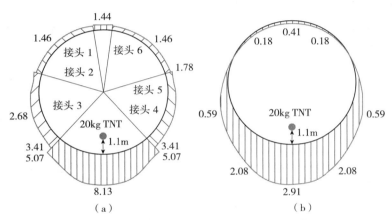

图 6-7　爆心断面隧道衬砌结构径向位移峰值示意图
（a）盾构隧道结构；（b）整体隧道结构

底部 1.1m 处的 10kgTNT 当量的炸药爆炸导致的结构最大竖向位移为 8.5 mm；然而，在田志敏等（2011）的研究中，距隧道衬砌底部 1.1m 处的 40kgTNT 当量的炸药爆炸导致的结构最大竖向位移仅为 5.1mm，这主要是由衬砌厚度不同造成的（前者为 0.30m，后者为 0.65m）。当炸药位置保持不变时（距结构底部 1.1m 处），爆炸当量由 40kg 增大至 220kg，则会导致最大竖向位移由 5.1mm 增大至 22.8mm。当爆炸当量保持为 220kg 时，炸药距离隧道结构底部 1.1m、0.5m、0m 处爆炸，导致的隧道结构底部最大位移分别为 22.8m、282m、333mm。可见，炸药与隧道结构底部的距离越小，爆炸导致的隧道结构的位移响应越明显，爆心断面隧道径向位移峰值示意图如图 6-8 所示。

（2）速度及加速度

爆炸冲击波荷载下地铁隧道结构的速度及加速度响应主要受接头模型、炸药当量、炸药位置三种因素的影响。接头模型对地铁隧道结构速度响应的影响如图 6-9 所示，当分别采用局部折减、整体折减模型时，隧道拱顶竖向速度峰值和右拱腰横向速度峰值分别均为

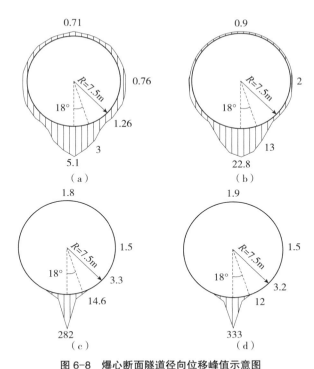

图 6-8　爆心断面隧道径向位移峰值示意图
（a）40kgTNT 在距结构底部 1.1m 处爆炸；（b）220kg 在距结构底部 1.1m 处爆炸；
（c）220kgTNT 在距结构底部 0.5m 处爆炸；（d）220kgTNT 接触爆炸

2.8m/s、1.2m/s，拱底竖向速度峰值和左拱腰横向速度峰值分别均为 −2.8m/s、−1.2m/s，而两拱腰处的竖向速度及拱顶、拱底处的横向速度均几乎为 0。当采用不折减接头模型时，右拱腰处、左拱腰处的横向速度峰值分别为 0.9m/s、−0.9m/s，而拱顶、拱底处的横向速度几乎为 0。可见，地铁隧道结构不同位置处的速度响应在空间上呈上下及左右对称模式，其内在机制为荷载及结构对称导致的速度响应对称。隧道结构的速度响应除了具有空间效应外，也具有时间效应，其具体表现为：在采用 3 种接头模型的工况中，随着爆炸时间的推进，隧道拱顶、拱底处的竖向速度及左拱腰、右拱腰处的横向速度均呈波峰逐渐衰减的波浪形演化；竖向及横向速度的第一个峰值均约发生于 0.005s 时刻，第二个峰值均约发生于 0.025s 时刻，随后逐渐衰减至 0；竖向及横向速度的第二个峰值约为其第一个峰值的 1/2，但方向是相反的，表明爆炸能量在隧道结构中的耗散速率较大。此外，采用不同接头模型时的隧道结构速度响应规律的对比表明，管片接头的存在使得爆炸冲击波荷载下地铁盾构隧道结构的速度响应大于整体式隧道，其主要原因是接头降低了隧道结构的整体性和刚度，从而更容易发生径向扩张变形。

　　炸药当量对地铁隧道结构速度响应的影响如图 6-10 所示，其中炸药位于地表，侧爆角度为 15°，隧道轴线埋深为 15m。由图 6-10 可见，随着炸药当量的增大，拱顶竖向速度及左

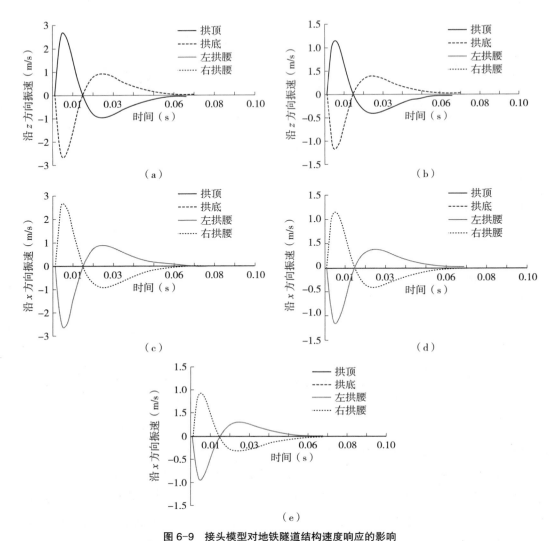

图 6-9　接头模型对地铁隧道结构速度响应的影响

（a）竖向速度（局部折减）；（b）竖向速度（整体折减）；（c）、（d）横向速度（整体折减）；（e）横向速度（不折减）

　　侧帮横向速度近似呈线性增加，且左侧帮横向速度的增速略大于拱顶竖向位移的增速；同一炸药当量下，左侧帮横向速度大于拱顶竖向速度。

　　炸药可能位于地表、地层内部或隧道内部，当炸药位置固定时，地铁隧道结构不同部位具有不同的速度和加速度响应。针对 10kgTNT 当量炸药在距隧道结构底部 1.1m 处爆炸时的工况，图 6-11 给出了爆心断面、距爆心 4m 处断面、距爆心 8m 处断面上，隧道结构分别沿着横向和竖向的最大速度和最大加速度。由图 6-11 可见，随着与爆心断面距离的增大，隧道结构横向和竖向的最大速度和最大加速度均不断减小。此外，炸药位置对隧道结构速度峰值出现的时间也有影响。例如，炸药位于隧道结构截面几何中心工况下结构竖向速度峰值出现的时间，晚于炸药位于行车道板中部上缘工况下结构竖向速度峰值出现的时间。

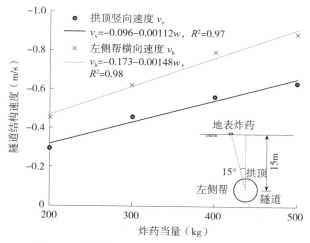

图 6-10   炸药当量对地铁隧道结构速度响应的影响

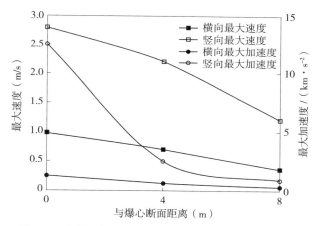

图 6-11   与爆心断面不同距离处隧道最大速度和最大加速度

2. 内力响应

在爆炸冲击波荷载作用下，地铁隧道结构的内力响应包括管片内力响应和接头螺栓内力响应两层含义。当采用局部折减法、整体折减法、不折减法模拟管片接头效应时，不同接头模型工况下起爆后 0.014s 的最大主应力云图如图 6-12 所示。由图 6-12 可见，局部折减时接头部位发生了明显的应力集中现象，且其最大主应力的量值大于整体折减和不折减时的最大主应力量值，表明地铁隧道结构接头部位是内力响应的薄弱部位，应重点关注；管片内壁上的最大主应力明显大于外壁上的最大主应力，这是由爆炸应力波向远处扩散过程中不断衰减造成的。

在 40kgTNT 当量炸药位于距隧道底部 1.1m 高处爆炸产生的冲击荷载作用下，地铁隧道结构接头螺栓的最大、最小主应力时程曲线如图 6-13 所示。可以看出，环向螺栓与纵向螺栓具有明显不同的受力状态。如图 6-13（a）所示，环向螺栓（8.8 级 M30）的最大、最小主应力为正值，表明其主要承受拉应力，其最大主应力在 0.0015s 时刻附近达到峰值

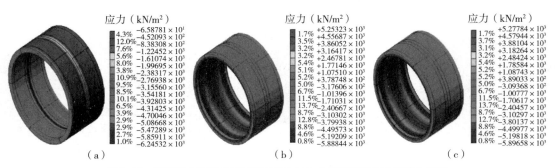

图 6-12　不同接头模型工况下起爆后 0.014s 时隧道结构最大主应力云图
(a) 局部折减；(b) 整体折减；(c) 不折减

700MPa，超过了抗拉极限强度，因此发生了断裂破坏而丧失抗拉能力，最大、最小主应力随后降为 0。如图 6-13（b）所示，纵向螺栓（8.8 级 M30）的最大主应力为正值，其峰值明显小于环向螺栓的最大主应力峰值，其最小主应力有正也有负，表明纵向螺栓既承受拉应力也承受压应力，但没发生断裂破坏。此外，螺栓的延性及强度也对地铁隧道结构的抗爆性能有重要影响。

图 6-13（c）与图 6-13（d）分别对比了 8.8 级、10.9 级、12.9 级环向螺栓的最大、最小主应力时程曲线。可见，8.8 级和 10.9 级螺栓均在 0.002s 前发生了拉断破坏，而 12.9 级螺栓未发生拉断破坏，表明接头螺栓的强度越高，盾构隧道的整体抗爆性能越强。此外，由图 6-13（d）可见，12.9 级螺栓的最小主应力既有正值也有负值，不同于 8.8 级螺栓的最小主应

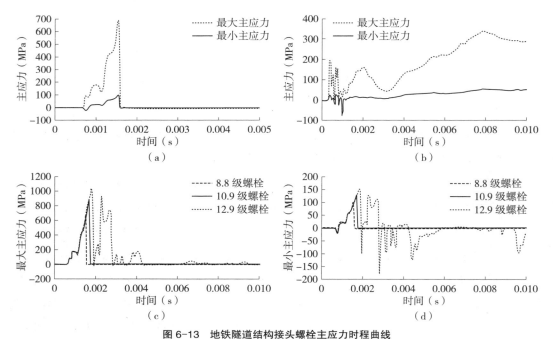

图 6-13　地铁隧道结构接头螺栓主应力时程曲线
(a) 环向螺栓（8.8 级 M30）；(b) 纵向螺栓（8.8 级 M30）；(c) 环向螺栓最大主应力；(d) 环向螺栓最小主应力

力仅为正值，如图 6-13（a）所示，表明环向螺栓的受力模式由 8.8 级的纯受拉状态转变为 12.9 级时的受拉受压组合状态。因此，提高螺栓强度也能改善环向螺栓的受力状态，从而降低发生拉断破坏的风险。

3. 破坏特征

爆炸冲击波荷载作用下，地铁隧道结构的破坏特征与管片力学参数、尺寸及拼装方式、爆炸当量、起爆位置、地层特性等多种因素相关。针对软土地层中采用通缝拼装方式的地铁区间隧道，邬玉斌（2011 年）采用有限元法分析了该隧道管片及其连接螺栓在不同质量 TNT 装药距隧道底部 1.1m 处爆炸时的破坏特征，如图 6-14 所示。当 TNT 装药量为 20kg 时，爆炸近区的隧道结构发生环缝开裂、纵缝错台的破坏特征，如图 6-14（a）所示，该特征表明管片接头是地铁隧道结构受到爆炸冲击波荷载作用时的最薄弱部位，其典型的破坏特征为环向接头张开、纵向接头错动。管片纵向接头错动量随装药量增加而逐渐增大，当装药量增大到一定程度之后（例如 220kg），位于隧道顶部的封顶块因管片纵向接头错动量过大可能会脱离于其他管片，如图 6-14（b）所示，从而可能造成严重的坍塌现象。爆炸冲击波荷载作用下，管片接头的张开或错动受到连接螺栓的限制作用，因此连接螺栓也会发生变形甚至破坏。当 TNT 装药量为 40kg 时，如图 6-14（c）所示，管片环向接头的张开导致环向螺栓发生拉断，管片纵向接头的错动导致纵向螺栓发生弯曲变形。当 TNT 装药量增大至 220kg 时，纵向螺栓因管片纵向接头的错动量过大而同样发生拉断破坏，如图 6-14（d）所示，导致隧道管片封顶块发生脱落。

6.2.3 地铁隧道恐怖爆炸防护对策

城市地铁隧道一旦遭遇恐怖爆炸袭击，极易造成大量人员伤亡与经济损失，且会伴随恶劣的社会影响。因此，有必要针对地铁隧道恐怖爆炸袭击采取有效的防护对策，以避免或减轻地铁隧道恐怖爆炸袭击带来的损失和伤亡。城市地铁隧道内恐怖爆炸的防护主要包含两个层面的涵义：一是采用措施降低地铁隧道内恐怖爆炸事故的发生概率，其

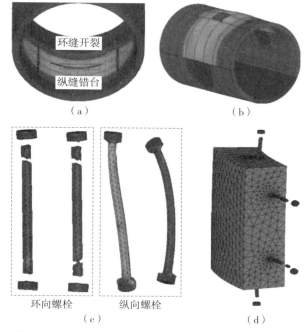

图 6-14　内爆炸作用下地铁隧道管片及其连接螺栓破坏特征
（a）管片（20kgTNT）；（b）管片（220kgTNT）；
（c）螺栓（40kgTNT）；（d）螺栓（220kgTNT）

目的是防止事故的发生；二是采取措施降低地铁隧道内恐怖爆炸事故的危害，其目的是降低已发爆炸事故的危害水平。下面从上述两个层面简要论述地铁隧道恐怖爆炸防护对策。

1. 降低恐怖爆炸事故发生概率的对策

防范恐怖主义和恐怖活动是每个公民的责任与义务。针对如何降低城市地铁隧道内恐怖爆炸袭击发生概率的问题，目前的主要对策包括以下几个方面：

（1）面向社会定期开展反恐怖系列宣传教育活动，在广大人民群众中逐步形成自觉识别并抵制恐怖主义思想、积极配合有关部门反恐工作、踊跃举报涉恐可疑线索的社会风气。

（2）严格执行爆炸危险品的安全监督管理制度，密切监控氯酸钾、硝化甘油、硝酸盐类物质等民用炸药原材料的市场流通。

（3）切实执行严密的地铁入口安检举措，保证充足的安检力量，不断提高安检人员、地铁运行管理人员的反恐素养及对可疑人员的辨识能力。

（4）在地铁车站和隧道内关键部位配备用于探测爆炸物、阻爆、排爆的先进反恐装备和仪器，并持续改进已有技术与设备，研发新技术、新设备。目前主要的爆炸物品检测方法有体探测技术和痕量探测技术两大类，其中体探测技术主要针对大量可观的危险物品，通常是对其外观整体进行探测。常见的体探测技术包括：金属探测器法、X射线探测技术、中子探测技术、毫米波探测技术和太赫兹探测技术。痕量探测技术侧重于检测爆炸物品留下的微量痕迹或残留物，适用于对隐蔽爆炸物的检测。常见的痕量探测技术包括：离子迁移谱法和嗅探器式气味识别安全检查系统。

2. 降低恐怖爆炸事故危害的对策

地铁隧道内发生恐怖爆炸事故所造成的危害主要体现在人员伤亡、隧道结构毁伤两个方面。因此，如何降低恐怖爆炸事故危害可从上述两个方面进行考虑。

恐怖爆炸袭击造成的人员伤亡事故等级与地铁管理服务人员应对事故能力、地铁乘客应急技能、应急救援力量等因素有关。为减轻人员伤亡，地铁管理服务人员应具备突出的应急疏通能力，其能力保障措施主要包括：

（1）进一步提高应急疏通能力指标在地铁管理服务人员选拔、考核过程中的重要地位。

（2）地铁管理服务人员应适时进行应急响应训练。

（3）针对爆炸事故，地铁管理服务人员可积极开展应急教育宣传（如在出入口张贴宣传告示）。

地铁乘客应积极参与演练，掌握必要的应急技能，这对于保障自身安全，减轻人员伤亡具有重要意义。此外，由公安、消防、医护及社会救援力量组成的应急救援体系的迅速响应，对于阻断爆炸事故的恶化、减轻受伤人员二次伤害具有重要作用。

恐怖爆炸冲击波荷载作用下隧道结构的毁伤效应直接受其抗爆能力控制。若地铁隧道结构抗爆能力不足，则无法承受恐怖爆炸冲击波效应，轻则造成结构碎片飞散伤人，重则造成隧道顶部坍塌，带来严重经济损失与人员伤亡。提高地铁隧道结构抗爆能力的首要措施就是进行抗爆设计与抗爆加固设计。目前，我国新建地铁隧道的抗爆设计与实践，以及已建地铁隧道的抗爆加固设计与实践仍处于初步发展探索阶段。

　　地铁隧道结构抗爆设计及抗爆加固设计可借鉴已经发展较为成熟的地上钢筋混凝土结构（建筑物）抗爆加固设计方法及研究成果，在结构材料、结构延性、结构受力特性、结构形式等的确定及选择方面应综合考虑抗爆性能与经济性的平衡。目前，地铁隧道结构抗爆防护的措施和方法主要包括：

　　（1）在地铁隧道结构内壁贴装聚苯乙烯土工泡沫、发泡水泥基材料、泡沫铝、聚氨酯泡沫材料、玻璃钢蜂窝复合材料等具有良好抗爆吸能特性的新材料保护层，其防护原理为采用吸能材料吸收爆炸释放的能量，从而削弱爆炸冲击作用。

　　（2）在地铁隧道结构内壁安装复合钢板，其防护原理为利用复合钢板出色的拉伸变形性能吸收爆炸释放的能量，从而提高隧道结构抗爆性能。

　　（3）采用配套用胶将凯夫拉（Kevlar）、玻璃纤维、碳纤维等高强度织物粘贴于地铁隧道结构表面，其防护原理为在不增加构件自重及体积的情况下有效封闭混凝土裂缝，并利用其优异的抗疲劳及减振性能提高隧道结构抗爆性能。

　　（4）采用特制的建筑结构胶将钢板粘贴于地铁隧道结构表面，其防护原理为在不增大构件截面尺寸的情况下提高构件承载力、刚度及延性。

　　（5）上述不同方法的组合使用。

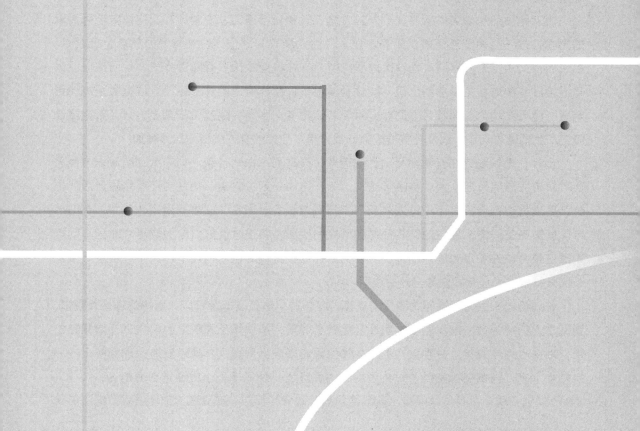

第 7 章

隧道结构运营监测与
安全评估

7.1　隧道结构健康监测概述

7.1.1　隧道运营概况与安全威胁

截至目前，我国城市轨道交通运营规模居世界首位，地下线路是城市轨道交通的最主要敷设形式。经过 50 多年的发展，我国轨道交通隧道结构建设已由单一的明挖法发展到现在的明挖法、盖挖法、矿山法、盾构法并存，并已初步形成了专业技术体系。其中，盾构法隧道由于全机械作业、快速、安全、不受地形和地貌限制、对环境影响小等诸多优点，在近年来的地铁建设大潮中得到广泛应用，已成为地下轨道交通的主要结构形式，本章的阐述也将围绕轨道交通盾构法隧道展开。

既有地铁盾构隧道结构将受到新建（构）筑物近接施工、车辆振动、弥散电流等因素的影响，越江线路隧道还将受到高水压、侵蚀介质等长期作用，结构受力状态十分复杂。由于城市交通走廊的限制，地铁区间盾构隧道往往只能采用重叠隧道方式，从而造成了大量近接既有隧道施工情况的出现，在这种情况下，新建隧道的施工顺序、位置关系等均影响既有隧道结构的受力状态。同时，对于新建隧道，当既有隧道位于其上方时，新建隧道施工产生的围岩扰动，以及开挖造成的卸载作用，会使既有隧道结构内力增加。

此外，地铁隧道在运营期受到的动荷载主要是列车振动荷载。列车振动荷载一方面将通过轨道、隧底传至地铁盾构隧道结构；另一方面将通过轨道、隧底传至盾构隧道后，再传至隧道周边围岩，进而通过围岩反作用于隧道结构。通常，联络横通道、竖井、车站等与区间隧道空间交叉部位的结构形态和刚度的改变，将使这类部位成为隧道中对列车动荷载反应最为敏感和最为脆弱的部位。在列车连续振源循环振动荷载的作用下，极易导致这类交叉结构出现疲劳损伤甚至开裂破坏。

伴随近年来大量地铁盾构隧道的建设，在制造、施工及运营阶段，盾构隧道管片裂缝、渗漏水、钢筋锈蚀，以及混凝土腐蚀老化甚至剥落、掉块等不同程度的病害也开始频繁出现，地铁盾构隧道管片衬砌结构的耐久性问题越来越受到重视。地铁隧道衬砌混凝土外侧接触地下水，内侧接触空气，是典型的腐蚀性环境。外侧地下水中通常含有的 SO_4^{2-}、K^+、Na^+ 等侵蚀介质，极易导致混凝土硫酸盐腐蚀和碱骨料反应。在隧道内部地铁弥散电流影响下，钢筋会发生锈蚀膨胀，将导致钢筋混凝土性能退化，严重影响盾构隧道管片衬砌混凝土的长期安全。同时，在正常列车运营和通风条件下，隧道内侧一氧化碳（CO）浓度易使混凝土发生碳化导致钢筋锈蚀，钢筋的锈蚀将进一步扩展疲劳裂纹，使得隧道衬砌结构的耐久性下降。

综上所述，对运营轨道交通隧道结构开展健康监测，及时掌握其性能变化是十分必要的。

7.1.2　隧道结构健康监测与发展

结构健康监测（Structural Health Monitoring，简称 SHM）是指通过先进传感技术监测结构在环境或人为激励下的结构响应（如应变、加速度等），结合先进的信号信息处理技术，进行结构特征参数和损伤状况的识别与结构性能的评估乃至未来服役周期内的性能预测，从而保障结构安全与实现结构预防性管养的技术。一般来说，结构健康监测系统包括数据采集、数据传输与存储、结构状态参数与损伤识别，以及结构性能评估子系统等几部分。结构健康监测系统构成如图 7-1 所示。数据采集子系统是结构健康监测系统的基础部分，包含各类传感器及采集设备，以采集结构的状态和响应数据。测试数据通过传输系统传输并存储到数据库。随后利用监测数据对结构进行分析和反演，基于结构分析和识别结果评价结构的性能，为结构的日常维护与管理决策提供依据。在整个结构健康监测系统中，数据采集子系统提供结构健康所需要的数据基础，是整个系统的硬件支撑。而数据分析和反演系统是整个系统的"核心"，对所收集的错综复杂信息进行梳理和分析，并结合结构自身特征及各种结构识别理论建立对应的数据分析方法，对结构的健康状况进行分析和评价。结构的性能评估部分直接关联监测数据和工程应用，通过监测数据的分析与结构信息的反演达到结构的安全性能评估目的，为结构的管养和维护提供建议。

结构健康监测的概念从 20 世纪 30 年代起被广泛研究，起始于机械工程领域的研究与应用，在 20 世纪 70 年代末，结构健康监测技术开始被引入土木工程领域并得到了发展，直到 20 世纪 90 年代，结构健康监测技术在国外首次被引入隧道工程。目前国内在隧道结构健康监测系统方面的研发和应用研究仍较少，2005 年西南交通大学何川教授首次提到了隧道结构健康监测（Tunnel Structural Health Monitoring System，简称 TSHMS）的理念。TSHMS 的基本原理为结合隧道区域的水文地质条件、施工质量等因素，实现对整个区域健康状况的掌控，进而提出最优化的维修加固措施。近年来，国内外开展了复杂地质隧道结构安全监测无线数据采集系统研究、基于 WebGIS 的隧道施工安全监测系统的研究、软土隧道施工的自动监测数据动态分析与安全状态评估方法的研究，以及隧道施工与安全智能管理系统应用研究等隧道及地下工程施工监测信息系统研究，涉及的隧道及地下工程施工监测系

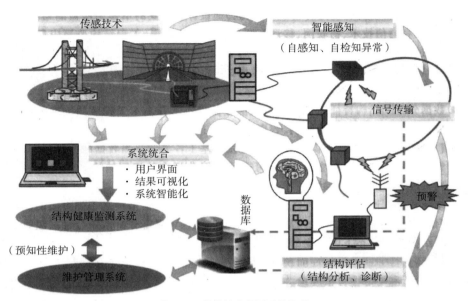

图 7-1　结构健康监测系统构成

统能够进行数据采集、存储、显示，以及无线传输，实现全方位监控及全天候预警报警、定时决策分析等功能，但都存在一定的缺陷，功能不够全面，未形成一套集现场数据采集及分析处理、远程监控于一体的信息系统，未形成施工与运营期相结合的全生命周期监测体系。

　　21 世纪以来，随着物联网、大数据、云计算和人工智能等新技术的出现，"空、天、地"的一体化信息网络的网络监测架构得到快速发展和应用，基于监测信息的各种系统识别方法、损伤识别方法、性能评估方法和预测预警方法也不断突破，这些技术的发展互相促进、互相支撑，整体推动了结构健康监测技术的进步。

7.2　隧道结构监测传感技术

7.2.1　隧道结构监测内容

　　对城市轨道交通隧道结构开展监测目的是及时发现结构安全隐患，从而采取措施防止工程事故的发生。按本书 7.1.1 节分析，轨道交通隧道结构运营中面临安全威胁主要可分为：①外部施工等不利荷载作用使结构内力增加、变形增大。②列车振动荷载下结构形态与刚度改变。③运营时间增长使结构耐久性下降。上述因素使盾构隧道结构产生如下响应：

①结构纵向沉降。②结构横截面收敛变形。③结构渗漏水。④纵缝张开。⑤环缝错台。⑥管片混凝土开裂、破损，钢筋屈服。⑦接头混凝土破损、连接件屈服等。盾构隧道结构监测也宜围绕上述内容开展。

根据轨道交通结构监测规范《城市轨道交通设施运营监测技术规范 第 3 部分：隧道》GB/T 39559.3—2020，隧道监测分为常规监测与特殊监测，前者是为全面掌握运营隧道结构的变化情况，在隧道使用的全生命周期内开展的隧道结构变形监测工作；后者是为掌握隧道结构病害段及隧道结构受保护区工程影响段的变化情况，在一定周期内开展的隧道结构变形监测工作。

隧道结构常规监测项目应综合考虑隧道结构特点、地质条件、周边环境条件等因素确定，如表 7-1 所示。

隧道结构常规监测项目

表 7-1

监测对象	监测项目	监测类别
隧道主体结构	竖向位移	应测
	水平位移	宜测
	净空收敛	应测
	接缝变形	宜测
	管节接头剪力键三向位移	应测
联络通道、风井、泵站和迁回风道等附属结构	竖向位移	应测
	净空收敛	宜测

因隧道结构病害及不良地质条件等因素开展的特殊监测，监测项目如表 7-2 所示。

隧道结构特殊监测项目

表 7-2

监测对象	监测项目	监测类别
隧道主体结构	竖向位移	应测
	水平位移	宜测
	净空收敛	应测
	裂缝宽度	应测
	应力	可测
	接缝变形	宜测
	管节接头剪力键三向位移	应测
联络通道、风井、泵站和迁回风道等附属结构	竖向位移	应测
	净空收敛	宜测
	裂缝宽度	应测

受保护区工程施工影响开展的特殊监测，监测项目的确定还应符合《城市轨道交通结构安全保护技术规范》CJJ/T 202—2013 的有关要求。除上述量化指标，还应对隧道表观病害情况进行日常检查，隧道结构特殊监测项目如表 7-3 所示。

隧道结构特殊监测项目（受保护区工程施工影响）　　　　表 7-3

监测对象		监测内容
隧道主体结构	管片	裂缝、压溃等破损情况
		剥落剥离、掉块情况
		起毛、疏松、起鼓等劣化情况
		渗漏水情况
		螺栓和钢管片锈蚀情况
		螺栓孔、注浆孔、钢隔腔填塞物脱落情况
	接缝	错台情况
		压溃情况
		渗漏水情况
		止水条脱落情况
	隧底结构	裂缝情况
		翻浆冒泥情况
		脱空情况
		错台情况
		渗漏水情况
		沉降、隆起情况
附属设施	联络通道	裂缝情况
		渗漏水情况
		压溃、起鼓情况
	中隔墙、烟道板	裂缝情况
		掉块情况
	防火门、防烟门、人防门、疏散平台	开裂情况
		掉块情况
		松动、脱落情况
	排水设施	损坏情况
		堵塞情况

7.2.2　隧道结构监测技术与装备

按实施方法不同，《城市轨道交通设施运营监测技术规范　第 3 部分：隧道》GB/T 39559.3—2020 将监测方法划分为人工监测方法与自动化监测方法两种，如表 7-4 所示。

隧道结构监测方法 表 7-4

人工监测方法		
监测项目	监测仪器	监测方法
竖向位移	水准仪	几何水准测量
	静力水准仪	静力水准测量
	全站仪	电磁波测距三角高程测量
水平位移	全站仪	左边测量、小角法、视准线法、交会法
	激光准直仪	测读法
净空收敛	收敛仪	测读法
	全站仪	极坐标法
	激光测距仪	测读法
	激光扫描仪	激光扫描法
裂缝宽度	读数显微镜	测读法
	塞尺	测读法
	无损综合检测系统（成像设备）	影像解析法
接缝变形	游标卡尺	测读法
	测缝计	测读法
自动化监测方法		
监测项目	监测仪器	监测方法
竖向位移	静力水准仪	
	全自动全站仪	
	电子水平尺	
水平位移	全自动全站仪	
净空收敛	红外激光仪	
	全自动全站仪	自动化监测系统
	位移计	
	集成综合自动扫描设备	
倾斜	倾斜仪	
	倾角仪	
裂缝宽度	测缝计	
	综合检测系统（成像设备）	
接缝变形	测缝计	
爆破振动	爆破振动仪	

上述方法对现阶段轨道交通隧道结构监测可起到指导作用。值得注意的是，上述规范纳入了集成综合自动扫描设备作为测量结构净空收敛的工具。实际上，除能根据测距结果推算距离外，集成综合自动扫描设备往往还能获取目标点的色彩、反光度等信息，从而可

以在提取结构轮廓的同时，识别渗漏水、结构开裂、混凝土剥落等表观病害信息。目前集成综合自动扫描设备应用最多的巡检技术包括激光扫描与摄影摄像。

1. 激光扫描技术

激光扫描技术主要通过对目标结构发射激光束，通过回收反射的激光束解算点位的方位与距离、色彩等信息；进而，通过收集多个点位，用点云近似再现原结构的轮廓信息。隧道结构激光扫描效果如图 7-2 所示。目前，激光测距采用的方法主要有脉冲法、干涉法、相位差法和激光三角测量法。脉冲法测距通过向目标点位发射一束激光脉冲，基于发射与回波脉冲的时间差推算测站到目标点的距离；干涉法测距则向目标点发射两束频率有微小差值的光波，两束光波由于干涉会产生光拍，基于光拍的频率解算测站到目标点的距离；相位差法测距则通过测量发射与返回光束的相位差值，基于发射激光的波长来推算距离；激光三角测量法主要利用光线传播规律和三角形相似原理，根据几何关系推算距离。从精度上看，干涉法测距的精度最高，但不适用于隧道三维扫描建模；三角测量法精度次之，适用于一些精密测量；相位差法和脉冲法的精度较低。

通过分析点云坐标数据可以得到的变形情况有断面收敛、椭圆度、转角、错台、沉降等。提取这些隧道变形信息需要首先通过算法解算出隧道各环断面轮廓线，再根据轮廓线由几何关系对各项指标进行计算。具体地，在提取轮廓线的过程中，首先，进行数据配准与降噪处理，剔除非隧道轮廓断面的点云，并将检测数据拼接到同一坐标系下；然后，进行隧道中轴线的拟合与确定；接着，根据中轴线方位与坐标对点云进行切片处理，得到每个断面的点云切片；最后，由点云切片采用适当算法进行曲线拟合，得到隧道断面轮廓线。

除了结构变形外，隧道表观病害同样是三维激光扫描巡检重点关注的指标。常见的隧道表观病害包括渗漏水、结构开裂、混凝土剥落等。针对此领域，传统巡检方法以人工检测、目视判断为主，效率低下，且容易产生遗漏。借助机器视觉等技术，可以对图像信息

图 7-2　隧道结构激光扫描效果

进行快速分析，以高效率、高精度识别出隧道渗漏、开裂等病害。当前已经具备多种机器视觉算法，包括传统数值算法与基于神经网络的人工智能算法。

2. 数字摄影技术

数字摄影技术同样是获取隧道状态的重要技术手段。摄影相机主要依据的原理是光信号到电信号的转变，其使用的设备按照电路器件不同可以分为 CCD 相机和 CMOS 图像传感器，其中隧道检测主要使用的设备是 CCD 相机。CCD 相机是一种将光强度转化为电荷点位信息，从而实现光信号向数字信号转变的设备，按照扫描方式可以分为线扫描与面扫描。目前在隧道工程领域，CCD 相机及其对应的机器视觉技术主要用于对隧道表观病害的检测与识别。基于 CCD 相机，一些学者开展了对隧道表观病害检测的研究。早在 2007年，韩国汉阳大学就自主研发了集成 CCD 相机的隧道巡检设备，并提出相应的裂缝识别算法。瑞士 Amberg 公司的 GRP5000 巡检设备同样集成了 CCD 相机用于识别裂缝，其识别精度可以达到 0.3mm。在国内，同济大学自主研发的 MTI-100 检测系统集成多个线阵CCD 相机，巡检速度达到 5km/h，裂缝识别精度达到 0.3mm，同时可以进行剥落、渗漏的判别。

3. 光纤传感技术

光纤传感技术，起源于 20 世纪 70 年代，随着光纤通信技术的发展而迅速崛起。这种技术利用光波作为载体和光纤作为媒介，用于感知和传输外部测量信号。目前，光纤传感技术的应用已经扩展到隧道工程等领域，其发展在国内外均受到广泛关注。研究热点主要集中在光纤布拉格光栅（FBG）传感技术和分布式光纤传感系统两方面。

FBG 型光纤传感器在经历了原理研究和实验论证的竞争阶段之后，研究重点转向如何实现高精度应用，改进解调和复用技术，以及降低成本等问题的研究。尽管分立式 FBG 传感器在多个领域得到了广泛应用，但在极端工作环境下，其可靠性不足，特别是 FBG 本身和熔接组网的稳定性存在问题。此外，由于 FBG 类型众多，适用场景广泛，目前缺乏统一的工业标准，这限制了其进一步的发展。

光栅阵列传感技术，作为新一代的光纤光栅传感技术，有效融合了分立式 FBG 传感器和分布式光纤传感技术的优势。其被视为构建大容量、高精度、高密度、长距离，且高可靠性光纤传感网络的有效手段。

在长线型结构的隧道中，传统的电类传感器有许多缺点：信号传输的距离较远，对信号线的屏蔽要求较高；系统结构和布线都比较复杂，不同的参数需要用不同的处理单元；体积较大，难以埋入到结构中；在潮湿的环境下可靠性较差等。

光纤光栅传感器在隧道结构健康监测方面的优势十分明显：信号传输距离远，不需要考虑电磁屏蔽；只需要使用少量信号处理单元，就可以把几千米范围内的大量参数都采集到，系统布线较为简单；体积小，可以很轻松地埋入到混凝土和钢筋中；耐腐蚀性能好。

目前光纤光栅传感器已经应用于隧道的健康监测领域，其可以对结构应力、温度、位移、土压、渗压等参数进行测量。随着光纤光栅传感器性能的不断提高，其在隧道结构健康监测领域将得到越来越广泛的应用。

7.2.3　隧道监测设备选型与布设

在满足《城市轨道交通设施运营监测技术规范　第 3 部分：隧道》GB/T 39559.3—2020 中对常规监测和特殊监测点位布设要求的基础上，测点还应根据结构内力分布特征，在结构内力较大的位置及不利受力位置重点布置测点，且选取量程适宜、精度较高的测试元件、采集设备以满足测试数据范围与精度的要求。下面，以光纤传感技术为例，给出盾构隧道中应用光纤传感的技术案例。

1. 横截面钢筋应变监测

主筋应变拟采用光纤传感器进行测量，分布式光纤传感器通过镶嵌或贴附在被测物体表面，随着被测物体应力变形和温度变化而变化。当分布式光纤传感器安装完毕后，将脉冲光注入光纤，当光信号在光纤内部（图 7-3）传导时，分布式光纤传感器能根据被测物体应力变形及温度变化在光纤内部产生散射光，光纤将散射光传导回发射端进行分析，该装置将反射光以光纤频移变化量（布里渊频移）来表征。频移变化量大小会反映结构内部的应力变形和温度变化。该系统仅仅用单根光纤就能胜任，光纤上的每个地方都可以作为传感器使用，因此，单根光纤就可以起到许多离散传感器共同工作的效果。

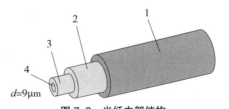

图 7-3　光纤内部结构
1—护套；2—涂覆层；3—包层；4—纤芯

布里渊频移的实质是入射光子与介质声子之间相互作用所产生的非弹性散射。当光纤内的应变与温度发生改变时，光纤本身折射率等介质特性也会随之发生改变，促使布里渊散射光强和布里渊频移发生改变。基于受激布里渊散射的 BOTDR 传感技术便是通过温度及应变对布里渊散射谱的调制关系来实现测量。

管片钢筋应变监测选用 0.9mm 高传递紧包护套分布式应变传感光缆（以下简称紧包光缆），紧包光缆通过 HY 料等高包裹性材料封装保护，不仅强度和表面摩擦阻力得到了提高，

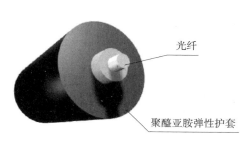

性能特点及技术参数		
参数类型	参数值	
光纤类型	SMG.652b	
光缆类型	HY	聚醯亚胺弹性护套
纤芯数量	1	1
光缆直径（mm）	0.9~1.5	2.0~4.0
光缆重量（kg/km）	1.5	2

图 7-4 　高传递紧包护套应变感测光缆

方便刻槽植入，而且具有优良的防腐、绝缘、耐低温性能，适用于钢筋应变监测，高传递紧包护套应变感测光缆如图 7-4 所示。

　　首先，按照敷设方案（图 7-5）沿钢筋凸起竖条切割出敷设光缆所需凹槽，凹槽尺寸小于 1.5mm×1.5mm。然后，再将打磨后的钢筋弯曲至设计弧度，弯曲时应注意凹槽应位于钢筋一侧偏外位置，便于敷设光缆。接着，将凹槽打磨去除钢渣，将 0.9mm 紧包光缆布设于凹槽，并使用紫外线固化胶进行初步固定、预拉。最后，将钢筋两端光缆采用 5mm 空管引

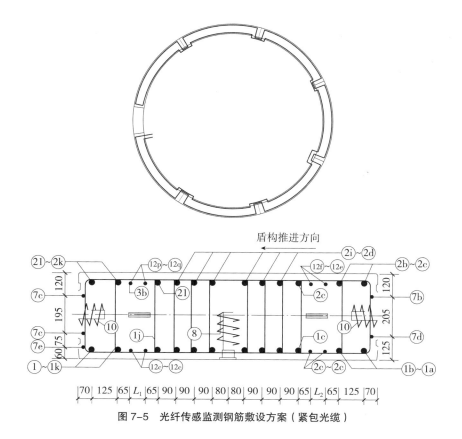

图 7-5 　光纤传感监测钢筋敷设方案（紧包光缆）

图 7-6　光纤传感器的敷设施工与保护（紧包光缆）

至管片内侧，使用钢丝喉箍固定 5mm 空管，并使用环氧树脂胶对光缆全长永久固定、保护，施工与保护如图 7-6 所示。

2. 横截面混凝土应变监测

管片混凝土表面应变监测选用玻璃纤维复合基分布式应变传感光缆（以下简称玻璃纤维复合基光缆），该光缆的附着母体为玻璃纤维布及芳纶布等材质的织物条带，通过缝合或编织方式与复合织物附着成一体。该光缆具有一定的宽度，可以获得更多的接触面积以提升耦合性和变形传递性，易于混凝土表面粘合，同时具有重量轻、质软，布设简单，且不易脱落等优点，使传感器工作更加可靠，光缆上下全部采用高强度的工程织布保护，提高了传感光纤的成活率，玻璃纤维的弹性模量与混凝土相当，可随同混凝土管体协同变形，玻璃纤维复合基光缆如图 7-7 所示。

玻璃纤维复合基光缆安装时，首先，将设计线路上的结构体表面打磨平整，并清理干净。然后，在结构体表面喷涂一层快干胶，粘贴光缆，采用滚轮按压密实光缆，接缝处应注意预留冗余量，避免接缝变形过大拉断光缆。最后，在光缆表面涂刷一层碳纤维浸渍胶，待碳纤维浸渍胶固化 24h 左右，即可牢固地固定在结构体表面并和结构体实现良好的耦合。光纤传感监测混凝土敷设方案及敷设施工与保护分别如图 7-8、图 7-9 所示。

光纤类型	SMG.652b
纤芯数量	2
光缆直径（mm）	0.9~1.5
织物宽度（mm）	5
长度（m）	定制

图 7-7　玻璃纤维复合基光缆

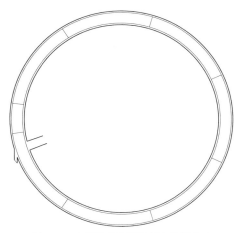

图 7-8　光纤传感监测混凝土敷设方案
（玻璃纤维复合基光缆）

图 7-9　光纤传感敷设施工与保护
（玻璃纤维复合基光缆）

3. 隧道纵向沉降监测

使用分布式光纤传感器监测环间纵向不均匀沉降导致的环间竖向位移，对运营期隧道沿线管片全长敷设，监测其变形大小。目前针对隧道结构已有的基于分布式光纤传感器布设方法采用 Z 形布设（图 7-10），其假定管片仅发生管壁水平面变形，考虑利用三角原理对分布式光纤测量应变进行解耦，光纤应变感测光缆（3mm 紧包应变感测光缆）沿隧道走向侧壁呈 Z 形布设安装，至尾部返回，沿隧道走向侧壁呈 Z 形或 "一" 字形布设，返回部分作为分布式温补光缆，利用回路布设达到温度自补偿。菱形布设在原有 Z 形布设基础上，对称轴向加设反向 Z 形，形成菱形布设（图 7-11）：光纤应变感测光缆（3mm 紧包应变感测光缆）沿隧道走向侧壁呈 Z 形布设安装，至尾部返回，沿隧道走向侧壁在下侧呈 Z 形布设返回，返回部分仍作为应变光缆。

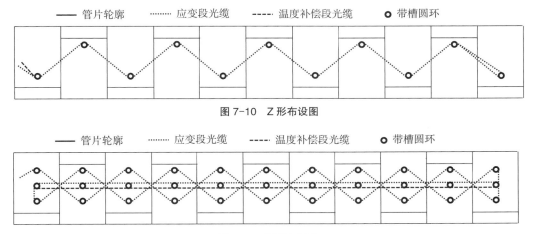

图 7-10　Z 形布设图

图 7-11　菱形布设图

7.3　隧道结构安全评估理论与方法

　　破坏模式是城市轨道交通隧道结构安全评估理论的核心，本节首先由足尺模型试验获得的盾构隧道结构破坏模式讲起，分析隧道结构安全评估理论的要点及应用。

7.3.1　隧道结构破坏模式

　　1. 试验概况

　　足尺试验具有试验结构真实、试验过程清晰等优势，是研究盾构隧道衬砌结构受力性能有效的方法。本节针对国内轨道交通盾构隧道典型的直螺栓接头衬砌结构、弯螺栓接头衬砌结构、快速接头衬砌结构（图 7-12~ 图 7-14）共展示了三组整环足尺试验的结果。基于足尺试验结果，分别对比分析通、错缝拼装的直螺栓接头衬砌结构、弯螺栓接头衬砌结构、快速接头衬砌结构在设计验算点的受力性能，极限状态下的破坏模式与极限承载力。

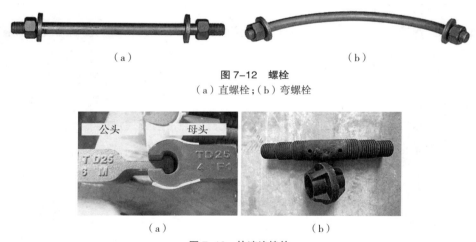

（a）　　　　　　　　　　　　　　（b）

图 7-12　螺栓

（a）直螺栓；（b）弯螺栓

（a）　　　　　　　　　　　　　　（b）

图 7-13　快速连接件

（a）环缝插入式快速连接件；（b）纵缝滑入式快速连接件

图 7-14　快速连接件管片纵缝接头

为方便后续分析，本节将盾构隧道衬砌结构划分为三个层次（图 7-15）：第一个层次为构件层次，包括管片和纵缝接头，两者组成了第二个层次中的单环结构；第二个层次为子结构层次，包括单环结构与环缝接头；第三个层次即为单环结构与环缝共同构成的多环结构。这样，单环结构的受力特征可从管片和纵缝接头的受力特征来解释；多环结构受力特征可从单环结构和环缝接头的受力特征来解释。

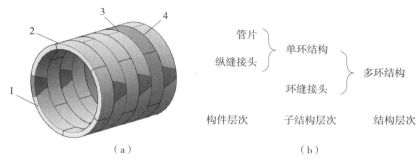

图 7-15　盾构隧道衬砌结构层次划分图
（a）盾构隧道衬砌结构；（b）结构层次划分
1—管片；2—纵缝接头；3—单环结构；4—环缝接头

按试验方式不同，整环试验可分为单环试验与多环试验。单环试验以单环结构为试验对象，不考虑衬砌环间相互作用。考虑残余纵向力导致的环缝接触面应力远小于混凝土抗压强度，纵向结构效应较小，因此单环结构既可看作多环结构的组成部分，也对应实际工程中的通缝拼装衬砌结构。多环试验考虑环间相互作用，采用"中全环+上、下半环"的拼装方式进行错缝拼装。

单环试验加载系统与参考文献 [15] 相同，多环试验加载系统与参考文献 [16] 相同。两种试验中衬砌环均水平地"躺"在地面上，水平向均设 24 个加载点，每个加载点由若干个液压千斤顶及锚固在中心钢环的钢拉索/钢拉梁组成，构成自平衡加载系统，模拟结构所受水土压力；单环试验每个水平加载点包含 1 个千斤顶，多环试验每个加载点包含 4 个千斤顶。两种试验中，试验环都被放置在滑动支座上，以保证结构在水平向的加载不受地面摩擦力影响。特别地，多环试验加载系统还设有竖向加载点，每个加载点由 2 个张拉千斤顶及对应加载梁组成，模拟盾构机推进后的沿隧道纵轴线方向的残余顶推力。两种加载系统如图 7-16 所示。

试验加载的原则是使用千斤顶等效模拟盾构隧道衬砌结构在周边工程活动发生时实际承受的荷载，通过内力等效的原则保证结构在试验中与实际工程中力学行为的一致。本研究模拟一定埋深的结构，受周边基坑工程开挖影响，周边水土持续流失，处于侧向力不断降低的受力状态。

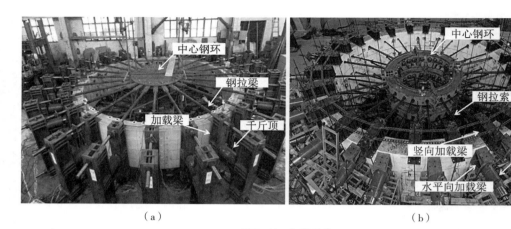

（a）   （b）

图 7-16　加载系统
（a）单环试验加载系统；（b）多环试验加载系统

2. 通缝结构破坏模式

三种单环结构荷载－位移曲线如图 7-17 所示。图横轴表示结构沿 0°~180° 轴的径向收敛，纵轴为试验荷载。为了使不同直径的单环结构的收敛变形结果可直接对比，结构收敛变形均采用相对值，为收敛变形绝对值与结构外径的比值。

单环结构 A 在试验荷载 P 从 0 增加到 105.6kN/m 前处于弹性阶段，收敛变形随试验荷载线性增加；直到 352° 纵缝接头受压区混凝土达到峰值应力，结构刚度迅速降低，标志着结构进入弹塑性阶段。随着试验荷载 P 增加到 113.90kN/m，352° 接缝螺栓屈服，第一个塑性铰在 352° 接缝形成；结构刚度进一步降低，荷载－位移曲线几乎拉平，标志着结构进入塑性阶段。随后，结构变形进一步增加，8° 接缝、73° 接缝、287° 接缝螺栓相继屈服；当试验荷载 P 达到 121.88kN/m，整环结构共计形成了 4 个塑性铰，成为几何可变机构，标志着结构达到承载力极限状态。

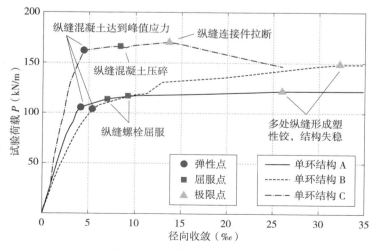

图 7-17　单环结构荷载－位移曲线

单环结构 B 的破坏与单环结构 A 类似，当试验荷载 P 从 0 增长至 103.97kN/m 前处于弹性阶段，直到 348.75° 接缝外弧面受压区混凝土达到峰值应力，结构刚度大幅降低，进入弹塑性阶段。当试验荷载 P 达到 117.07kN/m，348.75° 接缝螺栓屈服，结构出现首个塑性铰，进入塑性阶段。随后，当试验荷载 P 达到 121.88kN/m，结构共计在 123.75° 接缝、191.25° 接缝、280° 接缝、348.75° 接缝形成了 4 个塑性铰，4 个塑性铰均是因为螺栓屈服形成的，标志着结构达到承载力极限状态。

当试验荷载 P 不大于 162.10kN/m 时，单环结构 C 处于弹性状态，直到 258.75° 接缝内弧面受压区混凝土达到峰值应力，结构进入弹塑性阶段。258.75° 接缝内弧面混凝土在试验荷载 P 达到 163.75kN/m 时压碎，结构进入塑性状态。当试验荷载 P 达到 170.30kN/m，258.75° 接缝的快速连接件拉断，该截面无法再承担弯矩，结构体系由无铰圆环转变为单铰圆环结构，结构达到承载力极限状态。

将单环结构 A、B、C 的各个宏观性能点发生原因汇总于表 7-5，性能点发生位置绘制于图 7-18。3 种单环结构破坏过程均可由宏观性能点分为较明显的 3 个性能阶段：弹性阶段、弹塑性阶段、塑性阶段。弹性阶段，螺栓、管片钢筋、混凝土均处于弹性状态，结构中不存在塑性变形，结构收敛变形呈线性增加；直至接缝处受压区混凝土达到峰值应力，结构进入弹塑性阶段，此时结构整体刚度开始下降，收敛变形发展加快；接着结构在首次结构损伤位置形成塑性铰，进入塑性阶段；最终结构出现 4 个塑性铰成为机构失去稳定的标志，或出现接头脆性破坏使结构体系发生转变，此时结构达到承载力极限状态。此后，结构承载能力开始下降，变形不稳定发展。可见，不管是哪种接头形式的单环结构，均由于接头强度破坏造成整体结构的破坏，单环结构的破坏模式可由纵缝接头的受力性能来解释。

3 种单环结构纵缝接头受力性能如图 7-19 所示。纵缝接头 A、B、C 分别对应 3 种单环结构的纵缝接头。试验中，保持轴力不变，使纵缝接头所受弯矩逐渐增加，直到接头破坏。由图 7-19 可见，虽然采用铸铁制造的纵缝接头 C 刚度优于螺栓连接的纵缝接头 A 与

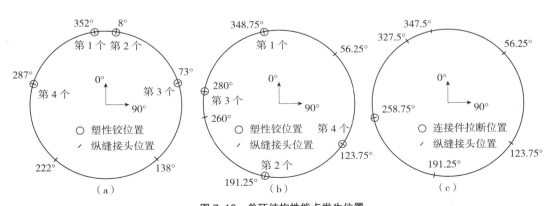

图 7-18　单环结构性能点发生位置
（a）单环结构 A；（b）单环结构 B；（c）单环结构 C

单环结构破坏机制对比
表 7-5

结构形式	单环结构 A	单环结构 B	单环结构 C
弹性点	352° 接缝混凝土达到峰值应力	348.75° 接缝混凝土达到峰值应力	258.75° 接缝混凝土达到峰值应力
屈服点	352° 接缝螺栓屈服	348.75° 接缝螺栓屈服	258.75° 接缝边缘混凝土压碎
极限点	8°、73°、287°、352° 接头形成塑性铰使整体结构失稳	123.75°、191.25°、280°、348.75° 接头形成塑性铰使整体结构失稳	258.75° 接头连接件脆性断裂，结构体系改变

纵缝接头 B，但延性弱于后两者。纵缝接头 C 没有明显的屈服段，在受压区混凝土压碎后，连接件公接头拉断；而纵缝接头 A 与纵缝接头 B 在螺栓屈服或受压区混凝土压碎后尚有一定承载能力。可见，纵缝接头的延性决定了单环结构的破坏模式：单环结构形成首个塑性铰后，收敛变形急剧发展且内力重新分布，整环结构在其余接缝处接连形成塑性铰，此时，若接头变形能力强，则结构最终将由于自由度的提高而失稳；若接头变形能力差，则在接头截面发生脆性破坏使结构体系改变。因此，采用滑入式快速连接件连接的单环结构 C 在其余接缝未来得及发展形成塑性铰前，接头处首先发生连接件拉断而破坏；而单环结构 B 与单环结构 A 因接头延性较好，发展出 4 个塑性铰后结构才失稳破坏。

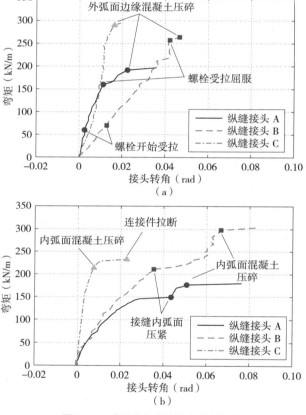

图 7-19 单环结构纵缝接头受力性能
（a）正弯矩试验结果；（b）负弯矩试验结果

由本节分析得出，单环结构的破坏模式由纵缝接头的延性决定：纵缝接头延性好，单环结构将发展出 4 个塑性铰而失稳；纵缝接头延性差，单环结构将在接头截面发生局部破坏。但需注意，无论哪种破坏模式，管片本体均未形成塑性铰，管片的承载能力未得到充分发挥。

3. 错缝结构破坏模式

错缝拼装衬砌结构荷载 - 位移曲线对比如图 7-20 所示。对于多环结构，本研究主要关注中间环的性能点，上、下半环可看作中间环的边界条件。

最初，多环结构 B 处于弹性阶段，位移随试验荷载的增长线性增加；直至试验荷载达到 114.60kN/m，中间环 80° 和 100° 位置管片外弧面出现宽度为 0.02mm 的受拉裂缝，标志着结构进入弹塑性阶段，但此时结构刚度并未明显降低。当试验荷载达到 180.10kN/m，环缝凹凸榫根部出现混凝土压剪破坏，如图 7-21 所示，结构刚度开始明显下降。当荷载继续增加至 212.85kN/m，90° 位置管片外弧面钢筋受拉屈服，中间环形成首个塑性铰，结构进入塑性阶段。当试验荷载继续增加至 238.52kN/m，多环结构中间环在 100° 管片、191.25° 接缝、280° 接缝、348.75° 接缝共计出现 4 个塑性铰，

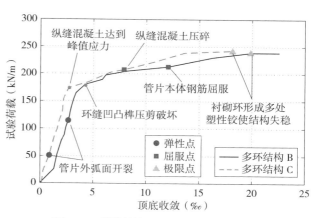

图 7-20　错缝拼装衬砌结构荷载-位移曲线

图 7-21　环缝凹凸榫根部出现混凝土压剪破坏

环缝接头多处压剪破坏，标志着结构已成为几何可变机构，达到承载力极限状态。

多环结构 C 起初处于弹性状态，位移基本随着试验荷载线性增加；直至试验荷载达到 51.05kN/m 时，外弧面 260° 管片出现宽度 0.02mm 的受拉裂缝，标志着结构进入弹塑性阶段，但此时结构刚度并未明显降低。当试验荷载达到 173.93kN/m，258.75° 纵缝接头内弧面混凝土受压达到峰值应力，结构刚度开始明显降低。当试验荷载达到 207.35kN/m，258.75° 纵缝接头内弧面混凝土压碎，表明结构第一个塑性铰已经形成。之后当荷载继续提升至 241.38kN/m，多环结构在 191.25° 接缝、258.75° 接缝、347.5° 接缝、100° 管片本体总计形成 4 个塑性铰，标志着结构成为几何可变机构而破坏。

多环结构破坏机制对比如表 7-6 所示，将各性能点发生位置对比标注于图 7-22。与单环结构相同，多环结构也可按性能分为弹性阶段、弹塑性阶段与塑性阶段，但导致各性能点的原因不同。

以多环结构 B 为例，由于错缝效应，结构弹性点由单环时的纵缝接头转移至管片本体，但多环结构弹性点出现后，图 7-20 的斜率未见明显改变，可能因为弹性点出现时管片本体的弯曲变形对衬砌结构收敛变形的贡献较小，结构收敛变形主要仍由接头转动产生。多环结构 B 环间采用凹凸榫接头相连，而环缝凹凸榫抗变形能力差，错台发生时，根部混凝土因强度不足而发生剪切破坏，环缝剪切破坏后环间传力能力降低，纵缝接头受力提升，导

致结构刚度下降，结构荷载－位移曲线的斜率下降。但即使凹凸榫根部发生混凝土剪切破坏，环缝仍可由混凝土界面的滑动摩擦传力，错缝效应仍在，首个塑性铰位置还是由纵缝接头转移至了管片本体。相应的，极限状态下多环结构破坏模式由单环时的仅接头处成铰转变为管片本体与接缝处均成铰。值得注意的是，虽然变形初期环缝为衬砌结构提供了额外的约束，但凹凸榫剪切破坏、环缝开始滑移后，滑动摩擦力大小不随滑动路径的增加而增大，此时环缝已不能为结构提供更多约束，衬砌环破坏模式仍为整体失稳。综上所述，虽然单环结构与多环结构的破坏模式均为衬砌环多处形成塑性铰导致的整体失稳，但多环结构在管片本体处也可形成塑性铰，对管片本体的承载力发挥得更加充分。

　　横向比较多环结构 B 与多环结构 C，结合图 7-20 可见，多环结构 B 与多环结构 C 在弹性点出现时均未出现明显刚度下降，表明此时结构收敛变形主要由接缝转动贡献；两种结构刚度开始明显下降的原因不同：结构 B 是由于环缝凹凸榫剪切破坏，环间传力能力降低，纵缝接头受力提升，导致结构刚度下降，而结构 C 环缝为平接头构造，变形能力强，破坏过程中仅发生了截面相对滑移但没有发生混凝土的破损，环间相互作用比较稳定，刚度明显下降的原因是纵缝接头混凝土达到峰值应力；此外，两种结构首个塑性铰发生位置不同：由于错缝效应更强，多环结构 B 首个塑性铰成因为 100° 管片本体钢筋受拉屈服，而多环结构 C 是由于 258.75° 接缝内侧边缘混凝土压碎。两种结构破坏模式相同，均是由于衬砌环形成多个塑性铰使整体结构失稳。

多环结构破坏机制对比　　　　　　　　　　　　　　表 7-6

结构形式	多环结构 B	多环结构 C
弹性点	80°、100° 管片外弧面出现受拉裂缝	100° 管片外弧面出现受拉裂缝
屈服点	100° 管片本体钢筋受拉屈服	258.75° 接缝内侧边缘混凝土压碎
极限点	191.25°、280°、348.75° 接缝，100° 管片本体形成塑性铰使整体结构失稳	191.25°、258.75°、347.5° 接缝，100° 管片本体形成塑性铰使整体结构失稳

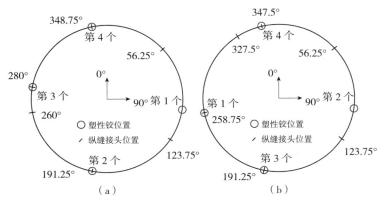

图 7-22　多环结构 B 与多环结构 C 性能点发生位置对比
（a）多环结构 B；（b）多环结构 C

与各自单环结构相比（图 7-18），多环结构 B 与单环结构 B 破坏模式均为结构整体失稳，不同点是多环结构 B 在管片本体也形成了塑性铰，而单环结构 B 塑性铰只存在于接缝处，可见错缝拼装使管片本体的承载力发挥更加充分；单环结构 C 破坏模式为纵缝接头连接件拉断使结构体系转变，而多环结构 C 破坏模式为结构整体失稳，可见错缝拼装减轻了结构 C 纵缝接头的损伤程度，改变了结构 C 的破坏模式。

综上所述，单环盾构隧道衬砌结构的性能由纵缝接头性能直接决定，提高纵缝接头刚度有助于减小结构收敛变形；提高纵缝接头强度有助于提高单环结构极限承载力。若纵缝接头延性较差，单环结构破坏模式为纵缝接头连接件拉断引起的结构体系改变；若纵缝接头延性较好，单环结构破坏模式为多处纵缝形成塑性铰引起的整体失稳。采用错缝拼装后，衬砌结构发生错缝效应，管片本体承担弯矩增加，纵缝接头承担弯矩减小，提高了结构整体刚度与承载力，但结构抗裂性能下降。错缝拼装衬砌结构的破坏模式为环缝破坏或滑移后，单个衬砌环形成多个塑性铰引起整体结构失稳；与单环结构不同的是错缝结构不仅在纵缝接头处形成塑性铰，在管片本体也会因错缝效应形成塑性铰。

7.3.2　隧道结构安全评估理论

1. 专家打分法

专家打分法是通过匿名方式咨询专家的意见，对意见进行统计、处理、分析和归纳，客观地综合多数专家经验与主观判断，经过多轮意见征询、反馈和调整后，完成对目标的评价。

专家打分法流程如下：

（1）根据识别的隧道结构施工与服役状况或者有可能遇到的病害与风险汇总形成风险表。

（2）将风险表发放给各位专家进行打分。为了使评分具有统一的标准，需要设置每个风险等级的分值，以便专家按照等级进行评分，按照风险危害程度可以设置为 1~5 分，1 分为无危害，5 分为危害最大。

（3）回收专家评分表进行统计汇总。在汇总计算过程中可以根据专家经验、对工程实际的了解程度和其在业内的权威性设置相应的权重值，最终计算综合得分，得分越高风险越大，并进行风险排序。

专家打分法的优缺点如下：

（1）优点：专家丰富的工程经验、专业技术可以使打分结果更具有说服力，能够很好地体现各风险因素在人们心中的重要性，同时该方法简单易操作。

（2）缺点：打分结果与专家主观意愿和专业水平直接相关，或者部分专家会站在组织者角度进行分析识别，有较大的主观影响，可能存在一定偏差。

专家打分法通过邀请专家组成员针对不同指标进行打分来确定相对重要性，能够充分利用专家的专业知识水平，可以很好地反映专家的意见，可用于初始风险因素的相对重要性评定，实用性较高，计算处理速度快。因此，该方法可以对统计汇总得到的综合隧道施工与服役风险因素进行打分，完成初步筛选，也可以结合灰色理论对各风险的重要程度赋予灰度值。

2. 层次分析法

层次分析法（Analytic Hierarchy Process）简称 AHP 法。它是一种定性分析与定量分析相结合的系统化、层次化的多目标决策方法，是专家主观感觉统一后的量化方法。应用过程中，最明显的特点是要构建判断矩阵，让专家进行两两对比的重要性对比打分，测出 n 个方案（元素）的相互比值，形成矩阵，再通过求解矩阵特征向量的办法，求出相应的特征向量，即方案的相对优先权重。

3. 模糊综合评价法

1965 年，美国计算机与控制论专家 L.AZdane 教授提出了 Fuzzy 集概念，创造了研究模糊性或不确定性问题的理论方法，迄今已成为一个较为完整的数学分支。近年来，模糊理论和技术得到突飞猛进的发展，国内许多外学者在这个领域做了大量卓有成效的工作，其中许多都具有突破性。模糊理论与技术的突出优点是能较好地描述和仿效人的思维方式，总结和反映人的体会和经验，对复杂事物或系统可以进行模糊度量、模糊识别、模糊推理、模糊综合评判、模糊控制和模糊决策。

模糊数学主要描述模糊现象，所建立的数学模型描述的事物含义本身就是不确定，模糊性是描述生活中普遍的不分明现象，如"稳定"与"不稳定"，"健康"与"不健康"之间就找不到明确的分界限，从事物的两面性中的一面到另一面是一个连续变化的过程，而其中从量变到质变的关键点却不确定，这种不确定的现象就可以用模糊数学来定量表示。

4. 灰色评价理论

1982 年，我国学者邓聚龙教授在《华中工学院学报》首次提出灰色系统理论（Grey Systems Theory）。该理论基于较少的已知信息或者信息内涵较模糊，根据研究对象所处的状态，运用定量的分析判断方法来分析得到未知结论。主要工作就是将待评价项目中的已知信息利用白化权函数转化为灰统计量，将其量化为灰色统计权，再将各个聚类目标的信息通过函数转化为灰聚类权，最后对其加权综合，得到最终研究成果。

工程运营阶段往往是多层次、多因素、多准则的复杂问题的集合。由于外部环境变化、信息数据的局限性等原因，需要识别、评价包括自然环境、管理水平、工艺技术等一系列难以准确量化的风险因素，往往不可避免地涉及专家调查、打分等一系列主观评价方法，因此只用以上评价方法很难完全排除人为主观因素带来的偏差，最终可能导致专家反馈的信息不够客观，或者可以说是具有灰色性的。在隧道风险的研究中，可以将各个风险等级与灰类一一对应，依据各个风险的灰类等级和选取的白化权函数，将专家组成员的评分信息进行灰度统计量化后得到相应的权向量，再对其进行加权综合，得出最终的各个风险的评分及工程整体风险等级。

7.3.3　隧道结构安全评估规范化进程

《铁路桥隧建筑物劣化评定标准 隧道》TB/T 2820.2—1997，将隧道劣化分为隧道衬砌裂损及渗漏水，冻害、衬砌腐蚀，限界、通风、照明设施，仰坡、洞底及排水设施四种类型，并规定了各项目检查的指标，定性或定量的按照指标现状或发展状态对各类型的隧道劣化做了分级。

2004 年，原铁道部发布《铁路运营隧道衬砌安全等级评定暂行规定》（铁运函〔2004〕174 号），将隧道衬砌结构安全性等级评定分为病害调查与观测、衬砌状态检测、缺陷与病害项目评定、安全等级评定四部分。病害调查与观测通过资料收集与观测、量测，确定隧道的整体病害状况；衬砌状态检测通过检测得到衬砌混凝土强度、内部钢筋情况等衬砌状态技术参数；缺陷与病害项目评定对隧道结构的缺陷和病害程度进行等级评定；安全等级评定根据衬砌病害等级、缺陷等级、围岩级别、地下水状况，以及对行车安全的影响综合确定隧道衬砌安全等级。

2013 年，上海市城乡建设和交通委员会发布《盾构法隧道结构服役性能鉴定规范》DG/TJ 08-2123—2013，将隧道结构服役性能鉴定的工作分为结构使用条件和结构性能的检查，以及结构服役状态的评定两部分，隧道结构性能评定包括耐久性、适用性，以及安全性三个方面，采用统一的隧道结构服役状态等级表示。结构使用条件和结构性能的检查应对隧道使用条件及其变化、隧道结构及其材料的性能进行查验与检测，同时分析隧道结构及其材料的性能变化。服役性能鉴定应首先对隧道结构使用条件进行核定，根据构件所处环境等级、完整状态、密闭状态、变形状态和结构构件极限承载能力状态等指标，评定构件与连接服役状态等级；然后根据构件及连接服役状态等级、结构区段相对变形和防水性能等指标，确定结构区段服役状态等级；最后由各区段服役状态等级得到整个隧道服役状态等级。

2016 年，北京市质量技术监督局发布《城市轨道交通设施养护维修技术规范》DB11/T 718—2016，规定隧道状态的评定由主体结构和附属结构病害状况得分综合得出。主体结构评定包括裂缝、变形、渗漏水、材料劣化等六类病害，每类病害依据病害程度及权重进行打分评定，综合得出主体结构状态等级；附属结构评定过程与主体结构相同。

2013 年，住房和城乡建设部发布《城市轨道交通结构安全保护技术规范》CJJ/T 202—2013，将监测项目实测值与结构安全控制指标的比值 G 作为预警指标，当 $G<0.6$ 时可正常进行外部作业；当 $0.6 \leqslant G<0.8$ 时监测报警，并采取加密监测点或提高监测频率等措施加强对城市轨道交通结构的监测；当 $0.8 \leqslant G<1.0$ 时应暂停外部作业，进行过程安全评估工作，各

方共同制定相应安全保护措施，并经组织审查后，开展后续工作；当 $G \geqslant 1.0$ 时，启动安全应急预案。

2020 年，国家市场监督管理总局与国家标准化管理委员会发布《城市轨道交通设施运营监测技术规范 第 3 部分：隧道》GB/T 39559.3—2020，规定隧道结构安全评价应依据检查和监测的结果，结合相关规范、隧道结构设计资料、竣工验收资料等进行安全性计算分析。隧道结构安全评价宜采用数值模拟、位移反分析等方法结合工程类比进行，隧道结构构件应结合其设计时采用的规范和计算方法进行设计验算。

7.4 隧道结构监测案例

7.4.1 隧道结构振动

对某地铁隧道结构振动进行长期监测，该断面为预制钢弹簧浮置板轨道结构，隧道壁加速传感器安装于距轨面 1.25 ± 0.25m 高的隧道壁上，隧道结构振动传感器安装如图 7-23 所示。图 7-24 为一列地铁经过时的隧道壁加速度测试结果，包括时程曲线、快速傅里叶变换频谱和 1/3 倍频程频谱，可以看出隧道壁加速度峰值为 0.095g，主要频率在 200Hz 以下，在 63Hz 处达到明显峰值。提取 2022 年 12 月至 2023 年 8 月的隧道壁加速度最大 Z 振级长期监测数据，如图 7-25 所示，其中 2023 年 6 月进行设备检查，未进行监测数据采集。可以看出隧道壁加速度最大 Z 振级在 65dB 附近上下浮动不超过 6dB，这与每日车辆荷载的随机性有关。长期来看隧道壁状态较为稳定，无明显突变。

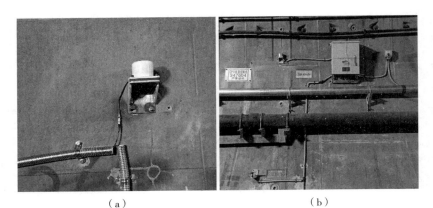

（a）　　　　　　　　　　　　（b）

图 7-23　隧道结构振动传感器安装
（a）隧道壁加速度传感器安装；（b）现场整体布置

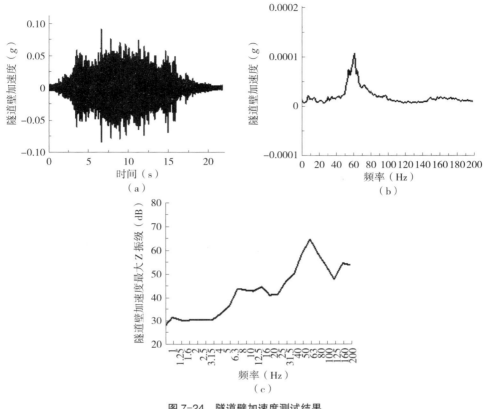

图 7-24 隧道壁加速度测试结果
（a）时程曲线；（b）频谱；（c）1/3 倍频程频谱

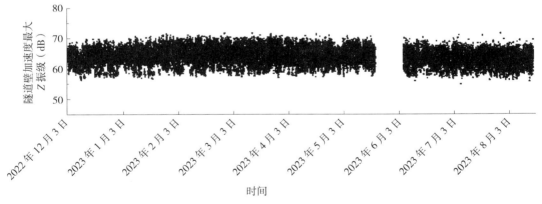

图 7-25 隧道壁加速度总级值

7.4.2 隧道结构噪声

轨旁噪声声压传感器位于消防管道下方与轨面高度平齐的位置，轨旁噪声声压传感器
安装如图 7-26 所示。图 7-27 为一列地铁经过测点断面时的轨旁噪声测试结果，可以看出
瞬时声压可达 90Pa，轨旁噪声的峰值频段在 250~800Hz 频段内，最大峰值出现在 630Hz 左

右。提取 2022 年 11 月至 2023 年 8 月的轨旁噪声数据进行统计，如图 7-28 所示，可以看出轨旁噪声最大 A 声级受到列车荷载的影响在 110dB 附近上下浮动不超过 5dB，整体趋势较为稳定。

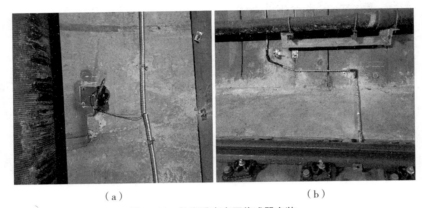

（a）　　　　　　　　　　（b）

图 7-26　轨旁噪声声压传感器安装
（a）轨旁噪声声压传感器安装；（b）现场整体布置

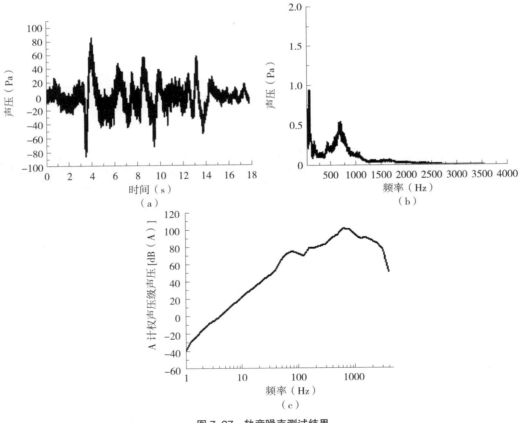

图 7-27　轨旁噪声测试结果
（a）时程曲线；（b）频谱；（c）1/3 倍频程频谱

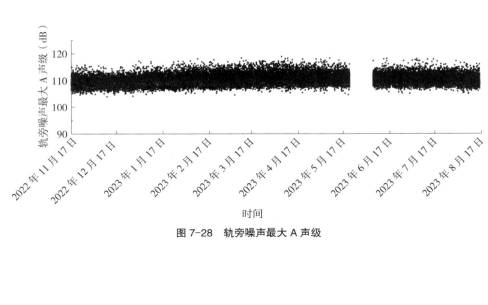

图 7-28　轨旁噪声最大 A 声级

第 8 章

桥跨结构运营监测与安全评估

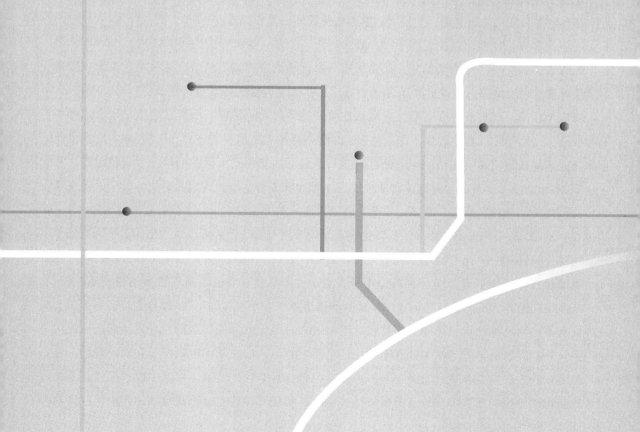

8.1 桥跨结构健康监测概述

8.1.1 桥梁结构概况

地铁、轻轨等城市轨道交通因其具有运量大、速度快、安全可靠、舒适性佳、占地面积小等特点，已成为我国大中城市解决交通拥挤的首选方式。特别的，在城市轨道交通线路中，由于高架线路具有造价低、交通干扰少，运营与维护方便等优点，在城市轨道交通中得到积极应用。我国第一条城市高架轨道交通线——上海明珠线（后称上海地铁 3 号线）于 2000 年开通运营一期工程，标志着我国具备了建设城市高架轨道交通线的能力，也由此结束了我国无高架式电气化轨道交通线的历史。此后，湖北、重庆、成都等多地分别建设各自的高架城市轨道交通，为当地的客运与交通做出重要贡献。

近年来，随着轨道交通的不断发展和创新，出现一些新形式的桥跨结构。2005 年，重庆轨道交通 2 号线开通试运营，是重庆市首条开通运营的城市轨道交通线路，也是中国首条跨座式单轨线路。跨座式单轨属于中等运量轨道交通系统，其特点是适应性强、噪声低、转弯半径小、爬坡能力强，能更好地适应复杂的地形地貌环境。跨座式单轨在建设过程中投资少、周期短，智能环保、适应性强，其高架桥桥墩宽度平均不到 2m，桥墩占地宽度比其他高架轨道交通节省近一半。此后，银川建成国内首条无人驾驶的跨座式单轨线路，并于 2018 年投入运营；芜湖建设的轨道交通 1 号线和 2 号线均为跨座式单轨，其中轨道交通 1 号线 2021 年投入运营，是国内首个全自动跨座式单轨系统。

2023 年 9 月 26 日，由中铁第四勘察设计院集团有限公司总体设计的全国首条悬挂式单轨商业运营线——光谷空轨一期工程开通运营，这也是我国首条开通运营的空轨线路。空轨即悬挂式单轨列车，是一种新型中低运量、生态环保、绿色低碳的城市轨道交通制式。与传统交通方式不同，空轨列车车体悬挂于轨道梁下方凌空"飞行"，被称为"空中列车"，具有不占用地面路权、环境适应性强、景观效果好等优点，兼具通勤和观光功能。除武汉空轨外，国内也开展了相关的客运和货运空轨试验线，如成都中唐新能源空轨示范线、青岛中车四方悬挂式空轨试验线、开封中建空列悬挂式空轨试验线、武汉中铁科工江夏悬挂式空轨试验线、武汉中车长江货运悬挂式空轨试验线等，这些空轨试验线的建设为我国轨道交通的发展做出了重要贡献。

2003 年 10 月 11 日，中国大陆第一条磁浮线——上海磁浮列车示范运营线开始开放运行，专线全长 29.863km，这条专线是中德合作开发的世界第一条磁悬浮商运线，也是世界第一条商业运营的高架磁悬浮专线。专线设计最高运行速度为每小时 430km，仅次于飞机的飞行时速。2016 年开通运营的长沙磁浮快线是中国国内第一条自主设计、自主制造、自主施工、自主管理的中低速磁悬浮，其开通标志着长沙成为中国第二个开通磁悬浮的城市。相较从德国引进、飞驰在世界首条商业运营磁浮专线的上海高速磁浮列车，长沙中低速磁浮列车具有安全、噪声小、转弯半径小、爬坡能力强等特点，多项成果达到国际领先水平。磁浮列车的建设推动了相关高精尖技术及企业和产业的发展，为中国城市轨道交通和干线高速交通体系带来深远的影响。

从城市轨道交通桥跨结构形式的发展来看，城轨桥跨结构与城市桥梁存在着相似性和差异性。常规的高架轻轨桥梁，在实际城轨建设中也应用最多，其在梁、墩柱的结构和截面形式上较为相似，荷载传递路径也较为一致，但城轨交通运行速度快，桥跨结构的荷载更大，对结构的动力特性要求更高。同时由于道岔的需要，部分道岔已和梁结构统一设计，特别是跨座式单轨和悬挂式空轨的桥跨结构，这与城市桥梁存在明显的差异，也是城轨实际运行中关注的重点。另外，磁浮轨道交通运行速度快，对运行平顺性和悬浮间隙的控制要求极高，常规城市桥梁变形控制的要求和标准已不适用。此外，由于结构形式的不同，常规高架桥梁的某些关注点和监测项已不能满足新形势的轨道交通发展需求。

随着高架桥跨结构的相继建成投入使用，其在服役期限内除材料自身性能会不断退化外，不可避免地还会受到车辆、风、地震、疲劳、撞击等自然或人为因素的影响，从而导致结构或构件有不同程度的自然累积损伤和突然损伤，导致其服役能力降低，影响运营安全。城市生命线工程应注重城市轨道交通桥跨结构的建设，同时也应该对其运营期间的安全性、可靠性和正常使用功能给予更大的关注和重视，不断推进城市轨道交通桥梁的运营监测与安全评估技术应用，有效提升城轨桥梁运营安全。

8.1.2　桥梁结构健康监测的发展

桥梁健康监测是以科学理论与方法为基础，通过在桥梁结构关键部位安装传感器，以获取结构状态相关的数据与信息，并对结构的主要性能指标和特性进行挖掘分析，评估桥梁的安全状态，诊断可能存在的损伤和隐患，在发现异常时发出有效预警，并对桥梁状态进行长期跟踪和预测的建设活动与研究，其目的是保障桥梁运营安全，延长桥梁使用寿命。

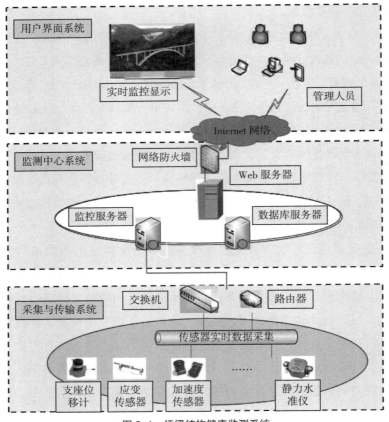

图 8-1 桥梁结构健康监测系统

　　桥梁结构健康监测系统至少包括 3 个层级：采集与传输系统、监测中心系统和用户界面系统（图 8-1）。其中采集与传输系统主要包含传感器、采集设备、通信设备等，是健康监测系统的前线，负责按照指定的采集策略和方式收集、转换、缓存、预处理和向上传输各类数据。常见的数据类型有环境参数（风速、风向、温湿度）、结构振动、结构应力、结构位移等。数据采集通常有有线传输和无线传输两类，有线传输较为稳定，单组网线缆较多，无线传输较为方便，但传输信号易受干扰。监控中心系统主要包含了 Web 服务器、数据库服务器、监控服务器和一些网络设备等，是健康监测系统的核心部分，负责对前端传来的数据进行存储、检测和处理，并开展结构的分析预警和评估诊断。该系统通常部署了相关的算法和软件，开展数据质量评价、数据处理、数据挖掘等精细化分析工作，并结合异常预警提示进行报警识别和推送，并开展基于数据和模型的结构状态评估和寿命预测等工作，是整个健康监测系统的核心枢纽。用户界面系统主要包含用户终端和监测软件系统（Web 系统或应用程序），是健康监测系统的最终呈现，往往通过数据、表格、曲线和 3 维模型等多种方式为用户集中呈现监测系统的所有信息，如监测数据的查询、预警信息的推送、结构状态的评价和用户权限与安全的控制等，可以让使用者方便地查看桥梁的健康状况及历史数据趋势，从而做出决策。

由于桥梁健康监测的必要性和重要性，许多国家开始将其应用到具体桥梁中。20 世纪 80 年代中后期开始，欧美发达国家陆续建立各种规模的桥梁健康监测系统。例如，英国在总长 522m 的三跨变高度连续钢箱梁桥 Foyle 桥上布设传感器，监测大桥运营阶段在车辆与风载作用下主梁的振动、挠度和应变等响应，同时监测环境风和结构温度场。该系统是最早安装的较为完整的监测系统之一，可以实现实时监测、实时分析和数据网络共享。建立健康监测系统的典型桥梁还有挪威主跨 530m 的 Skarnsundet 斜拉桥、美国主跨 440m 的 Sunshine Skyway Bridge 斜拉桥、丹麦总长 1726m 的 Faroe 跨海斜拉桥和主跨 1624m 的 Great Belt East 悬索桥、墨西哥的 Tampico 斜拉桥、日本的明石海峡大桥等。

20 世纪 90 年代中期，在政府部门、社会各界的密切关注下，我国桥梁结构健康监测的研究工作进入迅速发展阶段。虽然相比欧美发达国家我们各项工作起步较晚且存在一定差距，但是在近些年的跨越式发展中我们逐渐实现"弯道超车"并达到世界先进水平。1997年，中国香港青马大桥在建设过程中安装了 800 多个永久性传感器，是我国第一座全面实施健康监测的桥梁；再如香港的 Lantau Fixied Crossing 桥、汲水门大桥和汀九大桥，内地的虎门大桥、江阴长江大桥、郑州黄河大桥、润扬长江大桥等桥梁也已安设传感设备。上海徐浦大桥结构监测系统的建成，集中展示了我国现代化建设水平下结构监测技术的发展过程，现代化多种技术的融合与创新保证了桥梁结构的智能化实时监测及长期安全可靠运行。近年来，铁路桥梁也逐渐开始应用桥梁健康监测技术，已建成大跨高速铁路桥梁，如郑万线奉节梅溪河特大桥和巫山大宁河双线大桥、广汕高铁的增江特大桥和跨深汕西高速大桥等，以及中国首条设计时速每小时 350km 的跨海高铁——福厦高铁线路上的乌龙江特大桥、安海湾特大桥、泉州湾特大桥等都安装了健康监测系统，打造了智能、安全的高铁品牌。

近年来，健康监测系统的应用从大跨度跨江桥梁、公铁两用桥梁等大型铁路桥梁逐渐向常规桥梁拓展，包括武汉、成都、重庆、南京、上海、南宁等众多城市开展了城市桥梁健康监测的规划与实施，有效提升了城市生命线的安全水平。以武汉为例，其正在推进实施城市桥隧智慧监管，武汉市城管执法委从 2017 年开始探索建设城市桥梁智慧管理系统，已完成一期及二期建设，三期建设正在稳步进行中，逐步实现全市城市桥隧管养信息化、智慧化，加速推进武汉向建设新型智慧城市迈进。武汉全市城市桥隧智慧监测覆盖率已达到 90%，拥有国内规模最大的城市桥梁智慧管理系统。

武汉市也积极推广城轨桥梁监测，武汉轨道交通 1 号线是武汉市的第一条城市轨道交通线路，也是武汉市目前唯一一条全高架的快速轨道交通线路，全长 34.57km，目前已完成进行全线重点桥梁的健康监测系统建设，是国内首条覆盖监测系统的城轨交通线路。2023年，中国首条悬挂式单轨线路——武汉光谷空轨旅游线于 9 月 26 日正式开通，一期沿生态大走廊南北向直线布设，起于九峰山站，途经九峰山、光谷中心城、综保区、龙泉山，止于龙泉山站。中铁第四勘察设计院集团有限公司设计并实施了该线路上 7 座代表桥梁的健康监测系统,该系统的监测数据为静动载试验提供了有力基础,目前正时刻运行,为空轨的安全运行提供了有力保障。未来随着城轨桥梁的应用和发展,桥梁形式的创新设计,健康监测将在越来越多的桥梁开展应用。

8.2 桥梁结构监测技术

轨道交通结构监测方面最新规范《城市轨道交通设施运营监测技术规范 第 2 部分:桥梁》GB/T 39559.2—2020 的发布,对于明确和规范轨道交通桥梁领域的运营监测技术有着重要意义。该规范将运营监测划分为检查和监测两个方面。其中检查是以人工为主体,采用目测、常规设备和专业设备对桥梁结构进行查看和量测,并给出主观和客观的评价。按照检查内容、要求和频次的差异,划分为三个层级:日常检查、定期检查、专项检查。监测是以自动化设备为主体,采用专业仪器、设备和自动化的信息系统,对桥梁结构的重要参数进行长期、周期性的自动化量测,并对异常情况给予有效预警,综合判断桥梁健康状态的过程。城市轨道交通桥梁的状态评价要结合运营检查和监测数据综合开展。

对于城轨桥梁结构的检查,主要包括以下内容:裂缝与裂纹、钢筋锈蚀、结构表面破损、梁体表面渗水、碳化与碱骨料反应、钢结构裂纹、积水与锈蚀、螺栓松动、节点板滑移、拉索断裂、减振装置状态、防护状态、支座状态、支座病害、结构变形和位移、模态参数等,必要时可以采用专业设备进行量测。城轨桥梁检查涵盖面广、侧重点强,突出对全桥的宏观状态把握,但缺乏及时性和长期跟踪,属于定期间隔实施。随着监测技术和手段的不断发展,采用自动化的监测方式正在逐步辅助或者替换部分人工检查,并在城市轨道交通安全运营中发挥越来越重要的作用。

8.2.1 桥梁结构监测内容

城市轨道交通桥梁结构监测分为沉降与变形监测和安全监测两个部分。

1. 沉降与变形监测

城市轨道交通桥梁自交付运营起,就要持续进行沉降与变形监测,监测内容包括:桥梁墩台的沉降、墩台顶的横向水平位移和恒载作用下的梁体变形。城市轨道交通桥梁沉降与变形监测频次应满足表 8-1 的要求。

桥梁沉降与变形监测频次表　　　　　　　　　　表 8-1

序号	时间段	要求
1	自交付初期运营后第一年内	不低于每半年一次
2	自交付初期运营后第二、三年内	不低于每年一次
3	自交付初期运营后第四年及以后	不低于每三年一次

注：1. 当沉降或变形趋于稳定后，可减少监测频次。
　　2. 当桥梁保护区有其他工程活动或地质灾害时，应提高监测频次。
　　3. 当发生洪水、台风、暴雨、地震、撞击等灾害时，应根据受灾情况及时进行墩顶位移和基础沉降的监测。

城市轨道交通桥梁的沉降与变形监测方案布置：位于软土地基的桥梁，每个墩台都应进行基础沉降及墩顶水平位移监测；位于非软土地基的桥梁，可选择部分墩台进行基础沉降及墩顶水平位移监测。同一设计、同一施工条件下的预应力混凝土简支梁，应对不少于总跨数 1/10 的梁进行梁体变形监测；主跨跨度小于 120m 的非简支结构桥梁，梁体变形监测总数不应少于同一区间内该类桥梁总数的 1/2；主跨跨度大于 120m 的桥梁，每座桥梁都应进行梁体变形监测。

沉降与变形监测测点布置应符合表 8-2 的要求。

沉降与变形监测测点布置　　　　　　　　　　表 8-2

序号	测量项目	监测点设置
1	墩、台、索塔基础沉降	墩、台、塔身底部（距地面或常水位 0.5~2m）
2	墩顶横向水平位移、塔顶纵横向水平位移	墩、塔顶纵横向各设 2 个点
3	基础承台水平位移	墩底或地面处墩身
4	悬索桥锚碇沉降及水平位移	锚碇的上、下游侧各 1~2 点
5	梁体竖向与横向变形	每孔跨中、$L/4$、支点等不少于 5 个断面（每个断面左、右各 1 点），测点宜固定于梁体
6	竖向梁端转角	梁缝处的梁端
7	拱轴线线形	桥跨八分点处
8	悬索桥索夹滑移	索夹处设 1 点
9	其他	—

注：L 表示跨度，单位为 m。

2. 安全监测

安全监测即采用健康监测系统对桥梁结构进行安全评估与预警的技术手段。开展安全监测应需要满足以下条件：

（1）主跨跨径 120m 及以上的梁桥。

（2）主跨跨径 150m 及以上的拱桥、斜拉桥、悬索桥。

（3）新型或复杂结构桥梁。

桥梁安全监测的监测内容主要包括：荷载与环境监测、结构整体动静力响应监测和结构局部响应监测。对各类桥梁安全监测项目可按表 8-3 选取。

桥梁安全监测项目　　　　　　　　　　　　表 8-3

类别	项目	结构形式			
		梁桥	拱桥	斜拉桥	悬索桥
荷载与环境监测	移动荷载	可	可	可	可
	地震	可	可	可	可
	撞击	可	可	可	可
	温度	宜	宜	宜	宜
	湿度	可	可	可	可
	风	可	可	宜	宜
结构整体动静力响应监测	振动	宜	宜	宜	宜
	变形	宜	宜	宜	宜
	转角	宜	宜	宜	宜
结构局部响应监测	应力	宜	宜	宜	宜
	索（吊杆）力	无	宜	宜	宜
	裂缝	宜	宜	宜	宜
	支座变位与反力	可	可	可	可

注："宜"为宜检测项目，"可"为可监测项目，"无"表示没有该项。

3. 行车安全评价指标

行车安全评价指标如表 8-4 所示。

行车安全评价指标表　　　　　　　　　　　　表 8-4

行车安全评价指标		数据来源
列车作用下	梁体最大竖向变形	静动载试验等
	梁体最大横向变形	
	梁体最大竖向转角	
	梁体扭转变形	
	桥墩墩顶横向变形	
恒载作用下	梁体最大竖向变形	定期检查、专项检查，以及沉降与变形监测
	桥墩墩顶横向位移	
	相邻桥墩沉降位移差	

8.2.2　常用桥梁结构监测技术与装备

1. 沉降与变形监测技术与装备

沉降与变形监测通常采用全站仪、水准仪、经纬仪等人工观测设备，目前市面上较为成熟。通常结合全线的沉降观测控制点开展，建立相关的观测网，其相关设备参数和技术要求可参照《城市轨道交通工程监测技术规范》GB 50911—2013。

2. 安全监测技术与装备

安全监测采用与常规桥梁健康监测相同的监测传感器来开展，常用的传感器类别如表 8-5~ 表 8-13 所示。

风速风向仪种类对比　　　　　　　　　　　　　　　　　　　　表 8-5

类型	主要原理	特点
机械式风速风向仪	利用转子来确定风速和风向	价格便宜，技术成熟，适用范围广
超声式风速风向仪	利用超声波探头发射超声波来测量风速和风向信息	价格较高，精度高，分辨率高，采样频率较高，耐久性好

温湿度传感器对比　　　　　　　　　　　　　　　　　　　　表 8-6

类型	主要原理	特点
电阻式温湿度传感器	通常使用金属或聚合物薄膜作为感测元件，当环境温度或湿度变化时，其电阻值也会相应改变	成本低，响应速度较快
电容式温湿度传感器	利用介质的介电常数随温度和湿度的变化来测量温湿度。通常由两个电极和一个介质层组成，介质层的介电常数会随着温度和湿度的变化而发生改变，从而改变电容值	具有较高的精度和稳定性，但相对于电阻式传感器而言，成本较高

加速度传感器对比　　　　　　　　　　　　　　　　　　　　表 8-7

类型	主要原理	特点
压电式	使用压电陶瓷或石英晶体的压电效应	动态范围大、频率范围宽、坚固耐用、受外界干扰小，但不能测量零频率
压阻式	物体受到外力作用时，会改变阻性材料的阻值，通过测量阻值的变化来得到加速度	频率范围广、灵敏度高、可靠性高，但受温度影响大
电容式	基于电容变化原理，它包含两个电极，当物体具有加速度时，电极之间的距离会发生微小变化，从而导致电容值的变化，测量电容的变化得到加速度数值	灵敏度高、温漂小、稳态响应，但量程有限，受线缆电容影响，多用于低频测量
磁电式	电磁感应	灵敏度高、内阻低，不需外接电源，受电磁干扰，常用于低频振动烈度的测试

应变传感器对比   表 8-8

类型	主要原理	特点
振弦式	通过振弦的频率变化反推弦长变化，进而反推结构应变	精度高、稳定性好，易受电磁干扰，适用于长期监测静态应变
电阻式	通过电子元件电阻值的变化来反映应变变化	精度高、频响特性好、测量范围广，易受电磁干扰，适用于测量动态应变
光纤光栅式	利用光纤光栅的波长变化测量结构应变	精度和分辨率高、受电磁干扰小，受封装工艺影响，适用于动静态应变监测

静力水准仪对比   表 8-9

类型	主要原理	特点
机械式	在液位中放入浮球，液位变化时，浮球会随液位而变动，测量出浮球的位置变化，即可得到液位的变化。常见的测量浮球位置变化是通过磁致伸缩原理来实现的	结构简单，液面变化直观，价格较为便宜，但量程小、灵敏度低、精度不高、受温度影响大
超声波式	利用超声波来测量液位的高度	无机械活动器件，传感器不和液体接触，抗电磁干扰能力强、测量精度高。但量程较小，受测点倾斜影响大，价格高
压差式	用压力传感器测量液体压力的变化量，再除以液体的密度和重力加速度得到液位的变化	安装方便、量程大、不受电磁干扰、精度高，但受温度影响大

动挠度测量方式对比   表 8-10

类型	主要原理	特点
视觉图像式	利用图像散斑识别技术及图像模糊识别技术，准确跟踪桥梁结构上标识测点的运动轨迹，实现对桥梁动挠度的测试	可同时多点测量，测量频率高、精度高，但远距离时精度下降，且需要基准点，需考虑镜头畸变、大气湍流引起的误差
多倾角式	在桥梁上不同截面布设倾角仪，测量各个截面在车辆荷载作用下的竖向转角，然后通过数学模型计算出挠度值	多测点同步监测、精度高、受环境干扰小、适应范围广、性价比高、动态反应好，且无需参考点，但倾角精度要求高、算法要求高
毫米波雷达	采用线性调频连续波、雷达干涉测量，以及合成孔径雷达（SAR）技术等关键技术，在雷达波束角范围能实现对多个目标进行动挠度的精确测试	精度高，非接触，距离远、量程大，但价格昂贵

支座位移传感器对比   表 8-11

类型	主要原理	特点
磁致伸缩式	通过内部非接触式的测控技术精确地检测活动磁环的绝对位置来测量被检测产品的实际位移值	非接触、高精度、高分辨率，使用寿命长、环境适应能力强，可测动态，但易受电磁影响，且只能测直线位移

续表

类型	主要原理	特点
LVDT 式	初级线圈通电时形成磁场，根据磁感应线原理，导磁的铁芯插入时，前后的两个次级线圈会形成微弱的交流电压，两个线圈的电压差值与铁芯在空心骨架里面移动位移是成正比例线性关系，从而测量位移	使用寿命长、响应速度快、高线性度、重复性好、很宽的量程覆盖范围、动态特性好，可用于高速在线检测
拉绳式	直接测量拉绳的长度变化来测量位移	结构简单、量程大，应用范围和场景广，但耐久性稍差
激光式	激光技术进行测量的传感器	线性度好、精度高，需要具有测量空间，价格较高

倾角传感器对比

表 8-12

类型	主要原理	特点
MEMS 式	利用重力在传感器轴线方向的分量大小来测量倾角，其分量可通过加速度的变化计算得到	精度高、稳定性好，可测动态倾角
电阻应变式	通过传感器内置的弹性摆，当传感器倾斜时，弹性摆的应变梁会产生拉压，通过测量其应变变化来反算倾角	精度高，测量静态倾角

索力传感器对比

表 8-13

类型	主要原理	特点
压力环式	通过在拉索锚头安装测力环来测量索力	高精度、高分辨率，稳定性好，适用于施工期，但更换困难
振动频谱式	在拉索上安装振动传感器，通过测量拉索频率来换算索力值	精度高，便于安装与更换，适用于中长索
磁通量式	通过测量拉索磁通量变化来反算索力值	精度较高，但成本高，适用于施工期测量和安装

3. 新技术与装备

（1）远程高精度桥梁变形监测系统 IBIS—FS。IBIS—FS 系统是基于微波干涉测的变形监测系统（图 8-2），将线性调频连续波技术和干涉测量技术相结合，通过发射 200Hz 的高频、连续雷达波，并对回声进行干涉测量得到监测结果。可用于对桥梁、建筑等结构的变形、共振频率等实时监测。该设备具有安装快捷、无需靶点、便携移动、受干扰小和动态高频的特点。

（2）分布式光纤 DOFS 与阵列式光纤。光纤光栅传感器是一种点式传感器，通过对光纤光栅（FBG）的封装，将其连接到光纤光栅解调仪上，进而分析测量前后的 FBG 中心波长的平移，并将传递系数转换为被测物理量，从而实现对 FBG 位置处的应变、温度或压力的测量，具有高精度、高灵敏度、受感染小的特点，但其仍然属于点式测量。进一步地，在一根光纤上串联制作多个 FBG，再利用光纤光栅解调仪根据对应的复用技术（如波分复用技术）实现多测点的准分布式测量。而分布式光纤传感技术（DOFS）则是采用光纤作为

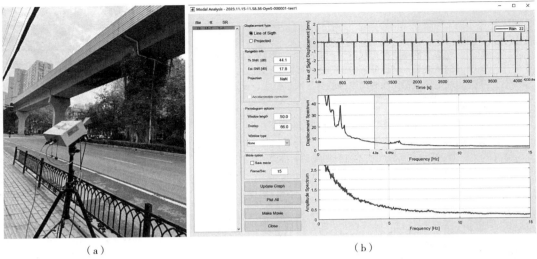

（a）　　　　　　　　　　　　　　　（b）

图 8-2　远程高精度桥梁变形监测系统
（a）现场图；（b）远程监测系统图

传感介质和传输信号介质，通过测量光纤中特定散射光的信号来反映自身或结构的应变或温度的变化，一根光纤可实现成百上千传感点的同时测量。阵列传感作为新一代光纤光栅传感技术，将分立式 FBG 与分布式光纤传感各自的优势有机结合，是实现大容量、高精度、高密度、长距离、高可靠性光纤传感网络的有效途径。国内的武汉理工大学光纤传感技术国家工程实验室姜德生院士团队实现单根光纤几十万个光纤光栅阵列的工业化生产，其已在交通、电力、石化等领域实现大规模应用，取得良好的监测效果。

（3）图像裂缝传感器 BJJC-L3。BJJC-L3 图像传感器，是一款表面裂缝监测设备（图 8-3），采用最新的基于视觉的图像分析和处理技术，可对监测区域内的多条裂缝的发展进行

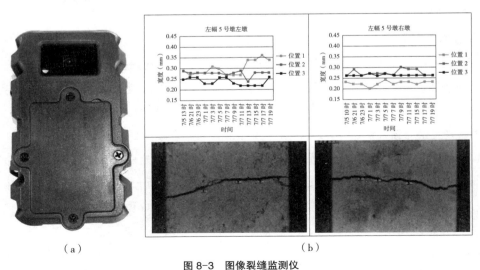

（a）　　　　　　　　　　　　　　　（b）

图 8-3　图像裂缝监测仪
（a）监测设备外形；（b）监测数据

长期高精度监测（测量精度达 0.01mm），并可返回裂缝真实照片供用户判断，其功耗低可超长待机，采用免打孔安装方式，不会对接口造成破坏，可应用于桥梁、隧道、水利大坝、地铁轨道、高速公路等场景，解决人工巡检成本高，传统监测仪无法实时获取关键裂缝图片的问题。

8.2.3　桥梁结构布置方案

1. 监测布置原则

由于经济性和结构运营状态等方面的原因，在整座桥梁所有自由度上安装传感器是不可能也是不现实的，只能通过有限的传感器来尽可能多地获取桥梁健康状况信息。因此，需要对监测点进行优化布置，以达到用最少的传感器完成桥梁必要项目监测的目的。测点的布设应该遵循"从状态评估的需要出发，以有效性和经济性为主，使测点能够发挥最大效应"的原则，主要依据如下：

（1）监测目的和要求，其中包括：需要监测的信息的类型、预计的结构响应和行为、所要记录响应的数据量等。

（2）根据桥梁静、动力计算结果确定监测部位：结构空间变形控制点、最大应力分布及幅值变化的位置或构件、可能产生应力集中的位置、动力响应敏感点等。

（3）在有限元分析结果的基础上，应用相关的优化理论进行测点优化的分析结果。

（4）综合设计人员的设计思想、评估需求、结合桥梁结构特点作分析研究。

（5）参考桥梁专家的经验与建议，以及国内外其他类似结构桥梁的经验和教训。

2. 城轨桥梁监测方案

城轨桥梁在市区多采用中小跨的简支梁或连续梁，而大跨桥梁在公路、铁路等领域的应用也较为成熟，因此，城轨桥梁监测方案主要针对常规跨度的梁桥开展。根据桥梁监测工程经验和城轨桥梁运维需求特点，并适当借鉴和参考城市桥梁监测布置方案，对于常规跨度轮轨式混凝土桥梁重点监测内容如表 8-14 所示。

重点监测内容表　　　　　　　　　　　　　　　　　　表 8-14

监测内容	监测项目	监测含义
环境参数	环境温度	分析环境温度对结构静力响应的影响，准确地反映结构基准状态，区域性设置
	结构温度	分析温度对局部构件的影响，代表性桥梁进行设置
整体响应	动力特性	可掌握桥梁整体性能，检验桥梁性能退化，评价桥梁振动强度变化和舒适度变化，为日常运营养护提供依据
	静挠度	桥梁整体安全状态的重要标志，评价桥梁使用功能和安全性的重要指标之一
	动位移	直接反映桥梁的整体刚度，获取结构冲击系数及桥梁挠度周期性变化规律，及时准确把握桥梁的实际承载能力，进行结构基频识别，判断桥梁是否处于安全运营的状态

监测内容	监测项目	监测含义
整体响应	梁端转角	监测梁端转角，反映主梁局部平顺性
局部响应	结构应力	结构安全最直接的指标，结构亚健康状态将导致应力超限或应力异常重分布，可综合判定结构状态是否处在安全可控的范围
	吊杆力	吊杆力大小直接影响主梁受力状态，且吊杆易产生疲劳和腐蚀损伤。吊杆力可用于判断结构是否安全，确定更换吊杆时机
支座	支座工作性能	支座纵向位移可反映全桥纵向受力特性，支座工作性能监测对于结构状态评估具有重要意义
视频监控	运营状况	桥下交通情况进行实时监控，有车撞风险的桥梁设置

结合城轨桥梁跨度的分布情况，按照31~40m 及以下跨度梁式桥，40~60m 跨度梁式桥，61~80m 及以上跨度梁式桥分别进行布置方案推荐。

（1）31~40m 及以下跨度梁式桥

31~40m 及以下跨度梁式桥，跨度小，受力简单，可仅考虑环境温度、动位移、支座位移和桥上视频监测。全桥合计有各类传感器9 个，31~40m 梁测点布置如表8-15 所示，31~40m 跨度梁式桥监测测点总布置图如图8-4 所示。

31~40m 梁测点布置一览表　　　　　　　　　　表 8-15

监测类型	监测项目	传感器类型	数量	监测截面
环境监测	大气温度	温度传感器	1	中墩处
结构安全监测	主梁动位移	动位移仪	1	中墩处
		标靶	2	主跨跨中、中墩处
	结构振动	加速度传感器	2	主跨跨中
	支座位移	位移传感器	2	梁端支座
视频监测	视频监测	高清摄像机	1	中墩处
合计			9	

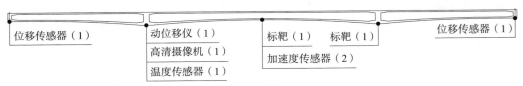

图 8-4　31~40m 跨度梁式桥监测测点总布置图

（2）41~60m 跨度梁式桥

在31~40m 跨度梁式桥监测内容的基础上，41~60m 跨度的梁式桥，可增加跨中截面的应力监测，同时增加中跨动挠度测点。桥梁部分主要关注环境温度、主梁结构变形、支座位移、视频、关键截面应力等内容。全桥合计有各类传感器16 个，41~60m 梁测点布置如表8-16 所示，41~60m 跨度梁式桥监测测点总布置图如图8-5 所示。

41~60m 梁测点布置一览表　　　　　　　　　　表 8-16

监测类型	监测项目	传感器类型	数量	监测截面
环境监测	大气温度	温度传感器	1	中墩处
结构安全监测	主梁动位移	动位移仪	1	中墩处
		标靶	3	主跨 4 分点、中墩处、主跨跨中
	支座位移	位移传感器	2	梁端支座
	结构振动	加速度传感器	2	主跨跨中
	结构应力	动应变传感器	6	主跨跨中
视频监测	视频监测	高清摄像机	1	中墩处
合计				16

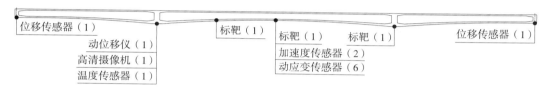

位移传感器（1）
动位移仪（1）
高清摄像机（1）
温度传感器（1）
标靶（1）
标靶（1）　标靶（1）
加速度传感器（2）
动应变传感器（6）
位移传感器（1）

图 8-5　41~60m 跨度梁式桥监测测点总布置图

（3）61~80m 及以上跨度梁式桥

相对 60m 以下的梁式桥，61~80m 及以上的梁式桥跨度较大，受力复杂，主梁收缩徐变可能对结构挠度产生较大影响，并进而影响桥上运营线路的平顺性，因此在 60m 以下跨度梁式桥监测内容的基础上，61~80m 及以上跨度的梁式桥，可增加静挠度监测、关键截面的静应力监测等监测内容。桥梁部分主要关注环境温度、主梁结构变形、支座位移、梁端转角、关键截面应力、视频等内容。全桥合计有各类传感器 41 个，61~80m 梁测点布置如表 8-17 所示，61~80m 跨度梁式桥监测测点总布置图如图 8-6 所示。

61~80m 梁测点布置一览表　　　　　　　　　　表 8-17

监测类型	监测项目	传感器类型	数量	监测截面
环境监测	大气温度	温度传感器	1	中墩处
结构安全监测	主梁静挠度	静力水准仪	4	主跨 4 分点、基准站
	主梁动位移	动位移仪	1	中墩处
		标靶	4	主跨 4 分点、中墩处
	支座位移	位移传感器	2	梁端支座
	结构振动	振动传感器	4	主跨 4 分点
	结构应力	动应变传感器	12	主跨 4 分点
		静应变传感器	12	主跨跨中、中墩处
视频监测	视频监测	高清摄像机	1	中墩处
合计				41

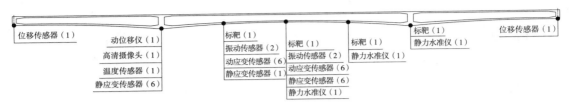

图 8-6　61~80m 跨度梁式桥监测测点总布置图

8.3　桥梁结构安全评估理论与方法

8.3.1　桥梁结构安全评估理论

1. 层次分析法

层次分析法（Analytic Hierarchy Process，简称 AHP）是 20 世纪 80 年代由美国运筹学教授 T.L.Satty 提出的一种简便、灵活而又实用的多准则决策方法，它根据问题的性质和要达到的目标首先分解出问题的组成因素，并按因素间的相互关系将因素层次化，组成一个层次结构模型，然后按层分析，最终获得最低层因素对于最高层（总目标）的重要性权值。层次分析法是一种定性和定量相结合的、系统的、层次化的分析方法，其主要过程为：第一步，明确评估的对象，建立层次模型结构，重点确定指标体系；第二步，进行指标标准化，根据专家建议，采用某种标度构造判断矩阵，并进行修正和检验；第三步，利用判断矩阵计算各层指标的权重；第四步，根据各指标评分值和权重综合计算最终评价结果。

层次分析法可以全面地综合评价所有信息，并考虑不同指标的重要性和影响程度，主次分明，计算流程和逻辑清晰，但其权重矩阵的建立计算较大，并且不能考虑模糊性的取值问题。

2. 专家打分法

专家打分法是利用专家团队相互掌握的专业知识和预警情况，对桥梁警情实行判断并打出相应的分数做出预警。根据被打分结构中各个构件之间的互相联系影响程度，可以采用不同的计算公式确定桥梁整体预警总分值。桥梁各部件的权重分类是专家团队根据不同桥梁类型中各部件的受力特征和重要程度，具体问题具体分析，设计出桥梁各部件的权重分类表。按照桥梁整体预警总分值的大小判断出桥梁整体预警级别，桥梁整体预警的总分越高，预警级别越大。专家打分法可分为加权打分型、加法打分型、连积打分型和数相乘打分型。

3. 模糊综合评判法

模糊综合评判法是以模糊数学为基础，应用模糊关系的原理，将一些边界不清、不易定量的因素定量化，进而进行综合评价的方法。其核心是引入隶属度的概念，通过隶属函数和关系矩阵建立对象、指标之间的关系，一般包含六大基本要素：评判因素、评语等级、模糊关系矩阵、评判因素权重向量、合成算子、评判结果。该方法较好地解决了事物的模糊性和算法的确定性之间的矛盾，可以比较好地表达事物的客观本质，具有结果清晰、系统性强的特点，能较好地解决模糊的、难以量化的问题，适合各种非确定性问题的解决。目前该方法可用于桥梁病害因素、缺损度、等级评价等评判问题，但隶属度的选择对评判结果影响深重，因此在应用中需要重点关注。

4. 基于可靠度的评价法

实际结构状态评估中，不确定性因素来源于系统变异、环境条件变化等。由于荷载效应与抗力均有明显随机性，基于可靠度的理论逐渐被引入来解决这个问题。健康监测获取的大量监测数据，可为可靠度分析提供数据支持，依据监测系统得到的模态信息，可用有限元进行模型修正，并通过实验，确保模型能真实反映结构实际状态。通过建立如基于应变的极限状态方程，使用验算点法等对可靠度进行评估。

8.3.2　桥梁结构安全评估规范化进程

我国桥梁建设技术在近 20 年内得到飞速发展，桥梁的跨度不断增大，结构也更为复杂，其作为交通咽喉的关键性也愈发突出，对桥梁的养护和运维提出了更高要求。20 世纪 90 年代以来，为解决桥梁状态的关键参数获取和有效评估问题，国内开始开展桥梁健康监测系统的研究与应用，桥梁健康监测进入了一个快速发展时期。随着传感器和采集设备的性能提升，结构健康监测评价理论的不断完善，结构健康监测逐渐发展了一套完善的体系，在发展的阶段中，结合当时技术条件和环境，总结形成了相关标准与规范，对结构健康监测的向好发展起到了至关重要的作用。

2014 年，住房和城乡建设部发布了《建筑与桥梁结构监测技术规范》GB 50982—2014，规范中桥梁部分包含了城市桥梁、公路桥梁和铁路桥梁。该规范明确了常用传感器的技术参数和安装要求，明确了施工期间和使用期间的基本监测方案。对于桥梁结构，规范首次明确了各类桥型开展监测的条件：梁桥（跨径 > 150m）、斜拉桥（跨径 > 300m）、悬索桥（跨径 > 500m）、拱桥（跨径 > 200m），以及其他环境和结构特殊的桥梁，确定了各种桥型的主要监测项目和布置方案。此外，规范提到了要设置预警，但并未介绍预警阈值的具体方案和要求。该规范的主要应用对象是公路桥梁，对于铁路桥梁只在规范的附录中提及，对城轨桥梁暂未明确。

自国家标准发布后，结构健康监测系统进一步快速发展，公路桥梁走在了行业最前列，率先在跨江跨海的大型桥梁上安装了健康监测系统，有效保障了桥梁运营安全。交通运输部于 2022 年发布了《公路桥梁结构监测技术规范》JT/T 1037—2022，对桥梁健康监测实施过程的监测项目、布设方案、传感器参数、监测频率、数据分析、预警阈值、安全评估和系统建设等方面都进行了详细阐述，总结了公路桥梁领域的众多监测成果，对于其他相关行业具有很高的参考价值，该规范的实施使桥梁健康监测的工作更加规范、科学和系统化，提高了桥梁安全运行水平，降低了桥梁运营风险和损失。除交通运输部，工程建设标准化协会也着手解决结构健康监测系统预警阈值和运行维护管理上的问题，先后发布了《大跨度桥梁结构健康监测系统预警阈值标准》T/CECS 529—2018 和《结构健康监测系统运行维护与管理标准》T/CECS 652—2019。各省市也因地制宜制定了符合本地情况的监测系统应用指导规范，从系统设计、实施、预警方案、验收和系统运维等多方面对结构健康监测系统进行了规范，如上海市发布了《桥梁结构监测系统技术规程》DGT J08—2194—2016、江苏省发布了《桥梁结构健康监测系统设计规范》DB32/T 3562—2019 等，目前公路和市政领域的部分公路桥梁健康监测规范如表 8-18 所示。

部分公路桥梁健康监测规范   表 8-18

规范名称	标准号	主管部门
《建筑与桥梁结构监测技术规范》	GB 50982—2014	住房和城乡建设部
《公路桥梁结构监测技术规范》	JT/T 1037—2022	交通运输部
《大跨度桥梁结构健康监测系统预警阈值标准》	T/CECS 529—2018	中国工程建设标准化协会
《结构健康监测系统运行维护与管理标准》	T/CECS 652—2019	中国工程建设标准化协会
《公路混凝土梁式桥长期监测和预警技术规范》	DB41/T 1679—2018	河南省交通运输厅
《桥梁结构健康监测系统设计规范》	DB32/T 3562—2019	江苏省交通运输厅
《桥梁结构健康监测系统实施和验收标准》	DBJ50/T-304—2018	重庆市住房和城乡建设委员会
《连续梁（刚构）桥健康监测技术规程》	DB61/T 1037—2016	陕西省交通运输厅
《城市桥梁隧道结构安全保护技术规范》	DBJ/T 15-213—2021	广东省住房和城乡建设厅
《桥梁健康监测传感器选型与布设技术规程》	T/CCES 15—2020	中国土木工程学会
《市政桥梁结构监测技术标准》	DB22/T 5035—2020	吉林省建设标准化管理办公室
《天津市桥梁结构健康监测系统技术规程》	DB/T29-208—2011	天津市城乡建设和交通委员会
《桥梁健康监测系统运营维护与管理规范》	DB34/T 3968—2021	安徽省市场监督管理局
《城市桥梁运营状态监测技术规范》	DB 50/T 1115—2021	重庆市市场监督管理局

　　铁路行业的桥梁健康监测标准相对公路起步较晚，标准由中国国家铁路集团有限公司（以下简称"国铁集团"）发布，为解决铁路行业的桥梁健康监测开展依据和规范化问题，国铁集团于 2020 年发布了《铁路桥梁运营状态监测技术条件》Q/CR 757—2020，该规范首次明确了铁路桥梁开展健康监测的桥梁跨度宜大于 200m 的要求，并对主要的监测项目、监测位置、传感器主要选型与参数指标进行了明确，是铁路桥梁开展健康监测的实施依据，对于铁路行业开展桥梁健康监测具有重要指导意义。在此基础上，2023 年由中铁第四勘察设计院集团有限公司主编发布了国铁集团企业标准《大跨度铁路桥梁与轨道健康监测系统技术规程》Q/CR 9576—2023，该规范在前者的基础上进一步升级和细化，结合铁路桥梁运营监测的现实需求和技术方案，提出了桥梁与轨道一体化监测的新要求，将大跨度铁路桥梁的运营安全监测提升到了新的高度。该规范从监测系统的设计、安装调试、验收与维护等原则、监测项目、布设位置、设备选型、采集传输、数据分析、预报预警、接口设计等众多方面进行了详细要求，是目前铁路行业内最具参考性的桥梁健康监测实施依据，对提升桥梁健康监测水平具有重要贡献。

　　在公路、市政和铁路等行业先后开展桥梁健康监测后，轨道交通领域也逐渐重视和发展。住房和城乡建设部于 2014 年发布了《城市轨道交通工程监测技术规范》GB 50911—2013，该规范主要突出在保证工程结构和周边环境安全，侧重于施工期监测的相关技术要求上。为解决城轨桥梁运营监测和评价存在诸如检查内容的完善性、未明确监测评价方法及分类不能充分反映桥梁真实状态等问题，由交通运输部提出，国家市场监督管理总局和国家标准化管理委员会发布了《城市轨道交通设施运营监测技术规范》GB/T 39559—2020，该规范明确了城轨桥梁开展健康监测的条件和内容，规定了桥梁、隧道的状态评价分为技术状况评价、结构安全评价、行车影响评价三类，以及各评价等级分类等具体要求，完善了城市轨道交通设施的状态评价体系。规范的桥梁部分，将运营监测划分为检查和监测两种，其中，检查部分对桥梁的三种检查（即：日常检查、定期检查、专项检查）的内容、方式、频次、结果报告要求等作了不同的规定，同时提出专项检查时应根据需要进行静动荷载试验，测定桥梁结构静动力响应，视情况还要测定车辆动力响应；监测部分明确了桥梁进行沉降与变形监测和运营安全监测的具体要求，规定沉降与变形监测的监测频次、需监测的桥梁条件、监测位置等内容，当有监测数据超过本部分规定的限值时，要进行行车影响评价。规范把城市轨道交通桥梁状态评价分为技术状况评价、结构安全评价和行车影响评价。技术状况评价详细规定了根据日常检查、定期检查的病害（缺陷）情况，对照各类桥梁五个部分的检测标度表确定对应病害的标度值，再按照"计权重的多项指标分层综合评定方法"确定桥梁技术状况进行等级评价。结构安全评价包括检算、荷载试验等方式，其中检算结果须按病害情况进行结构检算系数和截面折减系数的折减后才作评价所用；而荷载试验规定了荷载效率系数和结构校验系数的取值和范围。根据城市轨道交通桥梁特点，行车影响评价部分分别对评价指标、指标限值、评价等级及对应处置措施等进行了规定。规范确定了影响走行性的因素的主要指标，并把行车影响评价结果分为三类，Ⅰ类可以正常使用，Ⅱ类需分析研判是否需要限速，Ⅲ类桥应立即限速运行或分析研判是否需要停用。该规范是目前城轨桥梁行业内最具权威性的桥梁监测技术规范，但需要注意的是，规范明确的主要对象仍然是常规的轮轨式桥梁，对于一些新制式的轨道交通桥梁结构，在开展健康监测时，还需要根据结构的形式进行针对性的监测和评价。

8.4　工程案例

　　某试验跨高架轻轨桥梁采用了单箱单室简支梁，线路的上下行分别由共桥墩的两根梁承担，图 8-7 为某轻轨桥梁振动数据时程图。图中振动数据出现了明显的波动，并分为两类，其中一类为振幅较大的第 1 个、3 个、5 个、7 个波，这些波是由列车经过本上行跨梁造成的直接振动；另一类为振幅较小的第 2 个、4 个、6 个波，经过现场观察，其为下行桥跨在列车经过时引起的振动，由于上下行的桥梁支撑在同一桥墩上，列车经过时，这种振动传递到上行桥跨，并被振动传感器监测到。对其中一次列车经过的振动响应数据进行频域分析，振动数据频域变换结果如图 8-8 所示，从图中可以看出，频域曲线在 5.83Hz 时出现波峰，这与该桥跨理论计算特征频率 5.68Hz 较为接近，误差 2.64%。

　　该跨跨中的动应变时程数据曲线如图 8-9 所示，从图中可以明显看出，列车经过时，动应变实测为 22.5με，并呈现规律性的变化。由于该动应变传感器采集设备自带基准值修正，因此其在列车经过时修正基准值造成了部分负值出现。动应变频域变换数据曲线如图 8-10 所示，从图中亦可识别到结构 5.83Hz 的特征频率。

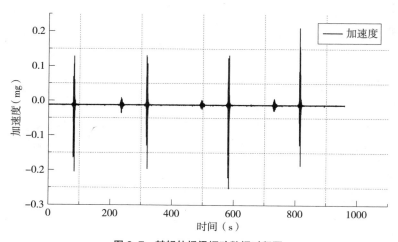

图 8-7　某轻轨桥梁振动数据时程图

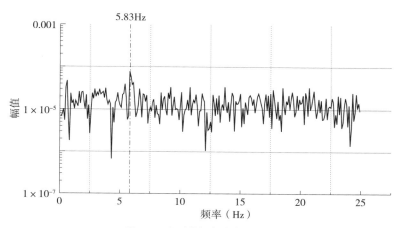

图 8-8　振动数据频域变换结果

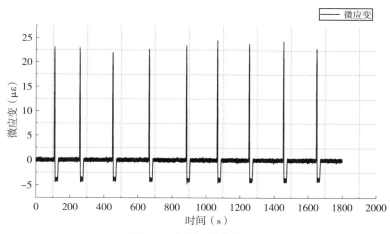

图 8-9　动应变时程数据曲线

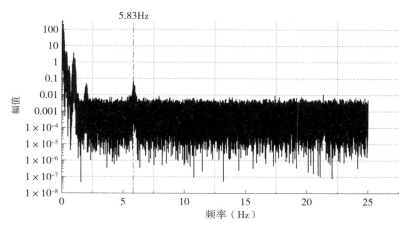

图 8-10　动应变频域变换数据曲线

第 9 章

轨道结构智慧监测及安全评估

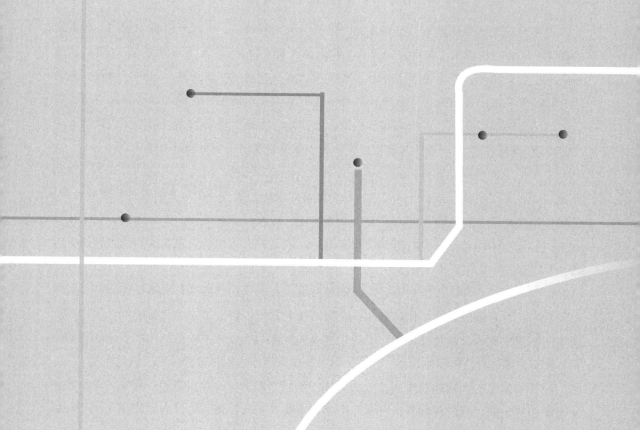

随着城市轨道交通的不断发展，轨道线路系统的安全性和可靠性越来越受人关注。轨道线路结构健康监测是轨道交通基础设施监测的重要内容之一，是确保地铁高平顺性、高稳定性和高可靠性的重要措施。轨道线路结构智慧监测贯彻着"以检为主、检监结合；动检为主、静检为辅；动、静结合"的理念，为城市轨道交通的安全运行提供保障。

9.1 轨道结构智慧监测概述

9.1.1 轨道结构智慧监测的概念及意义

城市轨道交通系统具有运行速度高、运行密度大等特点，在运行过程中受到各种因素的影响，例如自然因素（如气候变化等）和人为因素（如设计、建设和维护等）。地铁轨道线路系统智能监测，是指使用传感器、网络和计算等技术对轨道线路系统进行智能化监测的一种技术手段。具体来说，就是通过传感器等装置将轨道线路系统的状态采集下来，并通过网络传输到数据中心进行分析和处理，最终给出相应的预警信息，帮助运营管理人员及时发现和排除问题，以确保地铁的正常运行，保障乘客出行安全和运行效率。

主要的轨道检测及监测手段包括人工巡检、检测车巡检、特殊区段在线监测等。结构健康监测技术在保障运营安全与缩减结构全寿命周期内的管养费用等方面发挥着重要作用，主要体现在结构与全寿命周期内安全与成本优化、对大型复杂结构的安全保障与新型设计方法的验证、结构管理维护的自动化和智能化，以及受灾结构的信息收集与快速评估等方面。为了保障轨道交通系统的安全运行，轨道系统的智能检测技术应运而生。开展地铁轨道智能监测，对地铁轨道结构进行实时健康监测，及时识别结构变形和累积伤损并评估其使用状况，对可能出现的结构病害和安全影响提前预警，建立相应的预警机制，对轨道交通系统的安全运营有着重要意义。同时，开展健康监测可进一步降低结构的运行和维护费用，具有良好的社会和经济效益，已成为城市轨道交通系统安全运营维护的必然要求。

线路监测可分为控制稳定为目的的监测、控制变形为目的的监测和工程支挡防护结构服役状态的监测。目前用物联网已实现全生命周期数字化监测，可以自动收集可用于线路设施管理的数据，线路设施智慧监测体系会利用传感系统和分析技术来监测并评估路基及其附属结构物的健康状态（如安全性和耐久性）。传统的线路沉降监测主要是以人力测量为主，其工作强度大、重复劳动多、自动化程度低，并且在列车行进过程中无法进行监测，最重要的是其测量结果还容易受人工影响。线路设施智慧监测系统利用先进的数据分析技术，如基于人工智能的智能数据分析，确定线路结构特征参数和损坏状况，在超出监测标准时发出适当的警报，进行结构性能评估和损坏预后，进行结构健康等级和结构寿命预测。一方面掌握线路在施工过程中的沉降、稳定情况，对实体工程的施工进行控制与指导，以保证工程的顺利开展；另一方面掌握运营期线路长期性能的变化规律，及时发现并处理可能出现的线路病害，以保障线路的长效安全，并对维修、改造和更换等结构干预措施提供决策支持。

轨道线路设施智慧监测在维护基础设施和提高安全性方面有重要作用，可以对轨道及其下部结构的内部沉降、倾斜、表面位移、表面沉降等进行连续监测，同时及时捕捉线路形状变化的特征信息，通过有线或无线方式将监测数据及时发送到监测中心，并结合地表收集的雨量、位移等信息，由本地或云计算机进行数据分析处理，识别线路结构的损伤程度，完成对线路整体健康状况的安全评估，保证线路结构的安全性、可靠性与耐久性，具有重要的社会意义、经济价值和广泛的发展空间。

9.1.2　轨道结构智慧监测应用及前景

城市轨道交通系统轨道线路智能监测技术可以应用于城市地铁的运营管理和维护保养等方面。

1. 运行状态监测

通过实时采集和监测轨道线路系统的状态，能够及时发现问题，提高运行的安全性和稳定性。可以通过监测来确定轨道线路系统的维修和保养计划，减少运营中的故障和事故。

2. 预测性维护

通过对采集的数据进行分析和处理，能够预测轨道线路系统中的潜在问题，提供预警信息，并制定相应的维护保养策略，能够减少突发故障的发生，降低维护成本。

3. 数据分析与决策支持

通过对采集的数据进行分析，能够为管理人员提供决策支持，帮助管理人员根据轨道线路系统运行状态进行相应的运营管理和维护保养决策。

总之，地铁轨道线路系统智能监测技术利用传感器、网络和计算等技术手段，对地铁轨道线路系统的状态进行实时监测，对提高运营管理水平和保障乘客出行安全具有重要意义。

目前，基于分布式光纤技术对城市轨道交通线路设施智慧监测研究尚未成熟，受限于分布式光纤技术自身性质、监测系统的现场施工布设工艺，尚未有适合的监测数据分析决策理论，当智能检测系统更加完善时，监测数据才会更加准确。随着技术的不断进步，人工智能、自动化系统持续改进，线路设施智慧监测领域会拥有更大发展潜力和更多的机会。

9.2　轨道结构智慧监测技术

9.2.1　轨道结构监测技术

城市轨道交通系统轨道结构的监控技术主要有结构状态监测技术和轨温监测技术。

1. 结构状态监测技术

结构状态监测技术主要有钢轨温度力监测、道岔和伸缩调节器运用状态监测、超声波技术。

（1）钢轨温度力监测

钢轨温度力监测方法有很多，大致可以分为观测桩法、横向加力法、应变计法等。

1）观测桩法。在铺设无缝线路的同时设置观测桩来监测钢轨线路的位移情况，但是观测只能大致估计钢轨温度力，不能得到实际值，且观测桩之间距离较远不能真实反映钢轨温度力的分布。

2）横向加力法。横向加力法可以得到较为准确的数值，但是测量方法较为复杂困难，且如果钢轨内应力比较大时，释放扣件可能会有较大风险隐患，同时在提升钢轨的过程中钢轨会发生形变，容易损坏钢轨自身结构。

3）应变计法。在无缝线路铺设时，将轨温计和应变计用点焊机焊接在钢轨轨腰处，在钢轨焊接时记录锁定轨温。通过记录应变值和轨温变化值换算成钢轨自身温度力，这种方法对锁定轨温要求较高，如果锁定轨温发生漂移，测量值就会产生较大误差，且这种方法仍然只能通过轨温来换算得到温度力，不能直接测量。

（2）道岔和伸缩调节器运用状态监测

通过对钢轨纵向力、纵向位移、尖轨及心轨转换状态、密贴状态、几何形位的在线监测，确保道岔和伸缩调节器运用安全。

（3）超声波技术

应用超声波（频率超过20kHz的声波）技术可以进行轨道位移、磨损或者内部出现伤痕的检测。在检测过程中，检测设备无须与轨道接触，便可准确判断轨道开裂位置，甚至裂痕的深度也可测量出来，有助于及时排除轨道断裂可能带来的潜在危险。

1）超声波探伤技术原理

超声波技术进行钢轨探伤的原理是，利用声波在不同介质中的传播特性，将 200kHz 的声波射入被检钢轨中，如果钢轨中有损伤，也就是说钢轨已经不是由同一介质组成的，那么超声波会被反射回来，根据反射回来的超声波信号，可判断钢轨中伤痕的大小及其位置。在探伤仪上安装有不同角度的探头，可以对钢轨不同部位的损伤进行检测。如 70° 角探头用来发现轨头内的核伤或横裂，35°~45° 角探头可检测轨腰及螺栓孔损伤，而应用垂直探头发射纵波则可检测轨头、轨腰、轨底的水平裂纹、纵裂纹。

2）钢轨探伤检测系统组成

钢轨探伤检测系统主要由探头、超声波收发装置、探头伺服控制系统、探伤数据采集系统、损伤分析系统、耦合液喷淋系统、主控计算机，以及外部设备等组成。在钢轨探伤检测系统中，探头装有超声换能器，通过超声发射电路使换能器按一定频率发射超声波。系统进行工作时，耦合液喷淋装置在探头和钢轨间喷洒耦合液，保证探头与钢轨耦合良好，保证超声波的大部分能量能传入钢轨内。如无损伤存在，波束到达钢轨底面后依原路返回探头，得到底波。否则在底波前出现一个损伤波，而底波峰值降低或消失，超声回波信号经超声接收装置放大滤波及电平转换后送入高速数据采集系统。数据采集系统按规定格式记录回波信号的波程、峰值及脉冲重复周期的序号，形成数据文件送入损伤分析系统。损伤分析系统判断出有无损伤并描绘出钢轨伤损图，当探测出有损伤时会自动报警。超声波钢轨探伤系统结构示意如图 9-1 所示。

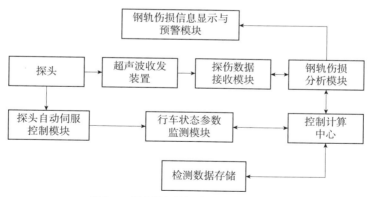

图 9-1　超声波钢轨探伤系统结构示意图

2. 轨温监测技术

随着地下铁路建设步伐的加快与既有线设备重型化的发展，越来越多的线路采用跨区间无缝线路技术，无缝线路在技术经济上有明显的优越性，与有缝线路相比，可节约维修费用、平顺性好、线路阻力小、行车平稳、旅客舒适，还可减少机车和车辆的修理费和燃料费。但无缝线路铺设锁定后，钢轨内部温度力随轨温变化热胀冷缩，产生的温度应力却无法做到即时监测，容易造成胀轨、断轨及轨道不平顺，危及列车安全运行，所以如何取代传统人工上道测量轨道温度，对轨道温度实施常态化、自动化监测，远程无人值守的实时监测显得尤为必要。

在现场设置钢轨及大气温度传感器，建立轨温监测报警系统，实时掌握钢轨温度，确定轨温控制标准，科学地进行轨温预报，是保障高速铁路安全运营的关键技术之一。轨温监测系统由设置在现场的钢轨温度传感器、大气温度和湿度传感器，设置在养路工区（工务段）的信息处理器、显示器、道床状态信息输入设备（报警器、记录仪等）组成。同时在线路选定地点附近设气象信息采集点，以便对比决策。

随着轨道检测技术的迅速发展，为保证我国地铁建设和运输安全，对地铁基础设备状态进行实时监控，为建立地铁安全监控体系奠定了重要基础。今后，发展地铁轨道检测技术将成为我国科技保安全的一项重要举措。

9.2.2　轨下基础结构监测技术

目前我国已逐步建成适合我国国情的城市轨道交通线路监控系统，并朝着集成化、智能化的方向不断发展。一些新型的下部结构沉降监测方法不断涌现出来，代表性的有车载探地雷达监测技术、合成孔径雷达干涉监测技术及分布式布里渊光纤传感监测技术。

1. 车载探地雷达监测技术

探地雷达（Ground Penetrating Radar，简称GPR）是浅层地球物理勘探的一种重要工具。由于城市轨道线路路基具有良好的成层性，各层的电磁性参数具有很大的差异，探地雷达不断发射雷达波，遇到不同电磁性质的介质界面后产生反射能量波，通过对反射信号的接收、放大及数字化，实现对城市轨道线路路基沉降病害的监测。

车载探地雷达系统由轨道车、收发一体天线、采集仪、电池和测量轮组成，具有连续、快速、高分辨率、高精度、操作简单、成像色彩丰富、实时成像的特点，是一种无损检测的方法，不会破坏现场。但在实际应用中仍存在一些问题：首先，正常运营的地铁天窗时间较短，要求车载雷达具有一定的探测速度，随着探测速度的提高又会造成横向分辨率的下降，这就对雷达采集系统的软、硬件提出了更高的要求。其次，探地雷达所探测的深度不深，对于下部结构深处出现的病害及不均匀沉降现象，需采用多频多天线组合进行探测，这就要求仪器具有多通道采集、控制及显示等功能，在天线方面，由于频带接近，需要了解它们之间的相互影响，并在后续的处理中消除这种影响。再次，轨枕的强反射、对电磁波的散射等都使向下传播的电磁波能量大大减少，介质的湿度与导电率也会影响传输速率和衰减率，影响勘探的深度；线路周边设施也会对雷达探测造成干扰，需要系统研究从而排除或降低干扰。此外，对探地雷达资料的判断具有一定程度的主观性，因此判断解释者的经验及建立足够的资料库档案进行反复对比，对判断解释的正确性十分重要。

2. 合成孔径雷达干涉技术

合成孔径雷达干涉技术（Interferometric Synthetic Aperture Radar，简称 InSAR）是微波遥感测量技术的一种，通过合成孔径雷达（SAR）两次观测数据中所获得的相位差反演径向位移变化，从而提取地表的三维信息和地表的高程变化。在此基础上发展起来的雷达差分干涉测量（DInSAR）方法，以及多时序合成孔径雷达差分干涉测量（MT—InSAR）技术，克服了常规 InSAR 技术的部分局限性，拓宽了 InSAR 技术的应用领域。

InSAR 技术能在相对较低的成本下，大范围高空间分辨率对地面目标区域进行形变监测，与地面常规测量手段相结合，可以在点、线的基础上增加区域性面状数据，更加方便直观地对城市轨道交通沿线区域地面沉降进行定性及定量分析。然而，InSAR 方法的初衷是用来反演大范围地表形变的，将 InSAR 技术用于城市轨道交通线路沉降病害的监测，必须满足时间与空间上对沉降监测的要求：时间方面，为保证监测的及时性，就要求卫星的过境时间要有足够的频数；空间方面，城市轨道线路属于大型线状结构物，跨越较大的空间范围，需要多幅 SAR 图像的拼接才能完成整个工程的监测。分析单幅 SAR 图像时，也需考虑整个线路的变化趋势及形变原因。此外，所得到的影像的清晰度远不如光学影像，使得影像解译的难度较大。城市轨道交通难免要穿越植被覆盖区，在这些低相干地区，如果相干点的数量和质量达不到一定的要求，将会直接影响后续的相位解译工作，进而影响监测精度。

3. 分布式布里渊光纤传感监测技术

分布式布里渊光纤传感技术是基于光时域反射（OTDR）技术而逐渐发展起来的一种新型传感技术，具有低损耗、耐腐蚀和电绝缘性等特点。当光波在光纤中传播时，会与光纤中不规则颗粒发生碰撞，这些弹性或非弹性的碰撞会引起光的散射，主要有由折射不均匀引起的瑞利散射（rayleigh scattering）、由光学声子引起的拉曼散射（raman scattering）及由声学声子引起的布里渊散射（brillouin scattering）。沉降测量是利用光在光纤中传输能够产生布里渊散射的原理，即向光纤中注入脉冲光，它在光纤中传输的同时不断产生向后的散射光波，这些光波的状态受到所在光纤散射点轴向应变和温度的影响而改变，将散射回来的光经系统处理后，便可将光纤沿线所测信息实时显示出来，由光纤中光波的传输速度和入射光与反射光之间的时间差定位出光纤沿线所测信息。

将光纤传感应用于沉降监测具有一系列传统监测技术所不能比拟的优点：光纤传感器以光信号作为载体，以光纤作为媒质，光纤的纤芯材料为二氧化硅，具有耐腐蚀、防雷击、抗电磁干扰等特点；光纤传感器体积小、质量轻、方便施工，对埋设部位的材料性能和力学参数影响甚小，属于无损埋设；光纤灵敏度高、可靠性好、使用寿命长，可以准确地测出光纤沿线任一点的监测量，信息量大、成果直观，可以满足长距离的监测要求。然而，在实际高速铁路路基沉降病害监测过程中，由于光纤的频移是由力场和温度场的复合作用引起的，所以要剔除测试结果中温度变化的影响，需要采取相应的温度补偿措施；同时，监测对象尺寸长、范围大，需要有针对性地选择监测部位或断面，将传感器以最合理的方式布置在适合位置。此外，目前监测所使用的传感光纤一般为普通的通信用光纤，施工过程中易遭到损坏，需要采取相应的保护措施或采用特殊封装的传感光缆，以保证传感光纤在工程施工和后期监测过程中正常工作。

我国城市轨道交通线路路基沉降监测技术由最初的人工检测不断发展到现在的集智能化、数字化于一体的实时监测系统，监测手段也在不断提升。

9.2.3　轨道结构感知设备选型与布设

状态感知是轨道线路结构健康监测的基础，是将表征结构状态的物理量通过传感器件转换成光、电、磁信号，经调理、放大、采集电路，实现结构状态数字化，并通过系统集成技术，优化监测系统构架，实现城市轨道交通结构状态数据合理组织、科学管理。

1. 轨道线路结构感知设备选型原则

轨道线路结构感知设备主要是传感器，通常由敏感元件和转换元件组成。传感器是一种检测装置，能够感受到被测量的信息，并且能够将感受到的信息按照一定的规律变成电信号或其他形式的信息输出，以满足信息的传输、处理、存储、显示、记录和控制要求。在监测系统中，传感器位于最前端，是决定系统性能的重要部件，传感器灵敏度、分辨率、稳定性等参数都直接影响测量结果。传感器的类型主要有磁电感应式传感器、振弦式传感器、MEMS 传感器、激光传感器，以及光纤传感器。

传感设备选型基本原则：

（1）适应性原则，满足量程、灵敏度、精度要求，能真正对监测信号进行采集。

（2）可靠性原则，尽可能选取成熟先进的传感器，保证获取信息的真实可靠。

（3）耐久性原则，要考虑各种工作环境下传感器的耐久性，埋入式传感器宜设置备用测点，对外置式的传感器尽可能加以保护。

（4）经济性原则，综合考虑成本问题，在满足功能要求的前提下尽可能降低成本。

轨道线路设施智慧感知设备的硬件部分一般由传感器、数据采集处理模块、通信模块、电源模块和 PC 机等组成。

传感器可采用电容式压力变送器，能检测电路电容的微小变化，并进行线性处理和温度自动补偿，把液位的高度转化为相应的电压量，如 0.065% 等级的变送器。主要参数：量程 0~50kPa；非线性、迟滞、重复性：≤ 0.05%FS；零点温漂：≤ 0.03%FS/24h。如果采用传感器温度自补偿及规一化电路调试，可将温度稳定性指标提高到 0.01%/FS。

　　数据采集处理模块需要完成的功能有接收传感器输出的模拟电压信号，把电压信号转化为数字信号，以便数据的存储和发送等。这个模块包含的具体功能主要有 A/D 转换、微处理器、存储单元。系统选型时需考虑使用环境、节能等因素，处理器可以采用 MSP430 系列，选用的单片机为 MSP430F2013。MSP430 系列单片机在低功耗方面性能卓越，而且该系列单片机中的某些型号内嵌了 8 位 /12 位 /16 位的 Sigma—Delta A/D 转换模块。

　　通信模块通过互联网或 GPRS 或卫星等进行远程无线数据传输。前端自动监测模块采集的数据发送到后台数据处理子系统，后台数据处理子系统通过无线接收模块接收前端发来的数据。

　　电源模块选型时，优先考虑使用 220V 市电的情况，故先用变压器把市电转化为 12V 和 5V 的直流电，然后通过电源芯片把 5V 的直流电供给采集处理电路，把 12V 直流电供给路基沉降智能监测系统的传感器。由于多个传感器都是使用 12V 直流电，所以电源模块 12V 输出电压应满足最多给 5 个传感器供电的要求。

　　在结构健康监测系统集成中，根据被测物理量、环境适用条件等进行综合考虑选择适用的感知设备：

　　（1）应变测量

　　目前常用的有电阻式应变计、振弦式应变计和光纤光栅应变传感器。

　　（2）振动 / 加速度 / 索力测量

　　结构振动监测中将振动信号转换成便于传输、放大和记录的电信号。目前应用最为普遍的是速度型传感器和加速度传感器。速度型传感器主要是磁电式传感器，加速度传感器除了磁电式传感器外，常用的还有压电式、压阻式、电容式、力平衡式传感器。

　　（3）变形 / 位移 / 挠度 / 沉降 / 裂纹测量

　　对于不同结构形式及规模，其位置及位移测量设备有所不同，常规的有激光位移传感器、电子测距仪、全站仪、测量机器人、静力水准仪、千分表、磁致伸缩位移传感器、拉绳式位移传感器等。

　　（4）压力 / 索力 / 拉力测量

　　测力型传感器多采用桥式测量原理，测量原理与电阻式应变测量类似。

　　（5）倾斜测量

　　倾斜角可通过倾角仪、角度传感器或增量式旋转编码器测量，也可通过加速度传感器间接测量倾斜角度。

（6）环境 / 温度 / 湿度 / 雨量 / 风速 / 风向 / 气压测量

温度测量常用电子温度计或应变式温度计。湿度传感器选型时需考虑测量范围与测量精度。雨量测量通常使用桶式或光电式雨量传感器进行测量。风速风向传感器包括三类：第一类是螺旋桨式风向风速传感器；第二类为风速是三杯式、风向是单翼式的风向风速传感器；第三类为超声波风向风速传感器。

2. 轨道线路结构感知设备布设原则

传感器布设位置需要根据所测的监测因素选择，监测点的数量和疏密程度根据被测体规模大小及重要性来确定。

监测点应设在数据容易反馈且不影响路基服役的部位；监测工作能够检验工程设计及施工方案的合理性，充分掌握路基建设和运营期间的健康状态，将信息向相关设计及运维部门进行反馈，有助于做好优化设计和运营维护工作；存在危岩落石、高陡边坡、岩堆体、膨胀岩土、湿陷黄土、岩溶发育区等不良、特殊地质区段的路基必须布设监测点位；经过建设期监测确定后续可能存在继续沉降的路基必须布设监测点位；线路附近有环境敏感点或有可能发生异常情况的路基，如开矿、抽取地下水，或与其他交通设施交叉干扰的路基必须布设监测点位；不同构筑物过渡段和存在差异性沉降较大的区域必须布设监测点位。

结合监测的目的和内容，合理布置监测系统，监测系统中的各个监测项目，最好能达到相互验证，从而更能验证其测试量。监测项目的设计包括以下内容：监测项目的土建设计，如相应的成孔作业、电缆布设及相应的保护措施；断面设置及监测项目的布置；电缆走线；传感器率定、安装及初测；长期监测系统的维护及保养设计。另外，感知监测设备需要定期维护并且校准。环境背景光和环境温度都会影响位置敏感器件的定位精度。

9.3 轨道结构安全要素分析

地铁轨道是行车的基础，它的作用是引导机车车辆的运行，它直接承受来自列车的各种力并传至路基或者桥隧建筑物上。和普通铁路轨道结构一样，地铁轨道结构也是由钢轨、轨枕、扣件、道床、道岔等部分组成，这些材料力学性质不同的部件承受列车荷载，它们的工作紧密相关，任何一个轨道部件的结构、性能、强度的变化都会影响所有其他部件的正常工作，对地铁列车的正常行车产生影响。因此，要求轨道应具有足够的强度、稳定性和耐久性，才能保证列车安全、平稳、不间断地运行，在部件性能、技术水平和养护维修等方面标准更高、要求更严。

根据影响轨道安全状态的不同设备类型，将影响轨道安全状态的因素分为轨道几何病害、钢轨伤损和钢轨接头病害、轨枕伤损、轨道板病害和其他病害。

1. 轨道几何病害

轨道几何状态是轨道结构承载能力的综合体现，直接影响轨道安全状态。我国对轨道几何尺寸的管理采用静态和动态相结合的模式。其中，轨道动态不平顺分峰值和均值，峰值管理质量通过分级采用幅值超限评分法评定，均值管理质量采用轨道质量指数评定。

根据动态检测法，可检测得到 10 项不平顺轨道几何病害指标：左或右高低，左或右轨向，以及轨距、三角坑、水平、车体横向加速度、车体垂向加速度和轨距变化率。这些检测项目能够客观、合理地反映轨道的质量状态，为工务部门制定日常养护维修计划提供重要的数据支持。

根据轨道受列车荷载作用的方向，可将不平顺轨道几何病害检测项目大致分为横向不平顺、垂向不平顺两类。其中，横向不平顺包括轨道方向不平顺和轨距不平顺；垂向不平顺包括高低不平顺、水平（超高）不平顺和扭曲不平顺（三角坑）。

2. 钢轨伤损和钢轨接头病害

钢轨伤损形式主要有钢轨磨耗、轨头剥离裂纹、轨顶面擦伤、轨腰伤损、波形磨耗、表面裂纹、内部裂纹和腐蚀等。按伤损程度分为轻伤、重伤和折断三类。

钢轨接头是地铁线路中安全性最低的位置，列车的反复运行使钢轨对接头位置造成较大的冲击，产生振幅，这样就会改变线路原有的技术状态。接头位置出现病害会加剧轨道的损坏，病害范围也会随着列车运行时间的增加而扩大。对于钢轨接头问题，需要对新旧连接位置进行调整。由于部分路段钢轨存在高度差，在运行过程中钢轨接头位置的螺栓会发生松动，接头的夹板也会损坏，从而引发钢轨接头病害。在地铁运行线路中，有部分路段为弯曲路线，列车转弯时也会引发接头病害。

3. 轨道板病害

轨道板的作用是约束和固定钢轨，把轨道的纵向力和横向力直接传递给侧向挡块或通过剪力钉传递给支撑层，起到"承上启下"的作用。常见的轨道板病害形式大致分为三类：轨道板裂缝、混凝土缺损、锚穴封端离缝及脱落。

4. 轨枕伤损

轨枕伤损分为一般伤损、严重伤损、失效。其伤损的主要形式有：横向裂缝、纵向裂缝、挡肩破损、掉块、网状龟裂等。

5. 其他病害

其他病害主要有扣件病害（损伤、腐蚀、老化、松动）、CA 砂浆病害（离缝、垂向裂缝、横向裂纹、水平分层、侧面剥落掉块和涉水）、凸形挡台病害（凸形挡台裂缝）、底座病害（裂纹）、有砟轨道的碎石道床病害（道床下沉变形、板结、翻浆、翻白）等。

9.4 轨道结构安全评估理论与方法

目前存在多种评估理论，主要集中在可靠度理论、层次分析法、模糊理论、神经网络，以及专家系统评估等。与变形分析相关的理论有回归分析法、时间序列分析法、灰色系统分析法、Kalman 滤波模型、人工神经网络模型和频谱分析法。

模糊层次分析法是对传统层次分析法的改进，引入模糊推理方法，适用于表达模糊和不确定性的知识，其推理方式类似于人类的思维方式，是处理不确定性、非线性的有力工具，具有较强的解释推理功能。特别是对于语言型的评估指标，采用模糊理论可以实现量化评估，最大化地减少人为主观因素，使评估结果趋于合理化。

9.4.1 故障诊断方法

故障诊断的主要方法有时域参数指标、频域包络分析、时频域小波分析、时域同步平均法、频率细化分析技术和倒频谱分析技术等。

1. 时域参数指标

基于振动信号分析的故障诊断，在开始阶段，时域参数指标诊断方法占有重要地位。时域参数指标诊断方法的优点是计算简单方便、速度快，用少数指标就能表征设施设备的状态。

2. 频域包络分析

频域包络分析是利用包络检测和对包络谱的分析，根据包络谱峰识别故障。当设备元件产生缺陷而在运行中引起脉动时，不但会引起传感器本身产生高频固有振动，且此高频振动的幅值还会受到上述脉动激发力的调制。

3. 时频域小波分析

时频域小波分析是将时间－频率构成的二维空间平面分割为一组不重叠窗口，然后用簇小波函数去逼近这些窗口，从而获得信号的时频域信息。每层小波包分解都将原频带一分为二，k 层小波包可将原频带划分为 2^k 个子频带，各个频带不交叠，也无遗漏，从而实现频带细分，提高了频率分辨率。

4. 时域同步平均法

时域同步平均法需要保证按特定整周期截取信号。在处理信号的时域平均时，以此脉冲信号来触发 A/D 转换器，从而保证按周期截取信号。

以齿轮故障检测为例，按齿轮轴的旋转周期截取信号，且每段样本的起点对应于转轴的某一特定转角。随着平均次数的增加，齿轮旋转频率及其各阶倍频成分保留，而其他噪声部分相互抵消趋于消失，由此可以得到仅与被检齿轮振动有关的信号。经过时域平均后，比较明显的故障可以从时域波形上反映出来。

5. 频率细化分析技术

频率细化分析或称为局部频谱放大，能使某些感兴趣的重点频谱区域得到较高的分辨率，提高了分析的准确性，是 20 世纪 70 年代发展起来的一种新技术。频率细化分析的基本思想是利用频移定理，对被分析信号进行复调制，再重新采样作傅里叶变换，即可得到更高的频率分辨率。

6. 倒频谱分析技术

在频谱图中，当有几个边频带相互交叉分布在一起时，如果仍然仅依靠频率细化分析方法是不够的。虽然，复杂的时域信号可以利用快速傅里叶变换（FFT）技术，在频域上获得结构清晰的频谱图。然而在有些情况下，如齿轮箱的振动信号，即使被转换到频域其结构还是过于复杂，难以进行有效分析和识别。

9.4.2　运营风险评价方法

城市轨道交通运营风险评价方法可以分为两类，一类是绝对指标评价方法；另一类是相对指标评价方法。

1. 绝对指标评价方法

绝对指标评价方法是安全状态指数从绝对指标的角度去衡量地铁运营过程中各个管理层级和专业系统的风险状况。

2. 相对指标评价方法

相对指标评价方法是在安全状态指数计算方法的基础上，以安全状态指数和相应管理层级范围内的从业人数作为安全相对评价指标的计算变量，来确定各管理层级和专业系统的高速铁路运营风险的计算方法。

轨道线路设施智慧监测及运营安全评估体现了"安全第一，预防为主"的方针，有助于提高安全管理水平。通过风险评价，可以预先系统地辨识危险性及其变化情况，科学地分析企业的风险状况，及时掌握安全工作的信息，全面地评价企业的危险程度和风险管理现状，衡量企业是否达到规定的风险安全指标，使企业决策人员能够做出正确的安全决策。

持续进行研究和实践是必要的，是为了确保基础设施的可持续性和安全性。发展和建设线路设施智慧监测及安全评估的过程，实质上是融合现代科学技术科技和新成果并应用于路基监测领域的过程，不仅能反映城市轨道交通自身的技术装备，而且能体现一个国家在科学技术上和工业发展上的成果。

9.5　轨道结构监测案例

随着城市轨道交通的快速发展，轨道结构的监测及评估成为确保系统安全、可靠运行的关键环节。本节将深入探讨城市轨道交通线路的轨道结构监测案例。选择关注线路中典型的断面形式进行监测，包括典型轨道结构形式、曲线半径、上下坡、不同线路条件等，在一般轨道和道岔位置的轨道和道床布置对应的振动加速度和位移传感器，利用工控机和 4G/5G 网络将列车通过时的数据实时上传至云端数据库，便于进行实时评价并在平台上预警。

9.5.1　轨道结构位移监测

以某一轨道形式为预制钢弹簧浮置板的轨道为例，该段曲线半径为 450m，列车通过监测断面处的平均车速约为 67km/h。在行车侧浮置板板中和板端安装动态位移传感器，如图 9-2 所示。2022 年 7 月 31 日至 2023 年 8 月 31 日期间，同一侧板端位移与板中位移趋势历程曲线如图 9-3（a）所示。可以看出，随着时间的增加，板中位移与板端位移均有增加趋势，且板端位移大于板中位移。不管是板中位移还是板端位移，大部分列车通过时，其最大垂向位移均超过《浮置板轨道技术规范》CJJ/T 191—2012 中规定的浮置板轨道在列车

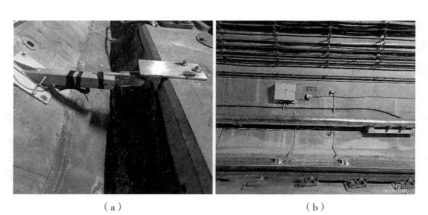

（a）　　　　　　　　　　　　　　　　　　　（b）

图 9-2　预制钢弹簧浮置板安装动态位移传感器
（a）预制钢弹簧浮置板位移传感器安装；（b）整体安装图

额定荷载作用下，浮置板的最大垂向位移不应大于 3mm 的限制。选取其中的一周与一天的道床最大垂向位移历程曲线如图 9-3（b）和图 9-3（c）所示，可以看出，道床垂向位移与载客量具有明显的正相关关系，在早高峰 7：00~9：00，其道床垂向位移明显增大，最大垂向位移能超过 5mm；晚高峰道床位移则没有明显增大，休息日则没有早高峰特性。

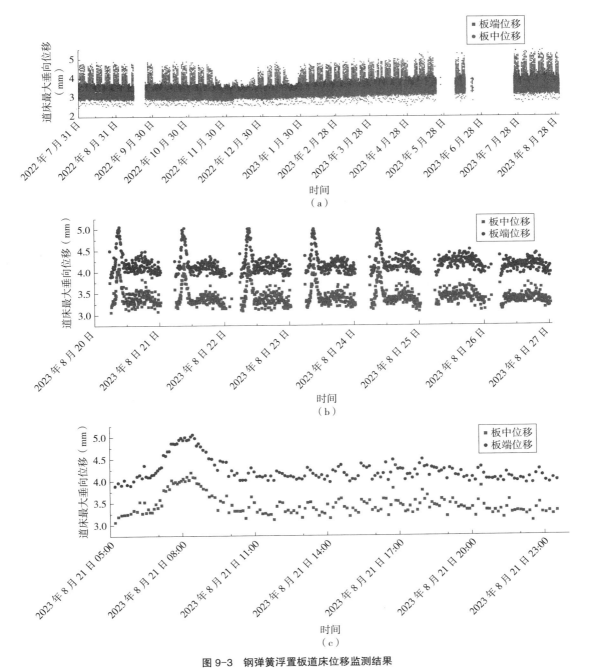

图 9-3　钢弹簧浮置板道床位移监测结果
（a）全监测阶段位移趋势历程曲线；（b）一周位移历程曲线；（c）一天位移历程曲线

对该断面的道床最大垂向位移进行了日均值统计，如图 9-4 所示，可以看出在 2022 年
12 月之前垂向位移比较稳定，板端位移在 3.5mm 附近波动，板中位移在 3.15mm 附近波动，
板端位移较板中位移多出约 0.35mm，之后浮置板位移逐渐呈现增加趋势，截至 2023 年
8 月 31 日，板中和板端的位移增加了约 0.3mm。

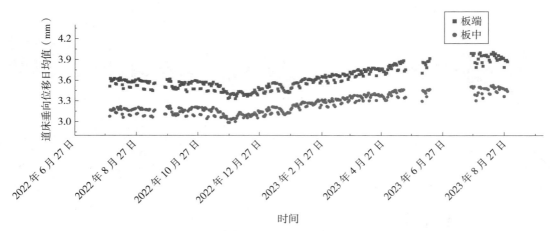

图 9-4　钢弹簧浮置板道床垂向位移日均值统计

以一轨道形式为梯形轨枕的断面为例，该断面曲线半径为 470m，列车通过监测断面处
的平均车速约为 69km/h。在行车侧道床板中和板端安装动态位移传感器，如图 9-5 所示。
2022 年 8 月 9 日至 2023 年 8 月 31 日期间，同一侧板端位移与板中位移趋势历程曲线如图 9-6
（a）所示。可以看出，随着时间的增加，板中位移与板端位移整体上趋于稳定趋势，无明显
增大或减小现象，且板端位移均大于板中位移。板端位移整体分布在 1.3~2.2mm，板中位移
整体分布在 1~1.8mm，梯形轨枕的道床竖向位移要小于钢弹簧浮置板轨道。选取其中一周

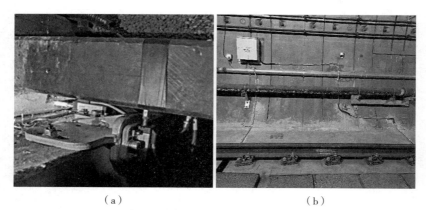

（a）　　　　　　　　　　　　（b）

图 9-5　梯形轨枕道床安装动态位移传感器
（a）梯形轨枕道床位移传感器安装；（b）整体安装图

与一天的道床最大垂向位移历程曲线如图 9-6（b）和图 9-6（c）所示，可以看出，与钢弹簧浮置板轨道类似，道床垂向位移与载客量具有明显的正相关关系，在早高峰 7：00~9：00，其道床垂向位移明显增大，晚高峰道床位移则没有明显增大，休息日则没有早高峰特性，梯形轨枕的道床位移一般不会超过 2.2mm。

对该断面的道床最大垂向位移进行了日均值统计，如图 9-7 所示，可以看出该断面的道床垂向位移整体比较稳定，略有增长趋势，基本在 0.2mm 以内波动，板端位移在 1.5mm 附近波动，板中位移在 1.3mm 附近波动，板端位移较板中位移多出约 0.2mm，之后浮置板位移逐渐呈现增加趋势，截至 2023 年 8 月 31 日，板中和板端的位移均增加了约 0.3mm。

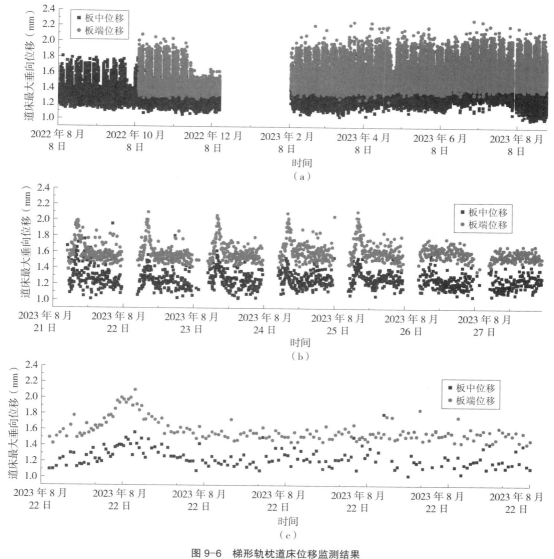

图 9-6　梯形轨枕道床位移监测结果
（a）全监测阶段位移趋势历程曲线；（b）一周位移历程曲线；（c）一天位移历程曲线

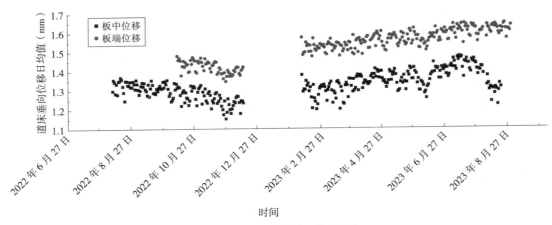

图 9-7   道床垂向位移日均值统计

9.5.2   轨道结构振动监测

在钢轨底部安装钢轨加速度传感器、道床外侧两轨枕中间安装道床加速度传感器，如图 9-8 所示。图 9-9 为某一断面的一趟列车通过时，监测到的钢轨振动加速度原始波形图、快速傅里叶变换频谱和 1/3 倍频程中心频率对应的振级。可以看出钢轨的振动较强，时域加速度最大峰值达 29g，频带较宽，主要在 1600Hz 以下，在 630Hz 和 1250Hz 左右有明显峰值。图 9-10 展示了从 2022 年开始监测以来所有车次的钢轨加速度 1/3 倍频程总级值，可以看出，自监测开始近

图 9-8   钢轨和道床加速度传感器安装

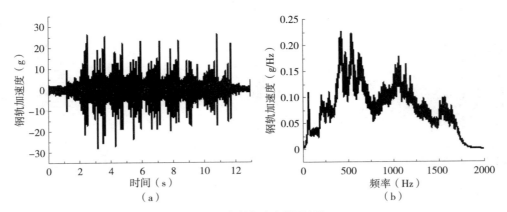

（a）   （b）

图 9-9   钢轨加速度监测结果

（a）加速度原始波形图；（b）快速傅里叶变换频谱

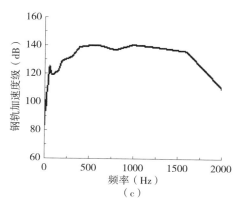

图 9-9　钢轨加速度监测结果（续）
（c）1/3 倍频程中心频率对应的振级

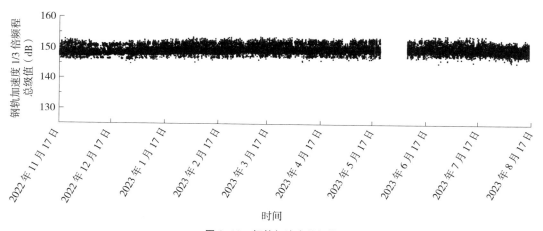

图 9-10　钢轨加速度总级值

一年来，该断面的轨道和隧道情况较为稳定，各测点的计算指标仅有小浮动增长。钢轨加速度总级值在 150dB 附近上下浮动不超过 3dB。

图 9-11 对应车次的道床振动原始波形图、快速傅里叶变换频谱和 1/3 倍频程中心频率对应的振级。可以看出道床振动时域峰值明显小于钢轨，最大为 1.6g，振动峰值频段主要在 800Hz 以下，在 63Hz、160Hz、315Hz、400Hz 和 750Hz 左右均有明显峰值。如图 9-12 所示，从 2022 年开始监测以来所有车次的道床加速度总级值在 130dB 附近上下浮动不超过 5dB，较为稳定。

9.5.3　道岔区监测

以某一地铁的道岔区为例，监测了该段道岔板端、转辙部和岔心断面的钢轨振动加速度、道床振动加速度和位移，抽取监测过程中某一地铁经过道岔区钢轨、道床振动和位移

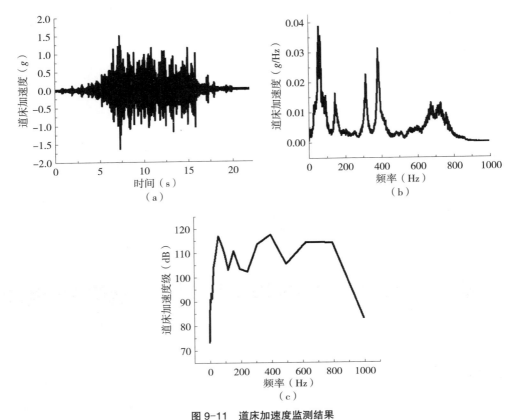

图 9-11　道床加速度监测结果
（a）道床振动原始波形图；（b）快速傅里叶变换频谱；（c）1/3 倍频程中心频率对应的振级

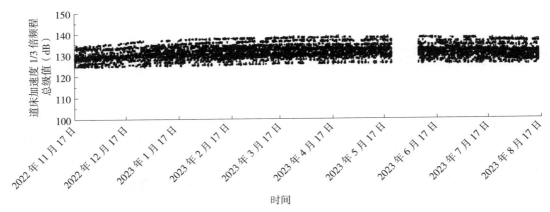

图 9-12　道床加速度总级值

监测结果如图 9-13 所示，可以看出钢轨振动明显，时域峰值达 40g，振动频段较宽，在 20~1600Hz 频段范围内均有明显峰值；相比钢轨的振动，道床振动明显减小，时域峰值达 2.3g，主要峰值频段为 20~600Hz。位移时程曲线明显看出轮对信息，最大竖向位移峰值为 1.7mm，过车时间 19s。

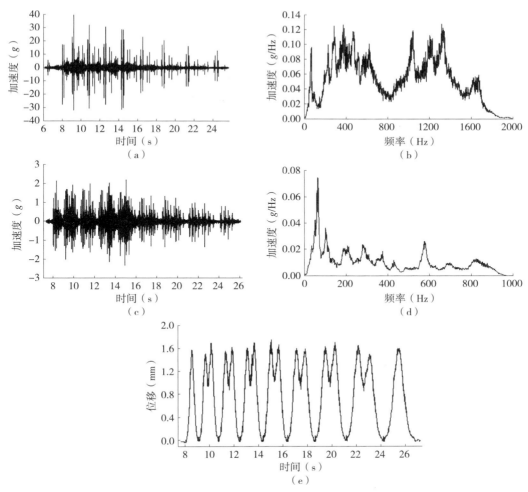

图 9-13　道岔区钢轨、道床振动和位移监测结果
（a）钢轨振动加速度时程；（b）钢轨振动加速度频谱；（c）道床振动加速度时程；
（d）道床振动加速度频谱；（e）道床位移时程

　　2022 年 10 月~2023 年 11 月期间，对该断面的钢轨最大 Z 振级进行了日均值统计，如图 9-14 所示。可以看出道岔岔心、道岔转辙部与道岔板端基本无明显差别，整体分布在 114~120dB。2022 年 10 月~2023 年 2 月期间，钢轨最大 Z 振级由 115dB 增加至 118dB，增大了 3dB；2023 年 2 月~2023 年 8 月，钢轨最大 Z 振级由 118dB 减小至 117dB，减小了 1dB，之后又增大了约 1.5dB。

　　2022 年 10 月~2023 年 11 月期间，对该断面的道床最大 Z 振级进行了日均值统计，如图 9-15 所示。可以看出道岔岔心与道岔板端基本无明显差别，两者基本上大于道岔转辙部 1dB，道岔岔心与道岔板端整体分布在 110~114dB，道岔转辙部整体分布在 109~113dB。2022 年 10 月~2023 年 2 月期间，道床最大 Z 振级增大了约 3dB；2023 年 2 月~2023 年 8 月，

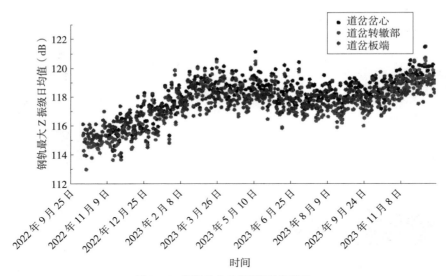

图 9-14　钢轨最大 Z 振级日均值统计

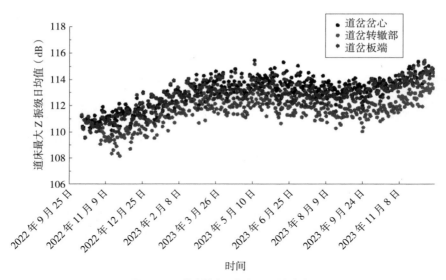

图 9-15　道床最大 Z 振级日均值统计

道床最大 Z 振级减小了约 1dB，之后又增大了约 1dB。

2022 年 10 月 ~2023 年 11 月期间，对该断面的道床最大竖向位移进行了日均值统计，如图 9-16 所示，整体位移情况表现为道岔岔心 > 道岔板端 > 道岔转辙部。道岔岔心位移在 1.5~1.8mm 波动，道岔板端位移在 1.5mm 附近较小的范围内波动，道岔转辙部位移在 1.4~1.5mm 波动。在 14 个月期间，道岔转辙部和道岔板端的位移基本在 0.1mm 内波动，无明显变化趋势，道岔岔心位移在 2023 年 1 月 ~2023 年 8 月减小了约 0.18mm，之后增大了约 0.2mm。

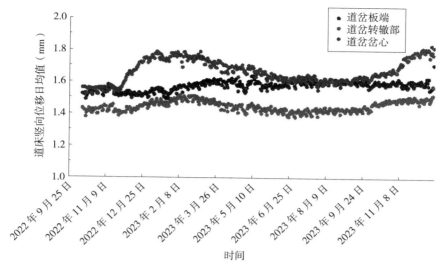

图 9-16　道床最大竖向位移日均值统计

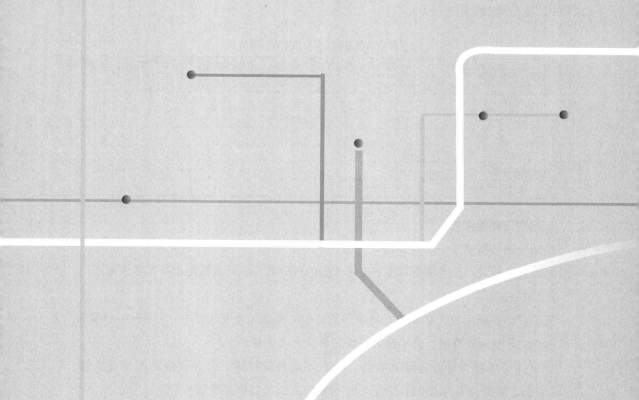

第 10 章　　线路和沿线环境监测及安全评估

10.1 周边环境振动噪声检测

10.1.1 临近区间建筑物振动噪声检测方法

地铁运行时产生的振动会通过大地的传递到达临近地铁区间的建筑物，引起建筑物的振动和二次辐射噪声，对周边居民的日常生活造成干扰。同时，振动对建筑物本身会造成一定的安全问题。因此，对临近区间的建筑物进行振动和噪声的检测是十分必要的。

根据《城市轨道交通引起建筑物振动与二次辐射噪声限值及其测量方法标准》JGJ/T 170—2009，城市轨道交通沿线的建筑物根据不同功能可分为 5 类，不同区域类型的振动限值有所区别，振动噪声影响区域分类及对应限值如表 10-1 所示，其中昼间指 06：00~22：00，夜间指 22：00~06：00。

振动噪声影响区域分类及对应限值   表 10-1

区域分类	适用范围	建筑物室内振动限值（dB）		建筑物室内二次辐射噪声限值 [dB（A）]	
		昼间	夜间	昼间	夜间
0 类	特殊住宅区	65	62	38	35
1 类	居住、文教区	65	62	38	35
2 类	居住、商业混合区，商业中心区	70	67	41	38
3 类	工业集中区	75	72	45	42
4 类	交通干线两侧	75	72	45	42

1. 检测传感器要求

振动传感器需满足 4~200Hz 频率范围内的测量要求，声压传感器需满足 16~200Hz 频率范围内的测量要求，选用精密等级不低于 1 级的积分式声级计或其他相当声学仪器。

2. 评价指标

振动评价指标为最大 Z 振级，将测得的铅垂向振动加速度通过 1/3 倍频程中心频率的 Z 计权因子进行数据处理后，分频最大振级即为最大 Z 振级。

噪声评价指标为等效连续 A 声级，指在规定测量时间 T 内 A 声级的能量平均值，用 $L_{\text{Aeq},\,T}$ 表示（简写为 L_{eq}），单位 dB（A）。根据定义，等效声级表示为：

$$L_{\mathrm{eq}} = 10\lg\left(\frac{1}{T}\int_0^T 10^{0.1L_{\mathrm{A}}}\mathrm{d}t\right)\qquad(10\text{-}1)$$

式中　L_{A}——t 时刻的瞬时 A 声级，dB（A）；

　　　　T——规定的测量时间段。

3. 检测要求

振动：一楼室内不少于 3 个测点，条件不允许时设在建筑物基础距外墙 0.5m 内不少于 1 个测点；分昼间和夜间测量，且不少于上下行各 5 次列车。

噪声：密闭门窗的室内，每个敏感点不少于 1 个测点，多测点时应同步测量；传声器距地面 1.2m，距墙壁水平 1m 以上，1m 内不应有声反射物，传声器朝向房间中央；测量时间不少于 1h，选择高峰时段，夜间测量通过的列车不应少于 5 列，使用 F 挡测量。

4. 数据处理

以各次列车各测点最大 Z 振级的算术平均值作为振动检测结果，以各次列车的能量平均值作为噪声检测结果。

以某一临近地铁区间的建筑物为例，在其一楼东北角、西北角、西南角、东南角和中央地面布置垂向振动加速度和噪声测点，建筑物振动噪声检测测点如图 10-1 所示。以 2023 年 2 月 27 日、2 月 28 日和 3 月 1 日，共计 5 组晚高峰（17：30~18：30）列车通过时振动噪声数据为例，对各个测点的振动加速度和噪声数据进行处理分析。

表 10-2 为在 5 组列车经过时的各测点最大 Z 振级，该区域属于 1 类区域，限值为 65dB，可以看出背景振动远小于过车时段的最大 Z 振级，说明所测数据有效；除了建筑物中央的结果超过该区域的限值，其他位置均满足要求。

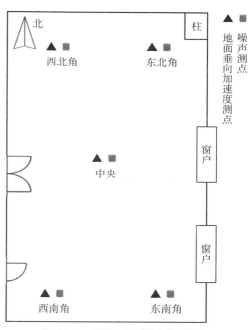

图 10-1　建筑物振动噪声检测测点

各测点最大 Z 振级（dB）　　　　　　　　　　表 10-2

序号	过车时间	东北角	西北角	西南角	东南角	中央
1	2023 年 3 月 1 日 17：37	63.8	65.7	62.6	65.6	72.7
2	2023 年 3 月 1 日 17：31	55.9	57.7	54.6	55.8	60.0
3	2023 年 3 月 1 日 18：01	59.1	60.6	58.0	59.6	61.6
4	2023 年 2 月 28 日 17：31	66.2	68.1	67.8	71.4	77.7

续表

序号	过车时间	东北角	西北角	西南角	东南角	中央
5	2023 年 2 月 27 日 17：31	61.1	63.1	59.6	61.5	65.5
	平均值	61.2	63.1	60.5	62.8	67.5
	背景值	27.0	32.4	28.4	29.5	30.7
	限值	65（1 类区域）				

表 10-3 为各个测点等效连续 A 声级，该区域属于 1 类区域，限值为 38dB（A），可以看出背景噪声远小于过车时段，说明所测数据有效；除了建筑物东北角的结果低于该区域的限值，其他位置均不满足要求。

各测点等效连续 A 声级 [dB（A）]　　　　　　　　　　表 10-3

序号	过车时间	东北角	西北角	西南角	中央
1	2023 年 3 月 1 日 17：37	38.0	38.6	39.2	40.9
2	2023 年 3 月 1 日 17：31	34.5	35.7	36.1	36.6
3	2023 年 3 月 1 日 18：01	36.6	37.1	37.8	39.4
4	2023 年 2 月 28 日 17：31	40.5	42.2	41.4	42.6
5	2023 年 2 月 27 日 17：31	35.9	36.6	37.3	39.1
	平均值	37.1	38.1	38.4	39.7
	背景值	21.6	21.7	29.1	30.4
	限值	38（1 类区域）			

10.1.2　上盖物业开发振动噪声检测

轨道交通上盖物业开发建筑，因其与轨道交通线路融为一体，会受到轨道交通运营产生的振动和噪声影响，这可能对周边居民和环境造成污染。因此，进行振动噪声检测是确保施工过程符合环境保护要求和减轻对周边社区影响的重要步骤。

《城市区域环境振动标准》GB 10070—1988 及《城市区域环境振动测量方法》GB 10071—1988 是针对城市环境振动污染而颁布的最早的标准。标准振动评价指标为铅垂向 Z 振级，计权曲线采用 ISO 2631/1—1985 的推荐值，频率计权范围为 1~80Hz。依据《城市区域环境振动测量方法》GB 10071—1988，车辆段环境振动应采用 VL_Z 最大示数，即 VL_{Zmax} 进行评价，测点置于各类区域建筑物室外 0.5m 以内振动敏感处。必要时，测点置于建筑物室内地面中央。城市各类区域铅垂向 Z 振级标准值如表 10-4 所示。

城市各类区域铅垂向 Z 振级标准值（dB）　　　　　　　　表 10-4

功能区类别		适用地带范围	昼间	夜间
0 类		特殊住宅区	65	65
1 类		居民、文教区	70	67
2 类		混合区、商业中心区	75	72
3 类		工业集中区	75	72
4 类	4a 类	交通干线道路两侧	75	72
	4b 类	铁路干线两侧	80	80

《声环境质量标准》GB 3096—2008 规定了城市轨道交通周边区域的噪声的限值和测量方法。评价量为等效 A 声级，频率范围为 20Hz~20kHz。测点选择需根据监测对象和目的，可选择以下三种测点条件（指传声器所置位置）进行环境噪声的测量：

一是一般户外。距离任何反射物（地面除外）至少 3.5m 外测量，距地面高度 1.2m 以上。必要时可置于高层建筑上，以扩大监测受声范围。使用监测车辆测量，传声器应固定在车顶部 1.2m 高度处。

二是噪声敏感建筑物户外。在噪声敏感建筑物外，距墙壁或窗户 1m 处，距地面高度 1.2m 以上。

三是噪声敏感建筑物室内。距离墙面和其他反射面至少 1m，距窗约 1.5m 处，距地面 1.2~1.5m 高。

各类声环境功能区的环境噪声等效声级限值如表 10-5 所示。

环境噪声等效声级限值 $L_{Aeq, T}$ [dB（A）]　　　　　　　表 10-5

功能区类别		适用范围	昼间	夜间
0 类		康复疗养院等特别需要安静的区域	50	40
1 类		居民住宅、医疗卫生、文化教育、科研设计、行政办公等	55	45
2 类		商业金融、集市贸易或各功能混杂区	60	50
3 类		工业生产、仓储物流等	65	55
4 类	4a 类	城市公路、轨道交通、内河航道等两侧	70	55
	4b 类	铁路干线两侧	70	60

以某一上盖物业开发建筑为例，该建筑可划分为办公区、住宅区和幼儿园，上盖综合开发利用部分平面总图如图 10-2 所示。其中办公区位于地铁车辆段咽喉区上部、东北角落地区，住宅区位于停车库上部（建筑楼层为七～十六层）、东南角落地区（建筑楼层为 20 层），幼儿园位于库门与咽喉区交界位置。停车库与咽喉区两个区段分别为钢筋混凝土结构和钢管柱钢板混凝土结构。典型测点布设如图 10-3 所示。

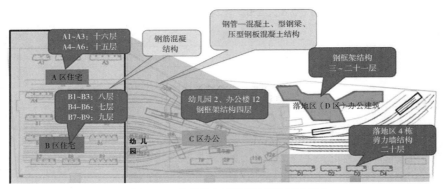

图 10-2　上盖综合开发利用部分平面总图

图 10-3　典型测点布设

将建筑物所在位置的盖上各测点的振动检测结果汇总于表 10-6，可以看出，幼儿园 1 号楼和 10 号楼略有超标，6 号楼超标量较大，达到了 6.2dB。

振动检测结果　　　　　　　　　　　　　　　　　　表 10-6

楼号	评价方法	测量值（dB）	限值（dB）	超标量（dB）
幼儿园 1 号楼	1 类昼间	70.1	70	0.1
6 号楼	2 类昼间	81.2	75	6.2
	2 类昼间	77.1	75	2.1
10 号楼	2 类昼间	75.9	75	0.9

将建筑物所在位置的盖上各测点的噪声检测结果汇总于表 10-7，可以看出库区住宅 B7 号楼、B8 号楼、B9 号楼噪声超标，最大超标量高于昼间限值 10.8dB；咽喉区各建筑物昼间均不超标；库区 A6 号楼噪声夜间超标，最大超标量高于夜间限值 9.8dB；落地区综合楼噪声超标，最大超标量高于昼间限值 5dB；咽喉区各建筑物未超过昼间限值。

噪声检测结果（dB）　　　　表 10-7

楼号	区域	昼间标准	夜间标准	噪声预测值	昼间超标量	夜间超标量
B7 号楼	库区	55	45	65.5	10.5	20.5
B8 号楼	库区	55	45	65.8	10.8	20.8
B9 号楼	库区	55	45	64.5	9.5	19.5
11 号楼	咽喉区	60	50	53.6	不超标	3.6
A6 号楼	库区	55	45	54.8	不超标	9.8
综合楼	落地区	60	50	65	5	15
8 号楼	咽喉区	60	50	61	不超标	11

10.2　车辆振动噪声监测及评估

10.2.1　车辆地板振动监测

1. 依据标准

《便携式线路检查仪暂行技术条件》规定车体振动加速度分析频率范围为 0.3~10Hz。关于车体水平、垂向振动加速度限值规定如表 10-8 所示。

车体振动加速度限值　　　　表 10-8

振动加速度（g）	Ⅰ级	Ⅱ级	Ⅲ级
车体水平振动加速度（g）	0.05	0.07	0.10
车体垂向振动加速度（g）	0.06	0.08	0.12

2. 检测设备布设位置

依据《机车车辆动力学性能评定及试验鉴定规范》GB/T 5599—2019，电客车的车体水平、垂向振动加速度测点布置在转向架中心偏向车体一侧 1000mm 的车内地板上。将线路质量智能检测仪置于运营电客车沿行车方向第 1 节车厢第 1 个车门后的第 1 个旅客座位下进行检测（图 10-4）。

将检测设备放置于某一地铁车厢内，对上行线路进行测试，上行垂向加速度原始检测波形如图 10-5 所示，图中存在局部超限问题。

图 10-4　检测设备及车厢内布置位置

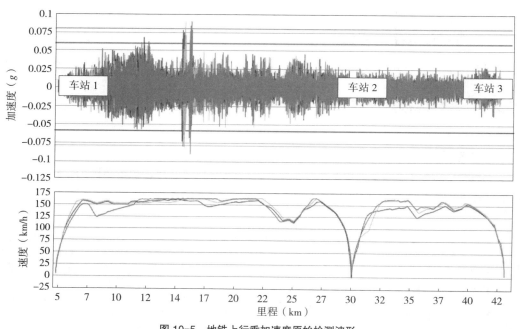

图 10-5　地铁上行垂加速度原始检测波形

10.2.2　车内噪声监测

车内噪声监测是为了评估车辆内部环境中的噪声水平，以确保乘客的舒适性。可采用声级计或频谱分析仪来测量车内的噪声水平，通过对采集数据的处理，进行车内噪声水平的评价。参考《城市轨道交通列车噪声限值和测量方法》GB 14892—2006，将等效声级 L_{eq} 作为噪声指标。

　　检测的车辆要求列车的编组符合正常运营要求，车轮踏面应平整，不应有擦伤，监测试验的运行速度应为最高运行速度的 75%，或按实际运营线路的最高运行速度，测量时运行速度的波动范围应小于 ±5%，动力车辆的牵引功率应保持在维持试验速度的最小功率，辅助机组应保持正常运转。传声器应置于司机室中部，距地板高度 1.2m 的位置，方向朝上。

　　在司机室内测量时，被测司机室应在列车前端，关闭司机室所有门、窗，司机室内人员应不超过 4 人。在客室内测量时需关闭客室内所有门、窗，客室内人员应不超过 4 人。传声器应置于客室纵轴中部，距地板高度 1.2m 的位置，方向朝上。

　　每次等效声级 L_{eq} 的测量时间间隔应不少于 30s。每个司机室和客室至少应测量 3 次。当数据之间的差值大于 3dB 时，该组数据无效。每个司机室或客室的测量数据经算术平均后，按照《数值修约规则与极限数值的表示和判定》GB/T 8170—2008 的规则修约到整分贝数。城市轨道交通系统中地铁和轻轨列车噪声等效声级 L_{eq} 最大容许限值应符合表 10-9 的要求。

列车噪声等效声级 L_{eq} 最大容许限值　　　　　　　　　　表 10-9

车辆类型	运行线路	位置	噪声限值（dB）
地铁	地下	司机室内	80
	地下	客室内	83
	地上	司机室内	75
	地上	客室内	75
轻轨	地上	司机室内	75
	地上	客室内	75

　　以对某一地铁内噪声检测现场为例（图 10-6），经过对测试数据的计算，得到地铁线路上行车厢内噪声整体情况如图 10-7 所示。对于该地铁的车内噪声测试发现，列车车厢内噪声较大，100.0% 的区段超过国家标准要求的 75dB（地上），但 61.1% 的区段小于等于 90dB。

图 10-6　车内噪声检测现场

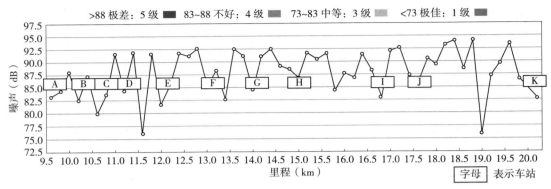

图 10-7   地铁线路上行车厢内噪声整体情况

10.2.3   舒适性评价

依据《机车车辆动力学性能评定及试验鉴定规范》GB/T 5599—2019 评估乘客在行驶过程中的舒适性。基于车辆地板振动加速度和数名乘客在 5min 期间内给出的舒适性进行反馈评价，然后对振动信号进行频率加权，加权曲线参考《铁路车辆乘坐舒适性评估》UIC 513—1994，计算 5s 内的加权均方根值，并对 5min 内的均方根值进行统计分析，以完成对舒适性的评分。测量最小时间为 4 个 5min，取 5min 的倍数。客车舒适度等级表如表 10-10 所示。

客车舒适度等级表   表 10-10

等级评定	1 级（非常舒适）	2 级（舒适）	3 级（一般）	4 级（不舒适）	5 级（非常不舒适）
舒适度指标 N	$N<1.5$	$1.50 \leqslant N<2.5$	$2.5 \leqslant N<3.5$	$3.5 \leqslant N<4.5$	$N \geqslant 4.5$

第 11 章

电务供电系统安全

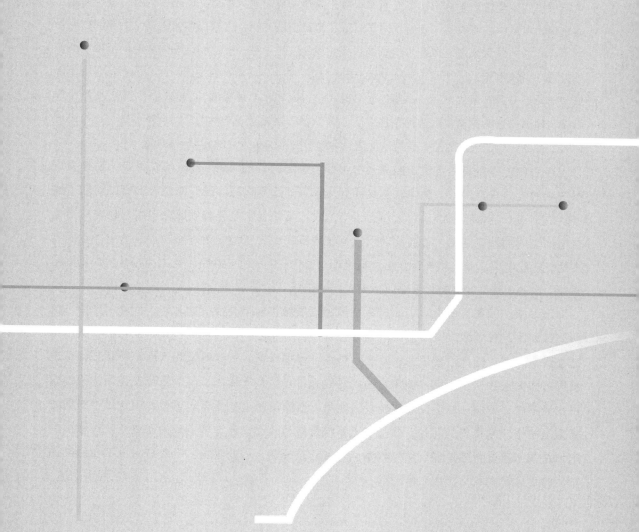

11.1　电务供电安全要素分析

城市轨道交通车辆具有运载量大，人口密集等特征，城市轨道交通车辆的供电系统应该尽量保证其供电设备和供电系统设施的有效性，如果供电设备和供电系统失灵，则会影响整个城市轨道交通车辆运营系统的正常运行，容易造成城市轨道交通车辆供电系统的故障发生，使得城市轨道交通车辆的运营出现中断和暂停，给社会和经济带来一定的损失。城市轨道交通车辆供电系统的安全性对于城市轨道交通车辆的正常运营具有重大的意义。所以，针对城市轨道交通车辆供电系统的可靠性与安全性进行有效和全方位的分析，查找出城市轨道交通车辆供电系统中存在的问题和隐患，以及供电系统故障频发的症结所在，针对问题和薄弱的环节提出有效的办法和解决措施，消除城市轨道交通车辆供电系统中影响其安全性的问题和因素，有利于降低城市轨道交通车辆供电系统故障的发生频率，提高城市轨道交通车辆的运行效率，有利于保障城市轨道交通中乘客们的生命财产安全，降低城市轨道交通车辆的运行成本和费用，提高城市轨道交通车辆的经济效益，有利于促进社会经济的发展和社会的和谐与稳定。

牵引供电系统是城市轨道交通系统中最为重要的基础能源设施，其功能是为轨道交通系统中的电力车辆供电，确保轨道交通列车车辆的正常运行。通过对供电方案的比较，城市轨道交通车辆供电系统采用大双边供电方式，系统包含电业局地区变电所与轨道交通主变电所之间的输电线路、轨道交通供电系统内部牵引降压输配电网络、直流牵引供电网和车站低压配电网。牵引供电系统由主变电所、高压/中压供电网络、电力监控系统、接触网系统、杂散电流防护和接地系统、供电车间等组成。

近年来，我国许多大城市城市都在着力发展城市轨道交通，如北京、西安、成都、杭州、深圳等，其中城市轨道交通车辆成为城市轨道交通的重点发展方向，主要在于城市轨道交通车辆有运量大、速度快、安全、准点、保护环境、节约能源和用地等特点。这也是世界各国普遍的认识：解决城市交通问题的根本出路在于优先发展以轨道交通为主干的城市交通系统，如城市轨道交通车辆、轻轨等。在城市轨道交通车辆建设和运营过程中动力来源是一个非常重要的问题，牵引供电系统是城市轨道交通车辆的动力来源，只有牵引供电系统的正常运行才能保证城市轨道交通的正常运营，因此牵引供电系统对城市轨道交通车辆的正常运营来说显得尤为重要。

11.1.1　电务供电系统概况

城市轨道交通电务供电系统主要包括主变电所、牵引供电系统、牵引网系统、变配电系统、电力监控系统（SCADA）和杂散电流保护系统。它的主要功能是向轨道交通各机电设备提供安全和可靠的电力供应，满足各系统的供电要求。主变电所将来自城市电网的高压电源，降压为城市轨道交通车辆使用的中压，供给牵引系统和变配电系统。牵引供电系统将来自变电所的中压电源，通过中压环网供电网络分配给各牵引变电所，并通过牵引变电所降压整流，变成供城市轨道交通车辆使用的直流电源。变配电系统将来自变电所的中压电源，通过中压环网供电网络分配给各降压变电所，并通过降压变电所降压，供城市轨道交通车辆动力照明等设备使用。牵引网系统将来自牵引变电所的直流电源，通过架空接触网和回流网供给城市轨道交通车辆使用。电力监控系统（SCADA）在城市轨道交通车辆控制中心，通过调度端、通道和执行端对整个城市轨道交通车辆供电系统的主要设备进行控制、监视和测量。杂散电流防护系统的目标是尽量减少杂散电流，保证城市轨道交通车辆内部及其附近金属结构的腐蚀在城市轨道交通车辆工程设计寿命年限内不超过有关设计标准所规定的指标。

牵引供电系统由牵引变电所和牵引网两部分组成，两者在运行中应相互协调、统一调度。牵引供电系统根据需要可以有以下几种运行方式：①牵引变电所正常为双机组并列运行，以构成等效 24 脉波整流。②一台机组退出运行时也可以有条件地单机组运行。③系统中允许几座牵引变电所解列退出运行，条件是解列的变电所必须是至少相隔两座的牵引变电所。④牵引网正常实行双边供电，当一座牵引变电所故障解列退出运行时，应实行大双边供电。只有在末端牵引变电所故障解列时才采用单边供电，如列车在牵引网末端起动时电压降超过允许值，可通过横向电动隔离开关将上下行接触网并联，以减小回路电阻，降低电压损失。⑤牵引变电所是牵引供电系统的核心，它担负为电动列车供应直流电能的功能，它的站位设置、容量大小，需根据所采用的车辆型式、车流密度、列车编组进行牵引供电计算，经多方案比选确定。牵引变电所有两种形式：户内式变电所和户外式箱式变电所，前者适宜地下线路，后者适宜地面线路。

牵引网由两部分组成：正极接触网供电，负极走行轨回流。从接触网的结构形式分，接触网可分为接触轨和架空接触网两种基本形式。

接触轨根据接触轨与电动车辆受流器的接触面位置不同，可以分为 3 种形式：上部授流接触轨、下部授流接触轨和侧部授流接触轨。目前接触轨的材质有两种，一种为低碳钢接触轨，一种为钢铝复合接触轨。低碳钢接触轨的电阻率为 $0.125\,\Omega\,mm/m^2$，低碳钢接触轨在早期城市轨道交通车辆中多采用，随着科学技术的发展，目前广泛采用重量轻、导电性能好的钢铝复合轨作为接触轨的材料。

架空接触网根据接触悬挂结构的不同，可分为刚性悬挂和柔性悬挂两种形式。刚性悬挂接触网，适用于地下线路，最大优点是结构简单、占用空间小、载流量大、不易产生断线、寿命长、电阻低、接触网压降小等，因此适用于地下线路。柔性悬挂接触网，用于地下线路由于受地下空间的限制，多采用占用空间小的两种悬挂形式：全补偿简单链形悬挂，承力索和接触导线皆设补偿装置；补偿简单弹性悬挂，采用弹性腕臂，接触导线进行补偿。

11.1.2　电务供电系统安全性分析

1. 主要设备

城市轨道交通电务供电设备种类繁多，原理多样，制造方式和运行环境也多有不同，影响其运行状态和工作能力的参数较多，要获取关键的参数，还要考虑设备的工作原理、运行模式、环境参数、监测手段、可实施性和实现成本等。现对城市轨道交通车辆供电系统主要设备的作用、原理和常见故障等设备特征进行简要分析。

（1）110kV GIS

城市轨道交通车辆主变电所通过110kV全封闭六氟化硫组合电器（GIS）接入地方电网的电源。其常见故障有：断路器操作机构故障、气体泄漏、内部放电等。

（2）变压器

主变电所通常采用110kV三相油浸式变压器将外电源的110kV电源转换为中压交流电（35kV或10kV）。牵引、降压通常采用35kV(33kV)或10kV环氧树脂浇注干式变压器。其常见故障有：绝缘下降、局部温升、异常噪声、渗漏油、油气体，以及水分过高、局部放电等。

（3）中压气体绝缘开关柜

城市轨道交通车辆中通常采用35kV、10kV电压等级的中压气体绝缘开关柜，其核心部件为真空断路器，断路器及母线置于充有绝缘气体（通常为SF_6）的气室内，以保证绝缘性能。其常见故障有：气体泄漏、操作机构故障、断路器烧损等。

（4）直流开关设备

城市轨道交通车辆直流开关设备的核心部件是直流断路器，其作用是控制直流牵引电源的正常供给，故障时迅速切断故障电路，保证系统的安全。其常见故障有：框架绝缘故障、局部温升、断路器触头烧损、断路器机械故障等。

（5）整流器

整流器是一种与牵引变压器组合成整流机组的电流变换装置。牵引变压器供给的交流电能通过整流器整流变为直流电。其常见故障有：绝缘下降、局部温升、二极管击穿、附属部件故障（压敏电阻、压仓电阻等）等。

（6）电缆

电缆主要有交流 110kV 交联聚乙烯、交流 35kV/10kV 交联聚乙烯、直流 1500V/750V 交联聚乙烯或乙丙橡胶，以及交流 400V 交联聚乙烯电缆。常见故障是绝缘损坏和击穿，将造成停电事故。

（7）低压 400V 开关柜

低压 400V 开关柜主要承担变电所或城市轨道交通车辆站低压交流负载的供电和保护功能。其常见故障有：局部温升、断路器故障、绝缘能力降低、绝缘闪络、绝缘击穿等。

2. 供电方式

城市轨道交通车辆电务系统的供电方式主要分为三种，分别是集中供电、分散式供电、混合供电。

（1）集中供电

城市轨道交通车辆集中供电主要是对其专用变电所进行供电和用电设置。集中供电方式的主要特征是：按照城市轨道交通车辆线路的长短与运行过程中的用电量，在城市轨道交通车辆轨道沿线设置专用变电所，对母线段进行数量与位置间隔的合理划分，而且每个专用变电所都需要预备两路电源，两路电源相互独立，使用集中供电方式可以为城市轨道交通车辆的牵引系统与降压供电系统提供主要的电力。例如，上海城市轨道交通车辆 1 号线使用的供电方式就是集中供电的方式，负责城市轨道交通车辆 1 号线的牵引动力负荷供电的变电所设置在人民广场和万体馆两个地点。此外，上海城市轨道交通车辆 2 号线、上海明珠线皆使用了集中供电的方式进行牵引动力负荷供电。这种集中式供电方式的计费便捷，供电设备的维护简单，方便管理人员统一调度与管理，可靠性比较高，但是集中供电方式的投资较大，在使用过程中需要结合当地的实际情况多方面考虑。

（2）分散式供电

城市轨道交通车辆分散式供电的主要电能来源是城市中的电网区域变电所或者是中压输电线，在城市轨道交通车辆轨道的沿线设置降压变电所与牵引变电所，因此它并不需要一个主要的变电所进行配电设置。分散供电的优点是可以充分利用城市电网中的电力资源，但是这种供电方式的电力来源是城市不同区域内的不同变电所，所以这种供电方式不仅要求变电所具备双路电源，而且在城市轨道交通车辆的轨道沿线需要设置足够多的供电容量与变电所。分散供电的方式需要城市轨道交通车辆所在的城市具备发达的电网，以及与城市轨道交通车辆用电要求相符合的供电电源。例如，北京城市轨道交通车辆 5 号线就是使用了分散供电的方式。但是城市内的电网很容易受到其他区域电网的影响，造成供电不足的现象，所以这种供电方式的可靠性较差，使用过程中需要考虑当地电网因素和周围区域内的电网因素。

（3）混合供电

城市轨道交通车辆混合供电方式指的是：将分散供电方式与集中供电方式有效结合在一起，以集中供电的方式为主，分散供电的方式为辅。虽然这种方式继承了集中供电与分散供电的优势，可以保障城市轨道交通车辆的供电系统更加符合实际的需求，供电方式也更加灵活（例如，武汉的城市轨道交通车辆线路、北京城市轨道交通车辆 1 号线就是混合供电的方式），但是在混合供电的过程中，其施工极为复杂，使用混合供电方式需要考虑城市轨道交通车辆技术的发展水平。

城市轨道交通车辆供电系统安全性的分析方法比较常用的是综合评判法，又名模糊综合评判，是指对于多种因素影响的事物进行综合的评价。城市轨道交通车辆供电系统安全性分析的主要内容有：①构建因素集。②构建评价集。③构建权重集：权重既可以通过敏感性分析来拟合权重，同时也能够用历史统计数据来确定，或是采取专家评判的方法。④构建因素评判矩阵：因素评判矩阵的构建是十分重要的环节之一，因素判断矩阵的隶属度能够用贴近度确定，还能够使用数理统计的方法来确定。

11.1.3　电务供电系统中常见故障分析

1. 牵引供电系统故障

在牵引供电系统运行过程中，通常会发生的故障有：DC1500V 开关柜故障、负极柜故障、AC35KV 开关柜故障等故障。处理故障的原则是：故障处理及事故抢修，要遵循"先通后复"的原则。有备用设备时，首先考虑使用备用设备，采用简便、易行、正确、可行的方案，沉着、冷静、迅速、果断地进行处理和事故抢修，以最快的速度设法先行送电。然后通知有关部门再修复或更换故障设备，恢复正常运行状态。

在 DC1500V 开关柜中，最常见的故障有开关联跳故障、上网开关故障、电流速断保护故障等。下面将做详细介绍：

联跳保护是直流牵引系统的一项重要保护措施。它是指同一供电臂双边供电的开关柜，当一台开关柜接收到故障跳闸指令后，向邻所对应开关发出联跳信号，使双边供电的另一台开关柜同时跳闸，将接触网从供电系统中及时切除，从而最大限度地限制短路电流的危害，达到保护接触网及变电所供电设备的目的。控制和保护系统（SEPCOS）是基于几个微处理器的功能齐全的系统。可用于保护和控制直流变电所中的馈线柜、正、负极柜和整流器。SEPCOS 是一个独立的、模块化的、可扩展的、可编程的系统。

对高压来讲，过流保护一般是对线路或设备进行过负荷及短路保护，而电流速断一般用于短路保护。过流保护设定值往往较小（一般只需躲过正常工作引起的电流），动作带有一定延时；而电流速断保护依据被保护设备的短路电流整定值，当短路电流超过整定值时，保护装置动作，断路器瞬间跳闸。

当本变电所一台断路器跳闸时，必须使相邻变电所内向同一区间供电的断路器同时跳闸；其功能可通过联跳电缆及两侧直流开关柜中的联跳继电器来实现，每条馈线 SEPCOS 数字式保护监控单元的联跳接收与发送采用独立的回路。

负极柜故障。所有直流开关柜、整流器和负极柜的金属柜体称为"框架"，且均采用对地绝缘安装，但集中在一点接地。如此设置的目的在于当金属柜体异常带电时，一方面由接地网将柜体上的电压强行降低，以防人体接触柜体造成伤害；另一方面便于接地点检测到各种类型故障的集中入地电流已启动保护切断故障。当电压型框架保护装置检测到设备外壳对负极电压超过整定值时，大于 95V 时发出报警信号，大于 150V 时向交直流开关发出跳闸命令，联跳本所和相邻 2 个牵引变电所的 12 个开关柜。

AC35KV 开关柜故障。① PT（电压互感器）损坏或发生故障，从而产生以下影响：系统图不能正确反映实际母线电压；造成直流系统失电和车站失去动力和照明电源；威胁值班及巡检人员的人身安全；保护及测量装置无工作电压。② 差动保护装置故障导致开关差动保护动作。

2. 辅助供电系统故障

辅助供电系统给车辆中低压负载供电，是车辆重要的系统之一。辅助供电系统由辅助变流器、充电机、蓄电池、单相逆变器等部件组成。

辅助供电系统采用母线供电方式，为列车辅助设备，如冷却风机、空调装置、照明、网络控制系统、制动装置、旅客信息、列车无线电等设备提供电能。因中低压负载种类多、数量大，在列车运行中若出现辅助供电系统故障，会给列车运行带来安全隐患。

车辆的辅助供电故障常见有蓄电池馈电及漏电等。结合 A 型车辆运行情况，对辅助供电系统的常见故障进行分析。

（1）蓄电池匮电

蓄电池的功能是当没有高压供电或系统故障（牵引变压器或变流器故障，充电机故障等）时，为列车低压负载提供 DC110V 电源。根据车辆设计要求，蓄电池可给负载持续供电 2h，但供电时间过长，就会出现蓄电池匮电。

当蓄电池匮电后，就只能借助救援车辆或外接电源给蓄电池进行充电。以 A 型车辆为例，讲述救援作业办法。

A 型车辆在头车开闭机构设置紧急供电插头，当发生蓄电池匮电而无法升弓时，利用过桥线将匮电车辆和救援车辆的紧急供电插头连接，并将匮电车辆与功能无关的负载空开断开，尤其是轨道交通车载乘客信息系统（PIS）、照明、空调、门系统、信号系统。匮电车辆就可利用救援车辆母线电源进行升弓合主段，通过启动充电机给蓄电池充电。此救援办法操作简单，用时较短。

当没有救援车辆进行救援时，也可通过外接电源设备对蓄电池进行外接充电。

（2）漏电

车辆中低压漏电是时常发生的故障，如漏电的设备烧损，局部过热引起火灾，触发人体触电等。漏电的主要有两个原因：线路绝缘下降，存在虚接或接地；负载内部存在接地，如设备电源板烧损等。

漏电故障主要出现在3AC380V和DC110V这两个电压等级上。这两个电压等级负载最多，并且线路复杂。以A型车辆为例，对出现的漏电故障进行分析，并给出检查和处理的方法。

1）3AC380V漏电

车辆3AC380V漏电检测通过辅助变流器的接地检测电路实现。接地检测电路实时监测3AC380V母线的漏电情况，当出现漏电时，通过并联接触器动作及逻辑控制判断，将漏电锁定在车辆的一定范围之内，通过多功能车辆总线（MVB）通信上传列车网络。在漏电的范围内对冷却风机、空调装置、开水炉等负载进行逐一排查。排查可通过司机室人机交互系统（HMI）屏幕选择用电设备开关，也可通过电气柜合断用电设备空开。

通过排查A型车辆的漏电故障，统计后发现多数故障都发生在卫生间加热器、门廊加热器设备本身接地，这些负载都属于空调系统负载，目前已将空调系统的总空开更换为带漏电保护功能的空开，确保发生漏电时，空开可自动跳开，对母线和设备进行隔离保护。

2）DC110V漏电

车辆上DC110V相对3AC380V，线路和负载更为复杂，所以漏电故障出现的概率也比较大。A型车辆列车DC110V直流母线是浮地的，电源正线和负线均与大地绝缘。列车DC110V直流母线的漏电故障检测是通过充电机漏电检测电路实现的。充电机通过检测母线和漏电电压，进行列车DC110V直流母线的漏电故障检测，并通过MVB通信将检测结果上传列车网络。

检测电路有两个电压传感器T1和T2，T1检测母线电压，T2检测漏电电压。当发生漏电时，DC110V直流母线对地的阻值会发生变化，导致漏电电压发生变化。漏电分为正线漏电和负线漏电，当发生正线漏电时，T2漏电电压减小；当发生负线漏电时，T2漏电电压增大。充电机通过设定正线、负线漏电报警阈值进行正线、负线漏电判断。

单独出现正线漏电或负线漏电，不会影响110V母线的电压差，负载可以正常工作。当车辆HMI报出DC110V漏电时，首先对车辆的电压进行测量，确定故障情况真实。正常时正线对地电压为正55V，负线对地电压为负55V（实际中正线对地电压稍高一些，负线对地稍低一些）。当正线对地电压为0V，而负线对地电压为负110V时，则为正线漏电；当正线对地电压为110V，而负线对地电压为0V时，则为负线漏电。确定发生漏电后，采用以下方案查找故障。

在断开蓄电池插头情况下，测量BD母线电压是否正常，如正常，可排除充电机，蓄电池母线接地。如不正常，则需对充电机内部的检测漏电系统进行接线检查，并检查充电机内部及蓄电池母线连接状态；如充电机及母线都正常，则通过断开BD母线负载的方式全列逐一排查故障。

判断 BD 母线正常后，投入蓄电池，对 BN1、BN2 路负载进行逐一排查，可通过断开 DC110V 用电设备空气断路器的方式，全列逐个车查找。重点查看空调控制器电源，外部、内部照明电源，车门电源，雨刷电源，撒砂电源，以及网络主机电源等。

确定故障点后，将用电设备与线缆分离，先利用兆欧级电阻表（摇表）对线路检查，排查线路是否漏电。若线路漏电，则查找原因，并利用备用线或重新布线将漏电线路更换掉，同时做好防护；若线路正常，则排查用电设备，对其绝缘性能进行测试，发现接地则进行部件更换。

通过排查 A 型车辆的漏电故障，统计后发现故障原因有雨刷电机连接器进水、外门控制器继电器进水、电线破皮等，这些问题在今后排查漏电故障时要首先排查，确保类似故障快速定位。

3. 牵引供电系统失效原因

从电能传输和应用的角度看，城市轨道交通同普通电气化铁道一样，需要处理好三个环节的关系。第一个环节是外部电源与牵引供电系统的关系：一方面外部电源要向牵引供电系统提供足够的供电容量，满足高速车辆运行需要；另一方面城市轨道交通取用的电能不应造成对外部电源的干扰，要满足公用电网电能质量要求。第二个环节是牵引供电系统与车辆的关系，其关键是要保证电能优质可靠地传输给高速行驶的列车。第三个环节是车辆上的牵引传动系统，要保证为车辆的不同工况提供快速的动力控制，同时要实现电能与机械能的高效转换。牵引供电系统故障类型主要包括接触网跳闸、馈线跳闸、接触网受损、继电器跳闸、网压异常、变电所跳闸、电源线失压、供电停电单元跳闸等。

城市轨道交通一旦中断供电，将导致车辆停运事故，严重影响运输秩序，造成的损失十分严重。一般来说，牵引供电系统失效的原因主要分为以下三类：

（1）设备性能衰退

从投运开始，设备便随时间推移进入逐步老化或疲劳、磨损的过程，具有发生故障的可能性。在不考虑突发性事件影响的前提下，这种可能性具有趋势性和累积效应，绝大多数情况随时间递增。当设备性能衰退到特定程度时，设备从安全可靠期进入"病态"运行阶段，设备性能持续衰退，绝缘、耐磨、耐久特性参数濒临临界值，因某个外部因素或自发性发生故障的可能性急剧增大。

（2）服役环境影响

我国城市轨道交通运营环境极其复杂，长距离行驶里程与全年服役的特点使其横跨多个自然气候带，需要轮番承受雨雪、强风、雷电等气象灾害的侵袭。城市轨道交通网覆盖30 多个省市，跨越高寒（如京哈线）、高温、高湿（如武广线）、强腐蚀（如海南通道）、多风沙（如兰新线）、高原（如沪昆线）等复杂且极端的地理水文环境；同时，各个地区的区域电网在供电能力、电能质量、脆弱性等方面也具有较大的差异，牵引负荷的特点及与区域电网频繁的大功率交换使得这种电源条件差异性更加明显。牵引供电系统及其设备受到服役环境的影响，特别是室外的供变电设备，也会容易发生故障。

（3）人为因素影响

人为误判或无法识别系统或设备状态，以及延时或不正确处理故障，可能导致牵引供电系统发生故障或故障范围扩大，造成额外损失。对系统及设备运行机理认知的缺乏，误操作或发送错误调度命令而造成设备损坏或系统故障，也会使得风险后果恶化。这些人为因素会引起牵引供电系统重要设备寿命的缩短或导致故障的发生，从而使得牵引供电系统的可靠性和安全性大大降低。

11.2 电务供电系统安全监控技术

牵引供电系统监控技术涉及计算机网络、多媒体技术和数字技术，通过实现牵引供电系统的远距离、大范围的数字化监控，形成牵引供电系统的"遥视系统"，与自动灭火系统一起，组成变电所安全监控系统。进而，在沿线各变电所增加视频监控系统，可实现系统的遥控、遥测、遥调、遥信、遥视功能，获得变电所的各种电气参数，遥控各个电器开关等采用红外辐射探测技术实现报警信息采集，双监探测器采用微波、红外两种检测方法，有效检测人员入侵，烟雾和温度传感器可采集火灾的信息。

实现在线监测的关键技术包括个性化信号采集处理模块（传感器、信号采集及处理、嵌入式微机处理系统、远程通信）、后台智能专家系统和远程诊断及设备状态监测（调度中心）。通过高速接触网悬挂参数、弓网运行参数，以及腕臂结构、附属线索和零部件的检测，车辆受电弓滑板状态及接触网特殊断面和地点的实时监测，接触网运行参数和供电设备参数的在线检测等，实现对牵引供电系统的综合检测监测，为供电设备的故障分析、养护维修提供技术依据。

11.2.1 牵引供电安全性监测技术

1. 接触网安全巡检（CCVM）

接触网安全巡检装置指为完成指定区段的接触网状态检测，采用便携式视频采集设备，临时安装于运行车辆的司机台上，对接触网的状态进行视频采集，事后统计分析接触悬挂部件技术状态。

装置为便携式采集系统，应便于安装在司机台上进行视频图像采集；能有效判断接触网设备有无脱、断等异常情况，有无可能危及接触网供电的周边环境因素，有无侵入限界、妨碍机车车辆运行的障碍；应具有高清图片输出、图像处理和分析功能。

装置包括高清摄像机、照明设备、图像处理设备等。检测方式为采用高清摄像机在车辆上记录行车沿线接触网设施全景，对接触网的关键区域进行采集并能输出高清图片。该装置要求全景视频画面应达到高清标准，覆盖行车沿线接触网设施；成像图片的清晰度能分辨定位器区域零部件的松动、脱落、裂损等故障现象。该装置能够适应线路上隧道、桥梁、弯道情况，在轨道超高区段依然对定位器区域成像。但该装置需要在无强烈雨雪、能见度良好的天气条件下工作。

2. 接触网运行状态检测（CCLM）

根据车辆的安装条件，车载接触网运行状态检测装置可具备下列单一功能或组合功能：

（1）能测量接触网动态几何参数，如动态拉出值、接触线高度、线岔和锚段关节处接触线的相互位置。

（2）能定量测量接触网的主要弓网受流参数，包括弓网离线火花、硬点等。

（3）能利用非接触方式检测接触网绝缘子的绝缘状态。

（4）能对弓网运行状态进行视频录像，录像资料中能叠加里程标数据。

检测装置应用简单，无须人为干预，装置自动完成参数检测和数据发送，检测数据也可在车上转存。

3. 接触网悬挂状态检测（CCHM）

接触网悬挂状态检测监测装置安装在接触网作业车或专用车辆上，在一定运行速度下，对接触网悬挂系统的零部件实施高精度成像检测，在检测数据的自动识别与分析的基础上，形成维修建议，指导接触网故障隐患的消除。

该装置主要功能包括接触线几何参数、接触网接触悬挂、绝缘部件、线路开关、附加导线、各种拉线、硬横跨及软横跨、上跨桥及交叉跨越线路情况、线夹、吊弦、定位管等技术状态。

4. 城市轨道交通运营安全的监控技术检测

该检测装置能够实现精准定位接触网腕臂安装支柱（或吊柱）位置，准确拍摄腕臂组成的清晰图像，连续采集相邻支柱（或吊柱）间接触线及悬挂的清晰图像，对接触网悬挂部件典型缺陷自动识别，准确记录发现的接触网缺陷并提供分类汇总报告，对同一套腕臂历史存档图像进行自动比对分析，接触网悬挂状态检测如图 11-1 所示。

5. 受电弓滑板监测（CPVM）

在车站、车辆出入库区域、车站咽喉区安装受电弓滑板监测装置，监测车辆受电弓滑板的技术状态，及时发现运营车辆受电弓滑板的异常状态，受电弓滑板监测及供电设备的维修如图 11-2 所示。

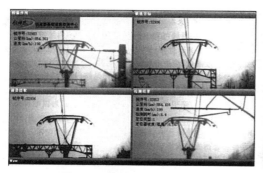

图 11-1　接触网悬挂状态检测　　　　　　图 11-2　受电弓滑板监测及供电设备的维修

6. 接触网及供电设备地面监测（CCGM）

为监测接触网及供电设备运行状态，在接触网的特殊断面（如定位点、隧道出入口）及供电设备处设置地面监测装置，监测接触网的张力、振动、抬升量、线索温度、补偿位移，以及供电设备的绝缘状态、电缆头温度等参数。

接触网及供电设备地面监测装置主要包括测量传感器、数据采集装置、数据传输装置、电源系统等。其主要功能有：

（1）在城市轨道交通的特殊断面监测接触线的振动，监测接触线的抬升量，如隧道的出口和进口、接触网的线岔处、锚段关节处等。

（2）在长大隧道内监测接触网承力索和接触线的张力；在接触网下锚处监测承力索和接触线的张力，计算张力补偿效率。

（3）监测接触网特殊断面的线索温度、接触网线夹温度、电缆头温度等。

（4）在变电所、AT 所、分区所内加装供电设备绝缘监测装置。

11.2.2　变电所设备安全性监测技术

1. 110kV GIS 和 33kV GIS

（1）SF$_6$ 气体监测

通过监测 GIS 设备中 SF$_6$ 气体的温度、压力、微水密度等参数，完成对运行设备中 SF$_6$ 气体的实时、远程监测。采用微水密度传感器、带温度测量的智能压力变送器，可实现对 SF$_6$ 气体温度、压力、微水密度等参数的在线监测。

（2）局部放电

超高频 UHF 传感器通过检测 GIS 局部放电中产生的超高频脉冲电磁波，能有效避开低频干扰。超声波 AE 传感器采用光干涉技术检测材料缺陷或潜在缺陷改变状态，自动发出瞬态弹性波及释放所积蓄的应变能而发出声音。

采用超高频 UHF 传感器和超声波 AE 传感器，可实现对 GIS 部分设备局部放电的在线监测。

（3）避雷器

GIS 避雷器是由若干非线性伏安特性的阀片串联而成，通过监测避雷器接地线中的总泄漏电流的大小，判断避雷器的绝缘状况。

采用避雷器监测传感器，可实现对避雷器的阻性电流、阻容比、泄漏电流及动作次数的监测。

（4）断路器机械特性

GIS 断路器机械特性试验可有效地反应 GIS 操动机构的动作情况。通过对 GIS 断路器分合闸电流大小的监测，可以发现断路器机械特性与设备运行年份存在一定的关系。

通过在分合闸线圈上安装监测传感器，可实现对分合闸线圈电流、分闸电流、电机电压、电机电流的在线监测，以此可验证断路器的机械特性。

（5）断路器动作特性监测

测量 33kV GIS 断路器动作时的电流、电压扰动值，后台服务器通过专用数据软件读取数据并形成录波文件，客户端电脑通过专用录波分析软件显示和分析扰动前后波形，最后得出结果呈现给用户。

采用断路器动作特性录波装置，可实现对断路器状态的在线监测。

2. 110kV 三相油浸式变压器

（1）变压器油色谱微水

变压器油色谱在线监测采用色谱分析原理，检测油中各组成成分，实现对变压器油中 7 种气体（氢气、一氧化碳、二氧化碳、甲烷、乙烯、乙烷、乙炔）和总烃的全分析。变压器油中微水是影响变压器绝缘质量的重要因素，可通过监测分析油中微水的含量得出故障原因，提供解决方案。

采用油色谱微水在线监测传感器，通过检测油中甲烷、乙烯、乙烷、乙炔、一氧化碳、二氧化碳等气体成分值，可实现对变压器油色谱气体、油中微水的在线监测。

（2）变压器铁芯接地电流监测

变压器铁芯及夹件接地电流监测通过采用加装补偿线圈产生反向电流的方式实现，改造后的抗干扰铁芯接地电流检测装置能够极大地消除空间磁场带来的干扰。

采用在变压器铁芯夹件上安装电流传感器，可实现对铁芯接地电流的在线监测。

3. 电缆

（1）局部放电

通过同轴电缆连接传感器监测电缆局部放电，能同时监测多条电缆的局部放电活跃程度。考虑电缆劣化直至损坏的过程中温度升高现象，需要在电缆接头处设置光栅点测温和沿电缆表面敷设分布式测温光纤。

采用局部放电监测单元、分布式光纤测温监测单元，可实现对 110kV 电缆外护层、主绝缘，以及电缆接头和表面温度的在线监测。

（2）33kV 电缆

33kV 电缆在运行过程中会发生局部放电、温度变化的情况，需要对电缆本体与接头的整体绝缘进行监测。采用局部放电监测单元、分布式光纤测温监测单元，可实现对 33kV 电缆本体与接头整体绝缘的在线监测。

（3）DC 1500V 电缆

考虑 DC 1500V 电缆的运行电压及结构特点，局部放电监测方案效果不明显且难以实施，所以对 DC 1500V 电缆未采取局部放电监测，仅采取温度监测。

4. 1500V 直流开关设备

（1）设备温度监测

利用光纤温度传感器对变电站开关柜实时温度进行在线监测，对开关、母线及电缆进线的高温点进行报警、定位；采用感温光缆对主变电站电缆夹层内电缆温度进行连续实时在线监测，对数据进行分析，及时判断电缆故障点及温度变化情况。

采用光纤光栅解调仪及光纤温度传感器，可实现对设备故障点和温度变化的在线监测。通过对比收集的温度与故障告警数据，快速定位故障点。

（2）直流设备框架绝缘监测

安装直流设备时，牵引系统的正、负极配电柜均采用对地绝缘安装，绝缘阻值不得小于 $2M\Omega$。绝缘安装完成后，该处所有直流设备框架外壳只通过一根接地线进行单点接地。直流设备框架的泄漏电流仅流入该接地点，由此通过单接地点，采用比较法对霍尔电流传感器和磁调制电流传感器进行精度校验，采用测量微小弱电流的方式，实现对直流设备框架绝缘的监测。

采用在直流设备框架单点接地线穿心安装电流传感器，可实现对直流设备框架泄漏电流的在线监测。

（3）断路器机械特性

直流 1500V 断路器机械特性与 GIS 断路器机械特性原理相似。采用传感器可实现对直流 1500V 断路器分合闸线圈电流、电机电流的在线监测。

（4）断路器动作特性录波

直流 1500V 断路器动作录波原理不同于交流断路器动作录波原理，通过开关柜内的直流变送器采集信号，接入到录波测控单元；交流断路器动作录波通过开关柜内的互感器采集信号接入到录波测控单元。

采用断路器动作特性录波装置，可实现对断路器分合波形的在线监测。$t1$ 表示开关分断时触头动作至一次回路电流降至 0 的时间，$t2$ 表示开关动作信号发出至触头开始动作的时间，$t3$ 表示开关动作信号发出至开关状态辅助触点闭合的时间。

5. 低压 400V 开关柜

（1）设备温度监测

低压 400V 开关柜设备温度监测原理与直流 1500V 设备温度监测原理类似。采用光纤光栅解调仪及光纤温度传感器，可实现对 400V 开关柜的设备温度监测。

（2）断路器机械特性

400V 开关柜断路器机械特性与 GIS 断路器机械特性原理相似。采用传感器来验证 400V 开关柜断路器机械特性与设备运行年份的关系。

（3）断路器动作特性监测

400V 开关柜断路器动作特性原理与 GIS 断路器动作特性原理相似。采用断路器动作特性录波装置进行验证。

（4）局部放电

400V 开关柜局放原理与 110kV GIS 电缆局部放电原理相似。采用暂态地电波传感器，可实现对 400V 开关柜设备局部放电的在线监测。

6. 干式变压器

（1）局部放电

干式变压器通常利用环氧树脂等绝缘材料对绕组和铁芯进行浇注，以保证良好的绝缘性，但在实际运行中仍存在局部放电。由于变压器发生局部放电时会同时向外发出电脉冲信号，可通过检测变压器接地电缆的脉冲电流实现对变压器局部放电的监测。

采用高频传感器及局放监测单元，可实现干式变压器局部放电的在线监测。在一次偶发故障中捕捉到异常，证明其具备相应实践效果。但由于监测装置电压低、信号弱、背景噪声大，监测效果仍需进一步观察确认。

（2）振动（声波）

利用声音传感器直接与数据终端连接定时获取噪声数据，经数据计算得到声压级、频谱声压级等多组数据，将实时数据远程传至后台，实现监测、报警。在干式变压器上安装声音传感器，对干式变压器存在的噪声进行监测。由于噪声频谱范围广，对正常频谱和特殊情况频谱则需要进行对比识别和预设。

7. 整流器

整流器设备温度监测原理与 1500V 直流设备温度监测原理相似。

8. 环境温湿度

环境温湿度测量是指利用环境温湿度变化引起材料电特性变化的原理进行温湿度的测量。通过在变电所低压开关柜、整流器、GIS 安装传感器，采集和存储变电所内温度和湿度的数据，向监控软件传输并完成温湿度监控，可实现对变电所内温湿度的在线监测。

11.3　电务供电设备安全应急处理方法

11.3.1　电务供电系统评估规范化进程

2005 年,《城市轨道交通直流牵引供电系统》GB/T 10411—2005 发布,代替了原来的《地铁直流牵引供电系统》GB/T 10411—1989。该标准规定了城市轨道交通直流牵引供电系统中供电方式、牵引变电所,电缆、接触网、牵引供电保护装置及电力调度的主要性能指标和设备运行指标等。该标准适用于城市轨道交通直流牵引供电系统,不适用于城市有轨电车供电系统。

该标准与《地铁直流牵引供电系统》GB/T 10411—1989 相比主要内容变化如下:

(1)标准名称根据适用范围进行了修改,将《地铁直流牵引供电系统》改为《城市轨道交通直流牵引供电系统》。

(2)将《地铁直流牵引供电系统》中"2 引用标准"改为"2 规范性引用文件",增加了《电能质量　公用电网谐波》GB/T 14549、《电力工程电缆设计规范》GB 50217、《电工术语　电力牵引》GB/T 2900.36、《地铁杂散电流腐蚀防护技术规程》CJJ49 的引用,删除了《城市无轨电车和有轨电车供电系统》GB 5951 和《低压配电装置及线路设计规范》GB 50054 的引用。

(3)将《地铁直流牵引供电系统》中"3 术语"改为"3 术语和定义",《电工术语　电力牵引》GB/T 2900.36 中已经确立的术语和定义不再列出,新增"框架泄漏保护装置"术语和定义。

(4)将《地铁直流牵引供电系统》中"4 供电制式"改为"4 供电方式",对该章的部分条文进行了修改。

(5)将《地铁直流牵引供电系统》中"6 电缆网络"改为"6 电缆",对该章的部分条文进行了修改。

(6)增加了主要设备的技术参数作为资料性附录。

目前,根据《国家标准管理委员会关于下达 2022 年第二批推荐性国家标准计划及相关标准外文版计划的通知》(国标委发〔2022〕22 号),国家标准《城市轨道交通直流牵引供电系统》由 TC290(全国城市轨道交通标准化技术委员会)归口,主管部门为住房和城乡建设部。主要起草单位为中铁二院工程集团有限责任公司等,计划编号为 20220398-T-333,正在征求意见。

本标准规定了城市轨道交通直流牵引供电系统中供电方式、外部电源、牵引变电所、电缆、接触网、接地、回流、过电压保护、电力监控系统的主要性能指标和设备运行指标等。适用于城市轨道交通直流牵引供电系统。

在供电方式与外部电源方面做了如下介绍：

（1）城市轨道交通的外部电源供电方式有集中式、分散式和混合式三种。

（2）牵引供电网络可与动力照明供电网络共用同一个，也可采用与动力照明相对独立的供电网络。

（3）牵引用电负荷应为一级负荷，牵引变电所的受电电压有 35kV、20kV 和 10kV 三种。

（4）牵引供电系统标称电压及其波动范围应符合表 11-1 的规定。

牵引供电系统标称电压及其波动范围表　　　　　　　　　表 11-1

电压分类	系统标称电压（V）	系统最低电压（V）	系统最高电压（V）
DC750V 牵引供电系统	750	500	900
DC1500V 牵引供电系统	1500	1000	1800

（5）直流供电系统的正、负极均不应接地。

（6）对于外部电源，有如下说明：

1）采用集中式供电方式时，外部电源电压等级应结合城市电网电压等级确定，宜采用 110kV 或 220kV 电压等级。每座主变电所应设置两回独立可靠的进线电源，其中应至少有一回为专线电源，两回电源宜来自不同的上级城市变电站，也可来自上级同一城市变电站的不同段母线。

2）采用分散式供电方式时，外部电源电压等级应结合城市电网电压等级确定，可采用 35kV、20kV 或 10kV 电压等级。引入的外部电源数量和可靠性要求应根据线路用电负荷等级确定。向一级负荷供电的开闭所应设置两回独立可靠的进线电源，其中应至少有一回为专线电源，两回电源宜来自不同的上级城市变电站，也可来自上级同一城市变电站的不同段母线。

3）采用混合式供电方式时，外部电源设置原则按集中供电和分散供电的相关要求执行。

11.3.2　电务供电系统应急安全处理方法

1. 供电设备故障判断方法

（1）跳闸重合成功

1）本线和邻线后续第一列车辆限速；列车调度员了解供电臂范围内的车站和车辆情况，本线或邻线后续第一列车辆司机观察接触网状态，若无异常，恢复正常行车速度。

2）供电调度通知接触网工区登乘车辆巡视和线路外巡视设备。

（2）跳闸重合失败

1）供电调度员迅速了解供电设备情况，判断故障性质。

2）通过列车调度员通知供电臂范围内所有车辆降弓进行试送电。

3）根据保护动作情况，判断正馈线或接触网故障，如已确定是 AF 线接地引起跳闸，可先断开 AF 线有关开关，以直供方式恢复接触网供电。

4）若馈线过电流保护动作，电流超过整定值且馈线电压不低于 19kV，一般为过负荷跳闸，应在 2min 内试送电。

2. 供电设备的抢修

（1）列调、电调紧密配合，供电抢修作业车比照救援列车办理，优先组织开行。

（2）为使供电抢修人员、机具快速到达现场，可通过邻线车辆临时停车到达故障现场。

（3）接触网发生跳闸时，相邻的两个接触网工区均应做好抢修准备工作。

（4）接触网抢修作业时，邻线车辆限速。

3. 供电设备的处置

（1）变电

1）牵引变电所两路外部电源系统同时失压时，迅速组织实施越区供电。

2）牵引变电所主变压器、断路器、互感器等设备故障时，切除或隔离故障设备，投入备用设备，当备用设备发生故障时，实施迂回供电或越区供电。

（2）接触网

1）接触线断线。可对断线接触线进行临时处理，保证限界，车辆限速，降弓通过故障地点。

2）承力索断线。可用紧线工具将承力索紧起后即送电通车，必要时降弓通过，车辆限速。

3）供电线断线或供电线电缆故障。优先考虑甩掉故障的供电线或将供电线脱离接地，迂回或越区供电。

4）AF 线断线或 AF 线电缆故障。可将 AF 线甩开，退出 AT 供电方式，采用直供方式供电，必要时限制列车速度和数量。

5）隔离开关故障。①常开开关故障时，可将引线甩掉送电。②常闭开关故障时，可将开关短接后送电。③使用权不属供电部门的开关处理后要及时通知相关单位并在相关记录上签认。

6）弹性吊索故障。可临时拆除弹性吊索及吊弦，但须保证接触网定位点处高度和坡度。

7）绝缘子故障。绝缘子表面因脏污引起闪络，可擦拭后送电；绝缘子内部击穿和严重破损的，必须更换。

8）棘轮或补偿滑轮补偿绳断线。补偿绳断线的，一般可将相应线索紧起后临时做硬锚，降弓通过。

9）分段、分相故障。①分段绝缘器故障。可视情况降弓通过、封锁渡线或停电更换。②器件式电分相故障。分相绝缘器接口处导线抽脱的，一般用紧线工具紧起后即可送电降弓通过，但有效主绝缘一般不少于两节。主绝缘烧损的，如果满足不了绝缘和机械要求，则必须更换。分相处打碰弓严重的，可临时降弓通过。③锚段关节式电分相故障。当分相关节处发生打碰弓等不影响供电的故障时，降弓通过。当发生断线等故障，应尽快争取恢复一组绝缘锚段关节，设置降弓区域后送电。

10）钢柱倾斜。若满足降弓通过条件时，加固钢柱，保证限界，降弓通过；若不能满足降弓通过条件时，将承力索、接触线从支撑定位中脱离，拆除钢柱，保证限界后降弓通过。

11）弓网故障。接触网、受电弓分别处理，接触网处理后，优先采取降弓通过措施，车辆限速。

12）双线隧道内接触网故障。应在垂直停电情况下进行抢修。

13）接触网设备大面积损坏或停电。采取降弓、迂回供电等措施最大限度减小停电时间、范围。

14）因覆冰、强风等原因引起接触网舞动。可根据频率及振幅大小采取限速措施，必要时接触网停电。

15）发生冰雪及冻雨等灾害性天气。接触网导线结冰后影响受电弓正常滑动和取流，可启动除冰应急预案。

16）接触网悬挂塑料布、布条等异物。根据异物大小的情况进行停电或带电处理。

4. 供电设备的配合

（1）当车辆发生火灾时，按列车调度员指示办理停电。

（2）接触网抢修时原则上应垂停进行。当因疏导车流需停时，要注意人身安全，抢修人员及机具不得侵入邻线限界，故障抢修处所按照国铁集团有关规定进行邻线限速。隧道、禁停作业处，以及遇雨、雪、雾、风力5级以上的恶劣天气时，接触网抢修必须在垂停状态下进行。

（3）铁路职工发现供电设备发生异常或故障时，要及时汇报调度所或供电设备管理单位，也可就近汇报车站转报相关单位。

另外，控制常见故障的措施包含：蓄电池使用时要关注蓄电池电压，当电压低于安全电压时，车辆必须要给高压，升弓合主段，给蓄电池充电。在日常检修作业中，需专人盯控。对于电缆损伤，需加强工人保护电缆的意识，避免碰伤电缆；在工艺上加强电缆保护措施。对于用电设备接地，需加强日常维护，按检修周期检查。在日常维护中，也要重点查看卫生间、洗面间的水龙头是否漏水，电气柜下部是否有水渍等，杜绝漏电隐患。

11.4　电务供电设备案例

11.4.1　牵引供电中级故障

1. 故障现象

某车在停站开门后，列车显示Ⅱ/B牵引中级故障。关门后，常用制动不能缓解，列车无法牵引。高速开关分指示灯亮，并且高速开关合不上，司机紧急牵引无效，申请救援。

2. 故障分析

接触网直流电源通过受电弓，高速断路器对牵引箱受电，牵引箱供电部分包括线路接触器、预充电电阻器、预充电接触器、线路电抗器、线路滤波电容。

在牵引逆变器启动时，电源通过预充电接触器为线路电容充电。为防止主回路在合上线路接触器与供电网络接触的瞬间，由于电流和电压冲击，损坏主回路设备。所以在线路接触器合上之前，先合上预充电接触器，这样由于预充电电阻的存在，减小了在和供电网络接触的瞬间，主回路受到的电流和电压冲击。等到主回路电压上升到规定电压值时，才将线路接触器合上，同时分断预充电接触器。

线路接触器安装在主电路输入端。通过控制线路接触器工作，可以控制主电路与电源的连接和隔离。线路接触器在主回路和供电网络电压之间起到一个开关作用，一旦列车进入制动工况或主回路发生异常，该线路接触器将会断开，从而将主回路和供电网络隔离开。线路电抗器和线路电容组成线路滤波器。在有故障发生时，特别有短路电流形成时，可以抑制电流的上升。

未充电的直流电容器在线路网压被接上后，通过预充电回路预充电，此时线路接触器打开，这时的充电电流较低。

部分充电。中间回路通过打开线路接触器和线网隔离（预充电接触器同时断开）。即吸合线路接触器，断开预充电接触器。当故障发生时，电流上升率通过线路电抗器限制。

来自和返回线网的谐波电流被滤波，并且驱动转换器保护瞬间过压。中间回路电容器和线路电抗器构成线路滤波器。为逆变系统提供正常电源，为再生电路提供反馈回路。

3. 故障处理

检查后发现Ⅱ/B车的牵引系统存在线路接触器不能正常分断故障，此故障会引起TCU发出本车高速开关分断的信号，但不可能导致4个高速开关同时分开。进一步检查后发现接线板上的接线存在错误，致使Ⅱ/B车TCU发出的高速开关分断信号通过车钩线使4个高速开关都分断。重新连接导线，更换线路接触器后，静调正常、上试车线正常。

11.4.2　车辆 110V 电压检测电路故障

1. 故障现象

某列车的蓄电池自动分断，列车激活回路断开。经调查，确定列车发生故障的原因为 03016 单元蓄电池充电机 APS_1 模块内部的电压传感器故障。该传感器测量到 110V 直流回路低压，触发蓄电池充电机执行欠压保护功能。直流充电机输出一个高电平信号，致使列车激活电路断开。

2. 电路工作原理及故障原因分析

列车两端各设置有两个蓄电池充电机（APS_1，APS_2），以及一套蓄电池组，一个单独的 110V 直流输出电压检测回路。充电机模块的内部电压传感器同时测量其输出电压和 110V 直流电路电压，若该传感器测量到低压，则表示 110V 供电回路故障，需要切断蓄电池激活回路，保护蓄电池不过度放电，确保继电器等 110V 负载控制逻辑不会发生紊乱。

蓄电池充电机采用西门子 SIBCOS–M2000 型斩波器。充电机通过整流器将交流电变换为直流电，并在操纵板、控制器的控制下，输出电势分离的 110V 直流电压，给蓄电池充电，同时也为输出端连接的负载供电。若蓄电池充电机检测到 110V 直流电路低压，则控制器收到封锁逆变器的控制命令，通过操纵板封锁逆变器。

列车通过直流充电机 APS_1、APS_2 模块内部的两个电压传感器测量 110V 直流输出，控制列车激活继电器。列车激活继电器的常闭触点串联在列车激活回路当中，若该继电器得电，则分断列车激活回路。若列车两端 APS_1 或 APS_2 检测到 110V 直流电路低压，或分断蓄电池开关，则列车激活继电器得电，分断列车激活回路。

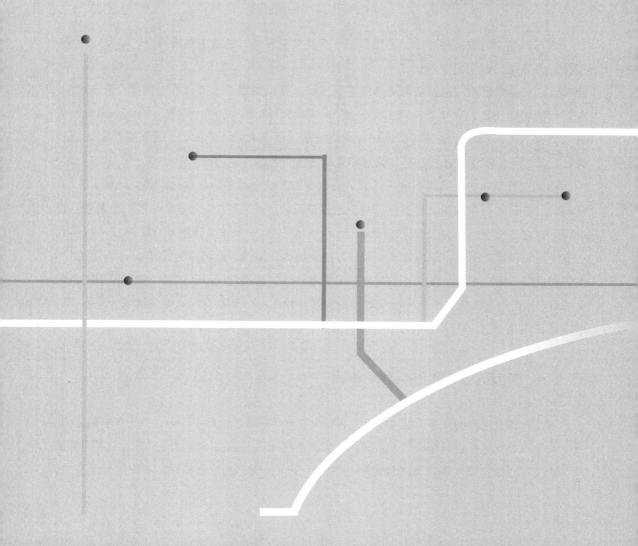

第 12 章

机车车辆安全

12.1　机车车辆安全要素分析

　　城市轨道交通车辆是运送旅客的移动设备。大面积的城市轨道交通路线建成和运行意味着大量车辆的上线运行，而城市轨道交通车辆作为城市轨道交通的直接运载工具和移动设备，其检修质量和性能状态直接影响着旅客的人身和财产安全。

12.1.1　机车车辆概况

　　城市轨道交通是集多专业、多工种于一身的复杂系统，通常由轨道线路、车站、车辆、维护检修基地、供变电、通信信号、指挥控制中心等组成。城市轨道交通的运输组织、功能实现、安全保证均应遵循轨道交通的客观规律。在运输组织上实行集中调度、统一指挥、按运行图组织行车。在功能实现方面，线路、车站、隧道、车辆、供电、通信、信号、机电设备及消防系统均应保证状态良好，运行正常。在安全保证方面，主要依靠行车组织和设备正常运行，来保证必要的行车间隔和正确的行车线路。

　　轨道交通系统中，采用以电子计算机处理技术为核心的各种自动化设备，代替人工的、机械的、电气的行车组织、设备运行和安全保证系统。如：ATC（列车自动控制）系统可以实现列车自动驾驶、自动跟踪和自动调度；SCADA（供电系统管理自动化）系统可以实现主变电所、牵引变电所、降压变电所设备系统的遥控、遥信、遥测和遥调；BAS（环境监控）系统和 FAS（火灾报警）系统可以实现车站环境控制的自动化，以及消防、报警系统的自动化；AFC（自动售检票）系统可以实现自动售票、检票、分类等功能。这些系统全线各自形成网络，均在 OCC（控制中心）设中心计算机，实现统一指挥，分级控制。

12.1.2　城市轨道交通的类型及车辆

　　城市轨道交通种类繁多，技术指标差异较大，世界各国评价标准不一，并无严格的分类。由于城市轨道交通在世界范围内发展较快，以及不同地区、国家、城市的服务对象不同等因素，使城市轨道交通发展成为多种类型。目前尚无十分统一的分类标准，不同的分类方法，产生了不同的形式：①按容量（运送能力），分为高容量、大容量、中容量和小容量。②按导向方式，分为轮轨导向和导向轨导向。③按线路架设方式，分为地下、高架和地面。④按线路隔离程度，分为全隔离、半隔离和不隔离。⑤按轨道材料，分为钢轮钢轨系统和橡胶轮混凝土轨道梁系统。⑥按牵引方式，分为旋转式直流、交流电机牵引和直线电机牵引。⑦按运营组织方式，分为传统城市轨道交通、区域快速轨道交通和城市（市郊）铁路。

城市轨道交通按运能范围、车辆类型及主要技术特征，可分为有轨电车、地下铁道、轻轨交通、市郊铁路、单轨道交通、新交通系统、磁悬浮交通 7 类。

1. 有轨电车

有轨电车（Tram 或 Streetcar）是使用电车牵引、轻轨导向，按照 1~3 辆车编组运行在城市路面线路上的低运量轨道交通系统。随着电动机的发明和牵引电力网的出现，世界上第一条有轨电车线于 1888 年 5 月在美国弗吉尼亚州里士满市开通。1906 年，我国第一条有轨电车线在天津北大关至老龙头火车站（今天津站）建成通车，随后上海、北京、抚顺、大连、长春、鞍山等城市相继修建了有轨电车或电铁客车，在当时的城市公共交通中发挥了重要作用。

2. 地下铁道及城市轨道交通车辆车辆

城市轨道交通车辆（Metro 或 Underground Railway 或 Subway 或 Tube）简称地下铁道，是城市快速轨道交通的先驱。城市轨道交通车辆是由电力牵引、轮轨导向、轴重相对较重、具有一定规模运量、按运行图行车、车辆编组运行在地下隧道内，或根据城市的具体条件，运行在地面或高架线路上的快速轨道交通系统。车辆的驱动方式有直流电机、交流电机、直线电机等。

3. 轻轨交通及其车辆

轻轨（Light Rail Transit，简称 LRT）是在有轨电车的基础上改造发展起来的城市轨道交通系统。轻轨是反应在轨道上的，荷载比铁路和城市轨道交通车辆轻的一种交通系统。轻轨是个比较广泛的概念，公共交通国际联会（UITP）关于轻轨运营系统的解释文件中提到：轻轨是一种使用电力牵引，介于标准有轨电车和快运交通系统（包括城市轨道交通车辆和城市铁路）之间，用于城市旅客运输的轨道交通系统。

轻轨原来的定义是指采用轻型轨道的城市交通系统。当初使用的是轻型钢轨，现在轻轨已采用与城市轨道交通车辆相同质量的钢轨。所以，目前国内外都以客运量或车辆轴重的大小来区分城市轨道交通车辆和轻轨。轻轨是指运量或车辆轴重稍小于城市轨道交通车辆的快速轨道交通。在我国《城市轨道交通工程项目建设标准》建标 104—2008 中，把每小时单向客流量为 0.6 万 ~3 万人次的轨道交通定义为中运量轨道交通，即轻轨。

轻轨一般采用地面和高架相结合的方法建设，路线可以从市区通往近郊。列车编组采用 3~6 辆，铰接式车体。由于轻轨采用了线路隔离、自动化信号、调度指挥系统和高新技术车辆等措施，最高速度可达 60km/h，克服了有轨电车运能低、噪声大等问题。

经过 100 多年的发展，轻轨交通已形成 3 种主要类型：钢轮钢轨系统、直线电机牵引系统和橡胶轮轻轨系统。钢轮钢轨系统即新型有轨电车，是应用城市轨道交通车辆先进技术对老式有轨电车进行改造的成果。下面介绍后两种系统。

（1）直线电机牵引系统

直线电机牵引系统（Linear Motor Car）是由直线电机牵引、轮轨导向、车辆编组运行在小断面隧道，以及地面和高架专用线路上的中运量轨道交通系统。20 世纪 80 年代，加拿大成功地开发了直线电机驱动的新型轨道交通车辆。它采用直线电机牵引、径向转向架和自动控制等高新技术，综合造价节约近20%。它与轮轨系统兼容，便于维护救援，具有较大的爬坡能力。直线电机技术在加拿大、日本、美国都取得了较大的成功，由此研制的直线电机列车也投入了使用。

直线电机列车在我国的广州和北京也有应用。由于直线电机列车具有车身矮、重量轻、噪声低、可通过小半径曲线和爬坡能力强等优点，可以轻便地钻入地下、爬上高架，是地下与高架接轨的理想车型。以直线电机作动力，其意义还在于它引起了轨道车辆牵引动力的变革。

（2）橡胶轮轻轨系统

橡胶轮轻轨系统采用全高架运行，不占用地面道路，具有振动小、噪声低、爬坡能力强、转弯半径小、投资较少等优点。橡胶轮轻轨系统具有较低的负载量和较低的服务速度，常见的为35km/h，最高速度可达 80km/h。与钢轮钢轨系统相比，橡胶轮轻轨系统的优点有：①低行驶噪声；②更高的加速及减速率。

因为轮胎本身的摩擦度使其黏着力较强，列车可轻易爬行陡峭（坡度13%）的斜坡，可行走弧度半径较小的弯道。由此可见橡胶轮轻轨系统更适合应用于轻轨运输或中型铁路系统，不过橡胶轮轻轨系统也有着一些非常明显的缺点：①因为轮胎的摩擦度问题，大部分能量会被消耗于行驶时产生的热能。②虽然轮胎的价格要比钢轮便宜，但更换率更高，变相令胶轮系统的保养费用更昂贵。③胶轮在严冬的气候，如雪和冰的肆虐下很快就会丧失高牵引力的优势。④胶轮轻轨技术的低普及率导致安装及保养费用高。⑤胶轮轻轨系统不像钢轮系统已经定立标准轨，具有国际共识的规格，研制胶轮系统的不同厂商都各自拥有互不兼容的专利规格，这点导致了顾客在决定变更胶轮系统的供应厂商时等同要完全重置整个系统的设备（特别是轻轨）。

在我国的许多大中城市，经济基础薄弱是制约交通建设的主要因素，选择经济合理而且符合我国人口众多这一国情的交通模式是当务之急。轻轨既免除了城市轨道交通车辆的昂贵投资，又具有中运量的特点，特别是其建设标准低于城市轨道交通车辆，因而其国产化进程容易推进。轻轨是适合我国大中城市，特别是中型城市的轨道交通运输方式。

4. 市郊铁路及其车辆

所谓市郊铁路，指的是建在城市内部或内外接合部的铁路。线路设施与干线铁路基本相同，服务对象以城市公共交通客流，即短途、通勤旅客为主。

城市铁路通常分为城市快速铁路和市郊铁路两部分。城市快速铁路是指运营在城市中心，包括近郊城市化地区的轨道系统，其线路采用电气化，与地面交通大多形成立体交叉。市郊铁路是指建在城市郊区，把市区与郊区，尤其是与远郊联系起来的铁路。市郊铁路一般和干线铁路设有联络线，设备与干线铁路相同，线路大多建在地面，部分建在地下或高架。其运行特点接近于干线铁路，只是服务对象不同。

市郊铁路是城市铁路的主要形式。市郊铁路伴随着城市规模的扩大、卫星城的建设而发展起来，通常使用电力牵引和内燃牵引，列车编组多在 4~10 辆，最高速度可达100~120km/h。市郊铁路运能与城市轨道交通车辆相同，但由于站距较城市轨道交通车辆长，运行速度超过城市轨道交通车辆，可达 80km/h 以上。

5. 单轨交通及其车辆

单轨也称独轨（Monorail），是指通过单一轨道梁支撑车厢并提供导引作用而运行的轨道交通系统，其最大特点是车体比承载轨道要宽。按支撑方式的不同，单轨通常分为跨座式和悬挂式两种：跨座式是车辆跨座在轨道梁上行驶，悬挂式是车辆悬挂在轨道梁下方行驶。单轨是采用一条大断面轨道并全部为高架线路的轨道交通。跨座式轨道由预应力混凝土制作，车辆运行时走行轮在轨道上平面滚动，导向轮在轨道侧面滚动导向。悬挂式轨道大多由箱形断面钢梁制作，车辆运行时走行轮沿轨道走行面滚动，导向轮沿轨道导向面滚动导向。

单轨的车辆采用橡胶轮，电气牵引，最高速度可达 80km/h，行驶速度 30~35km/h，车可 4~6 辆编组，单向运送能力为 1 万 ~2.5 万人次 /h。

单轨交通历史悠久，早在 1821 年，英国人 P. H. Dalmer 就开发了单轨铁路。1893 年，德国人 Langen 发明了悬挂式单轨车辆，1901 年在伍珀塔尔开始运营，线路长 13.3km，其中10km 跨河架设，成为利用街道上空建设单轨铁路的先驱。这条线路至今仍在使用，成为该市的一个历史景观。

随着科学技术的进步，单轨技术日臻成熟，轨道、车辆和通信信号都有了很大发展，再加上可以利用道路和河流的上方空间，单轨技术受到一定的重视。特别是 1958 年研制出跨座式、混凝土轨道和橡胶充气轮胎的单轨制式，即目前所称的 ALWEG 型。美国、日本、意大利等许多国家都建设了这种形式的单轨交通，其中日本建成多条单轨系统，是使用单轨最多的国家。

我国首条跨座式单轨线路是在有"山城"之称的重庆修建的。重庆轨道交通 2 号线（较新线）一期工程于 2004 年建成，全线于 2006 年开通，单轨客车技术从日本引进，经中国北车集团长春轨道客车股份有限公司的技术人员消化、吸收、再创新，终于制造成功。跨座式单轨交通十分适合重庆市道路坡陡、弯急、路窄的地形特点，同时由于结构轻巧、简洁、易融于山城景色而取得了较好的景观效果。

6. 新交通系统及自动导向车辆

新交通系统（Automated Guideway Transit，简称 AGT）是一个模糊的概念，不同国家和城市对此都有不同的理解，目前还没有统一和严格的定义。广义上认为，AGT 是那些所有现代化新型公共交通方式的总称。狭义上，新交通系统则定义为由电气牵引，具有特殊导向、操作和转向方式的胶轮车辆，单车或数辆编组运行在专用轨道梁上的中小运量轨道运输系统。

在新交通系统中车辆在线路上可无人驾驶自动运行，车站无人管理，完全由中央控制室的计算机集中控制，自动化水平高。新交通系统与单轨交通系统有许多相同之处，区别主要在于该系统除有走行轨外，还设有导向轨，故新交通系统也称为自动导向轨道交通。新交通系统的导向系统可分为中央导向方式和侧面导向方式，每种方式又可分为单用型和两用型。所谓单用型是指车辆只能在导轨上运行，两用型则指车辆既可在导轨上运行，又可以在一般道路上行驶。

新交通系统最早出现在美国，当初多为一种穿梭式往返运输乘客的短距离交通工具，曾被称为"水平电梯"或称为"空中巴士""快速交通"。在逐渐发展成一种城市客运交通工具后，一般称为"客运系统"（People Mover System）。后来日本和法国又作了进一步的技术改造和发展，并使其成为城市中的一种中运量客运交通系统。日本称为新交通系统（意指含有高度自动化新技术的交通系统），以区别于其他各种交通运输工具。法国称为 VAL 系统，名称来源于轻型自动化车辆（Vehicle AutomATIque Leger）的法文字母字头的拼音，也有一种说法"VAL"一词的来历是线路起始地名字头缩写。

新交通系统自 1963 年由美国西尼电气公司研发面世后，在世界许多地方被逐渐推广采用，尤以日本和法国为首，二者无论是技术还是规模都处于领先的地位。目前，世界各地已有几十条规模不等，用途不同，具体构造也有所不同的新交通系统线路。日本有 10 条线路，日本将高架独轨和新交通系统看作现代化的象征，故从 1976 年起作出规定，新交通系统可使用国家的财政资助，因而促进了新交通系统的发展。

目前，我国内地的新交通系统处在起步阶段，天津市于 2007 年在滨海新区开通了全长7.6km 的亚洲首条胶轮导轨线路，北京市于 2008 年奥运会前开通了服务于首都机场 T3 航站楼的新交通系统，上海市也于 2009 年开通了胶轮导轨电车。我国台湾地区的台北市于 1994年建成、1996 年 3 月投入运营的木栅线（中山中学至木栅动物园），线路全长 10.8km，其中高架线 10km、地下线 0.8km，采用 VAL 制式，属中运量新交通系统。我国香港地区于 20世纪 90 年代后期建设的新机场，从登机厅到机场主楼，为接运旅客也建成了一条长约 1km

采用 VAL 制式的新交通系统。

7. 磁悬浮交通及其车辆

磁悬浮交通（Magnetic Levitation for Transportation）是一种非轮轨黏着传动，悬浮于线路之上的交通运输系统。磁悬浮列车是利用常导磁铁或超导磁铁产生的吸力或斥力使车辆浮起，用以上的复合技术产生导向力，用直线同步电机产生牵引动力，使其成为高速、安全、舒适、节能、环保、维护简单、占地少的新一代交通运输工具。

磁悬浮列车从悬浮机理上可分为常导电磁悬浮（EMS）、超导电动悬浮（EDS）及永磁补偿悬浮三种。常导电磁悬浮就是对车载的、置于导轨下方的悬浮电磁铁通电励磁而产生磁场，悬浮电磁铁与轨道上的铁磁性构件相互吸引，将列车向上吸起悬浮于轨道上，悬浮间隙一般为 8~10mm，通过控制悬浮电磁铁的励磁电流来保证稳定的悬浮间隙。导向原理与悬浮原理相同，是通过车辆下部侧面的导向电磁铁与轨道侧面的导向轨道磁铁相互作用，实现水平方向的无接触导向。列车的驱动是通过直线电机来实现的。由于电磁式悬浮是采用普通导体通电励磁，故又称为常导磁悬浮。因为常导电磁式悬浮技术的悬浮高度较低，因此对线路的平整度，路基下沉量及道岔结构方面的要求较高。

最新的常导电磁式磁悬浮列车以德国的 Transrapid（简称 TR）08 型和日本的 HSST100L 型为代表。常导电磁悬浮列车根据其原理既可设计为高速（400~500km/h），如德国的 TR 型；也可设计为低速（100km/h 左右），如日本的 HSST 型。

超导电动磁悬浮就是当列车运动时，车载磁体（一般为低温超导线圈）的运动磁场在安装于 U 形线路两侧的悬浮线圈中产生感应电流，两者相互作用，产生一个向上的磁力将列车悬浮与路面一定高度（一般为 100~150mm）。由于电动悬浮是利用安装在车辆上的超导线圈，故又称为超导电动悬浮。有低温（热力学温度 4.2K）超导和高温（热力学温度 77.4K）超导之分。导向与悬浮在原理上是相同的，只是使左、右线圈产生的力的方向相差 180°，因而相对车辆中心线的任何左右位移将产生恢复力，即导向力。列车的驱动也是靠直线电机来实现的。与常导电磁式悬浮相比，超导电动悬浮系统在静止时不能悬浮，必须达到一定速度（约 150km/h）后才能起浮。超导电动式悬浮系统在应用速度下，悬浮间隙较大，对线路的要求不太严格。超导电动悬浮式磁悬浮列车以日本的 MLX 型超导磁悬浮列车为代表。

12.1.3　车辆组成架构与安全要素分析

城市轨道交通车辆尽管形式不同，但均可由车体，转向架，制动系统，风源系统，电气传动控制系统，辅助电源，通风、供暖及空调，内部装饰及设备，车辆连接装置，受流装置，以及照明、自控、监控系统等组成。

1. 车体

车体是城市轨道交通车辆最重要的组成部件之一，坐落在转向架上。除了载客之外，几乎所有的机械、电气、电子设备都安装在车体的上部、内部及下部，驾驶室也设置在车体中。车体一般由底架、侧墙、车顶、前端、后端等组成。车体最初由普通碳素钢制造，为了减少腐蚀，提高使用寿命，耐候钢制造的车体得到广泛应用。为实现车体的轻量化，现代城市轨道交通车辆多由不锈钢、铝合金制造。车体的个别部位（如前端等）也可采用有机合成材料制造。车体要有隔声、减振、隔热、防火，以及在事故状态下尽可能保证乘客安全的逃生门等设施。

城市轨道交通车辆自运营以来，车门系统的故障率一直居车辆故障首位。由于车门系统集电控、气动及机械传动于一体，系统设有列车不动安全保护，有一个车门发生故障，列车就无法正常牵引，且车门数量多，开关频繁，一旦车门发生故障，会给城市轨道交通车辆运营带来较大影响。车门的故障既有车门气动系统、机械传动方面的问题，也有电气控制及信息检测系统的故障。

车门机械故障主要分两种：一种是零部件损坏故障；另一种是调整不到位故障。零部件损坏通常可以通过更换新件解决，但如果同一类零部件损坏率较大，则应当检查是否存在系统设计问题或调整上的失误。

2. 转向架

转向架主要由构架、轮对组装、轴箱装置、一系悬挂、二系悬挂、牵引驱动装置（仅动车转向架）6 部分组成，欧洲国家生产的车上转向架还配置了轮缘润滑装置等。由于转向架系统是车辆运动的执行机构，各部件承受载荷大，相对运动速度等级高，同时各部件接触行为受各种碰撞、车轮和车轨接触几何关系，以及大量转向架组件的影响，在这种运行条件下，常见的故障模式是轴承过热、减振装置故障、车轮过度磨损或损坏等情况。

城市轨道交通车辆转向架的安全故障可能涉及多个方面，包括结构问题，如疲劳裂纹和腐蚀；制造缺陷包括材料质量问题和尺寸偏差；维护不善可能导致润滑不足和零部件松动；操作问题，如驾驶员错误和紧急刹车；环境因素，如极端天气和轨道不平；以及监测和控制系统的传感器和控制系统故障。

3. 制动系统

制动系统是保证车辆安全运行的核心部分，主要由制动控制系统、空气压缩机、基础制动装置等部分组成。在车辆高速运行中，能够在目标地点、在预期的制动距离完成制动功能，对安全性显得尤为重要。当然，制动系统一旦出现故障，对车辆安全性能也将产生重大的影响。制动系统主要故障模式表现为制动不缓解、制动有效率丢失、制动系统异响音、基础制动故障等。

城市轨道交通车辆制动系统的安全故障可能涉及多个方面，包括制动器失灵、制动液泄漏、制动盘磨损、制动力分配不均等。制动器失灵可能由于制动元件故障或控制系统故障引起，而制动液泄漏可能导致制动力急剧下降。制动盘磨损和制动力分配不均可能影响制动性能，增加事故风险。

4. 风源系统

城市轨道交通车辆转向架上的空气弹簧、机械制动，以及车辆上车门的开闭等都需要压缩空气，所以必须有风源系统。风源系统一般由电动空气压缩机，除油、除湿装置，散热装置，压力控制装置，以及管路等组成。

5. 电气传动控制系统

电气传动控制系统由电气控制系统及电气执行系统组成。电气传动控制由控制信号发生，控制信号传输的电子器件及控制电器组成。电气控制执行系统由牵引电动机组成。

电气传动控制系统分为直流控制系统和交流控制系统。所谓直流控制系统就是采用直流牵引电动机的控制系统。所谓交流控制系统就是采用交流电动机的控制系统。

直流控制系统分为凸轮调阻控制、斩波调阻控制及斩波调压控制。凸轮调阻控制就是在牵引和电阻制动时，由凸轮控制电器结点的开闭，实现制动电阻的变换和串并联转换来调节直流牵引电动机的电压及电流。凸轮调阻控制技术已经趋于淘汰。斩波调阻控制就是用斩波器调节电阻值控制直流牵引电动机的电压及电流的控制方式。斩波调压控制就是用斩波器直接调节牵引电动机的电压及电流。

城市轨道交通车辆电器传动控制系统的安全故障可能包括电机故障、电力系统短路、传感器故障，以及控制系统失灵等。电机故障可能导致动力输出异常或失效，电力系统短路可能引发火灾风险。传感器故障可能导致控制系统接收不准确的信息，进而影响车辆的运行稳定性。控制系统失灵可能使车辆无法正常响应驾驶指令，增加事故风险。

6. 辅助电源

城市轨道交通车辆上的交、直流用电，如照明、通风、空调、控制等均由辅助电源供给。辅助电源早期为电动发电机组，现多采用逆变电源。电动发电机组是将供电线路的直流电源经过电动发动机组变成三相交流电源，供交流用电使用，经过整流装置供直流电源使用。逆变电源的作用是将供电线路的直流电源经过逆变器控制变成三相交流电源，供交流电源使用，经整流装置供直流电源使用。

城市轨道交通车辆辅助电源的安全故障可能涉及电池故障、充电系统问题、供电线路故障等。电池故障可能导致辅助电源失效，影响车辆的正常运行。充电系统问题可能导致电池无法充电或充电效率下降，进而影响辅助电源的可用性。供电线路故障可能引发电路短路或过载，增加火灾风险。

7. 通风、供暖及空调

城市轨道交通车辆因乘客拥挤、空气污浊，必须设有通风装置，一般采用机械通风。

在地面高架并运行在较冷地区的车辆，设有电热器，一般由供电线路直接供电。为改善乘客的舒适度，现代城市轨道交通车辆一般设有空调装置。

8. 内部装饰及设备

内部装饰及设备是城市轨道交通车辆必不可少的。其要求是美观、舒适、实用、隔声、减振、坚固、防火。内部装饰包括客室内部的墙板、顶板、地板及司机室布置等。设备包括车窗、车门及机构、座椅、扶手、吊环、擎天柱，以及乘客信息装置等。

9. 车辆连接装置

城市轨道车辆多辆编组，车辆之间设有连接装置。连接装置由车钩、缓冲器、气路连接、电气连接，以及风挡、渡板等部分组成。车钩是连接车辆使其编组成列车，并传递纵向力的一套装置。通常在车钩的后部装设缓冲装置，在车钩传递纵向力时缓和车辆之间的纵向冲击。通过车钩还可将车辆之间的电路和空气管路进行连接。贯通道是车辆与车辆之间的客室连接通道，为便于相邻车辆间乘客的流动，调节客室的疏密，现代车辆之间采用全贯通式，故设有风挡及渡板。

10. 受流装置

受流装置就是接受供电的装置。一般城市轨道交通车辆采用直流供电分 750V 和 1500V 两种。直流 750V 供电采用第三轨供电，在车辆的转向架上装有受流器。接触方式分为上部受流和下部受流。上部受流就是受流器与第三供电轨上部接触滑行。下部受流就是受流器滑块与第三供电轨的下部接触。

直流 1500V 供电采用架空线接触网式供电，从接触网取电的装置为受电弓。有的轨道交通系统采用直流 1500V 供电，使用受电靴从 1500V 的接触轨受流（如广州城市轨道交通 4 号线）。

12.2　车辆安全状态检测与故障诊断技术

在城市轨道交通系统的日常运营中，车辆的安全状态检测与故障诊断技术扮演着至关重要的角色。这一领域的研究不仅关乎每一位乘客的安全，更直接影响着整个城市交通网络的稳定性和可持续性发展。快节奏的城市生活依赖轨道交通系统提供高效、可靠的出行服务。然而，随着轨道交通网络的不断扩张和技术的不断进步，车辆所面临的安全挑战和潜在故障也愈加复杂多样。

12.2.1　车辆安全状态监测技术

状态监测是在列车运行中，对特定的特征信号进行检测、变换、记录、分析处理并显示，是对列车进行故障诊断的基础工作。其任务是了解和掌握列车的运行状态。

　　状态信号是机械设备异常或故障信息的载体，选用一定的检测方法和检测系统采集最能表征诊断对象工作状态的信号，是故障诊断技术实施过程中不可缺少的环节，包括采用各种检测、测量、监视、分析和判别方法。能够真实、充分地采集到足够数量、客观反映诊断对象状况的状态信号，是故障诊断能够成功的关键。否则，其后的各个环节功能再完善也将是无效的。

　　检测的信号主要是机组或零部件在运行中的各种信息（振动、噪声、转速、温度、压力，流量等），通过安装在机车（或头车）上或机车（或头车）附近的传感器，来把这些信息转换为电信号或其他物理量信号，送入信号处理系统中进行处理，以便得到能反映列车运行状态的特征参数，从而实现对设备运行状态的监测和下一步诊断工作。

　　传感器的选择以最能反映列车状态变化为原则。如果传感器信号输出不准确，后续的处理都将失去意义，因此，传感器技术是状态监测与故障诊断系统中的一项关键技术。就诊断系统的组成而言，如果只采用一个传感器进行信号拾取，当传感器出现异常时，就很难判断到底是设备故障还是传感器故障。在这种情况下就需要采用多个传感器，对传感器的数据进行证实，以剔除故障传感器的影响。

　　检测技术的发展极大地扩展了人的感知范围，从时间、空间到物理量感知尺度都得到了扩大。振动与声学传感元件可以检测从次声到超声波段的固体、空气和水声，信号细节的测度与分析弥补了人体感官综合宏观感知的不足。这些信号的特征和规律有着特定的时间、频率、空间，以及其他物理标度上的二维或高维结构，已不难用数字化信号处理技术予以揭示。这些技术的构成是目前应用最广的振动诊断技术的核心。

　　应当指出的是，采用涡流、超声、声发射、软 X 射线、激光全息、实时工业断层扫描术（ICT）、声全息等手段，进行结构部件内部缺陷（如裂纹、疏松、气泡、夹渣、焊接缺陷等）的无损探伤的技术，也是城市轨道交通车辆监测与诊断的重要组成部分。

1. 红外线轴温探测技术

　　利用红外线轴温探测技术可对运行的列车轴温进行监测，发现车辆热轴，防止车辆燃轴。依据红外线探头对轴箱采集点位置进行扫描，对不同环境温度、线路条件、车型和车速条件下轴箱温度数据进行分析，有效把握热轴发展过程。按其对行车安全的危险程度将热轴分为微热、强热、激热等故障阶段。

　　红外线轴温探测系统包括中央管理系统和轴温采集系统。中央管理系统能对各个探测站进行网络管理。面向城市轨道交通的红外线热轴探测系统采用光子（如 Te、Cd、Hg 等材料）探头作为测温敏感器件，克服热敏电阻响应速度较慢的缺陷，具有很高的响应速度。

　　红外线热轴探测系统的信息处理主要包括四个方面：

　　（1）轴温探测。应用光子探头探测得到轴温相应的电压数据，通过转换计算得到轴箱探测部位的实际温度。

（2）计轴计辆。将探测到的车辆各轴承间的相对距离数据进行分割，形成按照各辆动车或者拖车分开的数据段。

（3）滚滑判别。我国城市轨道交通不同的运营线路采用不同的车辆，轴承各异，轴温检测系统面向滚动轴承和滑动轴承进行检测，根据滚动和滑动轴承不同的温度响应曲线对轴承的类型进行判别。

（4）热轴判别。对不同的轴承类型依据的不同热轴判别标准，将探测到的轴温和热轴的判别标准进行比较，判断轴承是运行在正常轴温还是热轴状态下，以及热轴的等级是微热、强热还是激热，以便采取相应的措施，进行维修或是停运，避免事故的发生。

2. 高速摄像技术

高速摄像技术用于车辆运行故障图像检测系统（Trouble of Moving EMU Detection System，简称 TEDS），是车辆运行安全保障的重要辅助设备，利用轨边高速摄像头对运行车辆车体底部、侧部裙板、车端连接及转向架等部位进行图像采集，通过数据传输、集中处理、自动识别等信息化技术手段，将车辆检测图像数据实时传输至配属铁路局监控中心，进而对车辆底部及侧下部运行技术状态进行实时检查分析，对异常情况进行及早判断并处理。

TEDS 由探测站设备、监控复示中心设备和网络传输设备三部分组成，其中探测站设备主要包括轨边设备和机房设备。轨边设备分别安装于轨内及轨外，用于对车辆运行信息及图像进行采集，车辆通过时，由高速摄像头对车辆车底及两侧进行图像采集。机房设备安装于轨旁机房内，主要用于对轨边设备采集的图像进行识别、增强及处理工作，形成车辆两侧及底部检查图像信息、过车信息和检测设备本身状态信息等。

在实际运用中，仍存在图像曝光、光分布不均、探头位置不正确、图片色泽泛白（过黑），以及图像失真、拼接错误等问题，虽然此类问题所占比例较低，但仍对及时发现车辆运行安全隐患造成一定阻碍。此外，也不同程度存在设备系统故障死机、车号无法识别，以及雨雪天气对轨边探头影响导致图片拍摄效果欠佳等问题，需要不断优化改进设备性能。

3. 计算机联网和信息共享技术

计算机联网和信息共享技术利用高速摄像技术采集到的车辆运行图像、数据等信息，通过网络传输至监控系统，分析人员进行人工分析判别，并将经复核确认的异常问题通过系统向上级部门报告并进行处置。同时通过与车辆管理信息系统等外部系统建立接口，和车辆运用检修工作有机结合，将问题报警信息共享至配属铁路局动（车辆）段。

国铁集团对全路 TEDS 设备进行联网应用、集中监控，建成了国铁集团、配属铁路局、动车段监控中心三级联网监控平台，形成了集检测、监控、管理决策于一体的车辆行车安全监控系统。

随着我国城市轨道交通的不断发展，作为车辆运用安全保障技术手段之一的 TEDS 也将发挥更大作用，要不断优化设备系统布局、改进设备性能结构、加强设备使用管理，最终实现车辆运行质量全面自动检测，切实确保车辆安全、稳定、高效运行。

4. 无损检测技术

无损检测技术包括弓网动态监测系统，该系统着眼于框架角度，包括两部分内容，一种是车外检测设备，另一种是车内处理中心。车外检测设备包括弓网视频图像检测模块与硬点检测模块。对于接触线磨耗检测模块，实现了接触点磨损情况的检测，针对弓网系统燃弧情况，紫外燃弧检测模块发挥了极为重要的检测作用。红外成像采集模块中，主要以采集碳滑板与接触线接触区域温度场为主，接触网几何参数检测模块以接触线拉出值为基准而检测，辅助系统的作用为识别车辆车号，并识别安防系统。车内处理单元实现了检测模块的处理，并分析传输数据，在此基础上，确保车辆控制和管理系统保持良好的通信。

5. 动态检测系统

城市轨道交通运营线上往往安装着动态检测系统，通过这一系统来动态检测运行车辆的实际状态，将车辆运行数据收集起来，确保及时发现车辆隐患并进行有效处理。

不同车辆在不同的运行状况下配备着不同配置的动态综合检测系统，但都包含滚动轴承声学诊断系统、车辆运行品质监测系统、车轮外形尺寸检测系统等子系统。滚动轴承声学诊断系统主要利用轨边声学指向跟踪与相应的声音分析技术，来判断轨道交通车辆的滚动轴承情况，这一系统对于各类城市轨道交通车辆的滚动轴承检测都十分适用，这也是目前滚动轴承动态故障检测中最为常见的方法。

车辆运行品质检测系统，通过 PSD 位移测量技术来自动检测通过车辆的车轮踏面是否超载等情况，对列车通过时对轨道造成的作用力进行实时监控，有助于车辆超速、超载情况的减少。车轮外形尺寸检测系统主要采用光截影像技术充分检测车轮踏面的磨损情况、轮径大小、轮缘厚度等。

6. 入段线综合检测系统

入段线综合检测系统是在车辆运行前与运行后对车辆各部位进行全方位检测，一般安装在车辆入段走行线位置，有助于车辆实际运行过程中的安全性。入段线综合检测系统可以全面检测车辆，它包含受电弓及车顶状态检测系统、全车运行动态图像监视系统，以及车轮探伤检测系统等子系统，每一个子系统都分别对应着一些检测部位，它们相辅相成，最终完成对车辆的全面检测工作。传统的受电弓检查一般采用人工方法检查车顶情况，且检查时需要选择合适的车辆位置，要保证车辆位于专门的断电台位，操作条件十分严苛，且检查效率较低。

受电弓及车顶状态检测系统采用了新兴技术，很好地解决了传统检测模式存在的诸多问题，这一系统主要通过高分辨率的图像测量分析技术和现代传感技术，可视化检测车顶关键部位，自动检测受电弓参数，在各型城市轨道交通车辆中都十分适用。全车运行动态图像监视系统实现了车辆入段走行线上对转向架、受电弓等关键设备的运行状态的全面监测,并配备了故障识别设备,一旦出现故障问题可以及时上报,工程人员能够迅速发现故障部位,顺利开展相应的维护工作。车轮探伤监测系统通过超声波技术深层次地自动探伤检测入库车轮车辆,这一系统有着较高的适用性,在各城市的轨道交通车辆的智能化运维检测中得到广泛应用。

7. 库内深度检测系统

移动式车轮超声波探伤机、移动式车轴超声波探伤机、库内智能巡检机器人等,是库内深度检测系统的重要组成部分。移动式轮辋轮辐探伤系统一般安装在检修库的检查线地沟内,充分发挥相控阵超声探伤技术、常规超声探伤技术及智能机器人技术的优势,沿地沟移动实现对车辆轮对的轮辋、轮缘、轮辐等部位缺陷问题的自动检测,促进车轮精细化自动扫查的良好实现,并对车辆缺陷进行预警,提高行车过程中的安全性。这一系统主要组成部分有地沟检测小车、地面随动小车及样板轮对等,对于车辆不落轮探伤检测十分适用。其中,检测小车主要由顶转轮单元、探伤机器人及超声探伤单元等组成,是一种可移动的自动检测机构,可以通过地面随动小车进行有效控制。移动式车轴相控阵探伤系统主要借助相控阵超声探伤技术实现对各类车辆车轴卸荷槽、轮座、抱轴颈及轴身存在的不足进行自动在线检测,发挥其全轴穿透检测作用,能够达到各型机车、客货车,以及城市轨道交通车辆的车轴线检修的相关要求。这一系统通过将相控阵探头放置于车轴端面,基于车轴外形特征进行相应的超声扫查角度设置。在城市轨道交通车辆的车辆段检修地沟内一般安装着车底智能巡检机器人检测系统,这一系统借助光学图像识别技术、视觉技术、智能机器人技术,自动化检测车辆车底全景及转向架关键部位,很好地取代了传统的人工检测模式,可改善人工检测中容易出现的各类问题。另外,车辆运营之后要返回车辆段,车辆调度要合理开展车辆运维检修工作。例如,调度系统对库位、车辆号,以及施工内容进行推送;工程人员通过信息终端接收工作内容,进行工具与料件的合理准备,开展点检工作;发现车辆故障问题及时联系技术人员等。

12.2.2　车辆故障诊断技术

车辆故障诊断的重要任务在于全面监视车辆的状态,确保其正常运行,同时能够预测、诊断潜在的故障并及时解决,从而有效指导设备的管理和维修。

城市轨道交通车辆故障诊断领域的演进经历了三个关键性阶段。最初采用的是事后维修方式,随后逐渐演化为定期预防维修方式,而今正朝着正向视情维修的方向发展。定期维修能够在一定程度上预防事故的发生,但却可能导致维修过度或不足的问题。相较而言,正向视情维修更为科学和合理,但要实现这一理念,必须依赖完善的状态监测和故障诊断技术。近年来，我国对故障诊断技术的高度重视推动了该领域在国内外的显著进步。随着我国故障诊断技术的不断进步和实施，城市轨道交通车辆的管理和维修工作将迈向新的高度，车辆完好率有望进一步提高，对恶性事故的控制将更为有效，为我国经济建设注入更健康的发展动力。

状态监测与故障诊断技术涵盖两个关键方面，即识别设备状态和预测发展趋势。尽管存在多种诊断技术，但基本上都无法摆脱对状态监测信息采集、信息分析处理、状态识别诊断，以及预测决策这三个基本环节的依赖。在实际生产中，有时将对设备状态的初步识别也包括在"状态监测"中，将识别异常后的精密诊断作为"分析诊断"的一部分。

对于状态的识别、诊断、预测和决策，该过程涉及提取有意义特征、参照标准和规范、综合考虑内外因素、利用设备的经验知识和技术资料等方面。这一诊断决策过程过去主要由人脑来执行，但如今却越来越多地依赖计算机实现。设备诊断技术所涵盖的知识领域广泛，包括数据采集技术（如传感技术），计算机数据分析处理技术，计算机诊断、预测、决策技术，设备本身的结构原理、运动学和动力学，设备的设计、制造、安装、运转，以及设备维护、修理等方面的知识。为了提高诊断的可靠性，最好采用多种不同的技术对同一类轨道交通车辆的状况进行综合诊断，以指导准确地维修，确保车辆的安全运行。

诊断技术的进步不仅依赖传感技术和诊断仪器、仪表的不断创新，还取决于计算机信息处理技术的进步。在这方面，国内外的研究和发展一直保持着十分活跃的状态。轨道交通车辆状态监测系统作为设备诊断的重要工具之一，许多现代轨道交通车辆常常附带自动状态监测系统，可实时显示车辆状况并自动报警，为正确地诊断与维修提供了有力的保障。

另一方面，对于那些简单、小型、单体运行设备，可以充分利用便携、简单的诊断仪器进行定期检查。以点检方式进行定期检查，将检查的症状结合相关的设备运行历史记录和维修经验，通过人脑或计算机进行深度分析，往往能够实现又快捷又经济的诊断。在现代化的诊断技术中，为完成上述诊断实施过程，必须充分采用建立在计算机技术基础上的高度自动化、智能化的装置。目前，各种高效、可靠、适用、方便的监测和诊断系统已经进入实用阶段，而其中以计算机为主体的诊断系统正逐渐成为精密诊断技术的主导形式。这一诊断系统主要由硬件和软件两大部分组成。硬件的一般结构分别由信号获取、信号处理和诊断，以及输出控制三个部分组成。信号获取部分包括各种传感器、二次仪表及信号数据记录装置。信号处理及诊断部分由模拟信号输入接口、抗混滤波器、电平移动信号放大器、A/D 变换器及微型计算机系统组成。输出控制部分包括模拟量输出和数字量输出两种，前者需经过 D/A 变换和平滑滤波，再通过绘图仪或显示器输出结果，或直接输出保护及控制信号。后者可连接到更大的系统，以进行进一步的分析处理。

诊断系统的软件部分包括管理软件、文档软件、信号采集和处理软件，以及故障判断和状态评价软件。管理软件负责协调信息交换、文档管理、信号采集和处理软件的选择，以及故障诊断和状态评价软件的调用。文档软件用于搜索敏感区、设置门槛值、特征值，以及存储诊断方案的操作步骤提示和运行参数。信号采集和处理软件负责采集合适的信号样本，并对其进行各种分析处理，提取和凝聚故障特征信息。故障诊断和状态评价软件主要用于对信号处理结果进行比较和判断，根据一定的判断规则得出诊断结论，从而进行判断和决策。在这个高度智能化的诊断系统中，硬件和软件的协同作用为轨道交通车辆的安全运行提供了坚实的支撑。

1. 模拟电子电路故障诊断技术

（1）模拟电路故障分析与判断

模拟电子设备的故障分析与判断，意味着要确定故障实际上发生在哪个功能模块。系统地检查每一个可能产生故障的功能模块，同时进一步核实有关故障信息，直至找出有故障的功能模块为止。通过这样的分析与判断，可把故障范围缩小到这些功能模块中。

（2）查找故障电路

前述症状判断和确定故障范围，提供了初步的故障症状信息和查找可能产生故障的功能块的基本方法，而很少涉及使用仪器的问题。在查找具体的故障电路时，将大量使用测试仪器。

1）查找故障电路时各种图表的应用

不管查找电路故障的过程如何安排，所遵循的原则是相同的：通过逻辑判断和合理测试，不断缩小故障范围。

由于方框图表明了各电路组所处的地位，因此，方框图是查找故障的一个方便工具。有些维修说明书并没给出方框图，这样，就必须用电路图进行检修工作。无论用哪种图，如果能识别电路组和单元电路，则诊断工作就会比较容易。如果所检测的设备的电路图分为电路组而不是单元电路，则通过对电路组的输入和输出进行一次测试就可以判定电路组的故障。

一般而言，无论怎样对设备进行排列，总是要寻找3个主要信息：信号路径、信号特征（波形、幅度、频率等），以及沿信号路径各电路的调节和控制装置。如果知道观察的信号有哪些特征，经过哪里，如何受控制影响的，就能在电子设备中快速诊断故障。由于大多数通信设备所用的信号都是正弦波（音频、中频和射频），波形一般是无关紧要的（音频级可能除外），所以主要关心信号的幅度和频率。

2）电路测试的主要方法

①从后向前。从后向前法仅仅意味着在进行动态测量时从输出部分着手。

②信号注入。当一个有故障的电路影响到前一级的输出或使设备没有正确输入时，则故障诊断时必须用函数发生器"将信号注入该设备"。这个信号应尽可能与正常信号接近。往往某一级电路需要一个叠加在直流电平上的交流信号。大多数函数发生器上的位置控制

器可以提供一个有限的直流电平。当偏置调节范围不够大时，可以利用分压器和电容器。

③一半分开。一半分开指的是在一个有许多级的复杂电路的中点处检查其输出，并依次在每次余下的电路级的中点处进行检查。例如，假设一个 8 级电路在第 5 级有故障，为了弄清楚第 5 级有故障，应采取下述步骤；在检查电源之后，应检查第 4 级（整个电路的中点）的输出。若发现第 4 级输出正常，则应检查第 4 级和最后一级之间的中点，即第 6 级的输出。若第 6 级的输出是错误的，接着就应检查第 5 级和第 6 级之间的电路的中点，即第 5 级的输出，应是错误的，所以第 5 级存在故障。此法最适用于各级独立串联的设备。

④断开环路。具有反馈环路的电子系统除非将环路断开，否则很难找出故障。必须在反馈环路断开的地方注入适当的直流电平或信号。然后，监测整个电路上的电压和信号是否有错误。可以改变在环路断开处注入的电压或信号，以检查对整个电路的变化是否有适当的响应。在正常情况下，环路应在便于注入频率信号的地方断开。

⑤隔开法。复杂系统一般都是由逻辑子系统设计组成的，整个系统可能太复杂而不能立即查找故障，但是每个子系统通常可独立采用前述方法之一来检查。

⑥与已知的正常电路相比较。为了识别错误的输出，我们将它与正常工作电路输出进行比较。或将输出与维修手册中的波形（位组合形式、状态序列、存储器映像图或数字设备的时序图）作比较。如果没有给出正确输出的文件，以及故障检查员缺乏用设备来认出正确输出的足够丰富的经验，便应将得到的输出同相假设相似的、正常工作装置的输出作比较，以决定设备是否完好。这种方法同时对数字设备和以微处理器为基础的设备也特别有价值。

（3）信号和波形的比较

查找故障电路最简单的方法之一，就是将电路中信号路径上的实际信号或波形与设备说明书给出的标准波形相比较。其实际方法通常称为信号跟踪法和信号替代法。

信号跟踪法是用监测装置考察各测试点的信号。监测装置包括频率计、示波器、三用表或喇叭。在进行信号跟踪时，在一固定点上加入信号，然后用输入探头在测试点上逐点测量。所加信号可用外部仪器产生，也可利用设备中的正常信号。信号替代法是用信号发生器产生一个仿真信号加到电路或电路组上（或整个设备上），并检查设备性能。当信号输入时，在一固定点上加入监测设备。注入信号点将依次一点一点地移动。监测设备可以用专门的测试仪器，如示波器、毫伏表等，也可用被测设备上的指示仪表，如 GRT、电压表等。信号跟踪法和信号替代法在故障查找中常常同时用仪表或示波器监视输出，这是一种有效的方法。

2. 车轴无损检测诊断技术

（1）磁粉探伤检测诊断技术

在对车辆车轴、轮对进行架、大修时，必须用磁粉检测方法对其各部位的表面和近表面缺陷进行检测。

磁粉探伤设备采用 TYC-3000 型荧光磁粉探伤机。探伤机设置有纵向、横向复合磁化装置，采用荧光磁悬液进行缺陷显示，具有操作方便，检测灵敏度较高的特点。

铁芯设置在轮对上部、下部与轴端对应处有探头的部位，磁化时，探头与轴端夹紧，构成闭合磁路。在铁芯上部绕有直流纵向磁化线圈可对车轴进行纵向磁化；在铁芯两侧设置有交流周向磁化变压器，当初级线圈接通交流电时，在铁芯、探头和车轴组成的回路中产生强大的交流电流，使车轴表面被周向磁化。采用复合磁化法可有效发现车轴表面不同延展方向的裂纹。

（2）超声波探伤检测诊断技术

发生切轴的主要原因是裂纹，这些裂纹大多出现在轮座内，外侧边缘 10~20mm 处的两条环状带上，并且这些裂纹的平面多与轴侧面的法线呈 10°~25° 的夹角，有规律地由外侧向内、由内侧向外倾斜。

由于其位置关系，一般磁粉法无法对之进行检测，故常采用超声波检测法对轮座镶入部的缺陷，特别是横裂纹进行检测。

实心车轴超声波探伤：实心车轴超声波探测的基本方法是采用直探头、小角度纵波斜射探头或不同角度的横波斜探头从车轴端面或轴身侧面进行查扫。纵波直探头主要从轴端面对整个轴的穿透性进行探测；对于靠近轮座外侧镶入部的裂纹，可采用小角度纵波法和横波斜探头法；对于发生在轴颈根部或卸荷槽部位的缺陷，则可采用小角度纵波探伤方法，从车轴两端面进行探测，两种方法在实际探伤中可对同一缺陷互相验证。

3. 车轮无损检测技术

（1）超声波检测法

超声波检测法，探伤时可以选用纵波直探头，检测频率为 2.5~5MHz，在轮箍踏面涂上机油等耦合剂，将直探头置于轮箍，按"之"字形在踏面和内侧面上查扫。当轮箍内无平行于探测面的缺陷时，超声波只能在轮箍内圆底面上引起反射，若有此方向分布的缺陷时，在始波与底波之间将出现缺陷波。

（2）电磁超声检测法

电磁超声检测法区别于传统的超声波检测法的最大特点就是无需耦合剂，可以实现非接触式的自动检测。因此该法用于车轮踏面的探伤检测具有比传统超声波检测法更大的优越性，可以免去耦合剂喷洒装置，简化检测系统的结构。

其工作过程和触发控制方式与前述车轮踏面超声波自动检测系统相似。当列车驶入检测轨道段，由光电传感器检测出轮对的位置，按照一定的先后顺序发出触发信号作用于EMAT 探头。EMAT 探头采用蛇形线圈，可直接在车轮的踏面表面上激发出超声表面波，超声表面波沿着车轮踏面表面及近表面周向传播，从而形成对被检表面及近表面的全覆盖检测。超声表面波在不同位置遇到缺陷时形成不同特性的缺陷回波，通过对缺陷回波信号的分析就能探测出车轮表面缺陷的位置。由于表面波的传播速度（2780m/s）远远大于车轮前进的速度，车轮通过 EMAT 探头的瞬间，表面波已沿车轮的表面传播数周，因此 EMAT 探头不需在踏面上进行扫查，即可探测到整个踏面及近踏面区域的裂纹状缺陷。

4. 滚动轴承无损诊断检测技术

滚动轴承一般由外圈、内圈、滚动体和保持架 4 部分组成。车辆的检修规则中明确规定了有关轴承的检测周期和检修原则。一般检修的修程是当轴承运用到一定时间后，在车辆进行定期检修时，将轴承退卸清洗后对轴承外圈、内圈及滚子组件进行外观检查，并对轴承外圈施行磁粉探伤检查。大修修程是指轴承运用到规定时间或经外观检查和尺寸精度检测发现其故障缺陷超出一般检修允许范围但又未达到报废条件时，对轴承进行的恢复性修理。

（1）磁粉探伤机

用于滚动轴承零件磁粉探伤的磁粉探伤机应具备以下功能：

1）应具有手动和自动两种操作方式，具备周向磁化、纵向磁化、复合磁化 3 种磁化功能，以及自动退磁功能。

2）计算机控制系统应能有效地对探伤设备的工作电压、周向磁化电流、纵向磁化电流、紫外线辐照度等主要技术参数进行实时监控和自动记录，并设置紧急停机按钮；应具有磁悬液高低液位的过载、欠流报警功能；能对性能校验和探伤记录进行打印、存储、查询；具有探伤设备主要故障的自诊断功能和远程技术支持功能；具有 HMIS 及 USB 接口。

（2）振动诊断检测法

滚动轴承的振动可以是由外部的振源所引起的，也可以是由轴承本身的结构特点及缺陷引起的。正常的轴承，由于本身的结构特点，运转时也会产生振动和噪声。在轴承发生故障时，转动面劣化，转动体通过损伤部分时，由于冲击现象而发生极快速的冲击振动，对于不同的损伤形式，出现的冲击振动信号亦不同。分析引起滚动轴承振动的原因，以及区别正常轴承振动特征与故障轴承振动特征，是利用振动法进行滚动轴承故障诊断的重要研究内容。

当滚动轴承受到损伤后，如疲劳剥落、裂纹、磨损及表面划伤等，在运转过程中就会产生冲击振动。由于阻尼的作用，其表现出一种衰减性的振动特征。研究结果表明，这种振动中冲击的强弱反映了轴承在一定转速下的故障大小程度。冲击脉冲法（SPM）就是基于这个基本原理，首先让信号经过 30~40kHz 中心频率的带通滤波器滤波，然后利用传感或谐振电路的谐振放大特点，提取冲击能量或折算成脉冲值，利用脉冲值便可以确定轴承的运行品质。

在无损伤或极微小的损伤期，脉冲值（dB 值）基本在某一水平线上下波动，随着故障的发展，脉冲值逐渐增大。当冲击能量达到初始值的 1000 倍量（60dB），就认为该轴承已应报废。

5. 转向架故障诊断技术

可在转向架分离、连接作业时，对车辆中心销、空气弹簧及抗侧滚扭杆等部件的对位连接进行合理的工艺布置，可提高车体与转向架（或辅助转向架）连接作业的质量。

（1）销孔连接的平行错位可通过使用车轮限位器、千斤顶、木挡、撬棍等工装设备迫使车轮在轮轨间隙范围内移位来实现，从而消除或减少中心销与座孔的对位偏差，在最大限度减少对中心销或座损坏的前提下实现中心销的安全、有效连接。

当偏斜角度很小（左右车体相对高差小于10mm）时，可采用上述处理平行错位的方法来减少因角度偏差而造成的平行位移，如果偏斜角度较大，则需要采用其他工艺方法才能将中心销与座孔之间的偏差控制在允许的公差范围内。

（2）空气弹簧安装前的平行错位需要改变转向架的垂向角来消除，最常用的方法是使用止轮器来实现，以获得理想的安装位。

空气弹簧安装时的错位属于左右侧不同的相对高度偏差时，则与中心销的偏斜类型相一致，因而处理的方法也将相同。

另一个有效方法是在气囊与紧急弹簧的连接过程中适当地给空气弹簧充排气，这样可以使得空气弹簧气囊的对位安装允许偏差增大，气囊在安装时损坏的可能性也可大大减小。

在连接安装前，给紧急弹簧导板的安装面及空气弹簧气囊的结合面涂抹一层硅油润滑剂，可使安装过程容易进行，同时安装允许偏差也可增大，从而使得气囊压死的可能性减小。

（3）可采取尝试用拆卸横向扭臂的方法来进行抗侧滚扭杆的分离、连接作业。此外，由于安装时对安装位重新测量，校核两臂的平行度，可获得更好的安装效果。

6. 车轴超声波探伤诊断技术

（1）探伤部位的选取

由于地铁车辆车轴在运用过程中，受到弯曲应力、剪应力及压装应力的联合作用，容易在应力集中区域（主要包括车轴迷宫环座、轮座、齿轮座等部位）出现疲劳裂纹。因此，超声波探伤部位的选取为车轴上的应力集中区域。

（2）探伤方案

在架修间隔期间，地铁车辆处于运营状态，因此要实现车轴定期探伤，必须要求探伤过程中车辆轮对不分解。设计的探伤方案为：打开车轴端盖，采用在车轴轴端布置多个不同角度的超声波探头的方式对车轴进行探伤。探头布置为环形结构，它们被固定在圆盘形探头盒内。每个探头相对探头盒在轴向可以有一定的相对移动。探头在径向可以有较高精度的角度调节，从而使探头折射角可以在小范围内有一定的调整。探伤过程中，采用机油作为耦合剂，探头与车轴端面直接接触，以顶针孔作为探头盒的定位和旋转中心，由人工转动探头盒完成车轴关键部位的探伤。

（3）嵌入式 PC104 超声波探伤仪作为数字化信号采集和处理

采用嵌入式 PC104 作为数字化信号采集和处理单元的超声波探伤仪可靠性高，研发周期短，风险低，具有良好的可扩展性和可维护性。由于可以在超声波探伤仪中根据车轴超声波回波的特征设置相关技术参数，实际探伤时超声波探伤仪即可分辨出哪些是缺陷波哪些是界面波，从而提高了探伤的准确性，降低了误判率。

7. 电气控制系统故障诊断技术

列车可以分为直流传动列车与交流传动列车两种。直流传动列车的主电路主要由受电弓、高速断路器、牵引斩波器、直流牵引电机、制动电阻等组成。交流传动列车的主电路则主要由受电弓、高速断路器、牵引逆变器、交流三相异步牵引电机、制动电阻等组成。由于交、直流传动列车的主电路构成上的差异，其维修作业在某些方面也有部分不同之处。

运营过程中车辆主电路比较常见的故障有：制动电阻通风机故障，各类电压、电流传感器故障，牵引控制单元故障，各种温度传感器故障等。

（1）制动电阻通风机故障与维修

制动电阻通风机故障是在车辆临修过程中最常见的故障。列车在运营的过程中，制动电阻风机可能将各种垃圾及空气中的各种悬浮固体颗粒吸附在进风口的网罩上，或者在其内部风道沉积大量的灰尘，这都势必造成制动电阻的通风量大大减少，致使制动电阻出现通风故障。在此类故障的检修过程中，应该首先检查制动电阻通风机的网罩是否吸附了异物，否则应考虑其他相关环节的问题。通常应该着重检查通风机电机是否发生损坏，风机叶片是否损坏，这也是造成制动电阻通风故障的两种主要原因。同样，如果用于监控通风量的风速传感器、压力差动开关损坏，采样的空气导管发生阻塞、脱落，也会引起制动电阻通风故障。

此外，如果牵引控制系统相关的输入接口、A/D 转换模块等发生损坏，风速传感器、压力差动开关等监控风量的测量元件所采样的监控信号无法正确地输入牵引控制系统，也会引起此故障。

（2）高速断路器故障与维修

车辆正线运营的过程中，高速断路器跳开也比较常见。一般来说，高速断路器跳开的原因有多种，如列车超速（包括车辆的设计速度、ATP 列车自动保护系统设置的运行速度），列车牵引系统存在故障，网压过压或欠压，线路过流，ATP 系统存在故障等。其中 ATP 系统引起高速断路器跳闸的故障最为常见。为保证列车正线运营的过程中不超过规定速度，ATP 系统将会对超速的车辆施加制动。ATP 系统在列车的高速断路器的继电控制电路中串联一个高速断路器，从而限制列车的运行速度。当列车速度超出 ATP 系统设定的速度时，ATP 系统将使高速断路器切断。如果 ATP 系统出现了故障或没有收到 ATP 速度码，也将切断高速断路器，引起故障。一般，在此类故障发生前大多存在 ATP 故障或故障经常发生在比较固定的区间（如同一车站、折返区间），而且总是全部高速断路器同时跳开。

（3）牵引电机故障

直流牵引电机的维修比较复杂，维修工作一般主要是换向器的清槽与车削，更换碳刷，解决线圈绕组击穿短路问题，电机轴承的润滑脂更换等。交流异步牵引电机通常只需要进行简单的清洁保养工作。

牵引电机轴承的润滑十分重要。若轴承缺油，电机的轴承可能会"咬死""烧坏"，甚至造成电机报废。为了使轴承能够得到充分润滑，一般采取两步作业的办法，即当全部电机第一次加油作业完成后，列车慢速向前牵引少许，再进行第二次补油作业。

车辆的牵引电路中安装有大量的电压传感器，时刻监控着各环节的电压。如果任何一个电压传感器检测的电压超过设计范围，列车将对牵引电路的电压进行限制，从而保护牵引设备。引起该故障的原因很多，例如接触网（或接触轨）电压上升过高（其产生原因也有多种，如列车再生制动与牵引变电站的配合问题等）、列车遭受雷击（运营状态下）、电压传感器故障、制动电阻损坏、牵引逆变器（或斩波器）监控模块损坏等，在车辆的维修时，应该特别注意。

12.3　机车车辆安全评估与故障应急处理方法

12.3.1　机车车辆安全评估规范化进程

2003 年，原建设部主管的《地铁车辆通用技术条件 》GB/T 7928—2003 发布，该标准是对《地下铁道车辆通用技术条件》GB 7928—1987 的修订，在修订中主要参考了《电力牵引　机车车辆　电力机车车辆和电传动热力机车车辆制成后投入使用前的试验方法》IEC 61133—1992 等国际标准以及有关的 JIS 和 EN 标准。

该标准代替《地下铁道车辆通用技术条件》，规定了地铁车辆的使用条件、车辆类型、技术要求、安全设施、试验与验收、标志、运输与保证期限等方面内容，适用于地铁车辆。

2011 年，住房和城乡建设部主管的《地铁与轻轨车辆转向架技术条件》CJ/T 365—2011 发布。该规范明确了地铁与轻轨车辆在设计初期的转向架技术条件。

2018 年，国家铁路局主管的《轨道交通　机车车辆受电弓特性和试验　第 4 部分：受电弓与地铁、轻轨车辆接口》GB/T 21561.4—2018 发布。该标准适用于地铁、轻轨车辆、干线机车车辆，规定了受电弓与地铁、轻轨车辆、干线机车车辆的接口布置、受电弓架构。

2021 年，住房和城乡建设部主管的《城市轨道交通中低速磁浮车辆悬浮控制系统技术条件》GB/T 39902—2021 发布，该标准规定了城市轨道交通中低速磁浮车辆悬浮控制系统的环境条件、一般要求、技术要求、试验方法、检验规则、标志、包装、运输和贮存，适用于城市轨道交通中低速磁浮车辆悬浮控制系统的设计、制造、试验和验收。

2023 年，交通运输部发布《城市轨道交通运营安全评估规范　第 1 部分：地铁和轻轨》GB/T 42334.1—2023。城市轨道交通运营安全评估是保障城市轨道交通运营安全的重要手段。为了保证城市轨道交通初期运营前、正式运营前，以及运营期间安全评估活动的有序开展，明确安全评估的技术要求是十分重要的，本规范对此进行了明确。

12.3.2　机车车辆应急处理方法

1. 车辆中途停车下车办法

如果城市轨道交通车辆在运行途中需要紧急停车并进行乘客疏散，驾驶员和车站工作人员需要迅速而有序地执行应急处理措施。以下是一些建议的车辆途中停车下车的处理办法：

（1）紧急通知和通信：驾驶员应立即通过车载通信设备向调度中心报告需要紧急停车的情况，提供详细的停车原因、位置和相关信息。调度中心将提供进一步的指导和支持。

（2）启动紧急停车系统：车辆通常配备有紧急停车系统，驾驶员应立即启动该系统，确保车辆迅速停车。这可能包括手动刹车、紧急制动等措施。

（3）停车位置的选择：驾驶员应在确保安全的前提下，选择一个适当的位置进行停车，例如在车站站台附近或其他安全区域。避免停车在弯道、隧道入口等不安全区域。

（4）开启紧急通道：如果有紧急通道或车门，驾驶员应当确保它们被打开，以便乘客可以快速而有序地疏散到站台或列车外。

（5）通知乘务员和乘客：驾驶员和车站工作人员应立即通知乘务员和乘客关于紧急停车的原因，并提醒他们保持冷静，按照车站工作人员的指示有序疏散。

（6）协助乘客疏散：乘务员和车站工作人员应协助乘客迅速、有序地疏散到车站站台或其他安全区域。确保特殊乘客（如老年人、儿童、残障人士）得到额外的关注和帮助。

（7）调度中心支持：驾驶员应与调度中心保持沟通，及时报告疏散进展情况，并按照中心的指示采取进一步的措施。

（8）维持秩序：在疏散过程中，驾驶员、乘务员和车站工作人员应维持秩序，防止恐慌，确保疏散过程的安全和有序。

（9）紧急救援：如果有必要，调度中心应迅速调派救援团队，提供必要的支持和救援，确保所有乘客的安全。

（10）记录事件：在紧急停车后，驾驶员应记录事件的详细情况，包括停车原因、疏散过程和后续处理情况。这有助于事后的调查和改进。

2. 车辆供电故障应急处理方法

城市轨道交通车辆的供电系统是确保列车正常运行的重要组成部分。一般来说，车辆的供电系统采用第三轨供电或者架空电缆供电的方式，具体选择取决于城市轨道交通车辆系统的设计和技术方案。以下是两种常见的城市轨道交通车辆供电方式：

第三轨供电：这是一种常见的城市轨道交通车辆供电方式，其中列车通过靠近铁轨的第三轨来获取电力。第三轨一般安装在城市轨道交通车辆轨道的一侧，通过供电系统将直流电传送到列车上的集电靴或集电弓。这样的设计简单、可靠，且能够提供相对较高的电力传输效率。然而，由于第三轨直接暴露在空气中，可能受到天气和环境因素的影响，需要采取相应的防护措施。

架空电缆供电：另一种供电方式是采用架空电缆，也被称为接触网。在这种系统中，列车通过电流导线或集电弓与架空的电缆相连，从而获取电力。架空电缆供电常用于城市轨道交通车辆系统中的轻轨、有轨电车，以及某些城市轨道交通车辆线路。它具有较强的适应性，可以适应不同的地形和环境条件，但相对于第三轨供电，架空电缆系统的维护和管理可能更为复杂。

针对城市轨道交通车辆供电系统可能出现的故障，需要采取紧急处置方法以确保列车和乘客的安全。以下是一些可行的故障应急处置方法：

（1）紧急通知和通信：当供电系统出现故障时，驾驶员应立即通过车载通信设备向调度中心报告，提供详细的故障信息、发生时间和列车位置。调度中心将提供进一步的指导和支持。

（2）切断电源：如果供电系统故障导致列车出现问题，驾驶员可能需要紧急切断电源，以防进一步的电气问题发生。这可以通过紧急制动或手动切断电源来实现。

（3）安排乘客疏散：如果列车停在隧道中或其他危险区域，驾驶员应通知乘务员进行乘客疏散。确保乘客按照车站工作人员的指示有序疏散，尤其对于特殊乘客。

（4）与调度中心协调：驾驶员和调度中心之间需要进行密切的协调。调度中心可能会提供进一步的指导，包括故障排除步骤、紧急救援的安排等。

（5）供电系统检查：专业的维修人员应尽快到达故障地点，对供电系统进行详细检查，确定故障原因。这可能涉及检查电缆、牵引系统、供电设备等。

（6）修复或拖离：如果故障可以在现场修复，维修人员应立即采取措施。如果无法立即修复，可能需要考虑拖离故障列车，以便尽快恢复线路的正常运行。

（7）乘客安置：在进行故障排除和修复的过程中，需要妥善安置已疏散的乘客。这可能包括提供交通工具或其他方式将他们送往目的地。

（8）事后报告和分析：完成故障处理后，相关部门应报告事件，包括故障原因、处理过程和恢复情况。进行事后分析，识别问题并提出改进建议。

3. 车辆途中发生火情时应急处理方法

（1）车辆运行途中，乘务人员发现车厢空调通风口、配电柜、客室内其他设备设施等冒烟、起火、烧焦，橡胶、塑胶熔化等产生的异味时，应立即通知司机和随车机械师、列车长。司机应立即采取停车措施（尽量避免列车停在隧道、长大下坡道、油库等重要建筑物，以及居民区）使列车停于安全地点，断开主断路器并降弓，向列车调度员汇报。

（2）随车机械师接到通知后及时赶到相应车厢关闭空调、通风系统或设备设施电源，并将设备状况通知列车长和司机。

（3）停车后，随车机械师应对车辆设备进行检查，准确判断，果断处理，确认不影响行车安全时，签认后通知司机正常运行。

4. 车辆运行中车辆发生异音、异状应急处理办法

当城市轨道交通车辆在运行中出现异音或异状时，驾驶员需要迅速而冷静地采取应急处理办法，以确保车辆和乘客的安全。以下是一些建议的紧急处理措施：

（1）立即报告调度中心：驾驶员应该立即通过车载通信设备向调度中心报告异常情况，提供详细的异音或异状描述、发生时间和车辆位置。调度中心将能够提供进一步的指导和支持。

（2）减速并停车：在确保安全的前提下，驾驶员应逐渐减速并将车辆停靠在安全位置，以防止故障进一步恶化或对运行安全产生不利影响。

（3）切勿强行继续运行：如果发现车辆存在严重问题，如制动系统异常或转向架问题，切勿强行继续运行。停车并进行进一步检查是维护安全的首要任务。

（4）观察周围情况：驾驶员在车辆停稳后，应当仔细观察车辆周围的情况，确保没有其他车辆或障碍物存在，以减少附加风险。

（5）通知乘务员和乘客：如有可能，驾驶员应及时通知乘务员和乘客关于出现异音或异状的情况，提醒他们保持冷静，并按照车站工作人员的指示有序疏散。

（6）初步自检：驾驶员可以进行初步的自检，查看是否有明显的机械故障迹象，例如车轮、转向架、制动系统等方面的异常。这有助于提供更详细的故障描述。

（7）等待救援：驾驶员在报告调度中心后，应等待救援团队的到来。救援人员将进行详细的检查和评估，并采取进一步的维修或拖车等措施。

（8）记录故障情况：驾驶员应当详细记录发生异音或异状的时间、地点、具体情况等信息，以便后续的故障分析和改进。

5. 车辆轴承温度超温报警应急处理办法

当车辆轴承温度超温报警时，司机应立即停车，随车机械师须下车检查、点温确认，重点检查齿轮箱、联轴器、牵引电机、轴箱等部位。确认异常或温升超高时，在司机手账上签认，司机向列车调度员报告，按照限速表相关要求限速运行；确认轴温正常，属误报警时，按照各自车型途中应急故障处理手册中相关要求操作，在司机手账上签认，司机汇报列车调度员按正常速度运行。随车机械师在运行途中密切跟踪报警车轴温度状态。

6. 车辆遇接触网停电应急处理办法

（1）车辆司机断开主断路器，降下受电弓停车，制动手柄置最大制动位，保持首尾标志灯亮，司机及时与列车调度员联系，按规定采取防溜措施。

（2）随车机械师要立即向司机询问情况，并巡视检查各车应急照明、蓄电池电压情况，停车超过 20min 时开启应急通风系统或配合客运人员开门通风。

（3）若应急通风蓄电池低压保护，应急通风装置停止工作，无法保证车内通风时，随车机械师向列车长报告，由列车长组织安装防护网、打开车门通风。

7. 车辆救援要求

（1）救援操作流程：制定明确的救援操作流程，包括故障报告、调度中心通知、救援团队调度、现场故障分析、修复操作、车辆拖离等各个阶段。确保每个阶段的操作都有专门的责任人和具体操作步骤。

（2）救援团队资质：救援团队成员应具备相关专业资质和培训，包括车辆维护、紧急救援等方面的技能。救援车辆和设备必须符合法规和标准，具备执行紧急救援任务的能力。

（3）现场安全措施：在救援现场，确保救援人员、乘客和其他工作人员的安全。使用必要的防护装备，设置安全警示标志，划定救援区域等。采取措施防止二次事故，比如设置防护挡板、提供照明等。

（4）信息沟通准则：规定救援现场的信息沟通准则，包括调度中心与救援团队、救援团队与驾驶员、救援团队与乘务员之间的有效沟通方式和内容。确保信息传递的准确性和及时性，以便做出明智的决策。

（5）乘客疏散计划：制定详细的乘客疏散计划，包括疏散路径、疏散顺序、乘务员和工作人员的角色分工等。针对特殊乘客（儿童、老年人、残障人士等）制定特殊疏散计划。

（6）设备及工具准备：确保救援车辆携带有关车辆故障诊断和维修所需的设备和工具，以提高现场故障分析和修复的效率。定期检查和维护救援设备，确保其工作正常。

（7）合作协调：与其他相关部门建立有效的协作机制，包括与交通管理、紧急救援机构等的合作。制定应对突发事件的协同行动计划，确保救援过程中各方能够有序合作。

（8）实时监测与报告：使用实时监测技术，远程监控救援现场的情况，为调度中心提供实时数据。要求救援团队定期向调度中心和相关部门报告救援进展，以保持信息流畅。

（9）事后整改和改进：完成救援任务后，进行事后分析，归纳经验教训，提出改进措施。对救援流程、培训计划、设备配置等进行调整和改进，以提升救援效能。

8. 车辆制动系统故障导向安全设计及评估

将各种制动系统故障对列车的影响后果进行分类梳理，可以细分出 4 类故障，具体如表 12-1 中所示。列车在正线运行出现制动系统故障时，在保证列车行驶安全及对线路运行影响最小的前提下，下面分别给出相应的建议处置措施。

（1）第 I 类故障

制动系统能自动监测到故障，故障发生后列车制动性能不受影响。

此类故障又可以分为以下 2 种情况，一种是制动系统具有硬件冗余设计，利用冗余设备继续保持制动系统的正常工作，另一种是软件里设计了相应的故障功能降级保护设计，当某个部件出现故障后，系统采用其他的策略进行计算及控制，不影响该转向架制动力的输出。如表 12-1 中编号为 1、4、5、6、7、8、9，10、11、12 及 17 的故障等都属于第 I 类故障。

建议应急处置措施：此类故障发生后，对列车的制动功能没有影响，正线无需采取任何措施，可在完成当日运营后，回库进行检修。

（2）第 II 类故障

制动系统能自动监测到故障，故障发生后列车制动性能下降，需要进行限速运营，但是不需要司机停车对相关设备进行隔离操作。

此类故障发生后，列车的制动性能下降，某些情况下列车的常用或紧急制动距离变长，同时如果列车是在 ATO 运行模式下，可能会影响对标精度。如表 12-1 中的编号为 13、15 及 18 的故障都属于第 II 类故障。

制动系统故障导向安全设计及评估　　　　表 12-1

编号	制动系统分类		故障模式	故障导向安全设计	对列车制动性能的影响	故障分类
1	风源系统		主空压机无法正常供风	每编组搭载 2 台空气压缩机，其中任意 1 台都可以满足整车的供风需求	功能无影响，但无备份系统，安全性降低	I
2			总风压力过低	压力开关动作自动触发紧急制动	列车施加紧急制动，故障未排除前无法继续行车	IV
3			列车分离	紧急环路断电，自动触发紧急制动	列车施加紧急制动，需要救援	IV
4	制动控制单元	部件级别故障	紧急电磁阀故障	中继阀采用常用和紧急双预控输入设计，诊断出故障后软件进入降级保护模式，可保证常用制动及紧急制动功能正常	制动功能无影响	I
5			常用预控压力传感器故障	常用制动时，EBCU 采用总预控压力值进行常用预控调压	制动功能无影响	I
6			紧急预控压力传感器故障	紧急制动时，EBCU 采用总预控压力值进行常用预控调压	制动功能无影响	I

编号	制动系统分类		故障模式	故障导向安全设计	对列车制动性能的影响	故障分类
7	制动控制单元	部件级别故障	总预控压力传感器故障	对制动功能无影响，个别诊断功能被禁止	制动功能无影响	I
8			单轴制动缸压力传感器故障	采用另一轴的压力传感器进行防滑控制	动功能无影响，单轴的防滑性能轻微下降	I
9			某车制动风缸压力传感器故障	采用总风压力作为制动风缸压力的参考压力	制动功能无影响	I
10			某个空簧压力传感器故障	采用本车另一转向架的空簧压力值作为该转向架的空簧压力	制动功能无影响	I
11			速度传感器故障	采用其他轴的速度信号进行防滑控制	制动功能正常，防滑性能下降	I
12			总风压力传感器故障	整列车配置 2 个总风压力传感器	制动功能无影响	I
13	制动控制单元	单元级别故障	紧急制动调压故障	给出报警提醒，司机进行相应处理	列车的紧急制动性能下降，列车的常用制动性能下降常用	II
14			常用制动调压故障	给出报警提醒，司机进行相应处理	制动无法正常控制，列车的整体制动性能下降	III
15			制动缸压力低	给出报警提醒，司机进行相应处理	制动性能下降，同时列车可能存在空簧或管路爆破等其他故障	II
16			空簧压力超范围	采用本车的另一转向架的空簧信号作为本转向的载荷信息	隐患需进行检查	III
17	制动控制单元	系统级别故障	单路 CAN 总线故障	系统采用另一路 CAN 总线进行通信	制动功能无影响	I
18			两路 CAN 总线故障	整个 CAN 单元内的制动被缓解，损失的制动力在粘着限制范围内被补充到另一个单元上	列车的常用制动性能下降，紧急制动正常	II
19			停放制动或空气制动未缓解	给出报警提醒，司机进行相应处理	列车继续行驶存在安全隐患，司机需停行故障处理	III

建议应急处置措施：此类故障发生后，列车的制动性能受到影响，在正线发生故障时，如果处于 ATO 运行模式，需退出 ATO 模式，并进行限速运行，运行至终点时退出服务。

（3）第Ⅲ类故障

制动系统能自动监测到故障，故障发生后列车制动性能下降，同时列车继续行驶存在其他安全隐患，司机必须停车检查确认，在故障未排除前不能继续动车。

此类故障发生后，列车的制动性能下降，继续行车会存在安全隐患，司机必须停车对相关设备进行检查确认，必要时隔离相关设备，如果故障无法修复，需要报行车调度申请救援。如表 12-1 中的编号为 14、16 及 19 的故障都属于第Ⅲ类故障。

建议应急处置措施：此类故障发生后，列车继续行车存在重大安全隐患，在正线发生故障时，司机必须停车进行检查处理，确认故障后隔离故障制动单元，隔离后进行限速运行，运行至终点时退出服务。如果隔离后故障仍无法修复，需申请救援。

（4）第Ⅳ类故障

制动系统能自动监测到故障，故障后自动实施紧急制动，停车后不能继续运行。

该类故障发生时，制动系统自动触发紧急制动，紧急制动过程中，利用列车制动风缸的保压量，其制动力并没有下降。因此，其制动过程是安全的。该类故障发生后，在故障未排除前将无法动车，需申请救援。如表 12-1 中编号为 2 和 3 的故障都属于第Ⅳ类故障。

建议应急处置措施：此类故障发生后，确认无法修复后，申请救援。

12.4　机车车辆安全案例

12.4.1　地铁车门开门跑门

1. 故障现象

在一次空载试验中，曾出现过客室内一车门处于非正常打开位置，但司机室操纵台DDU（司机驾驶显示单元）门监视带上不显示故障信息，却仍旧显示车门正常关闭状态，导致车门在打开状态行车的故障。

2. 故障分析

车辆回段后，检查发现车门关门到位行程开关安装螺钉松动脱落，误触发关门到位行程开关，门闭锁开关触点的错误状态被门控器采集并传递给 TMS（列车管理系统），导致 TMS 显示屏上对应显示该门状态是关闭，当其他门均关闭时，该门串在车门全关闭回路中的一组闭锁开关触点因上述故障将车门全关闭回路接通，进而列车可以牵引，造成列车开门行车。此故障表明地铁车辆塞拉门无论是在制造工艺上，还是门控器软件设计上都存在严重的缺陷，其设计严重违反了行车设计安全导向规则。

3. 改进措施

（1）闭锁开关紧固方式改进

将闭锁开关的紧固方式改为"平垫片＋锥型垫圈＋螺纹锁固胶紧固"方式，并将安装支架调位方孔改为长圆孔，以增大垫圈的接触面积。

（2）门控器软件的改进

在改进螺钉紧固方式的同时，为了防止闭锁开关因松动而导致门控制系统无法准确判断车门的实际状态，计划在软件程序中引入编码器输出、电机电流等参数，以更精准、可靠地判断车门的状态。通过这一改进，可进一步深化"故障导向安全"的设计理念。

具体而言，在车门从关闭位置打开时，如果闭锁开关未产生正确的状态变化，我们将判定闭锁开关存在故障，并立即将此故障信息传送至 TMS。同时，我们将点亮开关门指示灯和外侧门未关好指示灯，以提醒操作人员存在问题。同样，在门从打开位置关闭时，如果闭锁开关未产生正确的状态变化，门控制系统将判定闭锁开关存在故障，并即刻报告至 TMS。此时同样点亮开关门指示灯和外侧门未关好指示灯。

在门控制系统判定存在闭锁开关故障的情况下，由于无法确认门是否已关好，我们将根据编码器输出和电机电流来准确判断门的状态。遵循安全导向的原则，不论实际门状态是否已关好，门控制系统都将判定门的状态为开，同时使外侧门未关好指示灯点亮。当门控制系统判定存在闭锁开关故障时，如果接收到关门指令且零速信号有效，该门将执行关门指令，以确保门被妥善关闭。

通过这一系统设计的完善，我们能够更加可靠地监测和应对闭锁开关的故障，从而提高车门状态判断的准确性，确保车门在各种情况下的安全运行。

12.4.2 　轮轴卡死故障

1. 故障现象

（1）列车起动时速度提升比较慢，有抱闸的感觉。

（2）走行部有异响，振动较大，在轮轴卡死瞬间列车速度有明显波动。

（3）出现轮轴卡死时，速度传感器检测不到该轴的速度，伴随出现速度传感器故障，在显示屏上显示 ECU（制动控制单元）或 DCU（牵引控制单元）轻微故障。

（4）故障轴电机产生堵转，电流出现过流，显示屏会显示 DCU 严重故障。

（5）出现轮轴卡死故障后，制动系统能缓解，不会出现启动联锁或启动失败故障；若出现制动系统不能缓解，启动联锁或启动失败故障造成无法牵引，则可能是电气故障导致不能动车。

（6）轮轴卡死后的轮对在轨面上产生滑行，会产生较强的尖叫声，拉伤轨面并摩擦冒烟，有烧焦味，相应轮对有火花出现。

（7）若检查发现轮对有一点或多点擦伤时，可进一步确认为轮轴卡死故障。

2. 故障分析

（1）轮对滑动通过直线段的安全性分析

强力拖动卡死车轮的列车时，如无任何润滑介质，车轮与钢轨的摩擦系数较大，对轮轨会产生一定的损伤。综合考虑摩擦阻力、轨道及载荷情况，建议采取一个比较适当的速度——约 25km/h 限速运行。另外，拖行卡死的轮对时，在条件允许的情况下，可适当在钢轨上洒一些水或者油。

（2）轮对滑动通过小半径曲线的安全性分析

车轮滑动通过曲线时，如果卡死的车轮是列车前进方向的导轮，则车轮不能滚动，不能通过踏面斜度自动偏转一定角度，而是完全靠曲线外轨的"钢轨—轮缘"，横向力使车轮偏转。曲线半径越小，列车速度越大，该横向力就越大。另外，由于车轮滑动通过曲线时转向架往往不能充分偏转，导轮缘与钢轨始终贴靠，轮缘磨耗速度很大，也影响车轮通过曲线和道岔的安全性。所以，列车前进方向的导轮卡死时，如要滑动通过小半径曲线，应严格控制列车行驶速度。根据以往轮轨摄像观察情况，列车以 20km/h 通过半径为 350m，超高 120mm 的曲线时，外轨轮缘能与钢轨明显分开。所以，车轮滑动通过 400m 小半径曲线时，列车运行速度以小于 15km/h 为宜。

（3）轮对滑动通过道岔的安全性分析

当轮对从道岔主线（直线）滑动通过时，只需确保轮缘形状和轮对内侧距符合安全标准，轮对便可安全通过道岔。然而，当轮对通过道岔的侧线（曲线）时，其安全性则依赖于轮对靠护轮轨的牵制作用。由于护轮轨的牵制作用是有限的，为了降低轮缘磨耗，提升车轮防脱轨的安全性，列车拖行速度应保持相对较低。在卡死的车轮滑动通过道岔侧线时，列车运行速度不应超过 15km/h。这一限制旨在确保安全通过曲线，减少轮缘磨损，同时提供足够的防脱轨安全性。

3. 故障处理

如卡死的车轮经长时间滑行，由于车轮所受切线力和振动冲击都很大，车轮可能发生松动，轴承可能需要更换，构架可能出现裂纹，车轴也需要全面探伤。主要包括以下 5 个方面：

（1）换轮：根据车轮的实际磨耗程度决定是否进行更换。在更换轮对的同时，必须对车轴进行全面探伤，确保轴的完好性。

（2）轴承更换：强力拖动卡死的轮对可能导致轮对轴承受激烈冲击而损坏。为了确保运行安全，卡死的轮对在经过长时间强力拖动后应当更换轮对轴承。

（3）构架检查：构架在承受剧烈振动后可能发生裂纹，严重时需要进行更换。确保构架的完整性对列车的安全运行至关重要。

（4）车轴检查：虽然车轴发生裂纹的可能性不大，但一旦发现裂纹就必须立即更换，以防发生更严重的故障。

（5）拖行方案：当列车在正线上出现轮轴卡死时，采用强力拖行方案进行紧急处理。通过低速运行，直线限速 25km/h，侧向道岔限速 15km/h 等措施，能够在半小时内使列车恢复正常运营。在地铁列车发生轮对卡死故障后的拖行过程中，务必采取低速运行，以确保安全处理。

第 13 章

通信与信号运行控制安全

13.1　通信与信号运行控制系统安全要素分析

13.1.1　通信系统

城市轨道交通（简称城轨）通信系统是指挥列车运行、公务联络和传递各种信息的重要手段，是保证列车安全、快速、高效运行不可缺少的综合通信系统。城轨通信系统主要包括：传输系统、公务电话系统、专用电话系统、无线集群通信系统、闭路电视监控系统（CCTV）、有线广播系统（PA）、时钟系统、电源及接地系统、乘客导乘信息系统（PIS）、办公室自动化（OA）等子系统。通信系统的服务范围涵盖控制中心、车站、车辆段、停车场、地面线路、高架线路、地下隧道与列车。

1. 城轨通信的作用

首先，城轨通信系统与信号系统共同完成行车调度指挥，并为城轨的其他各子系统提供信息传输通道和时标（标准时间）信号。此外，通信系统是城轨交通内部公务联络的主要通道，使构成城轨交通内部的各个子系统能够紧密联系，以提高整个系统的运行效率。当然，通信系统也是城轨交通内、外联系的通道。城轨通信系统在发生灾害、事故或恐怖活动的情况下，是进行应急处理、抢险救灾和反恐的重要保障。城市轨道交通越是在发生事故、灾害或恐怖活动时，越是需要通信联系，但若在常规通信系统之外再设置一套防灾救护通信系统，势必要增加投资，而且长期不使用的设备亦难以保持良好的运行状态。所以，在正常情况下，通信系统能为运营管理、指挥、监控等提供通信联络的手段，为乘客提供周密的服务；在突发灾害、事故或恐怖活动的情况下，能够集中通信资源，保证有足够的容量以满足应急处理、抢险救灾的特殊通信需求。

2. 城市轨道交通对通信系统的要求

城市轨道交通对通信系统的要求是能迅速、准确、可靠地传递和交换各种信息。

（1）对于行车组织，通信系统应能保证将各站的客流情况、工作状况、线路上各列车运行状况等信息准确、迅速地传输到控制中心。同时，将控制中心发布的调度指挥命令与控制信号及时、可靠地传送至各个车站及行进中的列车上。

（2）对于城轨运行的组织管理，通信系统应能保证各部门之间、上下级之间保持畅通、有效、可靠的信息交流与联系。

（3）通信系统应能保证本系统与外部系统之间便捷、畅通的联系。

（4）通信系统主要设备和模块应具有自检功能，并采取适当的冗余配置，故障时能自动切换和报警，控制中心可监测和采集各车站设备运行和检测的结果。

3. 城轨通信的分类

（1）按业务分类

1）专用通信。专用通信是供系统内部组织与管理所使用的通信网络，包括：行车、电力、维修、公安和防灾调度，以及站内、区间、相邻车站的通信。平时，主要用于直接组织、指挥列车运行；紧急情况下，可进行应急调度指挥，是城轨中最重要的业务通信网。

2）公务电话通信。公务电话通信是城市轨道交通内部的电话网，相当于企业总机。供一般公务联络使用，以及提供与外界通信网的连接。

3）有线广播通信。有线广播通信是城市轨道交通运行组织的辅助通信网。平时，向乘客报告列车运行信息，扩放音乐；在紧急情况下，可进行应急指挥和引导乘客疏散。

4）闭路电视。闭路电视是城市轨道交通的现场监控系统，用以监视车站各部位、客流情况，以及列车停靠、车门开闭和启动状况；在紧急情况下，用以实时监视事故现场。

5）无线通信。无线通信对位置不固定的相关业务工作人员及列车司机提供通信联络，作为固定设置的有线通信网的强有力的补充。

6）其他通信。时钟系统，使整个系统在统一的时间下运转；会议通信系统，提供高效的远程集中会议通信，如电话会议、可视电话会议等；数据通信系统，用以传送文件和数据。

（2）按传输媒介分类

城轨通信按传输媒介可分为有线通信和无线通信。

1）有线通信的传输媒介为光缆、电缆。有线通信包括：光纤传输、程控交换、广播、闭路电视等。

2）无线通信利用空间电磁波进行传输。无线通信包括：无线集群通信、无线局域网（WLAN）、移动电视和公众移动通信网等。

4. 城轨通信网构成

城轨通信系统应是一个能够承载音频、视频、数据等各种信息的综合业务数字通信网。通常，一条城轨线路建立一个独立的通信网，一个城市建立多条线路的情况下，可通过数字交叉连接设备（DXC）和中继线路连接各条城轨线路的通信网。

（1）城轨通信网的基本结构

城轨通信网由光纤数字传输系统、数字电话交换系统、广播系统、闭路电视监控系统、无线通信系统等组成。上述系统通过电缆、光缆、漏泄电缆和空间电磁波等传输媒介，在控制中心与各车站、列车之间构成多个互相关联、互相补充的业务网，为城市轨道交通提供综合通信的能力。

构成通信网的基本要素是传输设备、交换控制设备和终端设备。将传输设备（链路）和交换控制（节点）设备按照适当的方式连接起来，就可构成各种通信网。

若为一种业务网建立一个专用的传输网，会造成线路与传输设备的浪费。在城轨通信中，通常的做法是建立一个大容量的公共光纤传输网，利用复用、解复用设备和数字交叉连接设备（由软件控制的数字配线架）为城轨各种业务网提供骨干传输通道。

目前，城轨传输网的物理网络均采用光纤环网拓扑结构，其主要优点是在光纤中断或传输节点故障时仍能保证正常的通信，故亦称为光纤自愈环。在光纤环路中，根据所传送业务的不同，城轨各通信网的逻辑网络（承载在物理网络上）拓扑结构由总线形和星形等拓扑结构组成，控制中心与各车站的业务节点设备均连接在总线上；控制中心与各车站业务节点设备以点对点方式相连接。

根据城轨通信的需求，要求城轨传输网络能够承载音频、视频和数据等综合业务。目前，城轨传输网多数采用基于SDH（同步数字体系）的多业务传输平台（MSTP）。

MSTP环路可以提供电路和分组两种传输通道。在分组传输中，因每个数据包均带有地址信息，故网络拓扑以总线方式为主；在电路传输中利用信令连接通信电路，故网络拓扑以点对点方式为主，但对音、视频和数据的广播信息，以及在电路数据通道中传送带地址编码的数据时，网络拓扑也可采用总线方式。

传统的数字音频和视频均通过电路通道传输，随着IP电话、IP视频技术的进展，城轨通信的音、视频业务已开始转入分组通道传输。预计未来的城轨通信网络将会演进为一个全IP网络。

（2）通信网的基本设备

在城轨中各类业务网络采用同一个公共的传输网。在该传输网的节点上安装不同类型的业务节点设备，则组成不同类型的业务网络。无论哪一种城轨业务网，在控制中心和各车站均应配备相应的业务节点设备，组网原理及通信控制过程基本相同。对光纤环路而言，其物理网络的拓扑结构呈环形结构，各通信节点与环直接相连，物理环网在光纤切断或环内传输节点设备出现故障时，信号可从另一方向环回，故有很好的抗毁性。

在传输电路分析中，对于环形结构可视为总线型结构，故控制中心与各车站所组成的逻辑网络的拓扑结构表示为总线型结构。在控制中心和各个车站配置的业务节点设备主要包括：公务和专用电话交换设备、广播设备和闭路电视设备。

在控制中心的公务电话交换设备，通过光纤传输系统连接车站交换机或中心交换设备的远端模块。在车站电话交换节点设备上可以连接普通电话机、传真机、电路数据终端。控制中心与各车站的交换设备之间，在逻辑上一般采用点对点的星形连接方式，构成公务电话子系统。

　　在控制中心的调度电话交换设备中，通过光纤传输系统和 PCM（脉冲编码调制）接口设备连接各车站的调度电话机。中心调度交换设备与车站调度终端之间，在逻辑上一般采用点对点的星形连接方式，构成专用电话子系统。

　　控制中心的广播设备通过光纤传输系统与车站的广播设备相连接，中心广播设备与各车站广播设备之间，逻辑上一般以总线方式连接，构成有线广播子系统。

　　控制中心的闭路电视设备通过光纤传输系统与车站的闭路电视设备相连接。中心 CCTV 设备与各车站 CCTV 设备之间采用点对点的星形连接方式，构成闭路电视子系统。

　　由于传输网的物理网络采用总线型（环网）结构，控制中心送出的各种信息必须按需在各个车站从总线上分出来，送到相应的车站设备，各车站送给控制中心的信息及各车站之间互相传递的信息又必须插入到总线上去，因此在各车站需配备数字信号分配器（DSD），以实现信息的分插与连接功能。有了数字信号分配器，控制中心和各车站送出的各种信息能够汇集在同一个光纤传输系统中进行传输，并能顺利到达各自的目的地。

　　典型的数字信号分配器为，SDH 环网中的传输节点设备 ADM（分插复用器）。ADM 串联在环中，将光信号转换为电信号，并进行解复用。解复用后的电信号经数字配线模块（DXC）让大部分承载信号复用和电/光转换后直通，小部分承载信号提供上下车站业务（落地）。

13.1.2　信号系统

　　城市轨道交通信号系统是指挥列车运行，保证列车安全，提高运输效率的关键设备。信号系统通常由列车运行自动控制系统和车辆段信号控制系统两大部分组成，用于列车进路控制、列车间隔控制、调度指挥、信息管理、设备工况监测及维护管理等，由此构成了一个高效的综合自动化系统。

　　城市轨道交通信号系统包含信号机、转辙机、计轴器、应答器等信号基础设备，这些设备数量多、分布广，其运行质量和可靠性是信号系统正常运行和充分发挥效能的关键。

1. 信号机

　　信号机色灯信号机以其灯光的颜色、数目和亮灯状态来表示信号。信号机有透镜式信号和 LED 信号机两大类。相比对于透镜式信号机，LED 信号机组合灵活、安装简单，同时具有显示距离长，清晰度高的特点。如徐州城市轨道交通 1 号线采用 LED 信号机。

2. 转辙机

　　转辙机负责道岔转换及锁闭，是直接关系列车运行安全的关键设备。通过集中操作转辙机实现道岔控制自动化。就传动方式而言，转辙机可分为电动转辙机（ZD6、ZDJ9、

S700K）、电动液压转辙机（ZYJ7）。其中徐州城市轨道交通 1 号线，正线和场段均采用 ZDJ9 型转辙机（内锁闭）。

3. 计轴器

计轴器又称微机计轴，通过计算车辆进出某区段的轮对数，进而分析该区段是否有车占用的一种技术设备。国外的经验表明，计轴的可用性一般都达到了完成同样功能的轨道电路的 5 倍以上。这显著改善了轨道电路应用的可靠性，因为轨道电路失效通常是列车晚点的最主要的原因。计轴还有益于安全，它减少了由于信号系统失效而使用降级模式时带来的室外操作。

4. 应答器

应答器的主要用途是向车载设备提供可靠的地面固定信息（固定应答器）和可变信息（可变应答器）。固定应答器提供线路固定参数，如线路坡度、允许速度、列控等级切换等，可变应答器主要提供进路信息和临时限速信息。

13.1.3　列车运行自动控制系统

列车运行自动控制系统（ATC）包括列车自动防护系统（ATP）、列车自动运行系统（ATO）、列车自动监控系统（ATS）。信号系统设有行车控制中心，沿线各车站设置区域性联锁区间，设备一般放置在有道岔的控制站，列车上安装有车载控制设备。控制中心与控制站通过有线数据通信网连接，控制中心与列车之间采用无线通信进行数据交换。

1. 列车自动防护系统（ATP）

ATP 系统主要进行超速防护，监控与安全运行相关的设备。该子系统具有列车位置检测、保证列车间的安全运行间隔、确保列车在安全速度下运行、信号显示、故障报警、降级提示、输入列车参数和线路参数等功能，与 ATS、ATO 及车辆系统有接口并且同步数据交换。ATP系统连续不断地将从地面获得的信息（前行列车的位置信息、线路信息、前方目标点的距离、允许速度信息等）通过无线传输系统上传至列车上，再由车载设备计算出当前所允许的运行速度，将此速度同列车的实际速度作比较，以此来对列车速度进行实时监督。

2. 列车自动运行系统（ATO）

ATO 系统主要通过地面传送控制信息实现对列车驱动和制动的控制，包括列车自动折返。此系统会根据控制中心的指令使列车按最佳状态正点、安全、平稳地运行。

3. 列车自动监控系统（ATS）

ATS 系统主要实现对列车运行的监督和控制，辅助调度人员对全线列车进行管理。其功能包括：集中检测与控制调度区段内列车运行；检测进路、列车间隔控制设备；按行车计划自动控制轨旁信号设备；自动记录列车运行实迹；自动生成、显示、修改和优化时刻表；统计运行数据及自动生成报表；记录调度员操作流程，管理运输计划及自动传递列车车次号等功能。ATS 系统包括中央和车站 ATS 设备、车辆段 ATS 分机。中央 ATS 设备中有中心计算机系统、工作站、显示屏、绘图仪、打印机、UPS 等。每个控制站设一台 ATS 分机，用于采集车站设备的信息和传送控制命令，并实现车站进路自动控制功能。车辆段 ATS 分机用于采集车辆段内库线的列车占用情况，以及进 / 出车辆段的列车信号机的状态。

13.2　通信与运行控制系统监测评估

13.2.1　通信与信号控制系统在大规模网络化运营下的变化

城轨通信系统一般由传输、专用无线、专用电话、公务电话、技防、信息、广播、导乘、时钟、电源、光电缆等子系统组成，在建设初期一般以线为单位进行建设，各通信子系统以满足单线路运营需要进行布局配置；随着线路的增加，各线路通信系统进行了有限的互联互通，以满足统一管理的需求，但原有的单线布局架构并未改变。随着大规模城轨网络化运营的发展，网络化、集约化管理的要求大幅提高，同时为了发挥城轨大规模网络化的规模优势，通信系统的各子系统进行了重新布局和配置，触发了通信系统的系统架构、技术要求的变化。

一是广播、导乘由两个互相独立的子系统向系统融合方向发展，打破了既有单线布局的系统架构，有形成路网级多媒体影音系统的趋势。其深度标准化系统的内外部接口协议及类型，使用通用硬件平台来构建核心架构。

二是专用无线、公务电话、专用电话、信息等子系统，由单线布局、业务互通向路网级集中交换转变，以路网级交换核心替代每条线路的自建交换核心，依托上层骨干传输系统实现业务数据交互，以异地的核心主备冗余配置和骨干传输环网保护实现各子系统的可靠运行。

三是技防子系统由单线布局、全网互联向充分网络化的扁平架构转变。以视频监控系统为主体的技防系统目前正处在由模拟系统向高清系统过渡的阶段，由模拟摄像机、矩阵、硬盘录像机、编解码板、光端机等组成的视频监控系统，向由高清摄像机、网络交换机、存储服务器和上层软件平台等组成的高清视频监控系统转变，以在应对大规模网络运营时满足上层用户对视频资源的调用需求，同时为后台人脸识别、客流分析、乘客行为分析等的应用提供高质量的数据源。

四是电源、光电缆、时钟、传输系统作为基础资源，由单线布局、有限网络化向覆盖全网、规格统一的规模网络化转变。

城市轨道交通信号与控制系统是集计算机技术、通信技术和控制技术的综合技术为一体的行车指挥、列车运行控制和管理自动化系统。它是现代保障行车安全、提高运输效率的核心，也是标志一个国家轨道交通技术装备现代化水准的重要组成部分。城市轨道交通信号与控制系统通常被称为基于通信的列车控制系统（Communication Based Train Control System，简称 CBTC）或先进列车控制系统（Advanced Train Control System，简称 ATCS）。信号与控制系统常见的故障类型包括道岔无标识、线路红光带、信号灯故障、列车占用丢失、CTC（列车调度集中系统）设备故障、应答器故障、ATP 故障、其他道岔故障、线路遗留绿光带、LKJ（列车运行监控装置）故障、BTM（应答器传输模块）故障、双系故障等，且大多会造成行车延误。

13.2.2　通信与信号控制系统在大规模网络化运营下的监测评估挑战

组成城轨通信系统的传输、专用无线、专用电话、公务电话、广播、导乘、技防、时钟、电源、光电缆等十余个子系统，由于建设时期不同，所采用的技术标准和集成架构也有较大差异，其设备的种类、品牌和数量众多。随着城轨大规模网络的形成，跨线路的业务需求不断增加，路网级的通信数据交互越来越多、越来越重要，使通信运维面临多维度的挑战。

1. 系统可靠性要求大幅提升

在大规模网络化背景下，每日客流均以百万人次计，运营压力巨大。通信各子系统在行车调度、车站运营组织、各类运营信息发布、各类核心数据交互上发挥着重要作用。集约化、核心化、平台化的管理模式下，支撑线网级运营的集中管理平台的投用对通信系统资源依赖度进一步增强，同时随着线网级 LTE—M（城市轨道交通车辆用长期演进）核心网、软交换核心的投用，对传输、电源、时钟、光电缆等通信承载资源的可靠性提出了更高要求。

2. 难以全面精准把握设备状态

城轨通信系统设备数量众多，每个车站、段场、控制中心，以及轨行区均有通信系统设备的部署，已延伸到城轨的各个角落。其各子系统设备、固定和移动终端的设备数量以万计，对设备状态的评估需整合上百套网管数据和数千次维护人员的现场巡视反馈才能实现，工作量巨大且不能及时精准地实时监控所有设备状态。

3. 故障复杂且影响范围大，需多部门协同

随着城轨线网规模逐渐扩大，跨线路业务逐渐增加，通信系统拓扑结构也随之变化，逐渐从线状结构向网络化结构转变；线网级核心系统的集中交换和主备冗余机制使数据业务流进一步复杂，增加了故障判断的难度；故障现象发生的位置和故障点在物理位置上可能跨线、跨专业、跨区域，可能分属不同部门管辖，因此在故障排查的过程中需要多个部

门协同进行，影响了故障排查效率。

4. 设备标准和规格不统一

大规模网络化的城市轨道交通系统并非一日建成，需跨越十几年甚至几十年的逐线、逐段建设开通。即使在建设初期进行了较为长远的顶层规划，但随着形势的不断变化、新需求的不断增加、技术的高速发展，以及产业链供应商的新老更替，城轨通信系统设备标准、品牌、规格的不统一，使当前大规模网络化运营下的规模效应未能充分转化为效益，掣肘了集约化、智能化管理的发展和实施。

5. 对维护人员能力要求较高

为了达到人员和设备能效的最优配置，城轨维护人员和设备的配置逐渐趋向集中，专用无线、专用电话、公务电话、信息等通信系统的子系统逐渐向核心化发展，依托覆盖全线网的传输系统实现业务的核心交换处理。城轨通信系统各线、各子系统的关联度更高，系统和网络规划更为精细，要求城轨维护工程师对整个城轨通信系统有深度的认识和理解。可以依托各专业系统平台对城轨通信系统进行状态评估和分析，在系统级故障处理时应具备全局意识和缜密的逻辑思维能力，可组织跨专业、跨线路、跨部门排查确认，在全网范围内定位故障点。

13.2.3　通信与信号控制系统安全检测与分析

从世界各国城市轨道交通运营状况来看，城市轨道交通凭借其运营准时、耗能小、污染小、事故率低等特点吸引了大量的旅客，取得了巨大的成功。各国在建设城市轨道交通系统时把确保行车安全放在首要位置，建成了整套的安全监控系统。较著名的如日本城市轨道的"列车运营管理自动化系统（COMTARC）"、法国城市轨道的"连续实时追踪自动化系统（ASTREE）售、欧洲城市轨道的"全欧列车控制系统（ETCS）"北美城市轨道的"先进列车控制系统（ATCS）"等。

城市轨道行车事故大多是由人、机、环境等方面不完善的相互作用造成的，因此城市轨道安全保障主要应以保障地铁列车高速、安全运行为目标，对线路、车辆、牵引供电和通信信号等设备状态，对各种自然灾害、周围环境、突发事故等实施全面、准确、实时的安全监测。系统化的安全管理是保障现代化城市轨道运输安全的必由之路，也是我国城市轨道保障列车高速度、高密度运行安全的必然选择，以各种安全监控技术为基础，以先进的通信技术和计算机网络技术等为媒介，实现各种安全监测信息的综合管理和调度，是城市轨道安全管理的基本模式。

城市轨道交通的信号与控制系统是地铁列车安全、高密度运行的基本保证，世界各国在地铁列车的发展中都非常重视行车安全及其相关支持系统的研发。城市轨道交通信号与控制系统主要由列车运行控制子系统、车站联锁子系统和调度集中子系统组成，还包括一些附属子系统，如诊断与服务子系统、微机监测子系统、灾害信息处理子系统、通信网络子系统、培训子系统等。城市轨道交通信号系统的设备主要布置在调度中心、车站、区间信号室、线路旁和机车内。

列车运行控制子系统根据车站进路、前行列车的位置、安全追踪间隔等，向后续列车提供行车许可、速度目标值等信息，由车载列控设备对列车运行速度实施监督和控制。车站联锁子系统根据计划实时建立各列车安全进路，为列车提供进、出站及站内行车的安全进路。调度集中子系统根据列车基本运行图所制定的日班次计划和列车运行正、晚点情况，编制各阶段计划，并下达给各个车站联锁系统。

1. 信号与控制系统故障常见原因

城市轨道交通的信号与控制系统可能会因多种原因发生故障，这些原因包括硬件故障、软件问题、人为因素和外部干扰等。以下是一些可能导致信号与控制系统故障的常见原因：

（1）硬件故障

传感器故障：信号系统依赖各种传感器来获取列车位置、速度等信息，传感器的故障可能导致系统无法准确获取列车状态。

继电器和开关故障：控制系统中的继电器和开关故障可能导致信号误操作或无法传递正确的指令。

电缆连接问题：电缆连接不良或损坏可能导致信号传输中断或失真。

（2）软件问题

程序错误：轨道交通系统的控制软件存在程序错误的可能性，这可能导致误操作或系统崩溃。

通信协议问题：控制系统之间的通信协议存在问题可能导致信息传递错误或丢失。

（3）人为因素

操作错误：操作员错误地设置或操作控制系统可能导致信号问题。例如，错误的切换、误操作按钮等。

维护不当：不当的设备维护可能引起故障，例如，错误的设备安装、维修或更换。

（4）外部干扰

电磁干扰：外部电磁场可能对信号系统产生干扰，干扰信号的传输和解析。

天气条件：恶劣的天气条件，如雷电、大风、暴雨等，可能对设备和通信线路产生不利影响。

（5）供电问题

电源波动：不稳定的电源供电可能导致设备故障或数据损坏。

（6）设备老化

设备老化和磨损：长时间的使用可能导致设备老化和磨损，增加故障的风险。

2. 常见故障与维修

（1）控制电路临修

控制电路是整个车辆电气系统中最复杂、最重要的一个子系统，通常该系统所包含的各类继电器、接触器、按钮、旋钮开关、指示灯、电磁阀等控制器件最多。其主要承担着车辆的受流器、高速断路器、牵引斩波器（或牵引逆变器）、牵引电机、制动系统等的控制、监控工作。

该系统出现故障不是特别的频繁，临修作业一般也就是针对一些相关的、易损坏的控制元件（如各类控制按钮、旋钮开关）、各种指示灯灯泡。以上海地铁 1 号线电动列车为例，通常每天总是有数只指示灯灯泡损坏。鉴于此，已用 LED 替代了全部的指示灯灯泡，取得了十分明显的效果，指示灯的损坏现象基本下降为零。而对于按钮开关，必须及时更换，确保控制功能的正常。

（2）列车各计算机控制系统通信故障与维修

列车各计算机控制系统（中央控制单元 CCU、牵引控制单元 TCU、制动控制单元 BECU）之间的通信中断故障属于较为常见的问题。这类故障的发生机理相当复杂，可能由车辆内部元件损坏引起，也可能是在列车折返过程中由司机不当操作引发，其中司机的错误操作尤其是引发故障的主要原因。

在列车折返过程中，主控制器钥匙关断后，某些计算机控制系统需要关闭。若另一司机在转换主控制器钥匙时过快，可能导致某些控制系统没有完全关闭，从而无法接收到启动信号，进而无法正常初始化，导致系统无法启动，引发计算机控制系统之间的通信故障。常见的故障包括同一编组单元内牵引控制单元之间相互通信的故障、牵引控制单元与电子制动控制单元之间的通信故障、中央控制单元与牵引控制单元之间的通信故障等。

由车辆内部件损坏引起的通信故障较为复杂，一般包括牵引系统内的电压、电流等传感器损坏，电机速度传感器短路，各计算机控制系统通信接口损坏，通信线路故障，以及相关接插件接触不良等。因此，查找此类故障将会相对困难。通常可以采用替换法（或试错法），即将怀疑已损坏的部件与其他车辆上的部件进行替换。如果故障发生了转移，便可以确认所替换的器件存在损坏，随后只需将该器件进行更换即可。同样，检查通信电缆、光缆、接插件的连接状况也显得十分重要。

（3）启动监控故障与维修

启动监控故障（停车制动未释放）在某些型号的车辆中发生的频率相对较高。这类故障常见的原因之一是 200kPa 不缓解故障。具体表现为，在列车施加牵引指令时，列车无法启动，司机操作台上的相关指示灯显示列车制动未释放，有时甚至在列车刚启动时就出现此故障。在面对这类故障时，进行现场应急维修时，首先需根据列车各相关指示灯确定故障车辆的号码。找到故障车辆后，应重点检查列车的电子制动控制单元、工作电源、牵引控制单元之间的连接线路，以及与制动相关的模块。

如果以上检查都正常，接下来应该检查紧急制动电磁阀的线圈。此外，还需要仔细检查所有制动（包括摩擦制动与停放制动）控制继电器，以及监控的压力传感器（或压力开关）是否发生损坏。这一系列的检查将有助于确定启动监控故障的具体原因，为后续维修提供有针对性的解决方案。在进行检查时，务必注重检查车辆的电气系统和控制模块之间的连接，确保系统各部分协同工作，以保障列车的正常运行。

（4）各种控制器件的临修

车辆控制电路中各种控制继电器、接触器、电磁阀的故障概率较小，但一旦发生损坏，可能导致列车发生严重故障，进而引发复杂的临修作业和困难的故障点排查。

以采用受电弓为受流器的轨道交通列车为例，受电弓通常采用气动方式升弓，容易发生故障的是用于升弓控制的电磁阀。电磁阀的常见故障包括气路阻塞、漏气等问题，只需进行彻底清理，或找到漏气点进行紧固处理或更换即可。如果控制电磁线圈发生短路或断路（可使用万用表进行测量判断），则需要进行更换。

随着列车运行里程的增加，牵引电机速度传感器可能由于附着油污等污物而损坏或出现短路，进而引发一系列牵引故障，导致列车限速。在这种情况下，通常列车的牵引控制系统中有相应的故障记录（如某电机速度变化率过高、某电机速度太低、某电机在停止状态时速度传感器有脉冲信号输出等）。根据故障记录，应对速度传感器进行清洁或更换。一般来说，如果故障发生次数不多，可能是由于速度传感器附着了污物，也可能是速度传感器已经损坏。可以先清洁速度传感器并进行跟踪，如果故障依旧出现，则判断速度传感器存在故障，需要更换。如果故障发生次数较多，则可能是速度传感器已经存在故障。速度传感器通常具有一定的方向性，在安装时应特别注意。为防止安装方向错误，电机速度传感器通常采用了"防错"设计，即在其安装基座与电机上设计了一个定位装置。如果出现安装错误，将会导致许多其他故障。

13.3　通信与信号系统安全管控

13.3.1　通信与信号控制系统安全评估规范化进程

2012 年，住房和城乡建设部发布了《城市轨道交通基于通信的列车自动控制系统技术要求》CJ/T 407—2012。该标准规定了城市轨道交通基于通信的列车自动控制系统的一般要求、性能要求、功能要求、对外接口要求，电源、电磁兼容防护及环境条件等技术要求。适用于地铁、轻轨、单轨、磁浮系统及自动导向轨道等系统。

2018 年，交通运输部发布《城市轨道交通运营设备维修与更新技术规范 第 3 部分：信号》JT/T 1218.3—2018。该标准规定了城市轨道交通信号设备维护与更新的基本要求，以及维修和更新改造要求，适用于地铁和轻轨信号设备的维修与更新工作，其他城市轨道交通信号设备可参照使用，其中对信号设备修程与维修间隔做了如表 13-1 所示的要求。

信号设备修程与维修间隔要求　　　　　　　　　表 13-1

序号	修程	维修间隔
1	巡检	≤ 7 天
2	月检	≤ 3 个月
3	年检	≤ 1 年
4	中修	规定使用周期
5	大修	设计寿命

2019 年，公安部旨在对城市轨道交通公安通信网络建设进行规范，发布了《城市轨道交通公安通信网络建设规范》GA/T 1578—2019。该标准规定了城市轨道交通公安通信网络的建设总则、组成及建设要求。该标准适用于城市轨道交通公安通信网络的规划、设计、建设、验收及维护。明确了城市轨道交通公安通信网络由城市轨道交通公安有线通信网、城市轨道交通公安信息网、城市轨道交通公安无线通信网、城市轨道交通公安视频专网、附属配套设备组成。

2023 年，交通运输部发布《城市轨道交通运营安全评估规范 第 1 部分：地铁和轻轨》GB/T 42334.1—2023。在通信系统方面，要求：①应具有车地无线通话、列车到站自动广播和到发时间显示、与主时钟系统接口通信，以及换乘站基本通信等功能的测试合格报告，测试应符合相关规定。②设备机房的温度、湿度应满足安全运行要求，具有防电磁干扰测试合格报告。在信号系统方面要求：

①应完成信号系统各子系统之间、信号系统与关联系统的联调及动态调试，具有完整的信号系统验收和联调及动态调试合格报告。其中，列车超速安全防护、列车追踪安全防护、列车退行安全防护、车站扣车和跳停测试应符合相关规定。②设备机房温度、湿度应满足安全运行要求，具有防电磁干扰测试合格报告。

13.3.2　通信与信号控制系统安全管理原则

1. 城市轨道通信与信号控制系统安全管理原则

（1）秉持通用性原则

要将系统统筹管理作为关键，在保证多样化信息传输需求得以满足的同时，相应的维护管理工作能落实到位，能针对具体的业务通信要求开展具体工作，并为网络接入预留相应的信息交互接口，从而实现统筹管理的目标。

（2）秉持可靠性原则

无论是常规性维护管理还是阶段性重点维护，都要将作业可靠性作为根本，满足安全高效和先进适用传输系统运行要求，并且综合分析系统所处的应用环境，在维持其应用效率的基础上，保证相关工作都能有序开展。

（3）秉持动态性原则

为了保证城市轨道交通通信传输系统维护和管理的效果，也要依据轨道交通的标准，满足数字化、智能化、模块化发展需求，并实现动态扩展管理，从而更好地维持传输系统应用控制的基本水平。

2. 城市轨道交通通信与信号控制系统安全管控的一般建议

（1）重视制度化管理

1）落实分级制度

将维修安全管理、维修计划管理、维修技术管理、维修质量管理、设备管理及维修统计管理等作为核心，按照"日常保养"（一级维修）、"二级保养"（二级维修）、"小修"（三级维修）、"中修"（四级维修）、"大修"（五级维修）、"故障维修"（故障处理）开展相应工作。

2）设置完整且规范的作业标准

确保能对城市轨道交通通信传输系统运维工作的细节予以管控，明确标注相关内容的要点，保证具体问题具体分析，并引导运维人员按照作业标准开展相应工作，统筹提高应用控制效率，维持协同管理的水平。

3）设置检修标准

维修人员必须认真执行"三不动""三不离""四不放过""三级施工安全措施"等基本安全生产制度。"三不动"：未联系登记好不动；对设备性能、状态不清楚不动；正在使用中的设备不动。"三不离"：检修完不复查试验好不离开；发现故障不排除不离开；发现异状、异味、异声不查明原因不离开。"四不放过"：事故原因分析不清不放过；未制定防范措施不放过；事故责任者没有受到严肃处理不放过；广大员工没有受到教育不放过。"三级施工安全措施"：部门、中心、班组三级施工安全措施。

4）设置安全管理制度

要结合城市轨道交通通信传输系统的应用要求，维持管控处理的规范性，并严格落实制度内容，针对传输机房安全管理制度、通信网管巡检制度等开展专人专岗系统维护和管理，从而避免安全隐患问题的留存，维持城市轨道交通通信系统运行的规范性。

（2）强化巡检力度

1）要及时检查并记录相关信息，观察名称标记是否出现剥落现象、标记铭牌是否模糊、外皮是否存在破碎隐患等，及时总结处理问题，并建立相应的数据记录，形成历史数据和应用数据的对比处理，最大限度地维持通信系统维护和管理效能。

2）要结合城市轨道交通通信传输系统的管理要求，对特定线路进行有针对性管理，在有效完成监测分析的同时，一旦出现技术指标偏离标准值的问题就要全面分析产生问题的原因，并落实合理规范的处理措施。

3）要对设备所处的环境予以统筹分析，并结合维护和管理要求开展相应作业，保证日常监督控制效果最优化。比如，要对城市轨道交通通信传输系统机房的环境情况进行实时跟踪，及时记录环境温度、灰尘清理程度、电源应用效果、地线和防雷设施维护水平等，保证设备应用环境的规范性，避免安全隐患问题的留存，从而更好地提升城市轨道交通通信传输系统统筹维护管理的效果。

4）要强化传输网络的监控管理，相关技术部门和管理人员要针对收集的报警信息予以及时分析，在了解数据表征的同时，进一步跟踪故障的来源，在维持网络运维管理效果的基础上，确保网络运行的通畅性，为统筹管理效果的优化奠定坚实基础。

（3）强化人员管理

1）要对运维管理人员予以培训和指导，落实相应的专业化培训工作，保证工作人员能按照标准化流程落实具体工作，并提升常规化运维管理的效能，维持控制效果，以减少设备、系统运行不当产生的影响。

2）要对运维人员进行思想指导教育，不仅要培养其岗位责任感，也要提高其安全意识，引导其充分重视城市轨道交通通信传输系统日常维护管理的重要性，从而落实更加科学合理的控制工作。

3）可将奖惩机制、绩效管理机制融合在人员管理工作中，激发管理人员的积极性，确保相关工作都能落实到位，提高统筹运维管理水平，减少人为管理不当造成的隐患问题，促进城市轨道交通通信传输系统可持续正常运行。

（4）整合基础工作内容

1）要重视日常维护和日常值班机制，网络管理人员要按照标准化流程进行每日工作汇报总结，建立实时性数据信息对比分析模型，以便了解设备或环境变化。一是建立完整的台账设备，保证固定资产的完好。应根据运营公司的规定对系统设备进行管理，按时填报各类报表。二是建立定期核查设备台账的制度及相关要求。对设备故障进行统计分析，纳入设备台账。

2）要在出现故障后及时采取应急抢修措施，判定传输系统的基础状态，从而维持后续作业和方案应用的规范性，匹配适当且规范的管理模式，最大限度减少安全隐患产生的影响。

3）为了满足用户对通信服务的要求，一般要结合实际情况尽量减少通信中断现象，依据检修工作台账和备品管理方案，提高城市轨道交通通信传输系统维护和管理的整体效能。

（5）应用运行维护系统

1）硬件要求

设置专业项目小组，并匹配专业的维修工具和运维工具，按照轮班管理的方式，确保光缆线路通信传输网络运行的稳定性和科学性。相关部门要配置专业人员，适应线路维护管理环境和复杂程度，明确运维管理工作的重要性，实现通信传输网络控制的合理性目标。

2）总体设计

基于城市轨道交通通信传输系统的复杂性特点，要及时建立有针对性评估模式，全面落实日常维护管理模块、自动报警模块、基础性管理模块、指标分析模块等的维护与管理工作，匹配技术支持体系，有效实现城市轨道交通通信传输系统的维护与管理目标。

要依据功能要求落实相应的功能设计工作，一般是采取技术运维管理模块，对城市轨道交通通信传输系统日常工作予以实时性监测，在汇总数据的同时，着重分析数据的关联性，并开展下一步更加科学合理的检查工作，从而提升系统运维监督管理的整体水平。

3）平台实现

优选适合城市轨道交通实时性管理的平台，匹配相应的应用要求，选取对应的数据库，以提升数据更新管理的时效性，构建完善的数据评估控制机制。与此同时，数据库的处理要具备动态可扩充的特性，能实现常规化维护升级等目标。

系统软件安装要严格落实规范化工作内容，确保系统故障设置和报警设置等环节都能发挥作用，最大限度地实现系统恢复目标，提高用户的使用体验，确保城市轨道交通通信传输系统维护和管理工作的质量效果最优化。

为保证相应模块都能发挥基础功能，要在城市轨道交通通信传输系统运行维护管理软件安装前进行模拟测试，全面分析相关信息，整合具体情况，有效评估技术内容和技术层级，从而实现协同化管理的目标，为优化用户体验奠定基础。

13.3.3　通信与信号控制系统安全测试

通信系统的功能和性能等应符合城市轨道交通通信系统运营技术规范的要求。具有车地无线通话、列车到站自动广播和到发时间显示、与主时钟系统接口通信、换乘站基本通信等功能的测试合格报告，测试应分别符合表13-2~表13-5所示的规定。

系统的功能和性能等应符合城市轨道交通信号系统运营技术规范的要求。应完成信号系统各子系统之间、信号系统与关联系统的联调及动态调试，具有完整的信号系统验收和联调及动态调试合格报告。其中，列车超速安全防护、列车追踪安全防护、列车退行安全防护、车站扣车和跳停测试应分别符合表13-6~表13-9所示内容的规定。

车地无线通话测试　　　　　表 13-2

项目名称	车地无线通话测试
测试目的	测试车地无线通话功能是否符合要求
测试内容与方法	①控制中心行车调度员通过单呼、组呼、紧急呼叫等方式与列车驾驶员建立通话，并记录通话情况。 ②车辆基地信号楼和运转室调度员与车场内列车驾驶员建立通话；车站值班员经控制中心同意与正线列车驾驶员建立通话，并记录通话情况
测试结果	车地无线通话的接通时间和通话质量应符合设计和运营要求

列车到站自动广播和到发时间显示测试　　　　　表 13-3

项目名称	列车到站自动广播和到发时间显示测试
测试目的	测试车站和列车广播及乘客信息系统功能是否符合要求
测试内容与方法	在站台区域测试，记录上、下行进站列车到站自动广播时间和内容，并记录所在区域的乘客信息系统播出列车到站信息时间和内容
测试结果	列车即将进站前，车站自动广播列车到站信息，车站乘客信息系统显示屏上显示列车进站信息，出站后显示下次列车到站时间

与主时钟系统接口通信测试　　　　　表 13-4

项目名称	与主时钟系统接口通信测试
测试目的	测试各系统与主时钟系统接口通信功能是否符合要求
测试内容与方法	①检查信号系统、环境与设备监控系统或综合监控系统、自动售检票系统的服务器，记录其显示的日期和时间是否与主时钟服务器保持一致。 ②系统未设置防跳变功能的，将主时钟服务器上的日期和时间设置成比当前时间晚 1d 1h10min，记录被测系统时间与主时钟时间差；系统已设置防跳变功能的，应将主时钟服务器上的时间分别设置在跳变阈值内和跳变阈值外，对时钟同步和防跳变功能分别进行测试，记录被测系统时间与主时钟时间差。 ③断开主时钟服务器的网络连接，记录被测系统的时间。 ④重新恢复主时钟服务器的网络连接，记录被测系统更新后的时间与主时钟时间差
测试结果	列车即将进站前，车站自动广播列车到站信息，车站乘客信息系统显示屏上显示列车进站信息，出站后显示下次列车到站时间

换乘站基本通信测试　　　　　表 13-5

项目名称	换乘站基本通信测试
测试目的	测试换乘站视频、电话、广播，以及信息发布功能是否符合要求
测试内容与方法	①对换乘站换乘区域视频图像调看功能进行测试。 ②对换乘站换乘区域广播功能进行测试。 ③对换乘站换乘区域乘客信息发布功能进行测试。 ④对换乘车站不同线路车控室值班员间的通话进行测试
测试结果	换乘站换乘区域的视频图像调看、广播、乘客信息发布，以及不同线路车控室间值班员的通话应符合设计和运营要求

列车超速安全防护测试

表 13-6

项目名称	列车超速安全防护测试
测试目的	测试线路最高允许限速、区段限速、道岔侧向限速、轨道尽头停车等列车运行安全防护功能是否符合要求
测试内容与方法	①ATP超速安全防护测试：列车以ATP防护模式行车，持续加速至超速报警，忽略报警继续加速到紧急制动触发；记录列车限速显示、超速报警情况，以及触发紧急制动时的列车运行速度。 ②区段限速安全防护测试：线路某区间设置限速后，列车以ATP防护模式在该区间持续加速至区段限速值；记录列车限速值、触发常用制动和紧急制动时的列车运行速度。 ③侧向过岔安全防护测试：列车以ATP防护模式行车，持续加速至道岔侧向最高限制速度；记录触发紧急制动时的列车运行速度。 ④轨道尽头安全防护测试：排列直通轨道尽头的进路后，列车以ATP防护模式行车至轨道尽头停车点；列车到达停车点前的整个过程中，记录列车在不同位置的运行速度；若列车仍未能减速，列车驾驶员应实施紧急制动。 ⑤降级模式下闯红灯安全防护测试（仅对设置点式ATP降级系统）：关闭车站前方道岔处的防护信号机或关闭出站信号机后，列车以点式ATP降级模式行车至防护信号机或出站信号机；记录列车触发常用制动或紧急制动情况。 ⑥RM（限制人工驾驶）模式行车安全防护测试：列车以RM模式加速至超速报警，忽略报警继续加速到紧急制动触发；记录限速显示、报警情况，以及触发紧急制动时的列车运行速度。 ⑦反向ATP安全防护测试：列车切换驾驶端，以ATP防护模式反向行车，列车加速至超速报警，忽略报警继续加速到紧急制动触发；记录限速显示、报警情况，以及触发紧急制动时的列车运行速度
测试结果	①列车行驶接近ATP最大允许列车运行速度时，司机操纵台显示单元应有报警；加速至ATP最大允许列车运行速度时，车载ATP应施加紧急制动。 ②列车运行接近区段临时限速值时，司机操纵台显示单元应有报警；加速超过允许速度时，列车应触发紧急制动，超速防护制动点的速度应低于区段临时限速值。 ③列车运行接近侧向道岔限速值时，司机操纵台显示单元应有报警；继续加速应触发紧急制动，超速防护制动点的速度应低于侧向道岔限速值。 ④列车以ATP防护模式行驶至轨道尽头停车点过程中，最大允许列车运行速度降为系统限定值；列车越过停车点设定距离，最大允许列车运行速度降为零，强行越过时应触发紧急制动。 ⑤列车在点式ATP降级模式下闯红灯，应触发常用或紧急制动。 ⑥列车接近RM模式最大允许限速时，司机操纵台显示单元应有报警；加速超过RM模式最大允许速度时，应触发紧急制动。 ⑦列车以ATP防护模式反向运行时，实施列车超速、限速、正常开关门等操作正常，ATP安全防护功能有效

列车追踪安全防护测试

表 13-7

项目名称	列车追踪安全防护测试
测试目的	列车在ATP防护模式下，测试追踪运行安全间隔防护是否符合要求
测试内容与方法	①选取部分区间，前行列车以ATP防护模式或切除ATP防护模式运行，后续列车以列车自动驾驶（ATO）模式持续加速紧跟前行列车运行。 ②前行列车分别采取几种速度运行或在区间停车，记录后续列车运行情况
测试结果	后续列车紧跟前行列车正常行车，后续列车依据前行列车距离和速度变化，自动调整追踪速度和保持追踪安全距离，安全距离符合设计和运营要求

列车退行安全防护测试　　　　　　　　　　　　　　表 13-8

项目名称	列车退行安全防护测试
测试目的	测试列车以 ATP 防护模式退行安全防护是否符合要求
测试内容与方法	①以 ATP 防护模式人工驾驶列车进站,并驾驶列车越过站台对位停车点停车(实际越过停车点的距离应小于设计最大允许越过距离),然后转为后退驾驶模式启动列车,以退行速度小于设计最大允许退行速度回退行车,回退过程中,记录触发列车紧急制动时的回退距离。 ②继续以 ATP 防护模式人工驾驶列车进入下一站。列车驾驶员驾驶列车越过站台对位停车点停车(实际越过停车点的距离小于设计最大允许越过距离),然后转为后退驾驶模式启动列车,以退行速度超过设计最大允许退行速度回退行车,回退过程中,记录触发紧急制动时的退行速度。 ③继续以 ATP 防护模式人工驾驶列车进入下一站。列车驾驶员驾驶列车越过站台对位停车点,持续行车至设计最大允许越过距离,记录车载 ATP 反映情况和有关提示信息
测试结果	当列车越过站台停车点(实际越过停车点的距离小于设计最大允许越过距离)停车后,列车在退行过程中,车载 ATP 触发紧急制动时的回退距离或回退速度应符合设计要求;当列车越过站台停车点至设计最大允许越过距离时,车载 ATP 反映情况及提示信息应符合设计和运营要求

车站扣车和跳停测试　　　　　　　　　　　　　　表 13-9

项目名称	车站扣车和跳停测试
测试目的	测试列车自动监控(ATS)系统扣车和跳停功能是否符合要求
测试内容与方法	列车以 ATO 或 ATP 防护模式运行至车站停车并设置扣车,停站时间结束,记录出站进路触发和列车启动情况;取消扣车、对下一站设置跳停,记录列车在下一站跳停和进路触发情况
测试结果	ATS 工作站扣车和跳停显示符合设计要求,列车被扣车站后,列车不发车;取消扣车后,列车在跳停车站不停车通过

13.3.4　通信与信号控制系统设备故障应急处置方法

　　城市轨道交通突发事件应急管理运行机制建设方面,主要分为内部机制和外部机制两个方面(图 13-1)。内部机制主要着力点是城市轨道交通集团公司与运营分公司主要负责安全生产的部门与科室成立突发公共事件应急处置工作组,分别从调度、抢修、安保等层面,建立应对突发事件的应急联动机制。确保一旦发生突发公共事件,从集团到分公司,再到各生产车间、运营车站,能做到迅速行动,开展各类突发事件的处置。从外部机制来说,主要是城市轨道交通与公安、质监、医疗、消防等政府部门建立的突发事件应急处置机制。这些外部机制主要依据"属地管理"的原则,在城市应急管理局的指导下,轨道交通公司与公安、消防、医疗及武警等就治安管控、伤员绿色通道等棘手问题创建应急联动机制。

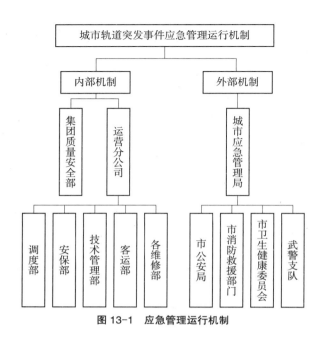

图 13-1 应急管理运行机制

在发生地面设备故障时候，一般处置方法如下：

1. 地面设备故障应急处置基本要求

（1）当发生与信号设备有关联的机车车辆脱轨、冲突、颠覆事故时，现场维修人员应记录设备状态，派人监视，保护事故现场，不得擅自触动设备，并立即报告电务段调度。

（2）信号设备应急处理应遵循"了解情况—登记—检查试验—应急处理—试验—销记—汇报"的程序进行。

（3）电务应急抢修人员必须搭乘车辆列车（轨道车）进行抢修时，电务段调度须将搭乘人数、负责人、联系方式、上车点、下车点等提报调度所，根据调度命令及时赶赴现场。

（4）如果调度集中系统、列车运行控制系统等涉及两个及其以上铁路局的设备应急处理及抢修，当暂不能判别故障发生的地点时，CTC 中心、无线闭塞中心（RBC）、临时限速服务器（TSRS）中的设备所在铁路局负责指挥协调相关单位进行故障处理。当判明故障发生的地点后，故障发生地的铁路局负责指挥协调相关单位进行故障处理。

（5）必须上道处理的设备故障，现场抢修人员必须通过驻调度所联络员或综合设施调度办理同意上线检查作业的手续，并确认本线封闭及设置好邻线 160km/h 及以下限速后方可上道处理。当需穿越邻线时必须封闭邻线。

（6）遇 CTC 中心和中间站 CTC 设备同时发生故障时，优先抢修 CTC 中心设备。

（7）遇有多点设备故障时，优先抢修恢复正线设备。

（8）自动闭塞上、下行设备均故障时，根据运输需要，优先抢修恢复一个方向的设备。

2. CTC 系统设备故障应急处置措施

（1）车站通信中断或者自律机故障时，车站实时信息中断，调度命令、阶段计划无法下达时，列车调度员应立即通知电务维护人员处理。如无法及时恢复或者其他情况必要时，列车调度员应立即通知车站转入非常站控，调度台对故障车站采取人工作业电话指挥方式。

（2）当调度台工作站发生单机故障时，调度台机器死机或者终端软件无法操作时，列车调度员应立即通知电务维护人员更换设备或者启用备用调度台。如无法及时恢复正常使用时，通知所管辖车站转入非常站控，通过电务维护台打印本班运行图，调度台启用人工作业、电话指挥方式。如果调度台管内有尚未设置的临时限速，列车调度员应及时通知司机按调度命令限速运行。

（3）当数据库服务器故障时，CTC 数据库相关功能失效，调度台显示界面上显示数据库连接中断时，列车调度员应立即通知电务维护人员处理，并立即打印本班运行图，启用 CTC 调度台离线工作方式。如无法及时恢复正常使用时，通知车站转入非常站控，调度台启用人工作业、电话指挥方式。

（4）当应用服务器故障中心网络瘫痪、电源故障，所有实时信息中断，调度命令和阶段计划无法下达时，列车调度员应立即通知电务维护人员处理，立即打印本班运行图，启用 CTC 调度台离线工作方式，同时通知车站转入非常站控，调度台启用人工作业、电话指挥方式。如果有尚未设置的临时限速，列车调度员应及时通知司机按调度命令限速运行。

13.3.5　通信与信号控制系统安全管控建议

1. 从系统安全角度分析城市轨道交通安全

城市轨道交通系统是一个包含各种土建工程和车辆等各种机电设备系统，集车、机、工、电、检、运、营等多学科、多专业于一体的系统工程。从系统安全工程的角度出发，轨道交通安全工作应当贯穿工程的前期决策、设计、施工、运行管理等整个过程。而这些工作中的重中之重便是运行和管理工作。造成事故的原因大致可以分为两大类：物的不安全状态和人的不安全行为。城市轨道交通运行控制系统中，土建工程和设备系统的设计施工的可靠性和安全性达不到要求，信号设备的年久失修或交通设备的维护不善，这些原因都会导致事故的发生，我们统称为物的因素。相较于物的不安全状态，人的操作失误往往对事故的发生起决定性的作用，对此应加强管理措施。

由事故联锁理论可以看出，人类的遗传和周围的生活环境可能会导致个人缺点的形成，对于城市轨道交通而言，管理制度松散或者管理者本身的性格导致了城市轨道交通设备的管理者责任心不强，这样他们对设备的检修及维护措施就不到位。设备就会出现安全隐患，长此以往，必会引发事故。如果管理者的业务能力不够突出，对设备的操作不够熟练或者不按照操作规程办事，就可能导致事故的发生。随之而来的是人员的伤亡，财产的损失。2011年7月23日，甬温线发生一起特别重大的轨道交通事故，事故的原因正是管理松懈，设备有缺陷。由此可见，只有前面的"骨牌"不倒下，才能降低事故发生的概率，所以必须加强管理和技术措施，营造良好的城市轨道交通运行环境。

2. 从管理角度预防城市轨道交通安全事故

我国目前的安全监管机制还不够健全，缺乏全国系统性的轨道交通运营规范，并且轨道交通技术标准体系尚未形成。而且项目开工前，没有经过统筹的安排与设计，导致施工混乱无序、盲目赶工期和运营难度加大，这样就容易导致事故的发生，造成严重的后果。因此我们必须加强对城市轨道交通系统的管理，落实安全生产责任和安全管理的长效机制。

（1）加强安全管理，健全安全生产责任制

《中华人民共和国安全生产法》颁布实施后，各地以落实安全生产责任制为重点，建立健全安全生产责任制度。各运营单位实行安全责任追究制度，企业领导和员工的收入直接与安全生产指标挂钩，真正把安全生产管理纳入法制化、制度化、标准化的范畴之内。

（2）解决安全管理的长效机制

进一步加强和完善法律法规体系，统筹全国城市轨道交通行业的管理，规范其建设和运行。进一步完善其运营安全管理法制建设，使城市轨道交通建设和运营走上依法管理的更高的层次。完善安全评价也是当务之急，通过安全评价查找分析和预测城市轨道交通系统存在的风险、有害因素及可能导致的危险、危害后果和程度，提出合理可行的安全对策和措施，指导危险源控制和事故预防，以达到最低事故率、最少损失和最优的安全投资效益。

（3）掌握安全管理的理论方法

城市轨道运行安全管理是以安全为目的，进行计划、组织和控制等活动，这些活动需要有科学的理论方法作为支撑。目前，比较有代表性的系统工程方法、安全本质化法、风险管理方法和主动安全方法等，也是城市轨道运营安全的基础理论方法。

1）安全管理的含义

在企业管理系统中，包含许多具有某种特定功能的子系统，如安全管理子系统是由企业中有关部门的相应人员组成，其主要目的是通过管理的手段，实现控制事故、消除隐患、减少损失，使整个企业达到最佳的安全水平，为劳动者创造一个安全舒适的工作环境。故安全管理是以安全为目的，进行有关决策、计划、组织和控制方面的活动。

控制事故是安全管理工作的核心，包括事故预防、应急管理和保险补偿三种手段。

①实施事故预防是控制事故的最好方式，即通过管理和技术手段的结合，消除事故隐患，控制不安全行为，保障劳动者的安全，这也是"预防为主"的本质所在。但根据事故的特性可知，由于受技术水平、经济条件等各方面的限制，有些事故是难以完全避免的，这就需要进行应急管理。

②应急管理是指通过抢救、疏散、抑制等手段在事故发生后控制事故，将损失减少到最小。

③保险补偿是在实施事故预防和应急措施的基础上，通过购买财产、工伤、责任等保险，以保险补偿的方式，保证企业的经济平衡和在发生事故后恢复生产的基本能力。

安全管理将事故预防、应急措施与保险补偿三种手段有机地结合在一起，以达到保障安全的目的。在企业安全管理系统中，专业安全工作者起着非常重要的作用。他们既是企业内部上下沟通的纽带，也是企业领导者在安全方面的得力助手。在充分掌握资料的基础上，为企业安全生产实施日常监管工作，并向有关部门或领导提出安全改造、管理方面的建议。归纳起来，专业安全工作者的工作可分为分析、决策、信息管理，以及测定四个部分。

2）系统工程方法

1981 年，在著名科学家钱学森院士的亲自指导下，一门综合性边缘技术科学"人－机－环境"系统工程（Man-Machine Environment System Egineering，简称 MMESE）在中国诞生。

"人－机－环境"系统工程是运用系统科学理论和系统工程方法，正确处理人、机、环境三大要素的关系，深入研究"人－机－环境"系统最优组合的一门科学，其研究对象为"人－机－环境"系统。系统中的"人"是指作为工作主体的人（如操作人员或决策人员）；"机"是指人所控制的一切对象（如工具、机器、计算机、系统和技术）的总称；"环境"是指人、机共处的特定工作条件（如温度、噪声、振动等）。

系统最优组合的基本目标是"安全、高效、经济"，所谓"安全"，是指不出现人体的生理危害或伤害，并避免各种事故的发生；所谓"高效"，是指全系统具有最好的工作性能或最高的工作效率；所谓"经济"，就是在满足系统技术要求的前提下，系统的建设要做到投资最省。

3）安全本质化法

本质安全一词的提出源于 20 世纪 50 年代世界宇航技术的发展，这一概念的广泛接受是和人类科学技术的进步及对安全文化的认识密切相关的，是人类在生产生活实践的发展过程中，对事故由被动接受转变为积极事先预防，以实现从源头杜绝事故和人类自身安全保护的目的，是在安全的认识上取得的一大进步。

从狭义的角度来看，本质安全是通过设计手段使生产过程和产品性能本身具有阻止危险发生的功能，即使在误操作的情况下也不会发生事故。从广义的角度来看，本质安全则是通过各种措施（包括教育、设计、优化环境等）从源头上降低事故发生的可能性，即利用科学技术手段使人们生产活动全过程实现安全无危害化，即使出现人为失误或环境恶化也能有效阻止事故发生，使人的安全健康状态得到有效保障，具备主动转化为安全状态或者具备短时间内正常工作的功能。这两种安全功能均是设备、设施和生产技术工艺本身固有的，即在它们的设计阶段就被考虑加入其中的。

从系统安全的角度来看，追求系统的本质安全是一个最终目标，是不断地靠近这个目标的过程，这个过程就是安全本质化。安全本质化的目标是致力于系统追问、本质改进，强调透过繁复的现象，把握影响安全目标实现的本质因素。找准能够影响整体的那"一环"所在，纲举目张，通过思想无懈怠、管理无空档、设备无隐患、系统无阻塞，实现质量零缺陷、安全零事故。

安全本质化的基本思路是针对事故发生的主要原因，采取物质技术措施，使其从根本上消除发生事故的可能条件。

安全本质化管理体系是一种全新的安全管理模式，是使人、机、环境达到统一的体系。简单来说，就是通过优化资源配置和提高其完整性，使整个系统安全可靠。一是人的安全可靠性，不论在何种作业环境和条件下。都能按规程操作，杜绝"三违"，实现个体安全。二是物的安全可靠性，不论在动态过程中还是静态过程中，物始终处在能够安全运行的状态。三是系统的安全可靠性，在日常安全生产中，不因人的不安全行为或物的不安全状况而发生重大事故，形成"人机互补、人机制约"的安全系统。此外，安全本质化管理体系通过加强对危险源辨识和风险评估，规范管理流程、操作程序和操作标准。实施精细化管理，把人的不安全行为管理和风险管理技术纳入安全管理体系之中，使职业健康、环境保护、全面质量管理等得到紧密结合。

在生产过程中安全本质化管理体系要求做到：人员无失误、设备无故障、系统无缺陷，从而达到人员、设备、环境的本质安全。安全本质化并不表明该系统绝对不会发生安全事故。其原因如下：一是安全本质化的程度是相对的，不同的技术经济条件有不同的安全本质化水平，当前的安全本质化并不是绝对安全本质化。由于经济技术的原因，系统的许多方面尚未安全，事故隐患仍然存在，事故发生的可能性并未彻底消除，只是有了将安全事故损失控制在可接受程度的可能。二是生产是一个动态过程，许多情况事先难以预料。人的作业还会因为健康或心理因素引起某种失误，机器及设备也会因日常检查时未能发现的缺陷而产生临时性故障，环境条件也会由于自然的或人为的原因而发生变化。因此，"人－机－环境"系统不确定的一般性事故损失并未彻底消除。

安全本质化方法主要是从物的方面考虑，包括降低事故发生的概率和降低事故严重程度。影响事故发生概率的因素很多，如系统的可靠性、系统的抗灾能力、人的失误和违章等。在生产作业过程中，既存在自然的危险因素，也存在人为的生产技术方面的危险因素，这些因素能否导致事故发生，不仅取决于系统各要素的可靠性，还受到企业管理水平和物质条件的影响。降低系统事故的发生概率，最根本的措施是设法使系统达到安全本质化，使系统中的人物、环境和管理安全化。一旦设备或系统发生故障时，能自动排除、切换或安全地停止运行。当人发生操作失误时，设备、系统能自动保证"人－机"安全。

3. 从技术角度预防城市轨道交通安全事故

大部分的城市轨道交通事故往往是因为设备自身的缺陷造成的，这就要求我们从技术的角度来改善轨道交通设备，提高其可靠性，让其能够更合理及安全地运行。目前我国已建成和准备实施运行的城市轨道交通模式有：大运量城市轨道交通车辆、中运量轻轨、跨座式单轨、城际快速铁路、磁悬浮、直线电机系统，由此可见，新的安全技术的研发势在必行。

（1）完善安全防范应急处置机制

"预防为主"是城市轨道交通安全运营的首要原则。必须进一步建立和完善安全防范应急处置机制，高度重视应急预案的制定。迅速的反应和正确的措施是处理紧急事故和灾难的关键。只有事先制定多套突发事件应急预案，增强突发性事件的应急处理能力，才能将突发事件的原生灾难和次生灾难所造成的人员伤亡和财产损失降到最低限度。

（2）构建更高效的线网智能安全防范管理平台

城市轨道交通客流大，环境复杂，仅依靠人力很难对各种突发情况做出准确和及时的反应。通过智能视频分析技术对视频画面进行高速检测和分析，从而完成人流量统计、拥挤检测、人脸识别等功能，可大大减少人员的工作量，同时提高系统的准确性和及时性，所以智能化将成为城市轨道交通安全防范技术发展的主要趋势。随着城市轨道交通安全防范系统规模的扩大，传统的方式已无法满足安全防范应用向深层次发展的需求，只有将各种安全防范数据通过网络汇聚、处理和传输，才能深度挖掘安全防范系统的功能。

（3）建立一体化的应急联动体系

虽然城市轨道交通的安全性和可靠性远远高于其他交通方式，但是其抗风险能力比较脆弱，任何一条线路、一个车站发生危及安全的突发事件（包括行车设备设置故障、火灾、危险品化学品事故、列车追尾、碰撞甚至颠覆事故，以及不可抗力的自然灾害和地质灾害，人为制造的恐怖袭击或爆炸事件等），都将直接影响正常乘客运输服务和乘客出行计划，甚至直接影响乘客的生命安全或城市民生，其后果往往是灾难性的。即使遇到一些非敌对性质事件，也极有可能因乘客恐慌造成相互踩踏等次生灾难。因此，建立智能化的监测预警应急系统、乘客紧急疏导指引系统、广播视频信息发布系统和救援联动系统，引导乘客有序疏散，预防因恐慌造成更大的次生灾难，是非常必要的。同时，还必须建立和完善城市轨道交通应急联动系统，实现城市一体化应急联动功能，及时为乘客提供安全救援和帮助，进一步降低或消除紧急状态对城市民生的影响。

4. 从措施落实角度实现城市轨道交通安全本质化

（1）提高设备的可靠性

提高设备的可靠性是控制事故发生概率的基础，可采取以下措施：

1）提高元件可靠性

设备的可靠性取决于组成元件的可靠性，要提高设备的可靠性，必须加强对元件的质量控制和维修检查，采取措施使元件的结构和性能符合设计要求和技术条件，选用可靠性高的元件代替可靠性低的元件，合理规定元件的使用周期，严格检查维修，定期更换或重建。

2）增加备用系统

在规定时间内，多台设备同时全部发生故障的概率等于每台设备单独发生故障的概率的乘积。因此，在一定条件下，增加备用系统，使每台单独设备或系统都能完成同样的功能，且其中一台或几台设备发生故障时，系统仍能正常运转，不会导致系统中断正常运行，从而提高系统运行的可靠性，也有利于系统的抗灾救灾。例如，对企业中的一些关键性设备，如供电线路、电动机、水泵等均配置一定量的备用设备，以提高其抗灾能力。

3）采取安全防护措施

对处于恶劣环境下运行的设备采取安全保护措施是为了提高设备运行的可靠性，防止发生事故。例如，对处于有摩擦、腐蚀、侵蚀等条件下运行的设备，应采取相应的防护措施；对振动大的设备应加强防振、减振和隔振等措施。

4）加强预防性维修

预防性维修可以有效排除事故隐患，排除设备的潜在危险。为此，应制定相应的维修制度，并认真贯彻执行。

（2）减少人的失误

由于人在生产过程中的可靠性远比机电设备差，很多事故是因人的失误造成的。降低系统事故发生概率，首先应减少人的失误，主要方法有：

1）对操作人员进行充分的安全知识、安全技能和安全态度等方面的教育和训练。

2）以人为中心，改善工作环境，为工人提供安全性较高的劳动生产条件。

3）提高机械化程度，尽可能用机器操作代替人工操作，减少现场工作人员。

4）注意用人机工程学原理进行系统设计，合理分配人机功能，并改善人机接口的安全状况。

（3）选用可靠的工艺技术，降低危险因素的感度

危险因素的存在是事故发生的必要条件。危险因素的感度是指危险因素转化成为事故的难易程度，降低危险因素的感度，关键是选用可靠的工艺技术。

（4）提高系统的抗灾能力

系统的抗灾能力是指当系统受到自然灾害和外界事物干扰时，自动抵抗而不发生事故的能力，或者指系统中出现某危险事件时，系统自动将事态控制在一定范围的能力，例如，采用漏电保护装置、安全监测装置、监控装置等安全防护装置。

（5）加强监督检查

建立健全各种自动制约机制，加强专职与兼职、专管与群管相结合的安全检查工作。对系统中的人、事、物进行严格的监督检查，是在各种劳动生产过程中必不可少的，实践

表明，只有加强安全检查工作，才能有效地保证企业的安全生产。

（6）降低事故严重度的措施

事故严重度是指因事故造成的财产损失和人员伤亡的严重程度。事故发生的原因是系统中的能量失控造成的，事故的严重度与系统中危险因素转化为事故时释放的能量有关，能量越高，事故的严重度越大。因此，降低事故严重度非常关键。一般可采取的措施有：

1）限制能量或分散风险

为了减少事故损失，必须对危险因素的能量进行限制。例如，对各种油库、火药库的储存量进行限制，采用各种限流、限压、限速等设备对危险因素的能量进行限制。此外，通过把大的事故损失化为小的事故损失可达到分散风险的效果。

2）防止能量逸散

防止能量逸散就是设法把有毒、有害、有危险的能量源储存在有限允许范围内，而不影响其他区域的安全。例如，采用防爆设备的外壳、密闭墙、密闭火区、放射性物质的密封装置等。

3）加装缓冲能量的装置

在生产中，设法使危险源能量释放的速度减慢，可大大降低事故的严重度，而使能量释放速度减慢的装置称为缓冲能量装置。在工业和生活中使用的缓冲能量的装置较多，例如，汽车、轮船上装备的缓冲装置，缓冲阻车器，以及各种安全带、安全阀等。

4）避免人身伤亡

避免人身伤亡的措施包括两个方面：一是防止发生人身伤害；二是一旦发生人身伤害时，采取相应的急救措施。采用遥控操作提高机械化程度，使用整体或局部的人身个体防护都是避免人身伤害的措施。在生产过程中及时注意观察各种灾害的预兆，以便采取有效措施，防止事故发生。即使不能防止事故发生，也可及时撤离人员，避免人员伤亡。做好救护和工人自救准备工作对降低事故的严重度有着十分重要的意义。

13.4　通信与信号系统案例

13.4.1　电磁干扰导致的地铁车辆控制信号故障

1. 故障现象

国内某全自动驾驶地铁列车调试过程中，由于电磁耦合干扰原因造成信号系统故障，导致车辆唤醒失败。

2. 故障分析

全自动驾驶地铁车辆设备和电缆布置紧凑。根据电磁兼容相关理论，电子电器设备的电缆如果存在干扰电流或电压，可能进入电子设备中干扰设备的正常工作，这些干扰还会通过传导和辐射影响到其他设备的正常工作。电缆在电磁系统中可以等效认为是一种高效的电磁波接收天线和辐射天线，距离较近的导线之间可能存在较大的分布电容或电感，电缆的电流波动形成的干扰会影响到相邻电缆的电压波动，极易造成导线之间发生信号串扰。

→ 信号电缆路径　　　→ 供电电缆路径

图 13-2　紧急通风供电电缆与开门模式
信号电缆布线区域

根据以上分析，重点排查紧急通风供电电缆与开门模式信号电缆在布线路径上的重叠区域。经现场排查，在电气控制屏柜内部，紧急通风供电电缆与开门模式信号电缆布设有一段路径是捆绑走线的（约 1m 长的重叠区域），如图 13-2 所示。初步判定，该区域电缆重叠是造成开门模式信号被干扰的原因。

为进一步验证故障排查的正确性，对开门模式信号电缆重新布线，避开紧急通风供电电缆。更改布线路径后，重新测量紧急通风启动前后开门模式信号的电压波形，无论是否开启紧急通风功能，开门模式信号线路上再未出现明显电压纹波变化，在车辆自检环节未再出现 ATO 系统宕机现象，现场多次试验结果均一致。

3. 改进建议

通过本次故障排查，可以得出以下结论：同一线束内的电缆在流经电流时会与相邻的电缆产生电磁耦合现象。电磁耦合并非一种故障，其原理是变化的电场会产生磁场，而变化的磁场又会产生电场，一个电路的电流变化通过互感影响到另一个电路。当电压波动超过电子设备承受干扰的能力后，即可能发生故障。

为最大限度地规避因电磁耦合引起的电压波动，在后续车辆设计和布线施工时可以采取如下措施加以控制：

（1）参照《铁路应用　机车车辆布线规则》EN 50343—2003 要求进行电缆分区敷设，降低不同电压等级电缆的互相干扰。

（2）对于同一电压等级内可能发生干扰的电缆距离进行调整，或通过更改其走线路径避免电压影响。

（3）对于部分电缆采用屏蔽电缆处理，且屏蔽层应与屏蔽壳体进行短接。

（4）布线电缆长度应尽可能短，且避免环绕电路走线。

13.4.2　市域快轨信号计轴设备受扰故障案例分析与对策

广州地铁 18 号线是国内首条运行速度达到 160km/h 的全地下市域快轨线路，线路工况复杂，对信号系统提出了很高的要求。线路所采用的 ARTJZ-2A 型信号计轴设备，也是首次在这种复杂工况下投入使用。然而，在线路开通初期，计轴设备频繁发生故障，导致设备可靠性较低。在本案例中，通过对故障的深入分析，归纳出故障的主要原因，并提出了有效的改进对策。

国产 ARTJZ-2A 型计轴设备原理。

广州地铁 18 号线采用国产 ARTJZ-2A 型计轴设备进行占用与出清检测。ARTJZ-2A 型计轴设备由计轴传感器、计数单元、通信单元和主机单元等多个模块组成。室外计轴传感器采用双传感器冗余布局，确保在计轴区段中任意一个传感器发生故障的情况下，系统仍可通过四取三的容错计算方式，保证计轴区段的正常工作，从而提升整体系统的可靠性和可用性。

该计轴传感器设计有两个接收线圈，通过这两个接收线圈探测轮对的轮缘，以电流形式输出两个方波计数信号（SIG1 和 SIG2）。通过分析轮对经过传感器时产生的两路信号的时间差，可以准确判定列车的行驶方向。计数单元负责对来自计轴传感器的计数信号进行计数并判断轮对的行驶方向；通信单元则负责接收室外计数单元发送的计数数据，并将这些数据上传至计轴主机单元。

计轴主机单元通过记录计轴传感器的轮对数量，实现相应轨道区段的占用与出清状态判定、计轴区段的复位和故障判断等功能。国产 ARTJZ-2A 型计轴设备的工作原理如图 13-3 所示。

1. 故障原因分析

（1）牵引回流不通畅

牵引回流不通畅是引发计轴设备故障的首要原因。市域快轨的牵引电流通过接触网供电，并经由钢轨或大地回流到牵引变电所。然而，在实际运行中，部分牵引电流通过杂散电流流入大地，而不是通过钢轨回流。这种杂散电流会在轨道附近产生电位差，进而对轨旁的信号设备产生感性或阻性耦合干扰，影响计轴设备的正常工作。广州地铁 18 号线的折返站岔区就多次发生计轴传感器故障，监测数据显示，计轴传感器输出的方波计数信号中充满了干扰杂波，无法有效识别列车的轮轴脉冲信号及方向。

（2）弓网离线燃弧问题

列车在高速行驶过程中，受电弓和接触网之间由于振动和不规则运动，经常出现短暂的离线现象。弓网离线时会产生火花放电（燃弧），并伴随强烈的电磁脉冲噪声，这种瞬时的电磁干扰具有高频率和广泛的覆盖范围，是影响市域铁路信号设备的主要干扰源之一。

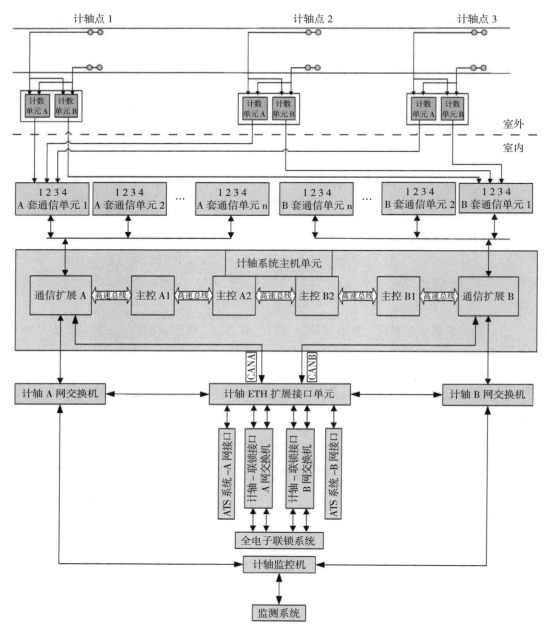

图 13-3　国产 ARTJZ-2A 型计轴设备工作原理

特别是在列车过分相时，弓网离线的频率更高，对计轴设备的干扰也更加严重。由于广州地铁 18 号线采用的刚性接触网设计，已经接近其工作极限，弓网离线现象更为普遍，严重影响了计轴设备的可靠性。

（3）计轴传感器安装不牢固

计轴传感器的安装稳固性是另一个突出问题。高速列车的运行会导致轨道和传感器支架产生振动，如果传感器安装不牢固，其位置可能发生偏移。特别是在高速行驶区域，计轴传感器和钢轨之间的间隙可能超出 0~3mm 的技术标准范围，导致传感器输出电流波形异常，甚至使设备无法正常工作。统计数据显示，高速区域的传感器故障发生率明显高于其他区域，说明振动对传感器安装影响巨大。

2. 解决方案

为了提升计轴设备的可靠性，通过多方面的技术优化，提出了一系列针对性的改进措施，包括对设备设计的优化、材料选择的改进，以及运行监测系统的升级，以确保设备在各种工作条件下的稳定性和准确性。

（1）安装均流线，解决牵引回流问题

针对牵引回流不畅的问题，研究团队在部分计轴传感器前方加装了均流线，目的是将牵引回流分流到另一侧钢轨，使传感器附近的回流路径更加畅通，减少杂散电流的干扰。通过在 JZ2102 传感器前方安装均流线，相关传感器的干扰问题得到了彻底解决。此外，还要求对均流线的安装牢固性进行排查，防止因虚接导致的干扰问题。

（2）优化计轴设备出清占用判断逻辑

计轴设备出清和占用逻辑设计中，要求进出区段的轮轴数必须完全一致，系统才能判定该区段出清。然而，偶发的漏轴现象会导致设备出现判断错误，从而引发故障。通过参考《铁路信号计轴设备》TB/T 2296—2019，优化了计轴设备的判断逻辑，允许在 ±1 轴的范围内进行误差容忍，以减少漏轴造成的故障。该措施实施后，计轴设备的故障率显著降低，系统的容错能力得到了有效提升。

（3）调整滤波参数，增强抗干扰能力

计轴设备本身具备一定的干扰滤除能力，通常设定的滤波参数为 1ms 以内的信号干扰。然而，由于广州地铁 18 号线的弓网离线燃弧干扰波形较宽，现有的滤波参数无法完全消除这种干扰。通过数据分析，发现 99% 以上的干扰波形宽度在 2.5ms 以内。因此，将滤波间隙从 1ms 调整至 2.5ms，使设备能够滤除绝大部分干扰波形，同时满足列车最高速度为 320km/h 的运行要求。调整滤波参数后，广州地铁 18 号线的计轴设备在高速运行时的干扰问题显著减少。

（4）加强传感器安装稳固性

为了解决传感器安装不稳固的问题，需要对安装工艺进行了优化。①传感器安装时在螺丝上涂抹螺纹紧固剂，防止因列车振动导致螺丝松动；②切除部分传感器尾缆上的硬质防护管，以减少列车振动对传感器的挤压；③增加固定螺丝和使用防松螺母，进一步提高传感器的安装牢固性。这些改进措施显著提升了传感器的抗振动性能，降低设备故障率。

3. 结论

广州地铁 18 号线在开通初期，信号计轴设备频繁发生故障，影响了线路的正常运营。

经过详细的故障分析，发现故障主要由牵引回流不畅、电磁干扰以及传感器安装不稳固等问题引起。通过在回流点加装均流线（图 13-4）、优化计轴设备的判断逻辑、调整滤波参数以及加强传感器安装稳固性等一系列改进措施，计轴设备的可靠性得到了显著提升，也为未来市域快轨线路的设计和建设提供了有价值的参考，有助于提升国内轨道交通信号系统的可靠性和安全性。

图 13-4　加装均流线解决道床杂散电流

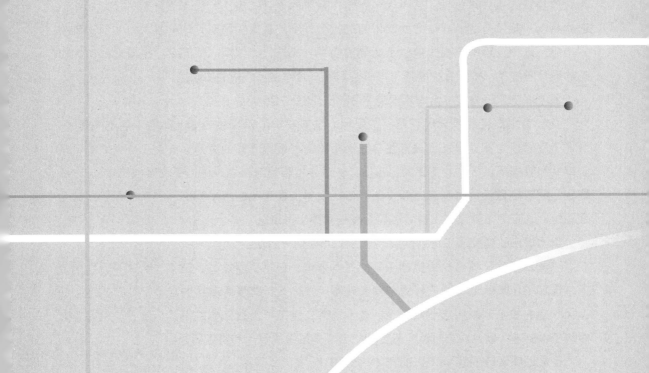

第14章　城市轨道交通安全工程标准规范解读

14.1 相关标准规范解读

14.1.1 国家标准

1.《地下铁道工程施工标准》GB/T 51310—2018

该标准主要围绕地下铁道工程的施工展开，详细规定了施工过程中的基本要求、施工组织设计，以及施工质量控制等方面的具体操作和实施步骤。此外，该标准着重强调了施工过程中的安全与环境保护问题，以确保工程施工的顺利进行和工程质量的提升。

2.《城市给水工程项目规范》GB 55026—2022

该标准的目的在于保障城市给水安全，规范城市给水工程建设和运行，节约资源，并为政府监管提供技术依据。它不仅包括给水系统的设计、施工和验收等环节，还对给水管道的材料、敷设方式、连接方式等方面进行了详细的规定。同时，该标准对给水管道的保护措施、维护管理等方面也提供了明确的指导。此外，为保障水质安全，该规范还对给水厂的设计与施工、水源保护区划、水质监测等方面作出了严格的要求。

3.《城市工程管线综合规划规范》GB 50289—2016

该标准主要目的是合理利用城市用地，统筹安排工程管线在地上和地下的空间位置，协调工程管线之间，以及工程管线与其他相关工程设施之间的关系，并为工程管线综合规划编制和管理提供依据。主要内容包括：协调各工程管线布局；确定工程管线的敷设方式；确定工程管线敷设的排列顺序和位置，包括相邻工程管线的水平间距、交叉工程管线的垂直间距；确定地下敷设的工程管线控制高程和覆土深度等。

4.《城市轨道交通工程项目规范》GB 55033—2022

该标准明确了城市轨道交通工程的基本要求，包括工程设计、施工、验收等方面的规定，规定了城市轨道交通工程的车辆和设备尺寸、运行速度等参数的限值，城市轨道交通工程车辆的技术要求和选型原则等，城市轨道交通工程土建结构的设计、施工、验收等方面的技术要求，以及城市轨道交通工程机电设备系统的设计和施工要求。

5.《地铁设计规范》GB 50157—2013

该规范制定的主要目的是使地铁工程设计达到安全可靠、功能合理、经济适用、节能环保和技术先进的目标。主要适用于最高运行速度不超过 100km/h、采用常规电机驱动列车的钢轮钢轨地铁新建工程的设计。规范覆盖地铁工程的各个环节，还特别强调了环保节能的要求，主要体现在对车站建筑、车辆段和停车场等场所的节能设计，以及对电力消耗、噪声控制等方面的规定上。这些规定旨在确保地铁工程在满足交通需求的同时，能够最大限度地减少对环境的影响。

6.《地铁设计防火标准》GB 51298—2018

此标准是为预防地铁火灾、减少地铁火灾危害，以及保护人身和财产的安全而制定。对可能发生火灾的地点进行了明确的分类，主要包括地下车站及其出入口通道、风道，以及地下区间等。对于这些区域，标准规定了详细的防火设计要求，以防火灾的发生和蔓延，还规定了地铁设计中的防火材料、构造和设施等方面的要求。为我国地铁工程设计提供了全面的防火设计指导和技术支持，对保障地铁工程的安全具有重要意义。

7.《城市轨道交通消防安全管理》GB/T 40484—2021

该标准规定了城市轨道交通在运营过程中的通用要求、消防安全组织和职责、日常防火管理、消防设施管理、灭火和应急疏散预案与演练、消防安全宣传教育培训和消防档案管理等方面的要求。这些要求旨在确保城市轨道交通的消防安全，防止火灾的发生和蔓延，保护乘客的生命财产安全。

8.《城市轨道交通公共安全防范系统工程技术规范》GB 51151—2016

该标准的主要目的是规范城市轨道交通公共安全防范系统工程的建设和使用管理，旨在确保工程质量，保护城市轨道交通区域内人身和财产安全，以及保障城市轨道交通运营的安全。在具体的内容上，强调了城市轨道交通公共安全防范系统工程的总体规划设计应包括总体的安全防范设计和防护对象的安全防范设计，以及相应的应急响应区域设计。在规划过程中需要分别确定安防策略和安全措施，规划安全通道和空间，并确保形成疏散空间。

9.《城市轨道交通工程监测技术规范》GB 50911—2013

该规范明确了城市轨道交通工程监测的目的、任务、原则、内容和方法，并对监测过程中的各个环节进行了详细的规定。强调城市轨道交通工程的安全性和可靠性，要求对轨道交通工程的结构、土建、轨道、车辆、电气、信号、通信等各个系统进行全面的监测。同时，规范还对监测数据的处理和分析提出了明确的要求，以确保监测数据的准确性和可靠性。

10.《城市轨道交通设施运营监测技术规范》GB/T 39559—2020

包括:《城市轨道交通设施运营监测技术规范　第 1 部分：总则》GB/T 39559.1—2020、《城市轨道交通设施运营监测技术规范　第 2 部分：桥梁》GB/T 39559.2—2020、《城市轨道交通设施运营监测技术规范　第 3 部分：隧道》GB/T 39559.3—2020、《城市轨道交通设施运

营监测技术规范 第 4 部分：轨道和路基》GB/T 39559.4—2020。

该规范明确了城市轨道交通设施运营监测的目的、任务、原则、内容和方法，并对监测过程中的各个环节，如监测数据的处理和分析，提出了明确的要求。同时，规范还强调了各个系统的安全性和可靠性，要求对轨道交通工程的结构、土建、轨道、车辆、电气、信号、通信等各个系统进行全面的监测。

11.《城市轨道交通地下工程建设风险管理规范》GB 50652—2011

该规范明确了城市轨道交通地下工程建设风险管理的目的、任务、原则、内容和方法，并对各个阶段的风险管理提出了明确的要求。在规划阶段，需要进行地质环境影响评价和地质灾害危险性评估；在可行性研究阶段，需要进行工程地质条件分析和评价；在勘察与设计阶段，需要进行地质勘探和设计；在施工阶段，需要进行施工安全风险评估和管理。规范还强调了风险管理的重要性，要求各方应建立完善的风险管理制度和技术措施，以防范或减少生产安全事故的发生。

12.《地铁工程施工安全评价标准》GB 50715—2011

该标准明确了施工安全评价的目的、任务、原则、内容和方法，并对各个阶段的施工安全评价提出了明确的要求。例如，在施工准备阶段，需要进行施工方案的编制和安全技术措施的制定；在施工过程中，需要进行施工现场的安全管理和监督检查；在竣工验收阶段，需要进行工程质量和安全的验收评价。

13.《地下工程防水技术规范》GB 50108—2008

该规范主要针对地下工程的防水问题，提出了具体的技术要求和执行标准，明确了防水材料的选择、施工方法和技术要求等方面的内容。对于不同的地下工程类型，如地铁、隧道、地下室等，该标准都有相应的防水措施和技术要求。例如，规范中对于防水材料的耐久性、抗渗性、延伸率等性能指标都作出了明确的规定。

14.1.2 地方标准

1. 上海市《基坑工程技术标准》DG/TJ 08—61—2018

该标准主要规定了基坑工程的设计、施工、监理和质量验收等方面的技术要求。这些要求包括基坑周边环境的保护、基坑支护结构的设计、基坑开挖过程中的安全管理等方面。此外，该标准还对基坑工程的施工图设计文件、施工组织设计文件，以及施工记录等重要文档提出了明确的编制要求，对保障基坑工程施工的安全性和工程质量具有重要的指导作用。

2. 安徽省《在役天然气管道保护规范》DB34/T 2977—2017

该规范主要规定了在役埋地天然气管道线路工程的保护内容、方法和要求，尤其关注管道的并行和交叉问题，全方位地考虑了在役天然气管道的保护问题，旨在确保天然气管道的安全运行，防止因建设或其他活动引发的安全事故。

3. 深圳市《反恐怖防范管理规范 地铁》DB4403/T 2—2018

该标准规定了深圳市多种公共场所包括地铁、中小学、幼儿园以及口岸的反恐怖防范要求。在术语和定义上，它明确了反恐怖防范管理的相关内容。在防范原则上，提出了对重要部位实施防范的措施，并对防范等级进行划分。此外，对于常态反恐怖防范和非常态反恐怖防范，标准也做出了详细规定。为了应对可能的恐怖事件，标准还提出了应急准备要求，并明确了监督、检查的方法和步骤。

14.1.3　行业标准

1.《铁路工程管线综合设计规范》TB 10071—2022

该标准是在充分总结我国铁路工程设计、施工、运营经验和科研成果的基础上编写的。该标准全面梳理了各专业管线在铁路路基、桥涵、隧道、站场、段所和客站的敷设技术要求，对不同地段的管线敷设方式、敷设位置，以及管线综合布置、不同管线的空间位置关系做出了具体规定。有助于统一铁路工程管线设计标准，提高设计质量，指导工程实施。还规定了铁路工程管线综合设计的基本原则、基本规定、设计流程、设计要求、设计文件编制等内容。这些内容涵盖了铁路工程管线综合设计的各个环节，包括前期准备、设计阶段、施工图设计等。

2.《城镇供水管网漏损控制及评定标准》CJJ 92—2016

该标准的主要目标是控制和评定城镇供水管网的漏损情况，制定了详细的控制措施和评定方法，以减少水资源浪费并确保供水系统的效率和稳定性。

3.《埋地塑料给水管道工程技术规程》CJJ 101—2016

该标准主要针对埋地塑料给水管道的设计、施工及验收环节，旨在实现技术先进、安全适用、经济合理、保证工程质量的目标。有助于推动城镇供水行业的健康、可持续发展，提高管道工程的运行效率和安全性，减少水资源浪费，保障供水质量和供水企业的经济效益。

4.《城市轨道交通结构安全保护技术规范》CJJ T 202—2013

该规范主要适用于已建成和正在修建的城市轨道交通结构的安全保护。具体来说，它规定了城市轨道交通结构的设计、施工、验收等各个环节的技术要求，以确保城市轨道交通结构的安全性和稳定性。同时，它也为城市轨道交通结构的维护和管理提供了技术支持。

14.2　行业政策解读

14.2.1 《城市轨道交通工程质量安全监管信息平台共享交换数据标准（试行）》（以下简称《标准（试行）》）

1. 出台背景

近年来，城市轨道交通工程建设呈较快发展态势，截至 2020 年 9 月，全国共有 42 个城市在建轨道交通工程项目，在建里程超 5000km。当前，为加强城市轨道交通工程建设的质量安全监督管理，很多城市轨道交通建设监管部门、各参建单位建立了质量安全信息化平台，但仍存在功能模块不完整、数据标准不统一、分析指标不全面，以及各信息平台的数据无法实现交换共享等问题。为规范城市轨道交通工程质量安全信息化管理数据标准，亟须建立全行业统一的信息平台共享交换数据标准。

2020 年，住房和城乡建设部工程质量安全监管司组织开展了城市轨道交通工程质量安全信息化平台的专题研究工作，会同住房和城乡建设部科技委城市轨道交通建设专业委员会在全国范围内开展了需求分析调研，于 2020 年 9 月形成《标准（试行）》（征求意见稿），并在全国范围内广泛征求各地城市轨道交通工程质量安全监管部门、建设单位及有关专家意见，经过与各有关部门和各位专家进行充分沟通，并不断修改完善，形成了《标准（试行）》，于 2020 年 12 月印发（建办质〔2020〕56 号）。

2. 出台意义

《标准（试行）》坚持问题导向，聚焦当前城市轨道交通工程建设质量安全信息化管理方面的突出问题，围绕信息共享交换，对未来行业质量安全信息化管理平台的建设提出了明确要求。有利于推进全国城市轨道交通工程质量安全信息化监管工作，在行业内实现质量安全信息平台的模块、数据和功能的统一，规范城市轨道交通工程质量安全信息化管理数据标准。有利于推进信息技术与质量安全管理的深度融合，提高主管部门的监管效率，促进企业形成对安全风险全过程的管理机制。有利于促进城市轨道交通工程质量安全信息共享和业务协同，提升城市轨道交通工程质量安全信息化管理水平，促进城市轨道交通建设行业的持续健康发展。

3. 主要内容

《标准（试行）》主要包括适用范围、基本规定、线路信息、工点信息、标段信息、监督检查信息、企业信息、设备信息、事故与风险信息、政策法规、标准指标解释、基础数据字典表 12 项内容。适用于全国城市轨道交通工程质量安全监管信息平台的数据录入，以及各地区城市轨道交通建设质量安全信息平台、有关部门信息系统间的共享交换数据。具体明确了数据来源、数据类型、数据填报方式、线路、工点、标段、监督检查、企业、设备、事故与风险、政策法规等内容,对标准中的每一个指标的含义进行了说明,对需要进行标准化填报的指标内容作出了规定。

4. 推进措施

各级城市轨道交通工程建设主管部门要充分认识《标准（试行）》的出台对推进信息化平台建设与运用和提高管理效能的重要意义,因此需提高思想认识,认真推进《标准（试行）》落实。各部门要认真做好《标准（试行）》的宣传贯彻解读工作,利用媒体和培训等平台,积极宣传《标准（试行）》,营造推进落实的良好氛围,并要结合检查调研等实际,督促建设单位积极组织参建各方认真落实《标准（试行）》,加强数据录入、共享和业务协同,如实、准确填报数据,并及时归集、实时动态交换。住房和城乡建设部工程质量安全监管司将对各地填报情况进行跟踪指导。

14.2.2 《城市轨道交通工程地质风险控制技术指南》（以下简称《指南》）

1. 出台《指南》的背景

城市轨道交通工程属高风险工程,多以超深基坑和暗挖隧道为主,工程建设面临复杂的地质环境。中国幅员辽阔,地质条件复杂,地质风险差异大多是影响工程建设质量安全的重要因素,相关部门亟需通过先进、适用的技术管理措施防控地质风险,化解不利影响,减少生产安全事故发生。

2019 年,住房和城乡建设部工程质量安全监管司组织开展了城市轨道交通工程施工应对不良地质条件措施专项课题研究,在全国范围内开展广泛调研,并实地考察北京、青岛、宁波、广州、贵阳、重庆等地质条件复杂的城市,总结各地应对地质风险的成熟做法,研究可复制、可推广的技术管理措施,形成《指南》（征求意见稿）。经广泛征求意见、反复修改完善,于 2020 年 9 月正式印发《指南》（建办质〔2020〕47 号）。

2. 出台《指南》的意义

近年来,各地加强城市轨道交通工程建设全过程风险管控,取得积极工作成效。但一些城市尤其是新开工城市仍存在地质风险认知程度不高、系统性研究不够、风险辨识不到位、风险评价不规范、控制措施针对性不强等问题,针对以上问题有关部门需要加强规范和指导。

《指南》聚焦城市轨道交通工程建设地质风险控制面临的突出问题,结合近年来典型事故和工程风险,提出复杂地层结构的概念,督促各地高度重视复杂地层结构导致的工程风险。同时,《指南》提出了地质风险评估方法,探索构建城市轨道交通工程地质风险控制长效机制,为确保工程质量安全奠定牢固基础。

《指南》的出台，有利于落实企业安全生产主体责任，提升建设单位以及勘察、设计、施工、监理和第三方监测等对地质风险的认知水平，实现全员参与、关口前移；有利于提高参建各方对地质风险的辨识、评价和施工现场处置能力，减少因地质风险造成的各类事故，筑牢安全生产防线。

3.《指南》的主要措施

《指南》将地质风险控制贯穿城市轨道交通工程规划、建设、管理全过程，分为总则与基本规定、地质风险管理基本要求、不良地质作用、特殊性岩土、复杂地层结构、地下水 6 章内容，分析了城市轨道交通工程建设各阶段所涉及主要施工工法的地质风险，提出了有针对性的控制措施。

一是地质风险管理。明确工程参建各方管理责任，其需涵盖地质风险因素识别、单元划分、辨识、评价与分级、控制措施等工作内容。二是地质风险分级评价。根据地质风险发生的可能性和后果严重程度，采用风险矩阵的方式将地质风险等级划分为四级，明确了评价指标及评价方法，并将地质风险分级结果应用于工程风险等级评价，实现了地质风险分级与工程风险等级的有机结合。三是地质风险应对措施。系统梳理不良地质作用、特殊性岩土、复杂地层结构，以及地下水对工程建设的不利影响，按照不同施工工法分别提出有针对性的勘察、设计、施工措施。

4. 认真推进《指南》落实

各地城市轨道交通工程质量安全监管部门，以及建设、施工等参建各方要深刻认识《指南》的出台对于进一步加强和改进城市轨道交通工程安全风险管理工作的重要意义，并需结合实际，推进《指南》各项要求落实到位。

一是加强督促指导。指导工程参建各方根据当地施工工法、地质条件和周边环境特点，明确地质风险控制工作的具体措施。加强责任落实监督，不断完善地质风险控制体系机制。二是加大投入力度。参建各方要组织开展相关技术项目科技攻坚，保障地质风险控制必要的投入，也可委托第三方机构开展地质风险专项评估工作，提高地质风险控制专业化水平和效率。三是加强宣传培训。开展多种形式宣传教育，将地质风险控制技术管理措施纳入培训内容，强化地质风险控制意识，不断提升安全风险管理能力。

14.2.3 《城市轨道交通初期运营前安全评估规范》《城市轨道交通正式运营前安全评估规范》和《城市轨道交通运营期间安全评估规范》

1. 修订背景

城市轨道交通是城市公共交通系统的骨干，其安全运行对保障人民群众生命财产安全、维护社会安全稳定具有重要意义。运营安全评估是把好城市轨道交通运营安全关、提升运营安全水平的主要举措，2019 年，交通运输部以办公厅文件出台了《城市轨道交通初期运营前安全评估技术规范　第 1 部分：地铁和轻轨》《城市轨道交通正式运营前安全评估规范　第 1 部分：地铁和轻轨》和《城市轨道交通运营期间安全评估规范》，明确了各阶段运营安全评估相关技术要求，完善了运营安全评估体系，为有序开展运营安全评估、把好运营安全关口发挥了重要作用。

　　为进一步规范城市轨道交通运营安全评估技术要求，按照《交通运输部关于印发〈城市轨道交通运营安全评估管理办法〉的通知》（交运规〔2023〕3 号）和相关强制性标准实施等新要求，同时充分汲取近年来发生的各类危险性事件教训，结合各地开展运营安全评估的实践经验，交通运输部对 2019 年发布文件的部分内容进行了修订完善，印发了 3 项评估规范。

2. 修订的主要内容

　　（1）《交通运输部办公厅关于印发〈城市轨道交通初期运营前安全评估规范〉的通知》（交办运〔2023〕56 号）

　　该规范共 6 章 130 条，包括总则、前提条件、系统功能核验、系统联动测试、运营准备、附则。修订的主要内容包括：

　　1）完善评估前提条件。按照新修订印发的《城市轨道交通运营安全评估管理办法》要求，将人防验收、卫生评价和运营单位条件等纳入评估前提条件。

　　2）补充防洪涝相关要求。对"工程项目防洪涝专项论证报告"的具体内容和要求进行明确，提出车辆基地、车站等重点区域防淹排水设施的评估要求。

　　3）完善关键设施设备功能要求。将信号、自动售检票、车辆等满足相关技术要求的功能纳入评估内容，与已发布的《城市轨道交通信号系统运营技术规范（试行）》《城市轨道交通自动售检票系统运营技术规范（试行）》和《地铁车辆运营技术规范（试行）》等文件做好衔接。

　　4）进一步强化应急能力要求。对换乘线路多个运营单位协同处置演练、应急设施与物资配备和维护保养等相关内容和要求进行了规定，增加开展淹水倒灌场景应急演练的要求。

　　（2）《交通运输部办公厅关于印发〈城市轨道交通正式运营前安全评估规范〉的通知》（交办运〔2023〕57 号）

　　该规范共 9 章 94 条，包括总则、前提条件、风险分级管控与隐患排查治理、行车组织、客运组织、设施设备运行维护、人员管理、应急管理、附则。修订的主要内容包括：

　　1）完善评估前提条件。按照新修订印发的《城市轨道交通运营安全评估管理办法》要求，将设施设备全功能和全系统具备使用条件、"两类人员"考核等相关要求纳入评估前提条件。

　　2）补充淹水倒灌风险管控要求。明确了车辆基地排水泵、围蔽设施、挡板等防洪防涝设施设备的维护保养要求，并提出将汛期重要时段防汛要求细化到工作岗位和防汛巡查规程和管理制度中。

（3）《交通运输部办公厅关于印发〈城市轨道交通运营期间安全评估规范〉的通知》（交办运〔2023〕58号）

该规范共5章16条，包括总则、网络化运营、运营安全隐患排查治理、运营险性事件、附则。修订的主要内容包括：

一是补充"两类人员"考核要求。结合《城市客运企业主要负责人和安全生产管理人员安全考核管理办法》（交运规〔2022〕9号），将"两类人员"考核等相关要求纳入修订后的评估规范。

二是完善运营安全相关要求。明确提出应急物资布局、应急演练及演练评估情况，以及未投入正式运营线路的甩项工程处理情况等评估内容。

3. 贯彻落实要求

城市轨道交通所在地省级交通运输主管部门要高度重视，加强对安全评估工作的指导，督促城市轨道交通运营主管部门做好文件宣贯和组织实施工作，促进安全评估工作规范化开展。城市轨道交通运营主管部门要对第三方安全评估机构的安全评估工作进行检查，对安全评估发现的问题，督促相关单位整改到位。

相关城市轨道交通建设单位、运营单位和第三方安全评估机构等单位要结合工作实际，有效组织宣贯培训，准确理解文件要求，确保文件要求贯彻落实到位，不断提升城市轨道交通运营安全水平。同时，密切跟踪文件执行情况，注意总结提炼，发现问题及时反馈。

14.2.4 《城市轨道交通运营突发事件应急演练管理办法》（以下简称《办法》）

1. 出台背景

近年来，我国城市轨道交通快速发展。截至2018年底，我国内地（不含港澳台地区，下同）共有24个省份的35个城市开通运营轨道交通，运营线路171条，运营里程5295km，2018年城市轨道交通客运量约212.8亿人次。随着运营里程和客流的快速增长，城市轨道交通安全运行压力日益加大。面对运营过程中发生的各类突发事件，需要及时、妥善应对，防止事态扩大升级，积极保障人民群众生命财产安全。对此，《国务院办公厅关于保障城市轨道交通安全运行的意见》（国办发〔2018〕13号，以下简称《意见》）明确要"加强应急演练和救援力量建设，完善应急预案体系，提升应急处置能力"；《城市轨道交通运营管理规定》（交通运输部令2018年第8号，以下简称《规定》）也对城市轨道交通运营主管部门和运营单位定期组织应急演练提出了相关要求。亟须出台城市轨道交通运营突发事件应急演练的管理制度，贯彻落实《意见》和《规定》要求。

2.《办法》的主要内容

《办法》共 22 条，主要内容包括以下 4 个方面：

一是明确办法适用范围。相关法律法规对应急预案体系建设已有明确要求，《办法》主要对运营突发事件应急预案演练工作作出规定。依照《国家城市轨道交通运营突发事件应急预案》，明确《办法》适用于运营过程中发生的因列车冲突、脱轨，设施设备故障、损毁，以及大客流等情况，造成人员伤亡、行车中断、财产损失的突发事件应急演练工作，地震等自然灾害和恐怖袭击等社会安全事件可能对运营安全产生较大影响的情况，参照该办法开展运营处置方面的应急演练工作。

二是明确演练内容、方式和频率要求。对于政府层面部门应急预案及运营单位各层级应急预案的重点演练内容、演练方式、演练频率作出细化规定。城市轨道交通运营主管部门应在城市人民政府领导下，会同公安、应急管理、卫生等部门每年至少组织一次实战演练。明确运营单位专项应急预案应涵盖列车脱轨、土建结构病害、异物侵限、突发大客流等 7 类重点内容，且每个专项预案每 3 年至少演练一次；细化各重点岗位人员现场处置方案应涵盖的重点内容，如行车调度员，应当就列车事故 / 故障、列车降级运行、列车区间阻塞、设施设备故障清客、火灾、临时调整行车交路、线路运营调整及故障抢修、道岔失去表示等情形开展经常性演练，规定每个班组每年将与其有关的方案至少全部演练一次。同时，总体上要求运营单位年度演练计划中实战演练比例不得低于 70%，保障应急演练效果，提升应急处置能力。

三是强化公众参与演练。涉及可能对社会公众和正常运营造成影响的演练，运营单位要提前评估，落实安全防护措施，并提前对外发布宣传告知信息。鼓励运营单位邀请"常乘客"、志愿者等社会公众参与应急演练，对参与应急演练的社会公众，运营单位应提供必要的培训和安全防护。

四是明确演练评估与改进要求。规定演练组织部门建立健全演练评估机制，明确演练评估的方式、内容和反馈、整改要求，强调涉及应急处置机制、作业标准、操作规程和管理规定等有缺陷的，应在 3 个月内修订完善，确保演练总结及时，发现问题整改到位。

14.2.5 《城市轨道交通运营安全风险分级管控和隐患排查治理管理办法》（以下简称《管理办法》）

1. 出台背景

为规范城市轨道交通安全风险分级管控和隐患排查治理工作，提升城市轨道交通安全生产整体预控能力，落实《意见》要求的"建立健全运营安全风险分级管控和隐患排查治理双重预防制度"，《规定》明确的"运营单位应当按照有关规定，完善风险分级管控和隐患排查治理双重预防制度，建立风险数据库和隐患排查手册，对于可能影响安全运营的风险隐患及时整改"。亟须出台城市轨道交通运营安全风险分级管控和隐患排查治理管理制度，指导运营单位做好风险分级管控和隐患排查治理双重预防工作，提升安全管理水平，防范事故发生，保障人民群众生命财产安全。

2.《管理办法》的主要内容

《管理办法》共 5 章 26 条，包括总则、风险分级管控、隐患排查治理、综合要求、附则，主要内容包括：

一是明确了风险分级管控要求。根据城市轨道交通技术特点和相关行业经验，将运营安全风险分为设施监测养护、设备运行维修、行车组织、客运组织、运行环境 5 大类。要求运营单位结合实际对风险点及可能产生的风险作补充及细化，其中设施监测养护和设备运行维修类风险应细化到各设施设备维修工作单元和岗位，行车组织、客运组织、运行环境类风险应细化到岗位或人员的关键操作步骤。同时，明确了风险等级划分、风险辨识、风险分级管控工作机制、重大风险监控等要求。运营单位每年应当对所辖线路开展一次风险全面辨识，遇到运营环境发生较大变化、车辆和信号等关键系统更新等情形时，应当开展专项辨识。对于重大风险，运营单位负责人应牵头组织制定管控措施。

二是规定了隐患排查治理要求。规定了隐患排查、评估、整改、消除的闭环管理工作机制。运营单位应当对照风险数据库，逐项分析所列风险管控措施弱化、失效、缺失可能产生的隐患，按照"一岗一册"的要求分解到各岗位。明确了隐患等级划分、隐患排查方式与频次、一般隐患和重大隐患的治理等内容，并对需要开展专项检查的场景、紧急情况下安全控制措施等提出要求。对于排查出的重大隐患，运营单位应立即上报城市轨道交通运营主管部门，由城市轨道交通运营主管部门挂牌督办。

三是明确了监督检查要求。将风险分级管控和隐患排查治理工作纳入城市轨道交通运营主管部门年度监督检查计划，从制度建设情况、风险数据库与隐患排查手册情况等方面明确了重点检查内容，提出风险管控措施跟踪与更新、信息共享、年度工作情况分析总结与报送等要求，保障风险分级管控和隐患排查治理工作得到有效落实。

14.3　新技术应用展望

城市轨道交通是现代城市不可或缺的一部分，其安全建设和运营对城市的发展和人民生活有着至关重要的影响。随着科技的不断发展和智能化技术的广泛应用，城市轨道交通的安全工程也在不断地进行技术更新。

14.3.1　施工安全新技术展望

1. 数字化监测检测技术的研究

开展复杂环境条件下施工过程的数字化监测检测技术研究，以完善工程建造的安全保障措施。

2. 防灾减灾技术水平的提升

通过建立和完善自然灾害及异物侵限监测系统、地震监测预警系统、周界入侵报警系统等，提升铁路工程防灾减灾的技术水平。

3. 主动安全保障技术的攻克

针对城市轨道交通的安全协同、网络化运营组织与应急处置、设备状态监测与智能预警、智慧运维、保护区智能管控等关键技术研发，进一步提升城市轨道交通的安全性能。

4. 智能建造技术的研究

通过集成工程现场的人员、设备机械、关键施工部位信息及环境信息等基础信息，实现门禁信息化、工地定位、盾构监测、关键机械设备监测、关键位置监测（含高支模、基坑等）、环境监测、视频监控、应急指挥等信息的一体化。

智能建造技术通过整合 BIM、物联网、人工智能、大数据、数字孪生等先进技术，提升建造施工设计、运维的智能化水平。实现自动化、数字化的高效管理。其应用包括智慧工地、智能建筑物、大型基础设施的健康监测，旨在提高建造质量、安全性、可持续性，并优化建筑生命周期的管理。

14.3.2　运营安全新技术展望

1. 智能化技术的广泛应用

将信息化、大数据分析和人工智能（AI）等智能化技术应用到城市轨道交通行业，使其管理更高效，在提高其运营、维护、安全和服务水平的同时降低成本。

2. 先进预警监测技术的应用

基于空天车地信息一体化的轨道交通运行环境风险监测与防控、周界入侵全方位智能识别预警、复杂恶劣运营环境下轨道车辆运行主动安全保障、基于故障预测与健康管理的车辆系统运维保障、全程安全监控与实时追踪等技术的发展和应用。

3. 城市轨道交通运营安全风险分级管控和隐患排查治理工作的推进

包括为规范城市轨道交通运营安全风险分级管控和隐患排查治理工作，全面提升安全生产整体预控能力，制定相应的管理办法，采取有效的技术措施推进实施。

参考文献

［1］ 容贤沂.砂卵石地层中盾构下穿公路对管涵的影响及控制措施研究 [D].绵阳：西南科技大学，2018.

［2］ 赵雪晴.盾构近距离下穿高压天然气管线的风险评估与稳定性分析 [D].绵阳：西南科技大学，2023.

［3］ 中国城市轨道交通协会.城市轨道交通 2022 年度统计和分析报告 [J].城市轨道交通，2023（4）：13-15.

［4］ 中国城市轨道交通协会.《城市轨道交通 2020 年度统计和分析报告》发布 [J].隧道建设（中英文），2021，41（4）：691.

［5］ 张明飞，王凯文，李广慧，等.基于 Flamant 解的堆载对隧道影响解析方法 [J].地下空间与工程学报，2023，19（S1）：131-138.

［6］ 刘啸，张晓君，魏金祝，等.循环加卸载下直墙拱形巷（隧）道应力松弛特性试验研究 [J].岩土力学，2023，44（S1）：476-484.

［7］ 王庭博.基于等效梁铰模型的盾构隧道上方卸载影响分析 [J].地下空间与工程学报，2023，19（4）：1259-1269.

［8］ 郑光辉，李结元，王攀，等.盾构近距离下穿既有隧道掘进参数试验研究 [J].施工技术（中英文），2023，52（19）：122-127，+144.

［9］ LIN X T, CHEN R P, WU H N, et al.Deformation behaviors of existing tunnels caused by shield tunneling undercrossing with oblique angle[J].Tunnelling & Underground Space Technology, 2019, 89（JUL.）: 78-90.

［10］ 俞国骅.邻域工程活动中盾构隧道管片错台变形计算研究 [D].淮南：安徽理工大学，2018.

［11］ 住房和城乡建设部.城市轨道交通工程安全控制技术规范：GB/T 50839—2013[S].北京：中国建筑工业出版社，2012.

［12］ 张素燕，等.城市轨道交通安全评价指南 [M].北京：中国建筑工业出版社，2018.

［13］ 王俊丽.地铁洪涝灾害形成机理及防治措施研究 [D].太原：山西财经大学，2023.

［14］ 中华人民共和国住房和城乡建设部.城市轨道交通工程项目规范：GB 55033—2022[S].北京：中国建筑工业出版社，2023.

［15］ 中华人民共和国住房和城乡建设部.地铁设计规范：GB 50157—2013[S].北京：中国建筑工业出版社，2014.

［16］ 李斯杨.中国洪涝灾害的成因类型以及防洪减灾应对方法 [J].中国新技术新产品，2011（1）：253-254.

［17］ 陆海萍.城市洪涝灾害成因分析与对策 [J].黑龙江水利科技，2022，50（2）：70-72.

［18］ 刘胜，黄锋，陈涛等.下垫面因素对城市内涝的影响探究：以广州市黄埔区为例 [J].给水排水，2022，58（S1）：665-673.

［19］ 刘娜.南京市主城区暴雨内涝灾害风险评估 [D].南京：南京信息工程大学，2013.

［20］ 李宇，李亚琴，赵居双.中国主要城市大气与地表热岛效应的对比研究 [J/OL].气候变化研究进展，2023，19（5）：605-615.

［21］ 陈坚.浅析地铁车站洪涝灾害的成因及对策 [J].中国建设信息化，2021（6）：58-59.

［22］ 国务院灾害调查组.河南郑州“7·20”特大暴雨灾害调查报告 [R/L].北京：国务院灾害调查组，2022.

［23］ 章卫军，廖青桃，杨森等.从郑州“2021.7.20”水灾模型推演看城市洪涝风险管理 [J].中国防汛抗旱，2021，31（9）：1-4.

［24］ HIRT C W, NICHOLS B D. Volume of fluid（VOF）method for the dynamics of free boundary[J]. Journal of computational physics, 1981, 39（1）: 201-225.

［25］ 周子龙，李夕兵，洪亮.地下防护工程与结构 [M].长沙：中南大学出版社，2014.

［26］ 李秀地.高等防护工程 [M].北京：国防工业出版社，2016.

［27］中华人民共和国住房和城市建设部.安全防范工程技术标准：GB 50348—2018[S].北京：中国计划出版社，2018.

［28］高金金，郭盼盼，马晶晶，等.恐怖袭击下地铁隧道结构爆炸响应与防护对策[J].北京理工大学学报，2023，43（6）：549-564.

［29］中国城市轨道交通协会.中国城市轨道交通协会2020年度工作报告[J].城市轨道交通，2021（4）：14-22.

［30］郭陕云，万姜林.我国地铁建设概况及修建技术[J].现代隧道技术，2004（4）：1-6，+21.

［31］何川，封坤，方勇.盾构法修建地铁隧道的技术现状与展望[J].西南交通大学学报，2015，50（1）：97-109.

［32］叶晓平，冯爱军.中国城市轨道交通2020年数据统计与发展分析[J].隧道建设（中英文），2021，41（5）：871-876.

［33］吴智深，张建.结构健康监测先进技术及理论[M].北京：科学出版社，2015.

［34］赵维刚，朱永全.高速铁路基础设施健康监测与维护[M].北京：中国铁道出版社有限公司，2021.

［35］张凯南.运营隧道结构健康监测预警与安全评价研究[D].武汉：华中科技大学，2019.

［36］国家市场监督管理总局，全国标准化管理委员会.城市轨道交通设施运营监测技术规范 第3部分：隧道：GB/T 39559.3—2020[S].北京：中国标准出版社，2020.

［37］中华人民共和国住房和城乡建设部.城市轨道交通结构安全保护技术规范：CJJ/T 202—2013[S].北京：中国建筑工业出版社，2014.

［38］陈湘生，徐志豪，包小华，等.隧道病害监测检测技术研究现状概述[J].隧道与地下工程灾害防治，2020，2（3）：1-12.

［39］黄震，张陈龙，傅鹤林，等.隧道检测设备的发展及未来展望[J].公路交通科技，2021，38（2）：98-109.

［40］YU S—N，JANG J—H，HAN C—S. Auto inspection system using a mobile robot for detecting concrete cracks in a tunnel[J]. Automation in Construction，2007，16（3）：255-261.

［41］艾青，袁勇，姚旭朋，等.隧道结构自动检测技术及集成化装备研究[J].建筑施工，2020，42（4）：613-617.

［42］LIU X，BAI Y，YUAN Y，et al. Experimental investigation of the ultimate bearing capacity of continuously jointed segmental tunnel linings[J]. Structure and infrastructure engineering，2016，12（10）：1364-1379.

［43］LIU X，DONG Z，BAI Y，et al. Investigation of the structural effect induced by stagger joints in segmental tunnel linings：First results from full-scale ring tests[J]. Tunnelling and underground space technology，2017，66（JUN.）：1-18.

［44］李海涛.盾构隧道快速连接件接头受力性能研究[D].上海：同济大学，2019.

［45］中华人民共和国铁道部.铁路桥隧建筑物劣化评定标准 隧道：TB/T 2820.2—1997[S].北京：中国标准出版社，1998.

［46］上海市城乡建设和交通委员会.盾构法隧道结构服役性能鉴定规范：DG/TJ08—2123—2013[S].北京：中国建筑工业出版社，2013.

［47］北京市质量技术监督局.城市轨道交通设施养护维修技术规范：DB11/T 718—2010[S].北京：中国建筑工业出版社，2016.

［48］佚名.国内第一条高架轨道交通线：上海市轨道交通明珠线[J].城市轨道交通研究，1998，1（4）：69-70.

［49］蒋红梅，景欣媛.跨座式单轨在重庆市轨道线网规划中的适应性分析[J].城市轨道交通，2014（2）：

43-45.

[50] 佚名.国内首条商用运营城市空轨在武汉建成试跑 [J]. 城市轨道交通研究，2023，26（6）：23-23.

[51] 庞富恒，魏厥灵，闫晓言.我国中低速磁浮交通发展综述 [J]. 人民公交，2019（5）：65-68.

[52] 朱宏平，罗辉，翁顺，等.结构"健康体检"技术：区域精准探伤与安全数字化评估 [M]. 北京：中国建筑工业出版社，2022.

[53] 张宇峰，李贤琪.桥梁结构健康监测与状态评估 [M]. 上海：上海科学技术出版社，2018.

[54] 胡健勇.铁路桥梁健康状态评估技术研究 [D]. 石家庄：石家庄铁道大学，2015.

[55] 付彦，杨智敏，杨汝灿，等.德尔菲法筛选在中小桥健康监测指标中的应用研究 [J]. 建筑技术开发，2019，46（11）：136-137.

[56] 杨则英，曲建波，黄承逵.基于模糊综合评判和层次分析法的桥梁安全性评估 [J]. 天津大学学报：自然科学与工程技术版，2005，38（12）：1063-1067.

[57] 徐望喜，钱永久，张方，等.基于可靠度理论考虑验证荷载的既有桥梁评估分项系数研究 [J]. 东南大学学报（自然科学版），2022（2）：222-228.

[58] 刘胜春.光纤光栅智能材料与桥梁健康监测系统研究 [D]. 武汉：武汉理工大学，2006.

[59] 中华人民共和国住房和城乡建设部.城市轨道交通引起建筑物振动与二次辐射噪声限值及其测量方法标准：JGJ/T 170—2009[S]. 北京：中国建筑工业出版社，2009.

[60] 中华人民共和国国家市场监督管理总局，中国国家标准化管理委员会.机车车辆动力学性能评定及试验鉴定规范：GB/T 5599—2019[S]. 北京：中国标准出版社，2019.

[61] 中华人民共和国国家质量监督检验检疫总局，中国国家标准化管理委员会.城市轨道交通列车噪声限值和测量方法：GB 14892—2006[S]. 北京：中国标准出版社，2006.

[62] 中华人民共和国国家市场监督管理总局，中国国家标准化管理委员会.室内空气质量标准：GB/T 18883—2022[S]. 北京：中国标准出版社，2023.

[63] 中华人民共和国住房和城乡建设部.民用建筑工程室内环境污染控制标准：GB 50325—2020[S]. 北京：中国计划出版社，2020.

[64] 中华人民共和国国家质量监督检验检疫总局，中国国家标准化管理委员会.城市轨道交通直流牵引供电系统：GB/T 10411—2005[S]. 北京：中国标准出版社，2005.

[65] 中华人民共和国国家技术监督局.电能质量 公用电网谐波：GB/T 14549—1993[S]. 北京：中国标准出版社，1994.

[66] 中华人民共和国住房和城乡建设部.电力工程电缆设计标准：GB 50217—2018[S]. 北京：中国计划出版社，2018.

[67] 中华人民共和国国家市场监督管理总局，中国国家标准化管理委员会.电工术语 电力牵引：GB/T 2900.36—2021[S]. 北京：中国标准出版社，2021.

[68] 中华人民共和国住房和城乡建设部.地铁杂散电流腐蚀防护技术标准：CJJ/T 49—2020[S]. 北京：中国建筑工业出版社，2020.

[69] 中华人民共和国住房和城乡建设部.低压配电装置及线路设计规范：GB 50054—2011[S]. 北京：中国计划出版社，2012.

[70] 中华人民共和国国家质量监督检验检疫总局，中国国家标准化管理委员会.城市轨道交通直流牵引供电系统 GB/T 10411—2005[S]. 北京：中国标准出版社，2005.

[71] 于松伟.城市轨道交通供电系统设计原理与应用 [M]. 成都：西南交通大学出版社，2008.

[72] 李亚宁. 城市轨道交通供电系统 [M]. 北京：中国电力出版社，2014.

[73] 宋奇吼. 城市轨道交通供电 [M]. 北京：中国铁道出版社，2012.

[74] 高娜. 城市轨道交通牵引供电系统与维护 [M]. 北京：中国电力出版社，2020.

[75] 刘让雄. 城市轨道交通供电系统运行与维护 [M]. 成都：西南交通大学出版社，2015.

[76] 李红莲. 城市轨道交通车站机电设备 [M]. 北京：机械工业出版社，2017.

[77] 中华人民共和国国家质量监督检验检疫总局. 地铁车辆通用技术条件：GB/T 7928—2003[S]. 北京：中国标准出版社，2004.

[78] 中华人民共和国住房和城乡建设部. 地铁与轻轨车辆转向架技术条件：CJ/T 365—2011[S]. 北京：中国标准出版社，2011.

[79] 中国国家市场监督管理总局，中国国家标准化管理委员会. 轨道交通机车车辆受电弓特性和试验 第4部分：受电弓与地铁、轻轨车辆接口：GB/T 21561.4—2018[S]. 北京：中国标准出版社，2018.

[80] 中国国家市场监督管理总局，中国国家标准化管理委员会. 城市轨道交通中低速磁浮车辆悬浮控制系统技术条件. GB/T 39902—2021[S]. 北京：中国标准出版社，2021.

[81] 中国国家市场监督管理总局，中国国家标准化管理委员会. 城市轨道交通运营安全评估规范 第1部分：地铁和轻轨：GB/T 42334.1—2023[S]. 北京：中国标准出版社，2023.

[82] 黄立新. 城市轨道交通车辆故障诊断 [M]. 北京：中国铁道出版社，2014.

[83] 吕刚. 城市轨道交通车辆概论 [M]. 北京：北京交通出版社，2011.

[84] 吴海超. 城市轨道交通车辆 [M]. 北京：中国铁道出版社，2016.

[85] 唐春林. 城市轨道交通车辆设备检修 [M]. 成都：西南交通大学出版社，2016.

[86] 王伯铭. 城市轨道交通车辆工程 [M]. 成都：西南交通大学出版社，2007.

[87] 杨建伟. 城市轨道交通车辆工程 [M]. 北京：中国铁道出版社，2015.

[88] 杜彩霞. 城市轨道交通车辆构造与检修 [M]. 北京：机械工业出版社，2015.

[89] 童巧新. 城市轨道交通车辆电气设备 [M]. 北京：机械工业出版社，2020.

[90] 郭团生，刘健平. 基于电磁耦合干扰造成的地铁车辆控制信号故障分析及改进 [J]. 电力机车与城轨车辆，2022，45（1）：99-101.

[91] 中华人民共和国住房和城乡建设部. 城市轨道交通基于通信的列车自动控制系统技术要求. CJ/T 407—2012[S]. 北京：中国标准出版社，2013.

[92] 中华人民共和国交通运输部. 城市轨道交通运营设备维修与更新技术规范 第3部分：信号：JT/T 1218.3—2018[S]. 北京：人民交通出版社，2018.

[93] 中华人民共和国公安部. 城市轨道交通公安通信网络建设规范：GA/T 1578—2019[S]. 北京：中国标准出版社，2019.

[94] 章海亮. 城市轨道交通信号与通信系统 [M]. 北京：北京出版社，1998.

[95] 贾毓杰. 城市轨道交通通信与信号 [M]. 北京：机械工业出版社，2021.

[96] 徐金祥. 城市轨道交通信号基础 [M]. 北京：中国铁道出版社，2010.

[97] 吴金洪. 城市轨道交通列车运行控制 [M]. 成都：西南交通大学出版社，2018.

[98] 贾文婷. 城市轨道交通列车运行控制 [M]. 北京：北京交通大学出版社，2012.

[99] 王宏刚. 城市轨道交通信号与通信系统 [M]. 北京：人民交通出版社，2020.

[100] 王志强. 城市轨道交通运营管理 [M]. 北京：清华大学出版社，2019.

[101] 吴金洪. 城市轨道交通全自动运行系统研究：以西安地铁三期为例 [M]. 成都：西南交通大学出版社，2022.